浙江省土地质量地质调查行动计划系列成果
浙江省土地质量地质调查成果丛书

台州市土壤元素背景值

TAIZHOU SHI TURANG YUANSU BEIJINGZHI

金 希 冯立新 余根华 吴红烛 刘国杰 蒋笙翠 等著

图书在版编目(CIP)数据

台州市土壤元素背景值/金希等著．—武汉:中国地质大学出版社,2023.10
ISBN 978-7-5625-5535-3

Ⅰ.①台…　Ⅱ.①金…　Ⅲ.①土壤环境-环境背景值-台州　Ⅳ.①X825.01

中国国家版本馆CIP数据核字(2023)第053199号

台州市土壤元素背景值	金　希　冯立新　余根华　吴红烛　刘国杰　蒋笙翠　等著

责任编辑:唐然坤	选题策划:唐然坤	责任校对:徐蕾蕾

出版发行:中国地质大学出版社(武汉市洪山区鲁磨路388号)　　　邮政编码:430074
电　　话:(027)67883511　　传　　真:(027)67883580　　E-mail:cbb@cug.edu.cn
经　　销:全国新华书店　　　　　　　　　　　　　　　　　　　http://cugp.cug.edu.cn

开本:880毫米×1230毫米 1/16　　　　　　　字数:372千字　　印张:11.75
版次:2023年10月第1版　　　　　　　　　　印次:2023年10月第1次印刷
印刷:湖北新华印务有限公司

ISBN 978-7-5625-5535-3　　　　　　　　　　　　　　　　　　定价:158.00元

如有印装质量问题请与印刷厂联系调换

《台州市土壤元素背景值》编委会

领导小组

名誉主任	陈铁雄
名誉副主任	黄志平　潘圣明　马　奇　张金根
主　　任	陈　龙
副　主　任	邵向荣　陈远景　胡嘉临　李家银　邱建平　周　艳　张根红
成　　员	邱鸿坤　孙乐玲　吴　玮　肖常贵　鲍海君　章　奇　龚日祥
	蔡子华　褚先尧　冯立新　王文初　何理坤　李春志　陈　俊
	汪燕林　陈焕元　蔡伟忠　陈齐刚　赵国法　张立勇　林　海

编制技术指导组

组　　长	王援高
副　组　长	董岩翔　孙文明　林钟扬
成　　员	陈忠大　范效仁　严卫能　何蒙奎　龚新法　陈焕元　叶泽富
	陈俊兵　钟庆华　唐小明　何元才　刘道荣　李巨宝　欧阳金保
	陈红金　朱有为　孔海民　俞　洁　汪庆华　翁祖山　周国华
	吴小勇

编辑委员会

主　　编	金　希　冯立新　余根华　吴红烛　刘国杰　蒋笙翠
编　　委	沈　笛　汪一凡　林钟扬　谢　涛　张　翔　褚先尧　黄春雷
	李志勇　宋明义　钱建民　程桑昱　邵晓群　朱旭恒　毛水木
	徐英斌　黄立勇　吴和秋　韦继康　解怀生　阳　翔　王岩国
	魏振宁　张成成　战　婧　刘志钦　孙冰梅　林力慧　占如如
	刘　健　潘少军　管敏琳　荣一萍　卢新哲　龚冬琴　王国强
	严慧敏　孙彬彬　张玉城　何骥政　叶匙铭

《台州市土壤元素背景值》组织委员会

主办单位：
  浙江省自然资源厅
  浙江省地质院
  自然资源部平原区农用地生态评价与修复工程技术创新中心

协办单位：
  台州市自然资源和规划局
  台州市自然资源和规划局椒江分局
  台州市自然资源和规划局黄岩分局
  台州市自然资源和规划局路桥分局
  临海市自然资源和规划局
  温岭市自然资源和规划局
  玉环市自然资源和规划局
  天台县自然资源和规划局
  仙居县自然资源和规划局
  三门县自然资源和规划局
  浙江省自然资源集团有限公司

承担单位：
  浙江省工程物探勘察设计院有限公司
  自然资源部平原区农用地生态评价与修复工程技术创新中心
  浙江物探生态科技有限公司

序 一

土地质量地质调查,是以地学理论为指导、以地球化学测量为主要技术手段,通过对土壤及相关介质(岩石、风化物、水、大气、农作物等)环境中有益和有害元素含量的测定,进而对土地质量的优劣做出评判的过程。2016年,浙江省国土资源厅(现为浙江省自然资源厅)启动了"浙江省土地质量地质调查行动计划(2016—2020年)",并在"十三五"期间完成了浙江省85个县(市、区)的1∶5万土地质量地质调查(覆盖浙江省耕地全域),获得了20余项元素/指标近500万条土壤地球化学数据。

浙江省的地质工作历来十分重视土壤元素背景值的调查研究。早在20世纪60—70年代,浙江省就开展了全省1∶20万区域地质填图,对土壤中20余项元素/指标进行了分析;20世纪80年代,开展了浙江省1∶20万水系沉积物测量工作,分析了沉积物中30余项元素/指标;20世纪90年代末,开展了1∶25万多目标区域地球化学调查,分析了表层和深层土壤中50余项元素/指标;2016—2020年,开展了浙江省土地质量地质调查,系统部署了1∶5万土壤地球化学测量工作,重点分析了土壤中的有益元素(如N、P、K、Ca、Mg、S、Fe、Mn、Mo、B、Se、Ge等)和有害元素(如Cd、Hg、Pb、As、Cr、Ni、Cu、Zn等)。上述各时期的调查都进行了元素地球化学背景值的统计计算,早期的土壤元素背景值调查为本次开展浙江省土壤元素背景值研究奠定了扎实的基础。

元素地球化学背景值的研究,不仅具有重要的科学意义,同时也具有重要的应用价值。基于本轮土地质量地质调查获得的数百万条高精度土壤地球化学数据,结合1∶25万多目标区域地球化学调查数据,浙江省自然资源厅组织相关单位和人员对不同行政区、土壤母质类型、土壤类型、土地利用类型、水系流域类型、地貌类型和大地构造单元的土壤元素/指标的基准值和背景值进行了统计,编制了浙江省及11个设区市(杭州市、宁波市、温州市、湖州市、嘉兴市、绍兴市、金华市、衢州市、舟山市、台州市、丽水市)的"浙江省土地质量地质调查成果丛书"。

该丛书具有数据基础量大、样本体量大、数据质量高、元素种类多、统计参数齐全的特点,是浙江省土地质量地质调查的一项标志性成果,对深化浙江省土壤地球化学研究、支撑浙江省第三次全国土壤普查工作成果共享、推进相关地方标准制定和成果社会化应用均具有积极的作用。同时该丛书还具有公共服务性的特点,可作为农业、环保、地质等技术工作人员的一套"工具书",能进一步提升各级政府管理部门、科研院所在相关工作中对"浙江土壤"的基本认识,在自然资源、土地科学、农业种植、土壤污染防治、农产品安全追溯等行政管理领域具有广泛的科学价值和指导意义。

值此丛书出版之际,对参加项目调查工作和丛书编写工作的所有地质科技工作者致以崇高的敬意,并表示热烈的祝贺!

中国科学院院士

2023年10月

序 二

2002年,全国首个省部合作的农业地质调查项目落户浙江省,自此浙江省的农业地质工作犹如雨后春笋般不断开拓前行。农业地质调查成果支撑了土地资源管理,也服务了现代农业发展及土壤污染防治等诸多方面。2004—2005年,时任浙江省委书记习近平同志在两年间先后4次对浙江省的农业地质工作做出重要批示指示,指出"农业地质环境调查有意义,要应用其成果指导农业生产""农业地质环境调查有意义,应继续开展并扩大成果"。

近20年来,浙江省坚定不移地贯彻习近平总书记的批示指示精神,积极探索,勇于实践,将农业地质工作不断推向新高度。2016年,在实施最严格耕地保护政策、推动绿色发展和开展生态文明建设的时代背景下,浙江省国土资源厅(现为浙江省自然资源厅)立足于浙江省经济社会发展对地质工作的实际需求,启动了"浙江省土地质量地质调查行动计划(2016—2020年)",旨在通过行动计划的实施,全面查明浙江省的土地质量现状,建立土地质量档案、推进成果应用转化,为实现土地数量、质量和生态"三位一体"管护提供技术支持。

本轮土地质量调查覆盖了浙江省85个县(市、区),历时5年完成,涉及18家地勘单位、10家分析测试单位,有近千名技术人员参加,取得了多方面的成果。一是查明了浙江省耕地土壤养分丰缺状况,土壤重金属污染状况和富硒、富锗土地分布情况,成为全国首个完成1∶5万精度县级全覆盖耕地质量调查的省份;二是采用"文-图-卡-码-库五位一体"表达形式,建成了浙江省1000万亩(1亩≈666.67m^2)永久基本农田示范区土地质量地球化学档案;三是汇集了土壤、水、生物等750万条实测数据,建成了浙江省土地质量地质调查数据库与管理平台;四是初步建立了2000个浙江省耕地质量地球化学监测点;五是圈定了334万亩天然富硒土地、680万亩天然富锗土地,并编制了相关区划图;六是圈出了约2575万亩清洁土地,建立了最优先保护和最优先修复耕地类别清单。

立足于地学优势、以中大比例尺精度开展的浙江省土地质量地质调查在全国尚属首次。此次调查积累了大量的土壤元素含量实测数据和相关基础资料,为全省土壤元素地球化学背景的研究奠定了坚实基础。浙江省及11个设区市的土壤元素背景值研究是浙江省土地质量地质调查行动计划取得的一项重要基础性研究成果,该研究成果的出版将全面更新浙江省的土地(土壤)资料,大大提升浙江省土地科学的研究程度,也将为自然资源"两统一"职责履行、生态安全保障提供重要的基础支撑,从而助力乡村振兴,助推共同富裕示范区建设。

浙江省土地质量地质调查行动计划是迄今浙江省乃至全国覆盖范围最广、调查精度最高的县级尺度土壤地球化学调查行动计划。基于调查成果编写而成的"浙江省土地质量地质调查成果丛书",具有数据样本量大、数据质量高、元素种类多、统计参数全的特点,实现了土壤学与地学的有机融合,是对数十年来浙江省土壤地球化学调查工作的系统总结,也是全面反映浙江省土壤元素环境背景研究的最新成果。该丛书可供地质、土壤、环境、生态、农学等相关专业技术人员以及有关政府管理部门和科研院校参考使用。

原浙江省国土资源厅党组书记、厅长

2023年10月

前 言

土壤元素背景值一直是国内外学者关注的重点。20世纪70年代,国家"七五"重点科技攻关项目建立了全国41个土类60余种元素的土壤背景值,并出版了《中国土壤环境背景值图集》。同期,农业部(现为农业农村部)主持完成了我国13个省(自治区、直辖市)主要农业土壤及粮食作物中几种污染元素的背景值研究,建立了我国主要粮食生产区土壤与粮食作物背景值。21世纪初,国土资源部(现为自然资源部)中国地质调查局与有关省(自治区、直辖市)联合,在全国范围内部署开展了1:25万多目标区域地球化学调查工作,累计完成调查面积260余万平方千米,相继出版了部分省(自治区、直辖市)或重要区域的多目标区域地球化学图集,发布了区域土壤背景值与基准值研究成果。不同时期各地各部门的大量研究学者针对各地区情况陆续开展了大量的背景值调查研究工作,获得的许多宝贵数据资料为区域背景值研究打下了坚实基础。

土壤元素背景值是指在一定历史时期、特定区域内,不受或者很少受人类活动和现代工业污染影响(排除局部点源污染影响)的土壤元素与化合物的含量水平,是一种原始状态或近似原始状态下的物质丰度,也代表了地质演化与成土过程发展到特定历史阶段,土壤与各环境要素之间物质和能量交换达到动态平衡时元素与化合物的含量状态。土壤元素背景值是制定土壤环境质量标准的重要依据。元素背景值研究必须具备3个条件:一是要有一定面积区域范围的系统调查资料;二是要有统一的调查采样与测试分析方法;三是要有科学的数理统计方法。多年来,浙江省的土地质量地质调查(含1:25万多目标区域地球化学调查)均符合上述元素背景值研究条件,这为浙江省级、市级土壤元素背景值研究提供了充分必要条件。

2002—2016年,1:25万多目标区域地球化学调查工作实现了对台州市陆域全覆盖。项目由浙江省地质调查院、中国地质科学院地球物理地球化学勘查研究所承担,共获得2299件表层土壤组合样、567件深层土壤组合样。样品测试由中国地质科学院地球物理地球化学勘查研究所实验测试中心、浙江省地质矿产研究所承担,分析测试了Ag、As、Au、B、Ba、Be、Bi、Br、Cd、Ce、Cl、Co、Cr、Cu、F、Ga、Ge、Hg、I、La、Li、Mn、Mo、N、Nb、Ni、P、Pb、Rb、S、Sb、Sc、Se、Sn、Sr、Th、Ti、Tl、U、V、W、Y、Zn、Zr、SiO_2、Al_2O_3、TFe_2O_3、MgO、CaO、Na_2O、K_2O、TC、Corg、pH共54项元素/指标,获取分析数据15.48万条。2016—2020年,台州市系统开展了9个县(市、区)的土地质量地质调查工作,按照平均9~10件/km^2的采样密度,共采集22 309件表层土壤样品,分析测试了As、B、Cd、Co、Cr、Cu、Ge、Hg、Mn、Mo、N、Ni、P、Pb、Se、V、Zn、K_2O、Corg、pH共20项元素/指标,获取分析数据49.07万条。浙江省地质调查院、浙江省水文地质工程地质大队、浙江省地球物理地球化学勘查院、浙江省有色金属地质勘查局4家单位承担了调查工作。样品测试由辽宁省地质矿产研究院有限公司、湖北省地质实验测试中心、承德华勘五一四地矿测试研究有限公司、浙江省地质矿产研究所4家单位承担。严格按照相关规范要求,开展样品采集与测试分析,从而确保调查数据质量,通过数据整理、分布形态检验、异常值剔除等,进行了土壤元素背景值参数的统计与计算。

台州市土壤元素背景值研究是台州市土地质量地质调查(含1:25万多目标区域地球化学调查)的集

成性、标志性成果之一,而《台州市土壤元素背景值》的出版不仅为科学研究、地方土壤环境标准制定、环境演化研究与生态修复等提供了最新基础数据,也填补了台州市土壤元素背景值研究的空白。

本书共分为6章。第一章区域概况,简要介绍了台州市自然地理、区域地质、土壤资源与土地利用现状,由金希、冯立新、宋明义等执笔;第二章数据基础及研究方法,详细介绍了本次工作的数据来源、质量监控及土壤元素背景值的计算方法,由金希、蒋笙翠、吴红烛、刘国杰等执笔;第三章土壤地球化学基准值,介绍了台州市土壤地球化学基准值,由余根华、汪一凡、林钟扬、李志勇、叶韪铭等执笔;第四章土壤元素背景值,介绍了台州市土壤元素背景值,由余根华、汪一凡、林钟扬、蒋笙翠、金希、冯立新等执笔;第五章土壤碳与特色土地资源评价,介绍了台州市土壤碳与特色土地资源评价,由余根华、汪一凡、林钟扬、李志勇等执笔;第六章结语,由余根华、宋明义执笔;全书由金希、冯立新、余根华负责统稿。

本书在编写过程中得到了浙江省生态环境厅、浙江省农业农村厅、浙江省生态环境监测中心、浙江省耕地质量与肥料管理总站、浙江省国土整治中心、浙江省自然资源调查登记中心等单位的大力支持与帮助。中国地质调查局奚小环教授级高级工程师、中国地质科学院地球物理地球化学勘查研究所周国华教授级高级工程师、中国地质大学(北京)杨忠芳教授、浙江大学翁焕新教授等对本书内容提出了诸多宝贵意见和建议,在此一并表示衷心的感谢!

"浙江省土壤元素背景值"是一项具有公共服务性的基础性研究成果,特点为样本体量大、数据质量高、元素种类多、统计参数齐全,亮点是做到了土壤学与地学的结合。为尽快实现背景值调查研究成果的共享,根据浙江省自然资源厅的要求,本次公开出版不同层级(省级、地级市)的土壤元素背景值研究专著,这也是对浙江省第三次全国土壤普查工作成果共享的支持。《台州市土壤元素背景值》是地级市的系列成果之一,在编制过程中得到了台州市及各县(市、区)自然资源主管部门的积极协助,得到了农业、环保等部门的大力支持。中国地质大学出版社为本书的出版付出了辛勤劳动。

受水平所限,书中难免有疏漏,敬请各位读者不吝赐教!

著 者
2023 年 6 月

目 录

第一章 区域概况 …………………………………………………………………………（1）

第一节 自然地理与社会经济 ……………………………………………………………（1）
一、自然地理 ………………………………………………………………………………（1）
二、社会经济概况 …………………………………………………………………………（2）

第二节 区域地质特征 ……………………………………………………………………（2）
一、岩石地层 ………………………………………………………………………………（3）
二、岩浆岩 …………………………………………………………………………………（5）
三、区域构造 ………………………………………………………………………………（5）
四、矿产资源 ………………………………………………………………………………（6）
五、水文地质 ………………………………………………………………………………（7）

第三节 土壤资源与土地利用 ……………………………………………………………（7）
一、土壤母质类型 …………………………………………………………………………（7）
二、土壤类型 ………………………………………………………………………………（9）
三、土壤酸碱性 ……………………………………………………………………………（12）
四、土壤有机质 ……………………………………………………………………………（14）
五、土地利用现状 …………………………………………………………………………（14）

第二章 数据基础及研究方法 …………………………………………………………（16）

第一节 1∶25万多目标区域地球化学调查 ……………………………………………（16）
一、样品布设与采集 ………………………………………………………………………（17）
二、分析测试与质量控制 …………………………………………………………………（19）

第二节 1∶5万土地质量地质调查 ………………………………………………………（21）
一、样点布设与采集 ………………………………………………………………………（22）
二、分析测试与质量监控 …………………………………………………………………（23）

第三节 土壤元素背景值研究方法 ………………………………………………………（25）
一、概念与约定 ……………………………………………………………………………（25）
二、参数计算方法 …………………………………………………………………………（25）
三、统计单元划分 …………………………………………………………………………（26）
四、数据处理与背景值确定 ………………………………………………………………（27）

第三章 土壤地球化学基准值 …………………………………………………………（28）

第一节 各行政区土壤地球化学基准值 …………………………………………………（28）

  一、台州市土壤地球化学基准值 ………………………………………………………………………… (28)
  二、椒江区土壤地球化学基准值 ………………………………………………………………………… (28)
  三、黄岩区土壤地球化学基准值 ………………………………………………………………………… (33)
  四、路桥区土壤地球化学基准值 ………………………………………………………………………… (33)
  五、临海市土壤地球化学基准值 ………………………………………………………………………… (38)
  六、温岭市土壤地球化学基准值 ………………………………………………………………………… (38)
  七、玉环市土壤地球化学基准值 ………………………………………………………………………… (43)
  八、天台县土壤地球化学基准值 ………………………………………………………………………… (43)
  九、仙居县土壤地球化学基准值 ………………………………………………………………………… (43)
  十、三门县土壤地球化学基准值 ………………………………………………………………………… (50)
 第二节 主要土壤母质类型地球化学基准值 …………………………………………………………………… (50)
  一、松散岩类沉积物土壤母质地球化学基准值 ………………………………………………………… (50)
  二、古土壤风化物土壤母质地球化学基准值 …………………………………………………………… (55)
  三、碎屑岩类风化物土壤母质地球化学基准值 ………………………………………………………… (55)
  四、紫色碎屑岩类风化物土壤母质地球化学基准值 …………………………………………………… (55)
  五、中酸性火成岩类风化物土壤母质地球化学基准值 ………………………………………………… (62)
 第三节 主要土壤类型地球化学基准值 ………………………………………………………………………… (62)
  一、黄壤土壤地球化学基准值 …………………………………………………………………………… (62)
  二、红壤土壤地球化学基准值 …………………………………………………………………………… (62)
  三、粗骨土土壤地球化学基准值 ………………………………………………………………………… (69)
  四、紫色土土壤地球化学基准值 ………………………………………………………………………… (69)
  五、水稻土土壤地球化学基准值 ………………………………………………………………………… (69)
  六、潮土土壤地球化学基准值 …………………………………………………………………………… (76)
  七、滨海盐土土壤地球化学基准值 ……………………………………………………………………… (76)
 第四节 主要土地利用类型地球化学基准值 …………………………………………………………………… (76)
  一、水田土壤地球化学基准值 …………………………………………………………………………… (76)
  二、旱地土壤地球化学基准值 …………………………………………………………………………… (83)
  三、园地土壤地球化学基准值 …………………………………………………………………………… (83)
  四、林地土壤地球化学基准值 …………………………………………………………………………… (83)

第四章 土壤元素背景值 …………………………………………………………………………………… (91)

 第一节 各行政区土壤元素背景值 ……………………………………………………………………………… (91)
  一、台州市土壤元素背景值 ……………………………………………………………………………… (91)
  二、椒江区土壤元素背景值 ……………………………………………………………………………… (91)
  三、黄岩区土壤元素背景值 ……………………………………………………………………………… (96)
  四、路桥区土壤元素背景值 ……………………………………………………………………………… (96)
  五、临海市土壤元素背景值 ……………………………………………………………………………… (101)
  六、温岭市土壤元素背景值 ……………………………………………………………………………… (101)
  七、玉环市土壤元素背景值 ……………………………………………………………………………… (106)
  八、天台县土壤元素背景值 ……………………………………………………………………………… (106)
  九、仙居县土壤元素背景值 ……………………………………………………………………………… (111)

  十、三门县土壤元素背景值 …………………………………………………………………… (111)

 第二节 主要土壤母质类型元素背景值 ……………………………………………………… (116)

  一、松散岩类风化物土壤母质元素背景值 ……………………………………………… (116)

  二、古土壤风化物土壤母质元素背景值 ………………………………………………… (116)

  三、碎屑岩类风化物土壤母质元素背景值 ……………………………………………… (121)

  四、紫色碎屑岩类风化物土壤母质元素背景值 ………………………………………… (121)

  五、中酸性火成岩类风化物土壤母质元素背景值 ……………………………………… (121)

  六、中基性火成岩类风化物土壤母质元素背景值 ……………………………………… (128)

 第三节 主要土壤类型元素背景值 …………………………………………………………… (128)

  一、黄壤土壤元素背景值 ………………………………………………………………… (128)

  二、红壤土壤元素背景值 ………………………………………………………………… (133)

  三、粗骨土土壤元素背景值 ……………………………………………………………… (133)

  四、紫色土土壤元素背景值 ……………………………………………………………… (138)

  五、水稻土土壤元素背景值 ……………………………………………………………… (138)

  六、潮土土壤元素背景值 ………………………………………………………………… (138)

  七、滨海盐土土壤元素背景值 …………………………………………………………… (145)

 第四节 主要土地利用类型元素背景值 ……………………………………………………… (145)

  一、水田土壤元素背景值 ………………………………………………………………… (145)

  二、旱地土壤元素背景值 ………………………………………………………………… (150)

  三、园地土壤元素背景值 ………………………………………………………………… (150)

  四、林地土壤元素背景值 ………………………………………………………………… (150)

第五章 土壤碳与特色土地资源评价 ………………………………………………………… (158)

 第一节 土壤碳储量估算 ……………………………………………………………………… (158)

  一、土壤碳与有机碳的区域分布 ………………………………………………………… (158)

  二、单位土壤碳量与碳储量计算方法 …………………………………………………… (159)

  三、土壤碳密度分布特征 ………………………………………………………………… (161)

  四、土壤碳储量分布特征 ………………………………………………………………… (163)

 第二节 天然富硒土地资源开发建议 ………………………………………………………… (167)

  一、土壤硒地球化学特征 ………………………………………………………………… (168)

  二、富硒土地评价及开发保护建议 ……………………………………………………… (169)

第六章 结 语 ……………………………………………………………………………… (173)

主要参考文献 ………………………………………………………………………………………… (174)

第一章 区域概况

第一节 自然地理与社会经济

一、自然地理

1. 地理区位

台州市地处浙江省沿海中部,东濒东海市,南邻温州市,西连丽水市、金华市,北接绍兴市、宁波市。台州市陆域范围介于东经120°17′—121°56′、北纬28°01′—29°20′之间,东西长172.8km,南北宽147.8km。台州市土地面积为10 050.43km², 陆地总面积9411km², 领海和内水面积约6910km²。

2. 地形地貌

台州市的地理位置得天独厚,居山面海,平原丘陵相间,形成"七山一水二分田"的格局。地势由西向东倾斜,南面以雁荡山为屏,有括苍山、大雷山和天台山等主要山峰,其中括苍山主峰米筛浪高达1 382.4m,是浙东最高峰。椒江水系由西向东流经市区入台州湾。沿海区有椒北平原等三大平原为台州主要产粮区。大陆海岸线长约740km,岛屿928个,海岛岸线长约941km,岛陆域面积约273.76km²,主要有台州列岛和东矶列岛等。最大岛屿为玉环岛,现与大陆相连。据《台州统计年鉴—2022》,截至2021年12月底,台州市中低山与丘陵占台州市陆域面积的73.0%,平原区面积约占22.4%,内陆水域面积约占4.6%。

台州市地貌按成因类型总体可分为堆积地貌、侵蚀堆积地貌、侵蚀剥蚀地貌、侵蚀地貌4个大类,河口平原、丘陵平原、丘陵盆地、构造低山丘陵、构造中山5个亚类(表1-1)。

表1-1 台州市地貌分类分区表

地貌分类	亚类	分区名称	主要分布区
堆积地貌	河口平原	椒江河口平原区	黄岩区—路桥区—椒江区
侵蚀堆积地貌	丘陵平原	温岭丘陵平原区	温岭市
侵蚀剥蚀地貌	丘陵盆地	玉环丘陵盆地区	玉环市
侵蚀地貌	构造低山丘陵	黄岩-临海-三门低山丘陵区	黄岩区—临海县—三门县
	构造中山	华顶山-苍山中山区	天台县北东部
		大雷山-廿四尖中山区	仙居县北部
		括苍山-纺车岩-望海尖中山区	临海市—仙居县—黄岩区

堆积地貌区主要分布于区内东部沿海地区黄岩区—路桥区—椒江区一带，占总面积的10%左右，具体为河口平原亚类；侵蚀堆积地貌主要分布在沿海的温岭市等地；侵蚀剥蚀地貌主要分布在沿海的玉环市等地；侵蚀地貌区主要分布于区内的天台县、仙居县、黄岩区、临海县、三门县等地，占总面积的70%以上，根据侵蚀强度可细分为构造低山丘陵区和构造中山区两个亚类，其中构造中山区占总面积的2%左右。

3. 行政区划

据《台州市2022年国民经济和社会发展统计公报》，截至2022年12月底，台州市下辖椒江区、黄岩区、路桥区3个区，临海市、温岭市、玉环市3个县级市，天台县、仙居县、三门县3个县，分设61个镇、24个乡、45个街道办事处，288个城市社区，86个居民委员会及3024个村民委员会。截至2022年12月底，全市户籍人口604.95万人，男性人口308.22万人，女性人口296.73万人，男女性别比为103.9：100；常住人口667.8万人，全年共出生3.28万人，死亡4.09万人，人口出生率为5.42‰，死亡率为6.76‰，人口自然增长率为−1.34‰。

4. 气候与水文

台州市属中亚热带季风区，四季分明。受海洋水体调节和西北高山对寒流的阻滞，境内夏少酷热，冬无严寒，热量丰富，雨水充沛，气候温和湿润。全市年均日照时数1800~2037h。区域分布以天台县、玉环市与椒江区洪家街道为多。冬季平均气温低于10℃，夏季高于22℃，春、秋季介于10~22℃之间。夏季始于5月底至6月上旬，止于9月下旬至10月初，长达4个月。冬季始于11月下旬末至12月上中旬，止于3月下旬，持续3~4个月，以西北部丘陵山地为长。秋季始于9月下旬后期至10月初，止于11月下旬末至12月上旬，持续两个多月。春季在西北部始于3月下旬，在其他各地始于3月上中旬，止于5月下旬后期至6月上旬，分别达2个月和3个月。年降水量1185~2029mm，多年平均降水量1632mm。年降水总数132~171d。年内降水有两个明显的雨期：①5月下旬至6月下旬，为历时一个多月的梅雨期，降水量300多毫米，占全年降水量的20%，年际间比较稳定，相对变率为30%；②8月上旬至9月中旬，历时一个多月，为台风雨期，降水量350mm，占全年降水量的23%，年际间变化较大，相对变率在40%~60%之间。台州市6—9月多年平均降水量占全年总量的54.8%。

台州市境内有大小河流（含干支流）700多条，其中流域面积大于100km²的25条。椒江、金清两大河流水系的流域面积占全市陆域面积的80%左右。

二、社会经济概况

据《台州市2022年国民经济和社会发展统计公报》，2022年台州市实现地区生产总值6040.72亿元，按可比价格计算，比上年增长2.7%。其中，第一产业增加值330.06亿元，比上年增长2.9%；第二产业增加值2639.10亿元，比上年增长1.5%；第三产业增加值3071.56亿元，比上年增长3.8%。三次产业增加值结构为5.5：43.7：50.8。按照中国地区生产总值统一核算和数据发布制度规定，地区生产总值核算包括初步核算和最终核实两个步骤，经最终核实，2022年，台州市生产总值现价总量为5794.89亿元，按可比价格计算，比上年增长8.3%；三次产业增加值结构为5.4：44.1：50.5。

第二节　区域地质特征

台州市所处的大地构造单元为华南加里东褶皱系的浙东南褶皱带温州-临海凹陷。地质构造以断裂为主，褶皱不发育。出露地层主要包括前第四系中生界白垩系，地层岩性以沉积岩为主，地质体结构多呈块状、层状。侵入岩较发育，形成时代主要为燕山晚期，主要分布在黄岩区富山乡、临海市东北、天台县石梁镇以及

第一章 区域概况

三门县亭旁镇南侧一带,其余地段零星分布。岩体大多呈岩株、小岩株或岩枝状产出,以酸性岩为主。

海积平原区第四系主要包括全新统海积,上更新统冲海积、洪冲积、冲积,中更新统冲海积、洪冲积、坡冲积以及残坡积等。岩性包括淤泥质亚黏土、亚砂土及粉细砂、砂砾石等,厚度分布不均,部分地层局部地段缺失,在温黄平原区较为典型,最大厚度可达150余米。山区第四系主要包括残坡积,上更新统坡洪积、洪冲积和全新统冲积层。

一、岩石地层

台州市地层可划分为丘陵区地层和水网平原区地层。不同地层区具体特征描述如下。

1. 丘陵区地层

台州市境内出露地层主要是燕山构造层,基底构造层未见出露。燕山构造层以中生代火山岩、沉积岩为主,出露面积约734.38km²,占地层统计总面积的74.33%;第四系分布于永宁江上游及上游支流河谷中,为山区陆相松散堆积层,厚度一般不超过10m,有冲积、洪积和坡洪积等。另外,境内还分布有一些小规模的侵入岩、岩脉和次火山岩等(表1-2)。

表1-2 台州市丘陵区地层简表

系	统	组	代号	厚度/m	岩性特征	主要分布区域
第四系	全新统		Qh^{al}	1~8	岩性为冲积浅黄色、灰色及灰黄色砂砾石、砂,具明显的二元结构	溪沟、河谷中上游、河流两侧
	上更新统		Qp_3^{al-pl}、Qp_3^{pl-al}、Qp_3^{pl}	2~10	岩性为洪积、冲洪积、洪冲积碎砾石、砾石夹细砂、亚砂土等,黄褐色,结构较松散	
			Qp_3^{dl-pl}	2~5	岩性为坡积—洪积黏土、粉砂质黏土夹碎砾石	
新近系	上新统	嵊县组	N_2s	>145	基性熔岩	天台县石梁镇、泳溪乡,三门县沙柳乡
白垩系	上白垩统	赤城山组	K_2cc	>50	紫红色厚层块状砂砾岩,间夹含砾粉砂岩、粉砂质泥岩、含角砾玻屑凝灰岩	天台县白鹤镇、丽泽乡
		两头塘组	K_2l	>60	紫红色砂岩、粉砂岩夹砂砾岩,上部夹酸性玻屑凝灰岩	仙居县皤滩乡、埠头镇、田市镇
		塘上组	K_2t	>200	酸性火山碎屑岩夹酸性、中性熔岩及碎屑岩	三门县健跳镇、里铺镇,天台县洪畴镇
	下白垩统	小平田组	K_1x	>200	以中酸性、酸性火山碎屑岩为主,夹中性、酸性熔岩、紫红色砂岩、砂砾岩	仙居县双庙乡、朱溪镇、步路乡
		方岩组	K_1f	>250	灰紫色—紫红色厚层块状砂砾岩,顶部为紫红色粉砂岩、粉砂质泥岩	仙居县横溪镇
		朝川组	K_1cc	>65	上部为凝灰质含砾长石砂岩、凝灰质粉砂岩;下部为流纹质(含角砾)晶屑玻屑(熔结)凝灰岩,夹紫红色凝灰质砂岩、凝灰质粉砂岩	黄岩区宁溪镇、上垟乡、上郑乡,三门县花桥镇、小芝镇,临海市东塍镇、坝头镇,仙居县溪港乡、安岭乡,天台县雷峰乡、龙溪乡,温岭市南部
		馆头组	K_1gt	>61	杂色粉砂质泥岩、泥质粉砂岩、砂岩等,局部为流纹质含晶屑玻屑(熔结)凝灰岩	

续表1-2

系	统	组	代号	厚度/m	岩性特征	主要分布区域
白垩系	下白垩统	祝村组	K_1z	>470	上段为中酸性、酸性火山碎屑岩夹沉积岩；下段上部为酸性火山碎屑岩，下部为沉积岩	三门县珠岙镇
		九里坪组	K_1j	>240	流纹质玻屑熔结凝灰岩，块状结构，岩石致密坚硬，风化层厚度一般不大	临海市汛桥镇、仙居县上张乡、淡竹乡，三门县健跳镇、横渡镇
		茶湾组	K_1c	>25	上部为流纹质（含）角砾晶屑熔结凝灰岩；下部为凝灰质粉砂岩、凝灰质粉砂质泥岩、凝灰质砂砾岩。岩石总体完整，节理裂隙发育一般	
		西山头组	K_1x	>160	流纹质晶屑玻屑（熔结）凝灰岩夹凝灰质粉砂岩及沉凝灰岩	天台县大溪镇、三州乡，三门县湫水山
		高坞组	K_1g	>200	流纹质（含角砾）晶屑熔结凝灰岩，岩石致密坚硬，完整性良好，呈块状结构，节理裂隙发育一般，出露基岩风化程度以中风化为主	分布在玉环市大部分、黄岩区茅畲乡、温岭市太湖乡、天台县三州乡
		大爽组	K_1d	>217	上部主要为流纹质晶屑玻屑熔结凝灰岩；下部主要为深灰色—灰白色凝灰质粉砂岩、砂岩、砂砾岩以及深灰色英安质晶屑玻屑熔结凝灰岩	分布在天台县石梁镇、白鹤镇、街头镇

2. 水网平原区地层

水网平原区地层主要为第四系，包括全新统海积，上更新统冲海积、洪冲积、冲积，中更新统冲海积、洪冲积、冲洪积及残坡积等，出露面积约169.37km²，占地层统计总面积的17.13%。岩性包括淤泥质亚黏土、亚砂土及粉细砂、砂砾石等，总厚度总体由西向东逐渐增大，最大厚度可达150m左右（表1-3）。

表1-3 台州市水网平原区地层简表

统	代号	顶板埋深/m	厚度/m	岩性
全新统	Qh		20~50	海相青灰色淤泥质亚黏土，局部夹粉细砂或亚黏土薄层，含海相贝壳残体和碎片，局部可见由海相砂层组成的砂滩与砂堤。湖沼相青灰色含有机质黏土和灰黑色、灰褐色淤泥质亚黏土夹泥炭层，局部可见两层
上更新统	Qp_3^2	15~35	15~35	冲海相青灰色淤泥质亚黏土，顶部氧化层为褐黄色亚黏土，铁锰质及粉土含量较高，具微层理
		30~40	3~14	冲海相灰色—深灰色亚砂土及粉细砂，黏性土含量在15%左右，有时夹薄层淤泥质亚黏土或亚砂土
	Qp_3^1	30~60	40~60	冲海相青灰色淤泥质亚黏土，局部含有铁锰质，层内断续夹有薄层粉土或粉细砂层
		60~95	5~40	洪冲积、冲洪积为灰色、灰黄色砂砾石层
中更新统	Qp_2^2	90~120	10~40	冲湖相灰色、青灰色、灰绿色亚黏土、黏土，含有粉砂成分，局部见有铁锰质结核
		100~140	5~40	冲洪积、洪冲积为灰色、棕黄色、灰黄色砂砾石含黏性土
	Qp_2^1	70~150	10~40	坡洪积为黄褐色亚砂土，冲洪积为黄褐色砂砾石含黏性土，残坡积为棕黄色—褐黄色（碎）砾石含黏性土

二、岩浆岩

1. 侵入岩

台州市岩浆侵入活动频繁,分布广泛。据统计,全市各类大小侵入岩体共计80余个,占全市基岩总面积的8%左右。岩石类型主要有中性岩和酸性岩,基性岩和碱性岩较少。侵入活动期次主要为燕山期,少量喜马拉雅期,以燕山期侏罗纪—白垩纪侵入活动最为强烈(表1-4)。

表1-4 台州市侵入岩建造一览表

构造期	侵入时代			侵入岩建造		主要产地
	代	纪	世	岩石类型	岩石建造	
喜马拉雅期	新生代	新近纪	上新世	中性-基性岩类	安山玢岩-辉绿玢岩-玄武岩组合	临海市桑洲镇、三门县珠岙镇
燕山期	中生代	白垩纪	早白垩世	中性岩类	细中粒斑状石英闪长岩-石英二长岩-石英二长斑岩组合	三门县康岭乡
				中酸性岩类	中细粒斑状石英二长闪长岩-二长花岗岩-钾长花岗岩-花岗斑岩-石英斑岩组合	临海市河头镇、汇溪镇
					闪长岩-石英闪长岩-花岗闪长岩组合	天台县福溪街道
		侏罗纪	晚侏罗世(—早白垩世)	酸性—中性岩类	中细粒钾长花岗岩-石英正长岩组合	黄岩区富山乡

侵入岩较发育,出露面积约87.3km²,主要分布于区域中部和北西部,较大的岩体依次出现在三门县康岭乡,天台县石梁镇,仙居县俞坑,黄岩区富山乡、大溪村,临海市黄坦村、前山村、汇溪镇、小芝镇等地。侵入岩呈岩株、岩枝产出,侵入岩面积一般不大,最大的岩体为康谷复式岩体,位于三门县康岭乡,由24个侵入体组成。

侵入岩主要有中细粒石英二长岩($K_1\eta$)、中细粒二长花岗岩($K_1\eta\gamma$)、细粒钾长花岗岩($K_1\xi\gamma$)、中细粒闪长玢岩($K_1\delta\mu$)、石英正长岩($K_1\xi$),少量斑状石英闪长岩($K_1\delta$)、石英闪长岩($K_1\delta\mu$)、闪长岩($K_1\delta$)等。潜火山岩岩性主要有流纹(斑)岩($\lambda\pi$)、英安玢岩($K_1\alpha\mu$)、安山玢岩($K_1\zeta\mu$)和霏细(斑)岩($\upsilon\pi$)、花岗(斑)岩($\gamma\pi$)等。基性、超基性岩脉较少,主要分布在三门县北部。侵入岩侵入时代都属燕山晚期。脉岩分布不均匀,集中于区域中部、西部,走向以北东向为主。

2. 火山岩

区内火山活动十分强烈,遍布全市,岩石分布面积占总基岩面积的80%以上,形成时代自晚侏罗世至新生代均有,以中生代为主。出露的岩石类型较为齐全,酸性、中酸性的火山碎屑岩类占绝对优势。

三、区域构造

台州市所处的大地构造单元为华南加里东褶皱系的浙东南褶皱带温州-临海凹陷。地质构造以断裂为主,褶皱较不发育。北北东向温州-镇海深断裂从长潭水库西侧经过,南段称北东向泰顺-黄岩大断裂;北段称临海-三门大断裂,由三门县西部通过。在地表,北北东向、北东向、南北向、东西向以及北西向断裂等组成本区的构造格架,以北北东向、北东向断裂构造最为发育。

1. 北北东向断裂

区内北北东向断裂组成的长潭断裂带十分醒目。该断裂带构成了温州-镇海北北东向深断裂的中段,沿长潭水库西侧一带呈北北东(25°～30°)方向斜贯黄岩区,向北穿过临海市、三门县,进入宁海县等地。该断裂带宽5～8km,由一系列呈大致平行的北北东向断裂组成,倾向以北西为主,倾角较大。断裂带内岩石破碎,发育构造角砾岩,节理及劈理亦发育,局部地层发生倒转。

2. 北东向断裂

该断裂主要发育于西部地区,由东、西两个带构成:东带起源于临海市下各镇、双庙乡一带,经水洋镇、爱国乡延至沿溪乡一带;西带南部起源于仙居县埠头镇,向北经仙居县广度乡延至天台县街头镇、白鹤镇一带。断裂走向一般30°～50°,单条断裂延伸长度一般4～12km以上,断裂中常充填有后期脉岩。破碎带宽2～50m不等,见硅化及绿泥石化等蚀变。断裂性质以压性、压扭性为主,断面呈舒缓波状,劈理、擦痕发育。

3. 南北向断裂

区内南北向断裂规模不大,形成时间较早,主要发育在黄岩区上垟乡、平田乡等地,向北延至长潭水库和北洋镇一带。断裂破碎带宽2～40m不等,走向延伸长度一般1.2～13km。断裂性质多张性,部分具张扭性特征,发育构造角砾和透镜体。

4. 东西向断裂

区内东西向断裂形成时间较早,常常被其他方向断裂切割。呈断续状出露,单条断裂延伸一般1～3km,主要发育于黄岩区马鞍山村、牌门村一带,断裂性质以压性为主。另外,在三门县康岭至花桥镇一带也见断裂发育。硅化破碎带宽一般1～5m,具有挤压构造透镜体,断面呈波状,有脉岩充填。

5. 北西向断裂

北西向断裂在北西部天台一带尤为发育,单条断裂长可达数十千米,破碎带宽3～40m,在断裂之间夹持地段地层产状一般平缓,倾角为15°～20°。另外,在临海市牛头山水库西侧也有发育。断裂性质以张性为主,发育构造角砾岩,局部有辉绿玢岩、安山玢岩及花岗斑岩等岩脉充填。

四、矿产资源

台州市金属矿产贫乏,非金属矿产丰富,地热资源具有一定潜力,建筑用石料、萤石等为市内主要矿种。全市已发现各类矿产30余种,查明资源储量的矿种20种,经过地质勘查的矿产地51处,其中有探明资源量矿种4种,分别为普通萤石、建筑用凝灰岩、煤炭和铅锌矿。

建筑用石料:包括各种凝灰岩、玄武岩及花岗岩,其中凝灰岩分布最广,可以满足当地城市的各项基础设施建设,为全市最主要的开发利用矿种。

萤石:主要分布在天台县、临海市和仙居县等地,目前查明大型矿床1处、中型矿床3处、小型矿床9处、矿(化)点66处。

金属矿产:以铅、锌、银为主,是浙江省重要金属矿产地,分布于黄岩区五部村、天台县大岭口村2处大中型矿区,以及黄岩区上垟乡、仙居县上井村等6处小型矿区。

其他非金属矿产:主要有地开石、陶土、高岭土、叶蜡石、珍珠岩、沸石等,分布于天台县、仙居县、临海市、温岭市等地,均有一定资源前景,但地质勘查程度相对偏低,暂未开发利用。

五、水文地质

全市地势以山地丘陵为主,河流水系较为发育。按照地下水赋存条件、物理性质、水力特征等,全市地下水可划分为松散岩类孔隙水、基岩裂隙水两大类,其中松散岩类孔隙水可进一步分为潜水和承压水两个亚类。

1. 松散岩类孔隙水

松散岩类孔隙水主要分布于区内东部滨海平原区、低山丘陵区的河流谷地和椒江两岸平原区。

在东部滨海平原区,地势低洼,雨季常有海水倒灌而造成洪涝。表层全新统湖相淤泥质黏土赋存有孔隙潜水,下部上更新统、中更新统发育承压含水层。在河流谷地、滨海平原区,潜水含水层由鄞江桥组冲积砂砾石和镇海组冲海相粉质黏土、粉细砂组成,而承压水主要赋存于平原区深部的上更新统和中更新统中。

2. 基岩裂隙水

基岩裂隙水主要分布于区内中、低山丘陵区及平原区出露的孤山丘陵区,赋水岩性为中生代碎屑岩和火山岩。基岩裂隙水一般富水性较差,但水质较好,溶解性总固体(TDS)含量为 $0.03\sim0.30\text{g/L}$。红色碎屑岩孔隙裂隙水,水量贫乏,一般水质尚好。

第三节 土壤资源与土地利用

一、土壤母质类型

地质背景决定了成土母质或母岩,是除气候、地貌、生物等因素之外,对土壤形成类型、分布及其地球化学特征有影响的关键因素。土壤母质,即成土母质,是指母岩(基岩)经风化剥蚀、搬运及堆积等作用后于地表形成的松散风化壳的表层。因此,成土母质对母岩具有较强的承袭性。成土母质又是形成土壤的物质基础,对土壤的形成和发育具有特别重要的意义,在一定的生物、气候条件下,成土母质的差异性往往成为土壤分异的重要因素。

按岩石的地质成因及地球化学特征,台州市成土母质可划分为2种成因类型6种成土母质类型(表1-5,图1-1)。

运积型成土母质:主要母质类型为松散岩类沉积物。在区域分布上,该类成土母质主要分布于平原区和山间河流谷地与河口平原区。受流水作用,成土母质经基岩风化后,存在一定的搬运距离,按搬运距离由近到远,沉积物颗粒逐渐由粗变细,岩石物质成分混杂。在地形地貌上,该类成土母质主要涉及区内的水网平原区、河谷平原等地貌类型。主要岩性包括河口相淤泥、粉砂沉积物,河道相、边滩相、河漫滩相淤泥、砂、砾、粉砂等沉积物,湖沼相、潟湖相、湖相、滨湖相、牛轭湖相淤泥、碳质淤泥、粉砂质淤泥等沉积物,滨海相淤泥、粉砂质淤泥、(粉)砂等沉积物等。

残坡积型成土母质:经基岩风化形成后,未出现明显搬运或搬运距离有限,母质中砾石岩性成分可识别,并与周边基岩有一定的对应性。全市根据岩石地球化学性质,总体划分为古土壤风化物、碎屑岩类风化物、紫色碎屑岩类风化物、中基性火成岩类风化物、中酸性火成岩类风化物五大类。该类成土母质主要分布于山地丘陵区,表现为质较粗、形成土壤对原岩有明显续承性的特征。

表1-5 台州市主要成土母质分类表

成因类型	母质类型	地形地貌	主要岩性与岩石类型特征
运积型	松散岩类沉积物	水网平原	滨海相淤泥、粉砂质淤泥、(粉)砂沉积物
			湖沼相沉积物、潟湖相沉积物、湖相沉积物、滨湖相沉积物、牛轭湖相沉积物
		河谷平原	河口相粉砂、淤泥沉积物
			河道相、边滩相、河漫滩相沉积物
残坡积型	古土壤风化物	山地丘陵区	红土、网纹红土等古土壤风化物
	碎屑岩类风化物		泥页岩、砂(砾)岩、砂泥岩互层风化物
			硅质岩、石英砂岩类风化物
	紫色碎屑岩类风化物		石灰性紫泥岩、石灰性紫砂岩类风化物
			非石灰性紫泥岩、非石灰性紫砂岩类风化物
	中基性火成岩类风化物		基性、中基性侵入岩类风化物
			玄武岩等中基性喷出岩类风化物
	中酸性火成岩类风化物		花岗岩、流纹斑岩、中酸性次火山岩类等风化物
			中酸性火山碎屑岩类风化物

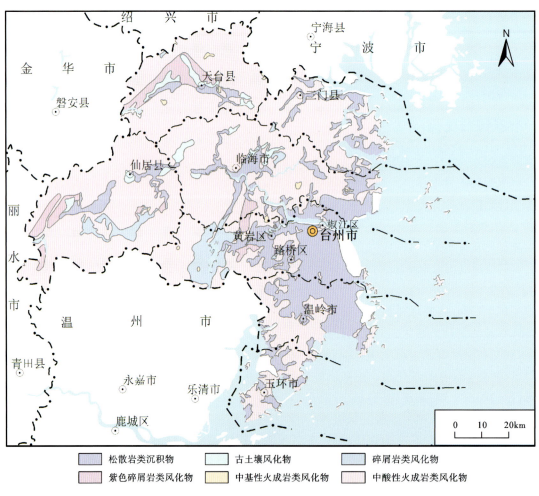

图1-1 台州市不同土壤母质分布图

二、土壤类型

1979—1985年第二次全国土壤普查表明,台州市土壤总面积为93.76万hm^2。全市成土环境复杂多变,土壤性质差异较大,共有7个土类17个亚类56个土属及121个土种。土壤分布主要受地貌因素的制约,随地貌类型和海拔的不同而变化。全市土壤中,红壤分布最广,占土壤总面积的46.18%;水稻土次之,约占土壤总面积的21.61%(表1-6)。

1. 红壤

台州市红壤土类主要分布在海拔700m以下的低山丘陵区,面积占全市土壤总面积的46.18%,占全市山(旱)地土壤面积的58.91%。该土类母质类型多样,除紫红色砂砾岩、粉砂岩风化母质及全新统沉积母质外,市域内出露的所有母质上均有红壤发育。红壤在形成和发育过程中,土体经历了强烈的风化淋溶和脱硅富铝化作用,原生矿物被强烈分解,形成了以高岭石为主的土壤次生黏粒矿物,铁铝物质富集明显。土体的黏粒硅铝率低,一般为2.0~2.5。黏粒中氧化铁含量为10%左右,赤铁矿化显著,土体一般呈均匀红色。由于盐基物质大量淋失,土壤呈强酸性—酸性,pH为4.5~5.5。

表1-6 台州市土壤类型分类表

土类	亚类	土属	分布与成土母质类型	占比/%
红壤	红壤	黄筋泥	大面积分布于台州市的山地丘陵区,成土母质类型多样,主要为火山岩、碎屑岩、侵入岩等风化形成的残坡积物,局部为山间谷口的冲洪积物等	46.18
		红泥土		
		红黏泥		
		砂黏质红泥		
	黄红壤	亚黄筋泥		
		黄泥土		
		黄红泥土		
		砂黏质黄泥		
		黄黏泥		
	红壤性土	红粉泥土		
	饱和红壤	棕红泥		
黄壤	黄壤	山黄泥土	分布于中低山区的中上部,成土母质类型多为火山岩、侵入岩等风化形成的残坡积物	6.74
紫色土	石灰性紫色土	紫砂土	大面积分布于中生代盆地中,成土母质类型为紫红色碎屑岩类风化的残坡积物	1.70
		红紫砂土		
	酸性紫色土	酸性紫色土		
		红紫砾土		
		红砂土		
	棕色石灰土	油黄泥		
粗骨土	酸性粗骨土	石砂土	分布于低山丘陵陡坡地段,成土母质为火山岩、碎屑岩等风化的残坡积物	11.12
		白岩砂土		
		片石砂土		

续表 1-6

土类	亚类	土属	分布与成土母质类型	占比/%
潮土	灰潮土	洪积泥砂土	分布于椒江下游两岸、平原区主要水体边部，成土母质为湖沼相、海积相松散沉积物	3.74
		清水砂		
		培泥砂土		
		泥砂土		
		潮泥土		
		砂岗砂土		
		淡涂泥		
		江涂泥		
		滨海砂土		
滨海盐土	滨海盐土	涂泥	分布于三门、温岭、临海、玉环、黄岩及椒江等境内的滩涂上，成土母质为近期浅海及河口交互相沉积物	8.91
		咸泥		
	潮滩盐土	滩涂泥		
水稻土	淹育水稻土	滨海砂田	分布于东部滨海平原区、河流两侧及山地峡谷、丘陵山垄的低洼处，成土母质为湖沼相或湖海相沉积物、河流冲洪积物，局部为残坡积物等	21.61
		黄泥田		
		酸性紫泥田		
		江涂泥田		
		涂泥田		
		钙质紫泥田		
		红紫泥田		
	渗育水稻土	培泥砂田		
		泥砂田		
		淡涂泥田		
	潴育水稻土	洪积泥砂田		
		黄泥砂田		
		老黄筋泥田		
		泥质田		
		黄斑田		
		老滩涂泥田		
		粉泥田		
		红紫泥砂田		
	脱潜水稻土	青紫泥田		
	潜育水稻土	烂浸田		
		烂泥田		
		烂青紫泥田		
		烂塘田		

2. 黄壤

黄壤土类分布在650m以上的中、低山地,面积占全市土壤总面积的6.74%。

黄壤所处海拔较高,分布在山体的中、上部,在发育上有3个明显特征:一是风化度比红壤低;二是氧化铁普遍水化;三是生物凋落物质多,且分解缓慢,有机质积累较多。全市黄壤土类仅有山黄泥土一个土属。

3. 紫色土

紫色土土类主要分布在暗紫色粉砂质泥岩、泥质粉砂岩和紫红色砂砾岩出露的丘陵山地,面积占全市土壤总面积的1.70%,占全市山(旱)地土壤面积的2.17%。紫色土因母岩的物理风化强烈,其上植被稀疏,水土流失现象十分严重,成土环境很不稳定,致使土壤发育一直滞留在较年幼阶段,全剖面继承了母岩色泽,呈紫色或红紫色。土层厚度受地形部位影响较大,一般山坡中、上部土层很薄,坡麓处土层稍厚。根据母质特性,全市紫色土分为石灰性紫色土、酸性紫色土、棕色石灰土3个亚类。

4. 粗骨土

粗骨土土类主要分布于低山丘陵的陡坡和顶部,母质为凝灰岩和砂砾岩等风化物,面积占全市土壤总面积的11.12%,占全市山(旱)地土壤的5.3%。由于成土环境极不稳定,冲刷严重,成土作用微弱,因此,土壤的粗骨性、薄层性及发育阶段上的原始性均表现得非常突出,土体厚度一般不超过30cm,土体内砾石含量大多超过50%,为重石质土。母质层常因侵蚀而出露地表,有的甚至基岩裸露,土壤呈酸性反应,pH为5.0~6.0。台州市粗骨土只有酸性粗骨土一个亚类。

5. 潮土

潮土土类广泛分布于地势低平、地下水埋藏较浅的平原地区和山谷的河溪两侧,面积占全市土壤总面积的3.74%。母质为河相、湖相、海相的各种沉积物。该土壤土层深厚,灌溉便利,多已被开发利用,种植桑、果、菜、稻、竹、苗木等粮食和经济作物,是台州市一种重要的农业土壤资源。

潮土受地下水位升降和地表水下渗的双重影响,Fe、Mn元素发生频繁的氧化还原交替,土体中出现有上稀下密的铁锰斑纹或结核。土壤反应近中性,pH一般为6.5~7.5。根据母质类型和土壤发育状况,潮土土类仅有灰潮土一个亚类,分为洪积泥砂土、清水砂、培泥砂土、泥砂土、潮泥土、砂岗砂土、淡涂泥、江涂泥、滨海砂土9个土属。

6. 滨海盐土

滨海盐土土类分布在三门、温岭、临海、玉环、黄岩及椒江等境内的滩涂上,面积占全市土壤总面积的8.91%。母质为近期浅海及河口交互相沉积物,土层厚达数米。全市滨海盐土发育滨海盐土和潮滩盐土两个亚类,根据受盐分影响程度和土壤发育状况,滨海盐土亚类又分为涂泥和咸泥两个土属。

7. 水稻土

水稻土土类是在各种自然土壤的基础上,经长期的水耕熟化、定向培育而形成的一种特殊的农业土壤类型。它分布广泛,尤其集中在平原地区,总面积达20.27万hm²,约占全市土壤总面积的21.61%。

长期的淹水植稻彻底改变了原来土壤的氧化还原状况,频繁、强烈的干湿交替使得土壤有机质的组成、结构和分解、累积强度发生了明显变化,并引起了可溶性物质和胶体物质的迁移转化,使土壤形态和性质发生了重大改变,形成了水稻土独有的剖面形态特征。

台州市水稻土共分5个亚类23个土属,是全市发生分异最复杂的土类(图1-2)。

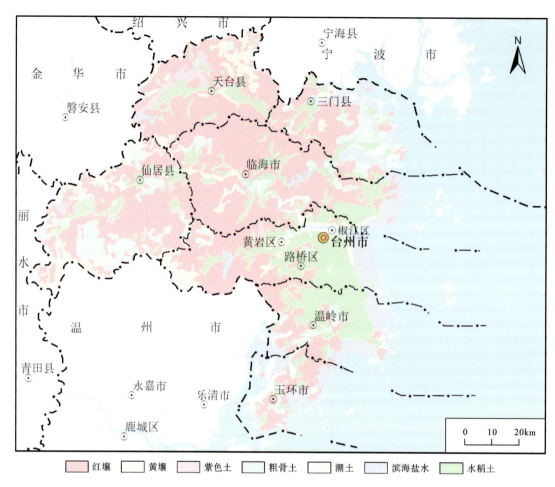

图1-2 台州市不同土壤类型分布图

三、土壤酸碱性

土壤酸碱度是土壤理化性质的一项重要指标,也是影响土壤肥力、重金属活性等的重要因素。土壤酸碱度由土壤成因、母质来源、地貌类型及土地利用方式等因素决定。

台州市表层土壤酸碱度统计主要依据1:5万土地质量地质调查数据,按照强酸性、酸性、中性、碱性和强碱性5个等级的分级标准进行统计分析,结果如表1-7和图1-3所示。

表1-7 台州市表层土壤酸碱度分布情况统计表

土壤酸碱度等级	强酸性	酸性	中性	碱性	强碱性
pH 分级	pH<5.0	5.0≤pH<6.5	6.5≤pH<7.5	7.5≤pH<8.5	pH≥8.5
样本数/件	7776	9636	1523	3106	268
占比/%	34.86	43.19	6.83	13.92	1.20

台州市表层土壤pH总体变化范围为3.57~9.32,平均值为5.69。全市土壤以酸性、强酸性为主,两者样本数所占比例之和达78.05%,几乎覆盖了台州市大片面积;其次为碱性,中性、强碱性土壤分布面积较少。由图可知,碱性、强碱性土壤(pH≥7.5)主要分布在三门县、临海市、路桥区、椒江区、温岭市东部以

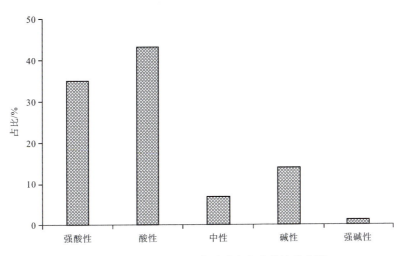

图1-3 台州市表层土壤酸碱度占比统计柱状图

及玉环市北部沿海区域,呈南北向带状展布,该类土壤与近期浅海及河口交互相沉积物的滨海盐土关系密切;中性土壤主要分布在临海市—黄岩区—温岭市河口相沉积物,该类土壤母质类型主要为松散岩类沉积物;强酸性土壤零星分布,母质以中酸性火成岩类风化物为主(图1-4)。

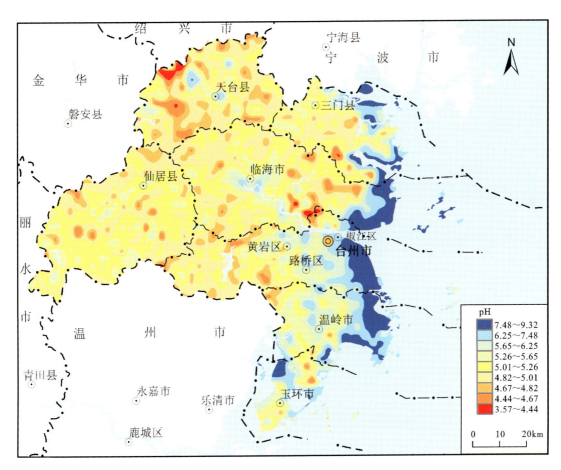

图1-4 台州市表层土壤酸碱度分布图

四、土壤有机质

土壤有机质是指土壤中各种动植物残体在土壤生物作用下形成的一种化合物,具有矿化作用和腐殖化作用,它可以促进土壤结构形成,改善土壤物理性质。因此,土壤有机质是土壤质量中的一项重要指标。

台州市表层土壤有机质总体变化范围为0.14%~5.05%,平均值为2.33%,变异系数为0.36,空间分布差异不明显。如图1-5所示,台州市有机质空间分布呈现南高北低的特征。高值区总体呈东西向带状分布,主要分布于仙居县南部、临海市南部、温岭市西部以及黄岩区和路桥区大部分地区;低值区主要分布在台州湾以及永安溪、始丰溪水系两侧,含量普遍低于1%。

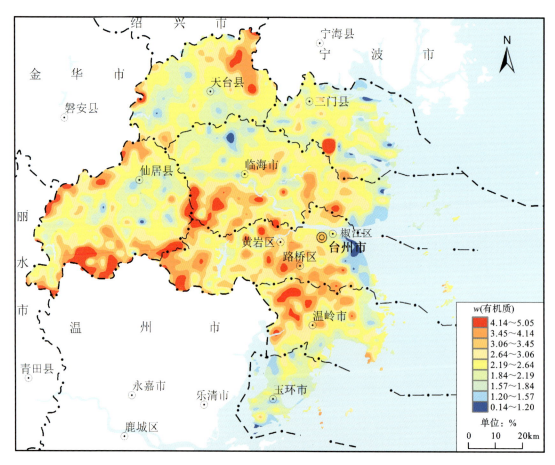

图1-5 台州市表层土壤有机质地球化学图

从土壤有机质的空间分布来看,有机质的分布特征与成土母质类型关系密切。中酸性火成岩类风化物中有机质相对丰富,而松散岩类沉积物、紫色碎屑岩类风化物中有机质明显贫乏。

五、土地利用现状

根据台州市第三次全国国土调查(2018—2021年)结果,台州市域土地总面积为996 542.67 hm²。其中,耕地面积为131 609.05 hm²,占比13.21%;园地面积为82 997.38 hm²,占比8.33%;林地面积为540 367.60 hm²,占比54.23%;草地面积为9 689.41 hm²,占比0.97%;湿地面积为36 961.77 hm²,占比3.71%;城镇村及工矿用地面积为107 963.54 hm²,占比10.83%;交通运输用地面积为24 851.22 hm²,占比2.49%;水域及水利设施用地面积为62 102.70 hm²,占比6.23%。台州市土地利用现状统计见表1-8。

表 1-8 台州市土地利用现状(利用结构)统计表

地类		面积/hm²		占比/%
		分项面积	小计	
耕地	水田	109 726.74	131 609.05	13.21
	旱地	21 882.31		
园地	果园	71 464.17	82 997.38	8.33
	茶园	5 793.77		
	其他园地	5 739.44		
林地	乔木林地	459 824.65	540 367.60	54.23
	竹林地	44 225.44		
	灌木林地	14 392.94		
	其他林地	21 924.57		
草地	草地	9 689.41	9 689.41	0.97
湿地	红木林地	3.52	36 961.77	3.71
	内陆滩涂	2 519.39		
	沿海滩涂	34 438.86		
城镇村及工矿用地	城市用地	21 907.27	107 963.54	10.83
	建制镇用地	26 046.48		
	村庄用地	56 170.49		
	采矿用地	2 091.50		
	风景名胜及特殊用地	1 747.80		
交通运输用地	铁路用地	1 055.01	24 851.22	2.49
	轨道交通用地	92.23		
	公路用地	14 077.29		
	农村道路	8 763.24		
	机场用地	271.68		
	港口码头用地	585.95		
	管道运输用地	5.82		
水域及水利设施用地	河流水面	30 356.39	62 102.70	6.23
	湖泊水面	126.10		
	水库水面	8 993.80		
	坑塘水面	18 177.52		
	沟渠	1 578.83		
	水工建筑用地	2 870.06		
土地总面积		996 542.67	996 542.67	100.00

第二章 数据基础及研究方法

自 2002 年至 2022 年,20 年间台州市相继开展了 1∶25 万多目标区域地球化学调查、1∶5 万土地质量地质调查工作,积累了大量的土壤元素含量实测数据和相关基础资料,为该地区土壤元素背景值研究奠定了坚实的基础。

第一节 1∶25 万多目标区域地球化学调查

多目标区域地球化学调查是一项基础性地质调查工作,通过系统的"双层网格化"土壤地球化学调查,获得了高精度、高质量的地球化学数据,为基础地质、农业生产、土地利用规划与管护、生态环境保护等多领域研究和多部门应用提供多层级的基础资料。

台州市 1∶25 万多目标区域地球化学调查始于 2002 年,于 2018 年结束,前后历经两个阶段,完成了台州市全域覆盖的系统调查工作(图 2-1,表 2-1)。

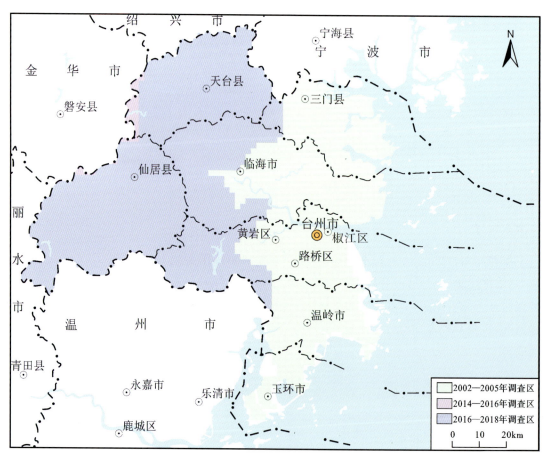

图 2-1 台州市 1∶25 万多目标区域地球化学调查工作程度图

表 2-1　台州市 1∶25 万多目标区域地球化学调查工作统计表

时间	项目名称	主要负责人	调查区域
2002—2005 年	浙江省 1∶25 万多目标区域地球化学调查	吴小勇	温岭市、椒江区东部平原
2014—2016 年	浙西北地区 1∶25 万多目标区域地球化学调查	解怀生、黄春雷	天台县西部、仙居县西北部低山区
2016—2018 年	浙东地区 1∶25 万多目标区域地球化学调查	周国华、孙彬彬	仙居县、天台县等丘陵区

2002—2005 年，在省部合作的"浙江省农业地质环境调查"项目中，浙江省地质调查院组织开展了"浙江省 1∶25 万多目标区域地球化学调查"项目，完成了三门县、椒江区、路桥区、温岭市、玉环市、黄岩区东部、临海市东部等平原区的调查工作。2014—2016 年，"浙西北地区 1∶25 万多目标区域地球化学调查"项目完成了天台县西北、仙居县西北部中低山区的调查工作。2016—2018 年，中国地质调查局开展的"浙东地区 1∶25 万多目标区域地球化学调查"项目覆盖了仙居县、天台县、临海市西部、黄岩区西部等低山丘陵区的调查工作。至此，台州市完成了 1∶25 万多目标区域地球化学调查全覆盖。

一、样品布设与采集

台州市 1∶25 万多目标区域地球化学调查执行中国地质调查局的《多目标区域地球化学调查规范（1∶250 000）》(DZ/T 0258—2014)、《区域地球化学勘查规范》(DZ/T 0167—2006)、《土壤地球化学测量规范》(DZ/T 0145—2017)、《区域生态地球化学评价规范》(DZ/T 0289—2015)等规范。

（一）样品布设和采集

1∶25 万多目标区域地球化学调查采用"网格＋图斑"双层网格化方式布设，样点布设以代表性为首要原则，兼顾均匀性、特殊性。代表性原则是指按规定的基本密度，将样点布设在网格单元内主要土地利用、主要土壤类型或地质单元的最大图斑内。均匀性原则是指样点与样点之间应保持相对固定的距离，以规定的基本密度形成网格。一般情况下，样点应布设于网格中心部位，每个网格均应有样点控制，不得出现连续 4 个或以上的空白小格。特殊性原则是指水库、湖泊等采样难度较大的区域，按照最低采样密度要求进行布设，一般选择沿水域边部采集水下淤泥物质。城镇、居民区等区域样点布设可适当放宽均匀性原则，一般布设于公园、绿化地等"老土"区域。

表层土壤样采集深度为 0～20cm，平原区深层土壤采集深度为 0～150cm 以下，低山丘陵区深层土壤采集深度为 0～120cm 以下。

1. 表层土壤样

表层土壤样品布设以 1∶5 万标准地形图 4km^2 的方里网格为采样大格，以 1km^2 为采样单元格，再按 1 件/4km^2 的密度采集，并组合成分析样品。样品自左向右、自上而下依次编号。

在平原区及山间盆地区，样点通常布设于单元格中间部位附近，以耕地为主要采样对象。在野外现场根据实际情况，选择具代表性地块的 100m 范围内，采用"X"形或"S"形进行多点组合采样，注意远离村庄、主干交通线、矿山、工厂等点污染源，严禁采集人工搬运堆积土，避开田间堆肥区及养殖场等受人为影响的局部位置。

在丘陵坡地区，样点通常布设于沟谷下部、平缓坡地、山间平坝等土壤易于汇集处，原则上选择单元格内大面积分布的土地利用类型区，如林地区、园地区等，同时兼顾面积较大的耕地区。在布设的采样点周边 100m 范围内多点采样组合成 1 件样品。

在湖泊、水库及宽大的河流水域区，当水域面积超过 2/3 单元格面积时，于单元格中间近岸部位采集水底沉积物样品,当水域面积较小时采集岸边土壤样品。

在中低山林地区,由于通行困难且局部地段土层较薄,可在山脊、鞍部或相对平坦、土层较厚、土壤发育成熟地段多点组合样品采集。

表层土壤样采集深度为0～20cm,采集过程中去除表层枯枝落叶及样品中的砾石、草根等杂物,上下均匀采集。土壤样品原始质量大于1000g,确保筛分后质量不低于500g。

野外采样时,原则上在预布点位采样,不得随意移动采样点位,以保证样点分布的均匀性、代表性。在实际采样时,可根据通行条件,或者矿点、工厂等污染源分布情况,适当合理地移动采样点位,并在备注栏中说明,同时该采样点与四临样点间距离不小于500m。

2. 深层土壤样

深层土壤样品采样点以1件/4km^2的密度设计,再按1件/16km^2(4km×4km)的密度组合成分析样。样品布设以1:10万标准地形图16km^2的方里网格为采样大格,以4km^2为采样单元格,自左向右、自上而下依次编号。

在平原及山间盆地区,采样点通常布设于单元格中间部位,采集深度为150cm以下,样品为10～50cm的长土柱。

在山地丘陵及中低山区,样品通常布设于沟谷下部平缓部位,或是山脊、鞍部土层较厚部位。由于土层通常较薄,采样深度控制在120cm以下;当反复尝试发现土壤厚度达不到要求时,可将采集深度放松至100cm以下。当单孔样品量不足时,可在周边合适地段进行多孔平行孔采集。

深层土壤样品原始质量大于1000g,要求采集发育成熟的土壤,避开山区河谷中的砂砾石层及山坡上残坡积物下部(半)风化的基岩层。

样品采集原则同表层土壤,按照预布点位进行采集,不得随意移动采样点位。在实际采样时,可根据土层厚度、土壤成熟度等情况适当合理地移动采样点位,并在备注栏中说明,同时要求该采样点与四临样点间距离不小于1000m。

(二)样品加工与组合

选择在干净、通风、无污染场地进行样品加工,加工时对加工工具进行全面清洁,防止发生人为玷污。样品采用日光晒干和自然风干,干燥后采用木棰敲打达到自然粒级,用20目尼龙筛全样过筛。在加工过程中,表层、深层样加工工具分开专用,样品加工好后保留副样500～550g,分析测试子样质量要达70g以上,认真核对填写标签,并装瓶、装袋。装瓶样品及分析子样按(表层1:5万、深层1:10万)图幅排放整理,填写副样单或子样清单,移交样品库管理人员,做好交接手续。

在样品库管理人员的监督指导下开展分析样品组合工作,组合分析样质量不少于200g。每次只取4件需组合的分析子样,等量取样称重后进行组合,并充分混合均匀后装袋。填写送样单并核对,在技术人员检查清点后,送往实验室进行分析。

(三)样品库建设

区域土壤地球化学调查采集的土壤实物样品将长期保存。样品按图幅号存放,并根据表层土壤和深层土壤样品编码图建立样品资料档案。样品库保持定期通风、干燥、防火、防虫。建立定期检查制度,发现样品标签不清、样品瓶破损等情况后要及时处理。样品出入库时办理交接手续。

(四)样品采集质量控制

质量检查组对样品采集、加工、组合、副样入库等进行全过程质量跟踪监管,从采样点位的代表性,采样深度,野外标记,记录的客观性、全面性等方面抽查。野外检查内容主要包括:①样品采集质量,样品防站污措施,记录卡填写内容的完整性、准确性,记录卡、样品、点位图的一致性;②GPS航点航迹资料的完整性及存储情况等;③样品加工检查,主要核对野外采样组移交样品的一致性,要求样袋完好、编号清楚、原始质量满足要求,样本数与样袋数一致,样品编号与样袋编号对应;④填写野外样品加工日常检查登记表,组合与副样入库等过程符合规范要求。

二、分析测试与质量控制

1. 分析指标

台州市1∶25万多目标地球化学调查土壤样品测试由中国地质科学院地球物理地球化学勘查研究所实验测试中心、浙江省地质矿产研究所承担,共分析54项元素/指标:银(Ag)、砷(As)、金(Au)、硼(B)、钡(Ba)、铍(Be)、铋(Bi)、溴(Br)、碳(C)、镉(Cd)、铈(Ce)、氯(Cl)、钴(Co)、铬(Cr)、铜(Cu)、氟(F)、镓(Ga)、锗(Ge)、汞(Hg)、碘(I)、镧(La)、锂(Li)、锰(Mn)、钼(Mo)、氮(N)、铌(Nb)、镍(Ni)、磷(P)、铅(Pb)、铷(Rb)、硫(S)、锑(Sb)、钪(Sc)、硒(Se)、锡(Sn)、锶(Sr)、钍(Th)、钛(Ti)、铊(Tl)、铀(U)、钒(V)、钨(W)、钇(Y)、锌(Zn)、锆(Zr)、硅(SiO_2)、铝(Al_2O_3)、铁(Fe_2O_3)、镁(MgO)、钙(CaO)、钠(Na_2O)、钾(K_2O)、有机碳(C_{org})、pH。

2. 分析方法及检出限

优化选择以X射线荧光光谱法(XRF)、电感耦合等离子体质谱法(ICP-MS)为主,以发射光谱法(ES)、原子荧光光谱法(AFS)、催化分光光度法(COL)以及离子选择性电极法(ISE)等为辅的分析方法配套方案。该套分析方案技术参数均满足中国地质调查局规范要求。分析测试方法和要求方法的检出限列于表2-2。

表2-2 各元素/指标分析方法及检出限

元素/指标		分析方法	检出限	元素/指标		分析方法	检出限
Ag	银	ES	0.02μg/kg	Mn	锰	ICP-OES	10mg/kg
Al_2O_3	铝	XRF	0.05%	Mo	钼	ICP-MS	0.2mg/kg
As	砷	HG-AFS	1mg/kg	N	氮	KD-VM	20mg/kg
Au	金	GF-AAS	0.2μg/kg	Na_2O	钠	ICP-OES	0.05%
B	硼	ES	1mg/kg	Nb	铌	ICP-MS	2mg/kg
Ba	钡	ICP-OES	10mg/kg	Ni	镍	ICP-OES	2mg/kg
Be	铍	ICP-OES	0.2mg/kg	P	磷	ICP-OES	10mg/kg
Bi	铋	ICP-MS	0.05mg/kg	Pb	铅	ICP-MS	2mg/kg
Br	溴	XRF	1.5mg/kg	Rb	铷	XRF	5mg/kg
C	碳	氧化热解-电导法	0.1%	S	硫	XRF	50mg/kg
CaO	钙	XRF	0.05%	Sb	锑	ICP-MS	0.05mg/kg
Cd	镉	ICP-MS	0.03mg/kg	Sc	钪	ICP-MS	1mg/kg
Ce	铈	ICP-MS	2mg/kg	Se	硒	HG-AFS	0.01mg/kg
Cl	氯	XRF	20mg/kg	SiO_2	硅	XRF	0.1%
Co	钴	ICP-MS	1mg/kg	Sn	锡	ES	1mg/kg

续表2-2

元素/指标	分析方法	检出限	元素/指标	分析方法	检出限
Cr	铬	ICP-MS	5mg/kg	Sr	锶	ICP-OES	5mg/kg
Cu	铜	ICP-MS	1mg/kg	Th	钍	ICP-MS	1mg/kg
F	氟	ISE	100mg/kg	Ti	钛	ICP-OES	10mg/kg
Fe_2O_3	铁	XRF	0.1%	Tl	铊	ICP-MS	0.1mg/kg
Ga	镓	ICP-MS	2mg/kg	U	铀	ICP-MS	0.1mg/kg
Ge	锗	HG-AFS	0.1mg/kg	V	钒	ICP-OES	5mg/kg
Hg	汞	CV-AFS	3μg/kg	W	钨	ICP-MS	0.2mg/kg
I	碘	COL	0.5mg/kg	Y	钇	ICP-MS	1mg/kg
K_2O	钾	XRF	0.05%	Zn	锌	ICP-OES	2mg/kg
La	镧	ICP-MS	1mg/kg	Zr	锆	XRF	2mg/kg
Li	锂	ICP-MS	1mg/kg	Corg	有机碳	氧化热解-电导法	0.1%
MgO	镁	ICP-OES	0.05%	pH		电位法	0.1

注:ICP-MS为电感耦合等离子体质谱法;XRF为X射线荧光光谱法;ICP-OES为电感耦合等离子体光学发射光谱法;HG-AFS为氢化物发生-原子荧光光谱法;GF-AAS为石墨炉原子吸收光谱法;ISE为离子选择性电极法;CV-AFS为冷蒸气-原子荧光光谱法;ES为发射光谱法;COL为催化分光光度法;KD-VM为凯氏蒸馏-容量法。

3. 实验室内部质量控制

(1)报出率(P):土壤分析样品各元素报出率均为99.99%以上,满足《多目标区域地球化学调查规范(1∶250 000)》(DZ/T 0258—2014)不低于95%的要求,说明所采用分析方法能完全满足分析要求。

(2)准确度和精密度:按《多目标区域地球化学调查规范(1∶250 000)》(DZ/T 0258—2014)中"土壤地球化学样品分析测试质量要求及质量控制"的有关规定,根据国家一级土壤地球化学标准物质12次分析值,统计测定平均值与标准值之间的对数误差($\Delta lgC=|lgC_i-lgC_s|$)和相对标准偏差(RSD),结果表明对数误差(ΔlgC)和相对标准偏差(RSD)均满足规范要求。

Au采用国家一级痕量金标准物质的12次Au元素分析值,统计得到|ΔlgC|≤0.026,RSD≤10.0%,满足规范要求。

pH参照《生态地球化学评价样品分析技术要求(试行)》(DD 2005-03)要求,依据国家一级土壤有效态标准物质pH指标的6次分析值,计算结果绝对偏差的绝对值不大于0.1,满足规范要求。

(3)异常点检验:每批次样品分析测试工作完成后,检查各项指标的含量范围,对部分指标特高含量试样进行了异常点重复性分析,异常点检验合格率均为100%。

(4)重复性检验监控:土壤测试分析按不低于5.0%的比例进行重复性检验,计算两次分析之间相对偏差(RD),对照规范允许限,统计合格率,其中Au重复性检验比例为10%。重复性检验合格率满足《多目标区域地球化学调查规范(1∶250 000)》(DZ/T 0258—2014)一次重复性检验合格率90%的要求。

4. 用户方数据质量检验

(1)重复样检验:在区域地球化学调查中,为了监控野外调查采样质量及分析测试质量,一般均按不低于2%的比例要求插入重复样。重复样与基本样品一样,以密码的形式连续编号进行送检分析。在收到分析测试数据之后,计算相对偏差(RD),根据相对偏差允许限量进行合格率统计,合格率要求在90%以上。

(2)元素地球化学图检验:依据实验室提供的样品分析数据,按照《多目标区域地球化学调查规范(1∶250 000)》(DZ/T 0258—2014)相关要求绘制地球化学图。地球化学图采用累积频率法成图,按累积频率的0.5%、1.5%、4%、8%、15%、25%、40%、60%、75%、85%、92%、96%、98.5%、99.5%、100%划分等值线含量,进行色阶分级。各元素地球化学图所反映的背景和异常分布情况与地质背景基本吻合,图面结构"协调",未出现阶梯状、条带状或区块状图形。

5.分析数据质量检查验收

根据中国地质调查局有关区域地球化学样品测试要求,中国地质调查局区域化探样品质量检查组对全部样品测试分析数据进行了质量检查验收。检查组重点对测试分析中配套方法的选择,实验室内、外部质量监控,标准样插入比例,异常点复检、外检,日常准确度、精密度复核等进行了仔细检查。检查结果显示,各项测试分析数据质量指标达到规定要求,检查组同意通过验收。

第二节 1∶5万土地质量地质调查

2016年8月5日,浙江省国土资源厅发布了《浙江省土地质量地质调查行动计划(2016—2020年)》(浙土资发〔2016〕15号),在全省范围内全面部署实施"711"土地质量调查工程。根据文件要求,台州市自然资源和规划局相继于2016—2020年落实完成了全市范围内9个县(市、区)的1∶5万土地质量地质调查工作,全面完成了全市耕地区的土地质量地质调查任务。

台州市以各县(市、区)行政辖区为调查范围,共分9个土地质量地质调查项目,选择4家项目承担单位和4家测试单位共同完成,具体工作情况见表2-3。

表2-3 台州市土地质量地质调查工作情况一览表

序号	工作区	承担单位	项目负责人	样品测试单位
1	椒江区	浙江省水文地质工程地质大队	严慧敏	辽宁省地质矿产研究院有限责任公司
2	黄岩区	浙江省地球物理地球化学勘查院	余根华	湖北省地质实验测试中心
3	路桥区	浙江省地球物理地球化学勘查院	蒋笙翠	湖北省地质实验测试中心
4	临海市	浙江省地质调查院	汪一凡	浙江省地质矿产研究所
5	温岭市	浙江省水文地质工程地质大队	韦继康、王国强	辽宁省地质矿产研究院有限责任公司
6	玉环市	浙江省水文地质工程地质大队	徐明忠、张玉城	辽宁省地质矿产研究院有限责任公司
7	天台县	浙江省地质调查院	卢新哲	浙江省地质矿产研究所
8	仙居县	浙江省地质调查院	林钟扬	浙江省地质矿产研究所
9	三门县	浙江省有色金属地质勘查局	何骥政、张盼盼	承德华勘五一四地矿测试研究有限公司

台州市土地质量地质调查严格按照《土地质量地球化学评价规范》(DZ/T 0295—2016)等技术规范要求,开展土壤地球化学调查采样点的布设和样品采集、加工、分析测试等工作。台州市1∶5万土地质量地质调查土壤采样点分布如图2-2所示。

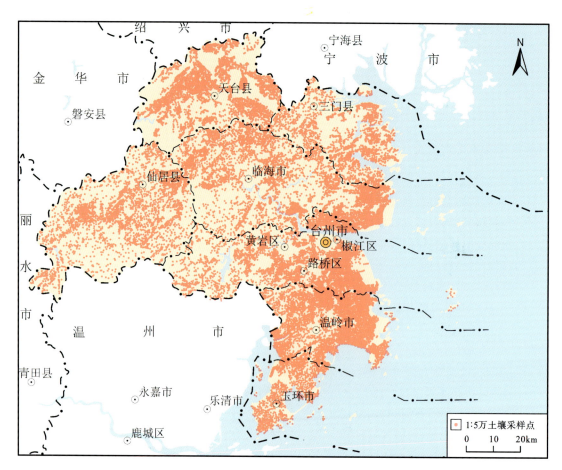

图 2-2 台州市 1∶5 万土地质量地质调查土壤采样点分布图

一、样点布设与采集

1. 样点布设

以"二调"图斑为基本调查单元,根据市内地形地貌、地质背景、成土母质、土地利用方式、地球化学异常、工矿企业分布以及种植结构特点等(遥感影像图及踏勘情况),将调查区划分为地球化学异常区、重要农业产区、低山丘陵区及一般耕地区。按照不同分区采样密度布设样点,异常区为 11~12 件/km², 农业产区为 9~10 件/km², 低山丘陵区为 7~8 件/km², 一般耕地区为 4~6 件/km², 控制全市平均采样密度约为 9 件/km²。在地形地貌复杂、土地利用方式多样、人为污染强烈、元素及污染物含量空间变异性大的地区,根据实际情况适当增加采样密度。

样品主要布设在耕地中,对调查范围内园地、林地以及未利用地等进行有效控制。样品布设时避开沟渠、田埂、路边、人工堆土及微地形高低不平等无代表性地段。每件样品均用 5 件分样等量均匀混合而成,采样深度为 0~20cm。

样品由左至右、自上而下连续顺序编号,每 50 件样品随机取 1 个号码为重复采样号。样品编号时将县(市、区)名称汉语拼音的第一字母缩写(大写)作为样品编号的前缀,如路桥区样品编号为 LQ0001,以便于成果资料供县级使用。

2. 样品采集与记录

选择种植现状具有代表性的地块,在采样图斑中央采集样品。采样时避开人为干扰较大地段,用不锈钢小铲一点多坑(5个点以上)均匀采集地表至20cm深处的土柱组合成1件样品。样品装于干净布袋中,湿度大的样品在布袋外套塑料密封袋隔离,防止样品间相互污染。土壤样品质量要达1500g以上。野外利用GPS定位仪确定地理坐标,以布设的采样点为主采样坑,定点误差均小于10m,保存所有采样点航点与航迹文件。

现场用2H铅笔填写土壤样品野外采集记录卡,根据设计要求,主要采用代码和简明文字记录样品的各种特征。记录卡填写的内容真实、正确、齐全,字迹要清晰、工整,不得涂擦,对于需要修改的文字需轻轻划掉后,再将正确内容填写好。

3. 样品保存与加工

保存当日野外调查航迹文件,收队前清点采集的样本数量,与布样图进行编号核对,并在野外手图中汇总;晚上对信息采集记录卡、航点航迹等进行检查,完成当天自检和互检工作,资料由专人管理。

从野外采回的土壤样品及时清理登记后,由专人进行晾晒和加工处理,并按要求填写样品加工登记表。加工场地和加工处理均严格按照下列要求进行。

样品晾晒场地应确保无污染。将样品置于干净整洁的室内通风场地晾晒,或悬挂在样品架上自然风干,严禁暴晒和烘烤,并注意防止雨淋以及酸、碱等气体和灰尘污染。在风干过程中,适时翻动,并将大土块用木棒敲碎以防止固结,加速干燥,同时剔除土壤以外的杂物。

将风干后样品平铺在制样板上,用木棍或塑料棍碾压,并将植物残体、石块等侵入体和新生体剔除干净,细小已断的植物须根可采用静电吸附的方法清除。压碎的土样要全部通过2mm(10目)的孔径筛;未过筛的土粒必须重新碾压过筛,直至全部样品通过2mm孔径筛为止。

过筛后土壤样品充分混匀、缩分、称重,分为正样、副样两件样品。正样送实验室分析,用塑料瓶或纸袋盛装(质量一般在500g左右)。副样(质量不低于500g)装入干净塑料瓶,送样品库长期保存。

4. 质量管理

野外各项工作严格按照质量管理要求开展小组自(互)检、二级部门抽检、单位抽检等三级质量检查,并在全部野外工作结束前,由当地自然资源部门组织专家进行野外工作检查验收,确保各项野外工作系统、规范、质量可靠。

二、分析测试与质量监控

1. 分析实验室及资质

台州市各县(市、区)9个土地质量地质调查项目的样品测试由辽宁省地质矿产研究院有限责任公司、湖北省地质实验测试中心、浙江省地质矿产研究所、承德华勘五一四地矿测试研究有限公司4家测试单位承担,以上各测试单位均具有省级检验检测机构资质认定证书,并得到中国地质调查局的资质认定,完全满足本次土地质量地质调查项目的样品检测工作要求。

2. 分析测试指标

根据技术规范要求,本次土地质量地质调查土壤全量测试砷(As)、硼(B)、镉(Cd)、钴(Co)、铬(Cr)、铜(Cu)、锗(Ge)、汞(Hg)、锰(Mn)、钼(Mo)、氮(N)、镍(Ni)、磷(P)、铅(Pb)、硒(Se)、钒(V)、锌(Zn)、钾(K_2O)、有机碳(Corg)、pH共20项元素/指标。

3. 分析方法配套方案

依据国家标准方法和相关行业标准分析方法,制订了以X射线荧光光谱法(XRF)、电感耦合等离子体质谱法(ICP‑MS)为主,以发射光谱法(ES)、原子荧光光谱法(AFS)以及容量法(VOL)等为辅的分析方法配套方案。提供以下指标的分析数据,具体见表2‑4。

表 2‑4 土壤样品元素/指标全量分析方法配套方案

分析方法	简称	项数/项	测定元素/指标
电感耦合等离子体质谱法	ICP‑MS	6	Cd、Co、Cu、Mo、Ni、Ge
X射线荧光光谱法	XRF	8	Cr、Cu、Mn、P、Pb、V、Zn、K_2O
发射光谱法	ES	1	B
氢化物-原子荧光光谱法	HG‑AFS	2	As、Se
冷蒸气-原子荧光光谱法	CV‑AFS	1	Hg
容量法	VOL	1	N
玻璃电极法	—	1	pH
重铬酸钾容量法	VOL	1	Corg

4. 分析方法的检出限

本配套方案各分析方法检出限见表2‑5,满足《多目标区域地球化学调查规范(1∶250 000)》(DZ/T 0258—2014)和《生态地球化学评价样品分析技术要求(试行)》(DD 2005‑03)的要求。

表 2‑5 各元素/指标分析方法检出限要求

元素/指标	单位	要求检出限	方法检出限	元素/指标	单位	要求检出限	方法检出限
pH		0.1	0.1	$Cu^{②}$	mg/kg	1	0.5
Cr	mg/kg	5	3	Mo	mg/kg	0.3	0.2
$Cu^{①}$	mg/kg	1	0	Ni	mg/kg	2	0.2
Mn	mg/kg	10	10	Ge	mg/kg	0.1	0.1
P	mg/kg	10	10	B	mg/kg	1	1
Pb	mg/kg	2	2	K_2O	%	0.05	0.01
V	mg/kg	5	5	As	mg/kg	1	0.5
Zn	mg/kg	4	1	Hg	mg/kg	0.000 5	0.000 5
Cd	mg/kg	0.03	0.02	Se	mg/kg	0.01	0.01
Corg	mg/kg	250	200	N	mg/kg	20	20
Co	mg/kg	1	0.1				

注:$Cu^{①}$和$Cu^{②}$采用不同检测方法,$Cu^{①}$为X射线荧光光谱法,$Cu^{②}$为电感耦合等离子体质谱法。

5. 分析测试质量控制

(1)实验室资质能力条件:选择的实验室均具备相应资质要求,软硬件、人员技术能力等方面均具备相关分析测试条件,均制订了工作实施方案,并严格按照方案要求开展各类样品测试工作。

(2)实验室内部质量监控:实验室在接受委托任务后,制订了行之有效的工作方案,并严格按照方案进行各类样品分析测试;各类样品分析选择的分析方法、检出限、准确度、精密度等均满足相关规范要求;内部质量监控各环节均运行合理有效,均满足规范要求。

(3)实验室外部质量监控:主要通过密码样和外检样的形式进行监控,各批次监控样品相对偏差均符合规范要求。

(4)土壤中元素/指标含量分布与土壤环境背景吻合状况:依据实验室提供的样品分析数据,按照规范的要求,绘制了各元素/指标的地球化学图。各元素土壤地球化学评价图所反映的背景和异常情况与地质、土壤和地貌等基本吻合;未发现明显成图台阶,不存在明显的非地质条件引起的条带异常;依据土壤元素含量评价得出的土壤元素的环境质量、养分等级分布规律与地质背景、土地利用、人类活动影响等情况基本一致。

6. 测试分析数据质量检查验收

在完成样品测试分析提交用户方验收使用之前,由浙江省自然资源厅项目管理办公室邀请国内权威专家,对每个县区数据进行测试分析数据质量检查验收。验收专家认为各项目样品分析质量和质量监控已达到《多目标区域地球化学调查规范(1∶250 000)》(DZ/T 0258—2014)和《生态地球化学评价样品分析技术要求(试行)》(DD 2005-03)等要求,一致同意予以验收通过。

第三节 土壤元素背景值研究方法

一、概念与约定

土壤元素地球化学基准值是土壤地球化学本底的量值,反映在一定范围内深层土壤地球化学特征,是指在未受人为影响(污染)条件下,原始沉积环境中的元素含量水平;通常以深层土壤地球化学元素含量来表征,其含量水平主要受地形地貌、地质背景、成土母质来源与类型等因素影响,以区域地球化学调查中的深层样品作为元素基准值统计的样品。

土壤元素(环境)背景值是指在不受或少受人类活动影响及现代工业污染情况下的土壤元素与化合物的含量水平。但人类活动与现代工业发展的影响已遍布全球,现在很难找到绝对不受人类活动影响的土壤,严格意义上的土壤自然背景已很难确定。因此,土壤元素背景值只能是一个相对的概念,即土壤在一定自然历史时期、一定地域内元素(或化合物)的丰度或含量水平。目前,一般以区域地球化学调查获取的表层样品作为元素背景值统计的样品。

基准值和背景值的求取必须同时满足以下条件:样品要有足够的代表性;样品的分析方法技术先进,分析质量可靠,数据具有权威性;进行地球化学分布形态检验,并进行相关系列参数统计与基准值、背景值确定。

二、参数计算方法

土壤元素地球化学基准值、背景值统计参数主要有:样本数(N)、极大值(X_{max})、极小值(X_{min})、算术平均值($\overline{X}$)、几何平均值($\overline{X}_g$)、中位数(X_{me})、众值(X_{mo})、算术标准差(S)、几何标准差(S_g)、变异系数(CV)、分位值($X_{5\%}$、$X_{10\%}$、$X_{25\%}$、$X_{50\%}$、$X_{75\%}$、$X_{90\%}$、$X_{95\%}$)等。

算术平均值($\overline{X}$): $\overline{X} = \dfrac{1}{N}\sum_{i=1}^{N} X_i$

几何平均值$(\overline{X}_g)$：$\overline{X}_g = \sqrt[N]{\prod_{i=1}^{N} X_i} = \frac{1}{N}\sum_{i=1}^{N}\ln X_i$

算术标准差(S)：$S = \sqrt{\dfrac{\sum_{i=1}^{N}(X_i-\overline{X})^2}{N}}$

几何标准差(S_g)：$S_g = \exp\left(\sqrt{\dfrac{\sum_{i=1}^{N}(\ln X_i - \ln \overline{X}_g)^2}{N}}\right)$

变异系数(CV)：$CV = \dfrac{S}{\overline{X}} \times 100\%$

中位数(X_{me})：将一组数据排序后，处于中间位置的数值。当样本数为奇数时，中位数为第$(N+1)/2$位的数值；当样本数为偶数时，中位数为第$N/2$位与第$(N+1)/2$位数的平均值。

众值(X_{mo})：一组数据中出现频率最高的那个数值。

pH平均值计算方法：在进行pH参数统计时，先将土壤pH换算为$[H^+]$平均浓度进行统计计算，然后换算成pH。换算公式为：$[H^+] = 10^{-pH}$，$[H^+]_{平均浓度} = \sum 10^{-pH}/N$，$pH = -\lg[H^+]_{平均浓度}$。

三、统计单元划分

科学合理的统计单元划分是统计土壤元素地球化学参数、确定土壤元素地球化学基准值和背景值的前提性工作。

本次台州市土壤元素地球化学基准值、背景值参数统计，参照区域土壤元素地球化学基准值和背景值研究的通用方法，结合代杰瑞和庞绪贵（2019）、张伟等（2021）、苗国文等（2020）及陈永宁等（2014）的研究成果，按照行政区、土壤母质类型、土壤类型、土地利用类型划分统计单元，分别进行地球化学参数统计。

1. 行政区

根据台州市行政区及最新统计数据划分情况，分别按照台州市（全市）、椒江区、黄岩区、路桥区、临海市、温岭市、玉环市、天台县、仙居县、三门县进行统计单元划分。

2. 土壤母质类型

基于台州市岩石地层地质成因及地球化学特征，台州市土壤母质类型将按照松散岩类沉积物、古土壤风化物、碎屑岩类风化物、紫色碎屑岩类风化物、中酸性火成岩类风化物、中基性火成岩类风化物6种类型划分统计单元。

3. 土壤类型

台州市地貌类型多样，成土环境复杂，土壤性质差异较大，全市共有7个土类17个亚类56个土属121个土种。本次土壤元素地球化学基准值和背景值研究按照黄壤、红壤、粗骨土、紫色土、水稻土、潮土、滨海盐土7种土壤类型进行统计单元划分。

4. 土地利用类型

由于本次调查主要涉及农用地，因此根据土地利用分类，结合第三次全国国土调查情况，土地利用类型按照水田、旱地、园地、林地4类划分统计单元。

四、数据处理与背景值确定

基于统计单元内样本数据,依据《区域性土壤环境背景含量统计技术导则(试行)》(HJ1185—2021)进行数据分布类型检验、异常值判别与处理以及区域土壤元素地球化学参数统计、地球化学基准值与背景值的确定。

1. 数据分布形态检验

依据《数据的统计处理和解释正态性检验》(GB/T 4882—2001)进行样本数据的分布形态检验。利用 SPSS 19 对原始数据频率分布进行正态分布检验,将不符合正态分布的数据进行对数转换后再进行对数正态分布检验。当数据不服从正态分布或对数正态分布时,采用箱线图法判别并剔除异常值后,再进行正态分布或对数正态分布检验。注意:部分统计单位(或部分元素/指标)因样品较少无法进行正态分布检验。

2. 异常值判别与剔除

对于明显来源于局部受污染场所的数据,或者因样品采集、分析检测等导致的异常值,必须进行判别和剔除。由于本次台州市土壤元素地球化学基准值、背景值研究的数据样本量较大,采用箱线图法判别并剔除异常值。

利用原始数据分别计算各元素/指标的第一四分位数(Q_1)、第三四分位数(Q_3),以及四分位距($IQR=Q_3-Q_1$)、$Q_3+1.5IQR$值、$Q_1-1.5IQR$内限值。根据计算结果对内限值以外的异常数据,结合频率分布直方图与点位区域分布特征逐个甄别并剔除。

3. 参数表征与背景值确定

(1)参数表征主要包括统计样本数(N)、极大值(X_{max})、极小值(X_{min})、算术平均值($\overline{X}$)、几何平均值($\overline{X}_g$)、中位数(X_{me})、众值(X_{mo})、算术标准差(S)、几何标准差(S_g)、变异系数(CV)、分位值($X_{5\%}$、$X_{10\%}$、$X_{25\%}$、$X_{50\%}$、$X_{75\%}$、$X_{90\%}$、$X_{95\%}$)、数据分布类型等。

(2)基准值、背景值确定,分为以下几种情况:①当数据为正态分布或剔除异常值后正态分布时,取算术平均值作为基准值、背景值;②当数据为对数正态分布或剔除异常值后对数正态分布时,取几何平均值作为基准值、背景值;③当数据经反复剔除异常值后,仍不服从正态分布或对数正态分布时,取众值作为基准值、背景值,有2个众值时取靠近中位数的众值,3个众值时取中间位众值;④对于样本数少于30件的统计单元,则取中位数作为基准值、背景值。

(3)数值有效位数确定原则:参数统计结果取值原则,数值小于等于50的小数点后保留2位,数值大于50小于等于100的小数点后保留1位,数值大于100的取整数。注意:极个别数据保留3位小数。

说明:本书中样本数单位统一为"件";变异系数(CV)为无量纲,按照计算公式结果用百分数表示,为方便表示本书统一换算成小数,且小数点后保留2位;氧化物、TC、Corg 单位为%,N、P 单位为 g/kg,Au、Ag 单位为 μg/kg,pH 为无量纲,其他元素/指标单位为 mg/kg。

第三章 土壤地球化学基准值

第一节 各行政区土壤地球化学基准值

一、台州市土壤地球化学基准值

台州市土壤地球化学基准值数据经正态分布检验,结果表明,原始数据中 Be、Ga、Mn、Y、Zr 符合正态分布,Ag、As、Au、Ba、Br、Cd、Co、Ge、I、Li、N、P、S、Sb、Sc、Se、Tl、U、Zn、Al_2O_3、TFe_2O_3、CaO、TC、Corg 符合对数正态分布,Ce、Hg、La、Rb、Sn、Th、Ti、W 剔除异常值后符合正态分布(简称剔除后正态分布),B、Cl、Mo、Nb、Ni、Pb 剔除异常值后符合对数正态分布(简称剔除后对数分布),其余元素/指标不符合正态分布或对数正态分布(表 3-1)。

台州市深层土壤总体呈酸性,土壤 pH 基准值为 5.14,极大值为 8.49,极小值为 4.65,接近于浙江省基准值,略低于中国基准值。

深层土壤各元素/指标中,多半元素/指标变异系数小于 0.40,分布相对均匀;N、Cl、Bi、B、Co、Cu、Se、Sr、MgO、Na_2O、TC、Corg、I、P、Cd、Ag、Cr、Ni、Au、As、Br、S、pH、CaO 共 24 项元素/指标变异系数大于 0.40,其中 pH、CaO 变异系数大于 0.80,空间变异性较大。

与浙江省土壤基准值相比,台州市土壤基准值中 B、Cr 基准值明显偏低,不足浙江省基准值的 60%,Cr 基准值仅为浙江省基准值的 25%;而 Co、Sr、MgO 基准值略低于浙江省基准值,为浙江省基准值的 60%~80%;Ba、I、Mn、Mo、P、TC 基准值略高于浙江省基准值,与浙江省基准值比值在 1.2~1.4 之间;而 Bi、Br、Cl、F、CaO、Na_2O 基准值明显偏高,与浙江省基准值比值均在 1.4 以上,其中 Na_2O 基准值最高,为浙江省基准值的 6.44 倍;其他元素/指标基准值则与浙江省基准值基本接近。

与中国土壤基准值相比,台州市土壤基准值中 CaO、MgO、Cr、Sr、Na_2O、Ni、TC 基准值明显偏低,为中国基准值的 60% 以下,CaO 基准值仅为中国基准值的 14%;而 Cu、P、B、S、As 基准值略低于中国基准值,为中国基准值的 60%~80%;Ba、Be、Ce、Ga、La、Li、N、Sc、Ti、U、W、Zn、Zr、Al_2O_3、K_2O 基准值略高于中国基准值,为中国基准值的 1.2~1.4 倍;Rb、Th、Pb、V、Mn、Tl、Bi、Se、Nb、F、Br、Hg、I、Corg 基准值明显高于中国基准值,是中国基准值的 1.4 倍以上,其中 I 明显相对富集,基准值是中国基准值的 5.04 倍;其他元素/指标基准值则与中国基准值基本接近。

二、椒江区土壤地球化学基准值

椒江区采集深层土壤样品 17 件,无法进行正态分布检验,具体参数统计如下(表 3-2)。

椒江区深层土壤总体呈酸性,土壤 pH 基准值为 8.24,极大值为 8.69,极小值为 6.21,明显高于台州市基准值,明显高于浙江省基准值。

深层土壤各元素/指标中,大多数元素/指标变异系数在 0.40 以下,分布较为均匀;Br、Pb、Cl、S、Ag、Au、Mo、CaO、pH 变异系数大于 0.40,其中 CaO、pH、Mo 变异系数大于 0.80,空间变异性较大。

第三章 土壤地球化学基准值

表3-1 台州市土壤地球化学基准值参数统计表

元素/指标	N	$X_{5\%}$	$X_{10\%}$	$X_{25\%}$	$X_{50\%}$	$X_{75\%}$	$X_{90\%}$	$X_{95\%}$	$\overline{X}$	S	$\overline{X}_g$	S_g	X_{max}	X_{min}	CV	X_{me}	X_{mo}	分布类型	分布	台州市基准值	浙江省基准值	中国基准值
Ag	567	44.50	48.80	59.0	73.0	87.0	106	123	79.3	43.16	73.5	12.61	628	37.00	0.54	73.0	75.0	对数正态分布	对数正态分布	73.5	70.0	70.0
As	567	3.62	3.99	4.98	6.37	8.61	11.32	12.90	7.35	4.63	6.61	3.27	67.4	1.70	0.63	6.37	6.40	对数正态分布	对数正态分布	6.61	6.83	9.00
Au	567	0.55	0.61	0.80	1.12	1.50	1.90	2.67	1.29	0.86	1.13	1.65	12.60	0.31	0.67	1.12	1.40	对数正态分布	对数正态分布	1.13	1.10	1.10
B	544	14.67	16.70	21.63	27.35	37.00	55.7	62.0	31.24	13.87	28.51	7.55	66.0	7.00	0.44	27.35	26.00	剔除后对数正态分布	剔除后对数正态分布	28.51	73.0	41.00
Ba	567	415	456	506	616	782	910	995	656	197	629	41.50	1668	260	0.30	616	593	对数正态分布	对数正态分布	629	482	522
Be	567	1.79	1.89	2.10	2.38	2.71	2.96	3.05	2.42	0.45	2.38	1.72	6.09	1.42	0.19	2.38	2.72	正态分布	正态分布	2.42	2.31	2.00
Bi	551	0.16	0.18	0.21	0.27	0.40	0.51	0.54	0.31	0.13	0.29	2.21	0.73	0.07	0.42	0.27	0.45	其他分布	其他分布	0.45	0.24	0.27
Br	567	1.90	2.10	2.60	3.60	5.41	7.40	9.15	4.42	3.08	3.80	2.51	30.58	0.60	0.70	3.60	2.20	对数正态分布	对数正态分布	3.80	1.50	1.80
Cd	567	0.04	0.05	0.07	0.11	0.15	0.19	0.23	0.12	0.07	0.10	3.94	0.68	0.02	0.57	0.11	0.06	对数正态分布	对数正态分布	0.10	0.11	0.11
Ce	535	66.5	71.2	76.8	84.4	92.4	102	108	85.2	12.24	84.3	12.97	119	55.9	0.14	84.4	82.5	剔除后正态分布	剔除后正态分布	85.2	84.1	62.0
Cl	493	35.52	39.62	48.35	62.1	82.5	111	131	69.0	28.50	63.9	11.85	172	25.30	0.41	62.1	80.1	剔除后对数正态分布	剔除后对数正态分布	63.9	39.00	72.0
Co	567	4.90	5.53	6.80	8.70	12.96	17.80	19.07	10.39	4.85	9.41	4.07	34.36	2.80	0.47	8.70	11.90	对数正态分布	对数正态分布	9.41	11.90	11.0
Cr	547	17.10	18.54	23.58	31.41	52.3	88.3	98.4	41.37	25.19	35.21	8.87	105	5.47	0.61	31.41	17.61	其他分布	其他分布	17.61	71.0	50.0
Cu	548	8.23	9.40	11.23	13.30	20.09	28.82	31.16	16.25	7.28	14.86	5.17	35.97	5.10	0.45	13.30	11.90	其他分布	其他分布	11.90	11.20	19.00
F	563	335	362	410	481	600	730	802	515	141	497	36.78	869	232	0.27	481	825	偏峰分布	偏峰分布	825	431	456
Ga	567	14.54	15.52	17.20	19.20	21.09	23.00	24.61	19.33	3.21	19.07	5.57	38.18	11.46	0.17	19.20	18.70	正态分布	正态分布	19.33	18.92	15.00
Ge	567	1.32	1.35	1.43	1.52	1.65	1.81	1.87	1.56	0.19	1.55	1.31	3.08	1.12	0.12	1.52	1.40	对数正态分布	对数正态分布	1.55	1.50	1.30
Hg	536	0.03	0.03	0.04	0.05	0.06	0.07	0.08	0.05	0.01	0.05	6.06	0.09	0.01	0.30	0.05	0.05	剔除后正态分布	剔除后正态分布	0.05	0.048	0.018
I	567	2.16	2.70	3.62	5.00	7.33	9.38	10.72	5.66	2.81	5.04	2.80	22.60	1.16	0.50	5.00	4.88	剔除后对数正态分布	剔除后对数正态分布	5.04	3.86	1.00
La	542	28.86	32.05	36.80	41.00	45.01	50.3	52.4	41.06	6.78	40.49	8.61	58.6	23.75	0.17	41.00	41.00	剔除后正态分布	剔除后正态分布	41.06	41.00	32.00
Li	567	21.56	23.67	27.95	35.08	46.64	61.2	65.2	38.44	13.45	36.24	8.34	74.0	12.67	0.35	35.08	55.5	剔除后正态分布	剔除后正态分布	36.24	37.51	29.00
Mn	567	444	531	685	884	1084	1301	1471	905	308	853	50.5	2420	248	0.34	884	982	正态分布	正态分布	905	713	562
Mo	521	0.46	0.54	0.64	0.80	1.00	1.38	1.60	0.87	0.33	0.82	1.45	1.87	0.35	0.38	0.80	0.72	剔除后正态分布	剔除后正态分布	0.82	0.62	0.70
N	567	0.27	0.31	0.40	0.53	0.70	0.85	0.95	0.56	0.23	0.52	1.68	2.17	0.19	0.41	0.53	0.64	对数正态分布	对数正态分布	0.52	0.49	0.399
Nb	552	17.00	17.60	18.85	21.30	24.01	27.27	28.85	21.81	3.74	21.50	5.82	32.10	12.40	0.17	21.30	18.30	剔除后对数正态分布	剔除后对数正态分布	21.50	19.60	12.00
Ni	514	6.20	6.93	8.50	11.57	16.73	30.32	37.02	14.74	9.10	12.67	4.95	41.94	4.45	0.62	11.57	15.20	剔除后对数正态分布	剔除后对数正态分布	12.67	11.00	22.00
P	567	0.14	0.16	0.23	0.31	0.46	0.59	0.64	0.36	0.19	0.32	2.21	1.56	0.09	0.52	0.31	0.21	对数正态分布	对数正态分布	0.32	0.24	0.488
Pb	522	23.62	24.93	28.00	31.00	35.00	40.00	43.42	31.87	5.85	31.35	7.43	48.76	18.00	0.18	31.00	31.00	剔除后对数正态分布	剔除后对数正态分布	31.35	30.00	21.00

续表 3-1

元素/指标	N	$X_{5\%}$	$X_{10\%}$	$X_{25\%}$	$X_{50\%}$	$X_{75\%}$	$X_{90\%}$	$X_{95\%}$	$\bar{X}$	S	$\bar{X}_g$	S_g	X_{max}	X_{min}	CV	X_{me}	X_{mo}	分布类型	台州市基准值	浙江省基准值	中国基准值
Rb	546	105	113	125	136	149	158	162	136	17.53	135	17.14	187	86.9	0.13	136	136	剔除后正态分布	136	128	96.0
S	567	56.3	64.9	82.0	116	162	217	314	138	96.8	119	16.49	1077	29.82	0.70	116	68.5	对数正态分布	119	114	166
Sb	567	0.38	0.42	0.47	0.54	0.64	0.77	0.90	0.58	0.20	0.56	1.54	2.98	0.24	0.34	0.54	0.53	对数正态分布	0.56	0.53	0.67
Sc	567	7.83	8.62	9.60	10.87	12.76	15.54	16.47	11.41	2.65	11.11	4.10	23.40	5.60	0.23	10.87	14.80	对数正态分布	11.11	9.70	9.00
Se	567	0.11	0.13	0.16	0.21	0.31	0.42	0.47	0.25	0.12	0.22	2.74	0.89	0.07	0.49	0.21	0.16	对数正态分布	0.22	0.21	0.13
Sn	539	2.23	2.40	2.71	3.10	3.48	3.86	4.06	3.10	0.57	3.05	1.94	4.64	1.70	0.18	3.10	3.30	剔除后正态分布	3.10	2.60	3.00
Sr	556	34.85	40.13	53.1	82.8	111	132	141	84.9	36.12	77.1	13.49	201	22.13	0.43	82.8	78.8	其他分布	78.8	112	197
Th	530	10.33	11.32	12.89	14.40	15.70	17.04	18.08	14.31	2.31	14.12	4.70	20.19	8.18	0.16	14.40	15.20	剔除后正态分布	14.31	14.50	10.00
Ti	549	3222	3452	3887	4505	5150	5573	6008	4538	884	4452	129	7132	2102	0.19	4505	4298	剔除后正态分布	4538	4602	3406
Tl	567	0.70	0.77	0.84	0.95	1.09	1.29	1.46	1.00	0.26	0.97	1.25	2.97	0.42	0.26	0.95	0.85	对数正态分布	0.97	0.82	0.60
U	567	2.30	2.47	2.70	3.06	3.42	3.90	4.27	3.14	0.64	3.08	1.97	6.90	1.42	0.20	3.06	3.00	对数正态分布	3.08	3.14	2.40
V	561	41.13	44.34	50.9	64.2	89.4	119	124	72.4	26.85	67.8	12.09	148	23.72	0.37	64.2	104	其他分布	104	110	67.0
W	543	1.40	1.49	1.65	1.87	2.05	2.25	2.39	1.87	0.30	1.84	1.48	2.69	1.03	0.16	1.87	1.84	剔除后正态分布	1.87	1.93	1.50
Y	567	19.87	21.36	23.20	26.01	29.13	30.90	32.44	26.22	4.04	25.91	6.61	43.50	17.10	0.15	26.01	25.30	正态分布	26.22	26.13	23.00
Zn	567	57.1	61.2	70.3	83.4	97.4	111	123	86.0	23.07	83.3	13.02	214	40.29	0.27	83.4	86.2	对数正态分布	83.3	77.4	60.0
Zr	567	186	193	244	295	335	375	407	293	70.9	285	25.77	629	172	0.24	295	299	正态分布	293	287	215
SiO₂	566	58.8	60.7	65.2	69.4	72.7	75.1	76.2	68.6	5.35	68.4	11.44	78.6	55.1	0.08	69.4	69.3	偏峰分布	69.3	70.5	67.9
Al₂O₃	567	12.59	13.35	14.48	15.77	16.89	18.55	19.44	15.83	2.10	15.69	4.88	24.22	10.64	0.13	15.77	14.79	对数正态分布	15.69	14.82	11.90
TFe₂O₃	567	2.84	3.04	3.44	4.28	5.52	6.53	7.00	4.59	1.46	4.38	2.49	11.40	1.78	0.32	4.28	4.11	其他正态分布	4.38	4.70	4.10
MgO	498	0.40	0.45	0.54	0.65	0.90	1.27	1.49	0.76	0.33	0.70	1.54	1.87	0.27	0.43	0.65	0.45	对数正态分布	0.45	0.67	1.36
CaO	567	0.09	0.11	0.18	0.31	0.60	1.25	2.18	0.56	0.69	0.35	2.82	5.52	0.04	1.23	0.31	0.49	其他分布	0.35	0.22	2.57
Na₂O	564	0.20	0.27	0.40	0.71	1.03	1.19	1.30	0.73	0.36	0.63	1.87	1.75	0.10	0.49	0.71	1.03	偏峰分布	1.03	0.16	1.81
K₂O	554	2.14	2.29	2.59	2.93	3.15	3.36	3.52	2.87	0.42	2.84	1.89	3.96	1.76	0.15	2.93	2.99	对数正态分布	2.99	2.99	2.36
TC	567	0.24	0.28	0.39	0.55	0.77	1.03	1.18	0.61	0.29	0.54	1.77	1.81	0.15	0.48	0.55	0.71	对数正态分布	0.54	0.43	0.90
Corg	567	0.19	0.22	0.32	0.44	0.56	0.71	0.84	0.46	0.21	0.42	1.92	1.63	0.10	0.46	0.44	0.50	对数正态分布	0.42	0.42	0.30
pH	548	4.88	4.98	5.15	5.51	6.31	7.90	8.23	5.36	5.35	5.93	2.87	8.49	4.65	1.00	5.51	5.14	其他分布	5.14	5.12	8.10

注：氧化物、TC、Corg单位为%，N、P单位为g/kg，Au、Ag单位为μg/kg，pH为无量纲，其他元素/指标单位为mg/kg；浙江省基准值引自《浙江省土壤背景值》（黄春雷等，2023）；中国基准值引自《全国地球化学基准网建立土壤地球化学基准值特征》（王学求等，2016）；后表单位和资料来源相同。

土壤地球化学基准值

表 3-2 椒江区土壤地球化学基准值参数统计表

元素/指标	N	$X_{5\%}$	$X_{10\%}$	$X_{25\%}$	$X_{50\%}$	$X_{75\%}$	$X_{90\%}$	$X_{95\%}$	$\overline{X}$	S	$\overline{X}_g$	S_g	X_{max}	X_{min}	CV	X_{me}	X_{mo}	椒江区基准值	台州市基准值	浙江省基准值
Ag	17	64.8	71.0	76.0	80.0	91.0	155	186	96.2	41.22	90.4	13.30	212	64.0	0.43	80.0	83.0	80.0	73.5	70.0
As	17	6.64	6.82	7.70	8.60	10.10	11.82	13.62	9.22	2.60	8.93	3.49	16.50	6.40	0.28	8.60	7.70	8.60	6.61	6.83
Au	17	1.18	1.26	1.40	1.60	1.70	2.16	2.80	1.74	0.75	1.65	1.51	4.40	1.10	0.43	1.60	1.60	1.60	1.13	1.10
B	17	37.40	40.60	48.00	60.00	63.0	67.4	69.6	55.8	12.42	54.2	9.79	76.0	27.00	0.22	60.0	60.0	60.0	28.51	73.0
Ba	17	464	467	484	536	609	656	696	557	85.3	551	36.27	751	461	0.15	536	560	536	629	482
Be	17	2.33	2.41	2.46	2.71	3.02	3.07	3.18	2.76	0.32	2.74	1.80	3.46	2.25	0.12	2.71	3.02	2.71	2.42	2.31
Bi	17	0.36	0.37	0.38	0.46	0.49	0.53	0.53	0.45	0.07	0.44	1.61	0.54	0.34	0.15	0.46	0.49	0.46	0.45	0.24
Br	17	2.16	2.20	2.50	4.60	6.30	7.00	8.46	4.76	2.62	4.17	2.55	11.90	2.00	0.55	4.60	2.20	4.60	3.80	1.50
Cd	17	0.10	0.11	0.13	0.15	0.16	0.17	0.18	0.14	0.03	0.14	3.19	0.18	0.07	0.20	0.15	0.16	0.15	0.10	0.11
Ce	17	67.9	69.4	74.8	79.4	90.6	97.8	106	82.9	13.14	82.0	12.25	115	62.8	0.16	79.4	82.5	79.4	85.2	84.1
Cl	16	82.8	83.2	99.2	123	191	253	305	155	78.9	139	16.95	349	82.5	0.51	123	135	123	63.9	39.00
Co	17	12.18	12.60	14.40	15.60	17.90	18.54	18.64	15.82	2.40	15.65	4.85	18.80	11.70	0.15	15.60	15.60	15.60	9.41	11.90
Cr	17	66.8	68.5	79.7	90.3	101	112	113	90.9	16.31	89.5	13.12	114	64.7	0.18	90.3	90.3	90.3	17.61	71.0
Cu	17	22.05	22.26	24.51	27.91	30.35	35.15	36.44	28.53	5.26	28.10	6.73	40.86	21.97	0.18	27.91	28.44	27.91	11.90	11.20
F	17	518	569	628	688	719	803	833	682	98.0	675	41.41	863	500	0.14	688	688	688	825	431
Ga	17	17.26	17.48	18.80	21.40	21.70	22.26	22.54	20.48	1.89	20.40	5.56	22.70	17.10	0.09	21.40	21.40	21.40	19.33	18.92
Ge	17	1.33	1.34	1.37	1.42	1.58	1.64	1.65	1.46	0.12	1.45	1.26	1.67	1.32	0.08	1.42	1.42	1.42	1.55	1.50
Hg	17	0.04	0.04	0.05	0.06	0.06	0.07	0.09	0.06	0.01	0.06	5.17	0.10	0.04	0.25	0.06	0.06	0.06	0.05	0.048
I	17	4.18	4.50	5.00	5.90	7.60	8.60	8.72	6.28	1.62	6.09	2.92	9.20	4.10	0.26	5.90	8.60	5.90	5.04	3.86
La	17	36.40	37.00	40.00	42.00	43.00	46.60	53.6	42.94	8.24	42.36	8.46	72.0	34.00	0.19	42.00	42.00	42.00	41.06	41.00
Li	17	46.15	49.61	52.9	55.7	65.2	67.4	68.2	57.7	7.59	57.2	10.14	69.6	44.32	0.13	55.7	58.6	55.7	36.24	37.51
Mn	17	878	930	1008	1099	1123	1358	1378	1095	181	1081	53.2	1452	684	0.17	1099	1099	1099	905	713
Mo	17	0.44	0.46	0.55	0.60	0.70	0.75	1.38	0.78	0.77	0.66	1.71	3.76	0.44	0.99	0.60	0.60	0.60	0.82	0.62
N	17	0.54	0.57	0.64	0.75	0.88	0.97	0.97	0.76	0.15	0.75	1.30	0.97	0.54	0.20	0.75	0.97	0.75	0.52	0.49
Nb	17	16.26	16.74	17.40	18.00	18.80	19.58	20.32	18.05	1.28	18.00	5.19	20.40	15.30	0.07	18.00	18.20	18.00	21.50	19.60
Ni	17	29.09	30.23	31.72	37.13	44.17	46.27	46.90	38.12	6.87	37.52	8.00	48.45	26.72	0.18	37.13	38.35	37.13	12.67	11.00
P	17	0.41	0.44	0.46	0.50	0.59	0.62	0.64	0.52	0.09	0.52	1.53	0.67	0.35	0.17	0.50	0.50	0.50	0.32	0.24
Pb	17	26.60	27.60	30.00	32.00	35.00	38.60	55.4	36.88	20.02	34.34	7.48	113	25.00	0.54	32.00	30.00	32.00	31.35	30.00

续表 3-2

元素/指标	N	$X_{5\%}$	$X_{10\%}$	$X_{25\%}$	$X_{50\%}$	$X_{75\%}$	$X_{90\%}$	$X_{95\%}$	$\bar{X}$	S	$\bar{X}_g$	S_g	X_{max}	X_{min}	CV	X_{me}	X_{mo}	椒江区基准值	台州市基准值	浙江省基准值
Rb	17	129	132	145	152	158	162	163	150	11.40	150	17.39	164	126	0.08	152	151	152	136	128
S	17	62.9	70.2	85.8	124	157	249	256	136	68.3	122	14.98	270	58.3	0.50	124	127	124	119	114
Sb	17	0.42	0.43	0.45	0.53	0.61	0.70	0.76	0.55	0.13	0.54	1.53	0.90	0.37	0.24	0.53	0.53	0.53	0.56	0.53
Sc	17	10.70	11.50	13.10	14.80	16.00	16.38	16.68	14.34	2.10	14.19	4.62	17.40	9.90	0.15	14.80	13.10	14.80	11.11	9.70
Se	17	0.11	0.12	0.12	0.14	0.16	0.22	0.30	0.16	0.06	0.15	3.01	0.31	0.11	0.37	0.14	0.16	0.14	0.22	0.21
Sn	17	2.44	2.66	3.10	3.30	3.60	3.82	4.02	3.24	0.54	3.19	1.99	4.10	1.80	0.17	3.30	3.30	3.30	3.10	2.60
Sr	17	91.0	94.7	103	118	126	134	158	122	36.56	118	14.87	251	84.9	0.30	118	122	118	78.8	112
Th	17	12.58	12.66	13.30	14.80	15.30	16.58	17.02	14.55	1.48	14.48	4.61	17.10	12.50	0.10	14.80	15.10	14.80	14.31	14.50
Ti	17	4138	4348	4615	5026	5427	5568	5601	5001	500	4976	128	5622	4003	0.10	5026	4990	5026	4538	4602
Tl	17	0.70	0.72	0.79	0.85	0.96	1.05	1.14	0.87	0.13	0.86	1.18	1.16	0.68	0.15	0.85	0.96	0.85	0.97	0.82
U	17	2.28	2.30	2.30	2.50	2.70	2.90	2.92	2.55	0.25	2.54	1.71	3.00	2.20	0.10	2.50	2.70	2.50	3.08	3.14
V	17	89.5	91.7	100.0	105	124	126	128	110	14.19	109	14.63	131	88.0	0.13	105	104	105	104	110
W	17	1.63	1.70	1.91	2.02	2.07	2.19	2.32	1.97	0.21	1.96	1.49	2.34	1.54	0.11	2.02	2.02	2.02	1.87	1.93
Y	17	25.49	26.16	27.57	28.72	30.59	30.94	31.25	28.78	2.03	28.71	6.77	32.25	25.07	0.07	28.72	28.72	28.72	26.22	26.13
Zn	17	84.1	85.4	90.1	98.6	105	111	117	99.3	12.93	98.5	13.55	135	83.7	0.13	98.6	99.9	98.6	83.3	77.4
Zr	17	183	183	186	196	213	217	230	201	19.07	200	20.22	256	183	0.09	196	184	196	293	287
SiO$_2$	17	58.3	58.8	60.5	62.6	65.0	66.5	66.7	62.5	3.07	62.5	10.55	66.9	56.8	0.05	62.6	62.6	62.6	69.3	70.5
Al$_2$O$_3$	17	14.13	14.54	15.06	16.18	16.57	16.82	17.20	15.94	1.12	15.90	4.83	18.52	14.08	0.07	16.18	16.78	16.18	15.69	14.82
TFe$_2$O$_3$	17	4.89	5.06	5.34	5.80	6.48	6.74	7.01	5.92	0.70	5.88	2.77	7.08	4.77	0.12	5.80	6.01	5.80	4.38	4.70
MgO	17	1.43	1.49	1.73	1.96	2.29	2.40	2.46	1.97	0.37	1.94	1.52	2.56	1.33	0.19	1.96	1.97	1.96	0.45	0.67
CaO	17	0.52	0.53	0.62	1.08	2.55	3.15	3.76	1.70	1.37	1.29	2.10	5.52	0.51	0.81	1.08	1.70	1.08	0.35	0.22
Na$_2$O	17	0.75	0.83	0.92	1.04	1.22	1.26	1.32	1.06	0.19	1.04	1.20	1.46	0.73	0.18	1.04	1.04	1.04	1.03	0.16
K$_2$O	17	2.83	2.88	3.00	3.17	3.28	3.37	3.39	3.15	0.20	3.14	1.93	3.42	2.79	0.06	3.17	3.17	3.17	2.99	2.99
TC	17	0.60	0.64	0.71	0.90	1.19	1.27	1.41	0.96	0.31	0.92	1.35	1.75	0.60	0.32	0.90	0.90	0.90	0.54	0.43
Corg	17	0.46	0.48	0.50	0.56	0.62	0.70	0.70	0.57	0.09	0.57	1.43	0.72	0.44	0.15	0.56	0.62	0.56	0.42	0.42
pH	17	6.43	6.69	7.37	8.24	8.43	8.53	8.64	7.10	6.79	7.83	3.22	8.69	6.21	0.96	8.24	7.96	8.24	5.14	5.12

与台州市土壤基准值相比,椒江区土壤基准值中 Zr、Se、Mo 基准值为台州市基准值的 60%~80%;Hg、As、Br、Mn、Sc、TFe_2O_3、MgO、CaO、Corg 略高于台州市基准值,为台州市基准值的 1.2~1.4 倍;Au、Cd、Sr、P、Li、Co、TC、N、B、Cl、Cu、Ni、Cr 基准值明显高于台州市基准值,其中 MgO、CaO、Cr 基准值明显偏高,是台州市基准值的 3 倍以上;其他元素/指标基准值则与台州市基准值基本接近。

与浙江省土壤基准值相比,椒江区土壤基准值中 Se、U、Zr 基准值略低于浙江省基准值,为浙江省基准值的 60%~80%;As、Cd、Co、Cr、Hg、Sn、Zn、TFe_2O_3、Corg 基准值略高于浙江省基准值,为浙江省基准值的 1.2~1.4 倍;Au、Bi、Br、Cl、Cu、F、I、Li、Mn、N、Ni、P、Sc、MgO、CaO、Na_2O、TC 基准值明显高于浙江省基准值,是浙江省基准值的 1.4 倍以上,其中 Br、Cl、Cu、Ni、P、MgO、CaO、Na_2O、TC 明显相对富集,基准值是浙江省基准值的 2.0 倍以上;其他元素/指标基准值则与浙江省基准值基本接近。

三、黄岩区土壤地球化学基准值

黄岩区土壤地球化学基准值数据经正态分布检验,结果表明,原始数据中 Ag、As、Au、Ba、Be、Br、Cd、Ce、F、Ga、Ge、I、La、Mn、N、Nb、P、Rb、S、Sb、Sc、Se、Th、Ti、U、W、Y、Zn、Zr、SiO_2、Al_2O_3、TFe_2O_3、K_2O、TC、Corg 共 35 项元素/指标符合正态分布,B、Bi、Cl、Co、Cr、Cu、Hg、Li、Mo、Ni、Pb、Sn、Sr、Tl、V、MgO、CaO、Na_2O、pH 共 19 项元素/指标符合对数正态分布(表 3-3)。

黄岩区深层土壤总体呈酸性,土壤 pH 基准值为 5.57,极大值为 8.20,极小值为 4.67,接近于台州市基准值和浙江省基准值。

各元素/指标中,多数元素/指标变异系数在 0.40 以下,分布较为均匀;Hg、Cu、B、Co、Br、Sr、Au、Ni、Mo、Cr、Cl、P、Bi、MgO、Na_2O、Corg、Cd、Pb、pH、CaO 变异系数大于 0.40,其中 Cd、Pb、pH、CaO 变异系数大于 0.80,空间变异性较大。

与台州市土壤基准值相比,黄岩区土壤基准值中多数元素/指标基准值与台州市基准值基本接近;CaO、Na_2O 基准值明显低于台州市基准值,为台州市基准值的 60% 以下;Bi、F、Sr、V 基准值略低于台州市基准值,为台州市基准值的 60%~80%;Br、Cd、Cu、Ni、S、Hg 基准值略高于台州市基准值,为台州市基准值的 1.2~1.4 倍;Cr、MgO、Se、I 基准值明显高于台州市基准值,是台州市基准值的 1.4 倍以上。

与浙江省土壤基准值相比,黄岩区土壤基准值中 Cr、B、Sr 基准值明显偏低,为浙江省基准值的 60% 以下,其中 B 基准值为浙江省基准值的 38%;V 基准值略低于浙江省背景值,为浙江省背景值的 69%;Bi、F、Hg、Mo、Mn、Pb、Sc、Sn、Tl、Zn、MgO 基准值略高于浙江省基准值,是浙江省基准值的 1.2~1.4 倍;Br、Cl、Cu、I、Ni、P、S、Se、Na_2O、TC 明显相对富集,基准值是浙江省基准值的 1.4 倍以上,Br 基准值更是高达 3.31 倍。

四、路桥区土壤地球化学基准值

路桥区采集深层土壤样品 15 件,无法进行正态分布检验,具体参数统计如下(表 3-4)。

路桥区深层土壤总体呈碱性,土壤 pH 基准值为 8.00,极大值为 8.67,极小值为 5.72,明显高于台州市基准值和浙江省基准值。

各元素/指标中,多数元素/指标变异系数在 0.40 以下,分布较为均匀;CaO、Cd、Br、Mo、I、Pb、Ag、B、Cl、pH 变异系数大于 0.40,其中 Ag、Bi、pH、Cl 变异系数大于 0.80,空间变异性较大。

与台州市土壤基准值相比,路桥区土壤基准值中 Br、Zr、Se、S、Ba 基准值略低于台州市基准值,为台州市基准值的 60%~80%;B、Cu、Li、N、P、Sc、Sr、TFe_2O_3、TC、Ni、Cl、CaO、MgO、Cr、Cd、Co 基准值明显高于台州市基准值,均超过台州市基准值的 1.4 倍;其他元素/指标基准值则与台州市基准值基本接近。

与浙江省土壤基准值相比,路桥区土壤基准值中 Se、Zr 基准值为浙江省基准值的 60%~80%;Ag、Au、Be、Cd、Cr、Pb、I、Sn、Zn、TFe_2O_3、Corg 基准值略高于浙江省基准值,为浙江省基准值的 1.2~1.4 倍;Bi、Br、Cl、Co、Cu、F、Li、Mn、N、Ni、P、Sc、MgO、CaO、Na_2O、TC 基准值明显高于浙江省基准值,是浙江省基准值的 1.4 倍以上,其中 Bi、Cl、Cu、Ni、P、MgO、CaO、Na_2O 明显相对富集,基准值是浙江省基准值的

表 3-3 黄岩区土壤地球化学基准值参数统计表

元素/指标	N	$X_{5\%}$	$X_{10\%}$	$X_{25\%}$	$X_{50\%}$	$X_{75\%}$	$X_{90\%}$	$X_{95\%}$	$\overline{X}$	S	$\overline{X}_g$	S_g	X_{max}	X_{min}	CV	X_{me}	X_{mo}	分布类型	黄岩区基准值	台州市基准值	浙江省基准值
Ag	62	42.50	43.00	51.8	70.8	85.9	107	118	74.4	28.39	69.8	12.04	190	40.00	0.38	70.8	75.0	正态分布	74.4	73.5	70.0
As	62	3.61	3.85	4.88	6.30	7.77	9.45	12.20	6.58	2.44	6.18	3.06	13.90	2.90	0.37	6.30	6.64	正态分布	6.58	6.61	6.83
Au	62	0.68	0.73	0.95	1.23	1.43	1.68	2.08	1.27	0.56	1.18	1.49	4.00	0.43	0.44	1.23	1.30	正态分布	1.27	1.13	1.10
B	62	14.68	16.08	20.34	26.53	34.90	62.5	64.9	31.26	15.99	27.96	7.69	71.0	9.89	0.51	26.53	63.0	对数正态分布	27.96	28.51	73.0
Ba	62	374	422	477	563	626	776	808	570	126	556	38.17	861	345	0.22	563	543	正态分布	570	629	482
Be	62	1.64	1.82	1.97	2.26	2.69	2.97	3.05	2.31	0.45	2.27	1.71	3.28	1.60	0.19	2.26	2.74	正态分布	2.31	2.42	2.31
Bi	62	0.16	0.19	0.22	0.28	0.39	0.51	0.59	0.32	0.13	0.30	2.15	0.70	0.15	0.42	0.28	0.42	对数正态分布	0.30	0.45	0.24
Br	62	2.10	2.64	3.30	4.30	5.95	7.40	9.39	4.96	2.33	4.50	2.52	12.40	2.00	0.47	4.30	4.80	正态分布	4.96	3.80	1.50
Cd	62	0.03	0.04	0.06	0.10	0.15	0.20	0.29	0.12	0.10	0.10	4.24	0.68	0.02	0.81	0.10	0.11	对数正态分布	0.12	0.10	0.11
Ce	62	62.1	73.2	78.4	86.7	98.3	114	124	89.7	17.28	88.1	13.14	136	55.9	0.19	86.7	86.7	正态分布	89.7	85.2	84.1
Cl	62	37.55	39.55	49.59	63.2	81.6	112	177	74.3	43.09	66.4	11.76	265	30.20	0.58	63.2	66.5	对数正态分布	66.4	63.9	39.00
Co	62	5.75	5.90	7.43	8.86	13.41	18.16	21.50	11.21	5.40	10.18	4.17	29.02	5.50	0.48	8.86	11.30	对数正态分布	10.18	9.41	11.90
Cr	62	19.70	22.25	25.80	34.51	65.4	95.5	109	47.32	28.42	40.46	9.67	118	17.30	0.60	34.51	46.56	对数正态分布	47.32	17.61	71.0
Cu	62	9.25	9.62	11.89	14.64	22.39	30.12	31.04	17.85	9.24	16.10	5.35	62.4	7.22	0.52	14.64	9.54	对数正态分布	17.85	11.90	11.20
F	62	385	399	446	509	600	772	825	542	134	527	37.89	869	358	0.25	509	825	正态分布	542	825	431
Ga	62	12.65	13.91	15.69	18.60	19.97	21.86	22.74	18.11	3.03	17.85	5.37	24.15	11.46	0.17	18.60	18.00	正态分布	18.11	19.33	18.92
Ge	62	1.39	1.42	1.48	1.60	1.69	1.76	1.82	1.59	0.14	1.59	1.33	1.90	1.29	0.09	1.60	1.67	正态分布	1.59	1.55	1.50
Hg	62	0.04	0.04	0.05	0.06	0.07	0.08	0.10	0.07	0.04	0.06	5.06	0.27	0.04	0.54	0.06	0.05	正态分布	0.06	0.05	0.048
I	62	3.42	4.03	6.25	7.83	9.10	10.41	10.79	7.63	2.42	7.19	3.16	13.88	2.80	0.32	7.83	7.70	正态分布	7.63	5.04	3.86
La	62	28.33	32.11	35.89	41.95	45.19	52.0	53.9	41.53	8.48	40.69	8.57	71.0	22.66	0.20	41.95	43.00	正态分布	41.53	41.06	41.00
Li	62	23.12	23.74	27.30	31.01	40.52	56.8	63.6	36.05	13.71	33.90	8.13	74.0	16.41	0.38	31.01	35.79	正态分布	36.05	36.24	37.51
Mn	62	592	623	748	921	1007	1301	1476	934	274	895	50.8	1710	355	0.29	921	935	正态分布	934	905	713
Mo	62	0.45	0.50	0.59	0.76	0.96	1.41	1.67	0.90	0.58	0.80	1.60	3.59	0.38	0.65	0.76	0.72	正态分布	0.90	0.82	0.62
N	62	0.36	0.38	0.45	0.53	0.68	0.81	0.90	0.57	0.18	0.55	1.55	1.13	0.31	0.31	0.53	0.57	正态分布	0.57	0.52	0.49
Nb	62	17.09	17.84	18.95	21.45	23.76	26.43	27.98	21.68	3.59	21.40	5.85	31.11	14.75	0.17	21.45	22.71	正态分布	21.68	21.50	19.60
Ni	62	7.90	8.33	10.32	13.45	23.85	38.30	48.12	18.68	12.33	15.66	5.69	50.8	6.56	0.66	13.45	35.09	对数正态分布	15.66	12.67	11.00
P	62	0.17	0.18	0.24	0.31	0.44	0.53	0.59	0.34	0.15	0.31	2.21	0.90	0.13	0.44	0.31	0.34	正态分布	0.34	0.32	0.24
Pb	62	21.38	25.50	29.96	33.30	38.30	52.8	89.9	44.00	41.18	37.13	8.45	283	20.56	0.94	33.30	36.00	对数正态分布	37.13	31.35	30.00

续表 3-3

元素/指标	N	$X_{5\%}$	$X_{10\%}$	$X_{25\%}$	$X_{50\%}$	$X_{75\%}$	$X_{90\%}$	$X_{95\%}$	$\overline{X}$	S	$\overline{X}_g$	S_g	X_{max}	X_{min}	CV	X_{me}	X_{mo}	分布类型	黄岩区基准值	台州市基准值	浙江省基准值
Rb	62	84.1	99.5	114	130	148	161	171	130	24.62	128	16.77	178	80.4	0.19	130	119	正态分布	130	136	128
S	62	96.1	117	128	160	186	211	237	165	54.5	157	18.31	367	58.4	0.33	160	206	正态分布	165	119	114
Sb	62	0.38	0.43	0.46	0.52	0.60	0.69	0.75	0.54	0.12	0.53	1.51	0.92	0.32	0.22	0.52	0.49	正态分布	0.54	0.56	0.53
Sc	62	9.50	10.11	10.89	12.09	13.47	16.27	17.33	12.69	2.78	12.43	4.32	23.40	8.39	0.22	12.09	12.70	正态分布	12.69	11.11	9.70
Se	62	0.17	0.20	0.28	0.37	0.46	0.50	0.57	0.37	0.12	0.35	2.14	0.61	0.14	0.32	0.37	0.22	对数正态分布	0.37	0.22	0.21
Sn	62	2.34	2.71	3.00	3.24	3.68	4.00	4.87	3.44	1.04	3.33	2.10	9.21	1.70	0.30	3.24	3.40	对数正态分布	3.33	3.10	2.60
Sr	62	33.12	34.78	43.19	53.4	85.2	109	113	65.0	29.31	59.1	11.27	140	23.60	0.45	53.4	64.4	正态分布	59.1	78.8	112
Th	62	6.76	8.77	11.37	14.14	15.98	17.18	17.99	13.56	3.59	12.99	4.62	20.80	3.97	0.26	14.14	13.48	正态分布	13.56	14.31	14.50
Ti	62	3187	3612	4098	4840	5475	6751	7062	4932	1287	4786	132	10197	2755	0.26	4840	4936	正态分布	4932	4538	4602
Tl	62	0.70	0.77	0.87	0.99	1.10	1.32	1.69	1.03	0.28	1.00	1.28	2.00	0.56	0.27	0.99	1.00	对数正态分布	1.00	0.97	0.82
U	62	2.06	2.44	2.66	2.97	3.36	3.69	3.77	3.01	0.55	2.96	1.90	4.46	1.86	0.18	2.97	3.00	正态分布	3.01	3.08	3.14
V	62	46.14	48.77	57.2	70.3	100.0	132	147	81.5	32.53	75.9	12.59	166	33.41	0.40	70.3	79.8	对数正态分布	75.9	104	110
W	62	1.32	1.46	1.61	1.87	2.02	2.19	2.39	1.85	0.39	1.81	1.51	3.79	1.10	0.21	1.87	1.96	正态分布	1.85	1.87	1.93
Y	62	21.15	22.41	24.60	26.70	30.21	31.69	32.10	27.09	3.53	26.85	6.77	34.40	19.60	0.13	26.70	26.00	正态分布	27.09	26.22	26.13
Zn	62	69.0	71.0	78.2	91.0	105	116	146	95.3	26.53	92.5	13.72	214	61.1	0.28	91.0	111	正态分布	95.3	83.3	77.4
Zr	62	192	194	232	263	300	353	401	273	65.1	266	24.65	523	182	0.24	263	238	正态分布	273	293	287
SiO_2	62	57.3	59.7	64.4	66.5	69.3	71.8	72.8	66.3	4.55	66.2	11.20	74.8	55.7	0.07	66.5	66.3	正态分布	66.3	69.3	70.5
Al_2O_3	62	14.80	15.23	16.08	17.33	19.37	20.50	21.95	17.78	2.28	17.64	5.13	23.98	13.54	0.13	17.33	18.50	正态分布	17.78	15.69	14.82
TFe_2O_3	62	3.29	3.57	3.93	4.62	5.92	7.30	8.65	5.14	1.70	4.90	2.61	10.52	2.52	0.33	4.62	5.21	正态分布	5.14	4.38	4.70
MgO	62	0.48	0.52	0.59	0.67	1.18	1.75	1.94	0.90	0.49	0.81	1.59	2.29	0.44	0.54	0.67	0.92	对数正态分布	0.81	0.45	0.67
CaO	62	0.06	0.07	0.12	0.16	0.38	0.76	0.93	0.30	0.32	0.20	3.31	1.51	0.05	1.05	0.16	0.12	对数正态分布	0.20	0.35	0.22
Na_2O	62	0.15	0.15	0.21	0.36	0.66	1.00	1.08	0.46	0.31	0.37	2.27	1.17	0.12	0.68	0.36	0.70	对数正态分布	0.37	1.03	0.16
K_2O	62	1.62	1.91	2.21	2.65	3.06	3.27	3.37	2.62	0.55	2.56	1.83	3.69	1.41	0.21	2.65	2.76	正态分布	2.62	2.99	2.99
TC	62	0.31	0.38	0.43	0.55	0.77	0.96	1.11	0.61	0.24	0.57	1.61	1.23	0.24	0.39	0.55	0.79	正态分布	0.61	0.54	0.43
Corg	62	0.19	0.25	0.35	0.46	0.59	0.84	0.87	0.49	0.21	0.45	1.90	1.03	0.11	0.42	0.46	0.41	正态分布	0.49	0.42	0.42
pH	62	4.83	4.88	4.97	5.11	5.52	7.45	7.87	5.13	5.28	5.57	2.76	8.20	4.67	1.03	5.11	4.98	对数正态分布	5.57	5.14	5.12

表 3-4 路桥区土壤地球化学基准值参数统计表

元素/指标	N	$X_{5\%}$	$X_{10\%}$	$X_{25\%}$	$X_{50\%}$	$X_{75\%}$	$X_{90\%}$	$X_{95\%}$	$\overline{X}$	S	$\overline{X}_g$	S_g	X_{max}	X_{min}	CV	X_{me}	X_{mo}	路桥区基准值	台州市基准值	浙江省基准值
Ag	15	68.7	72.4	79.0	85.0	95.5	262	373	123	104	102	14.91	391	61.0	0.85	85.0	90.0	85.0	73.5	70.0
As	15	5.62	5.88	6.55	7.90	10.95	11.72	12.21	8.62	2.52	8.28	3.26	12.70	5.20	0.29	7.90	8.60	7.90	6.61	6.83
Au	15	1.34	1.40	1.40	1.50	1.90	2.12	2.68	1.76	0.63	1.69	1.46	3.80	1.20	0.36	1.50	1.40	1.50	1.13	1.10
B	15	25.20	31.00	56.5	64.0	65.5	69.0	69.9	57.1	15.80	54.1	9.95	72.0	21.00	0.28	64.0	65.0	64.0	28.51	73.0
Ba	15	460	468	481	498	555	637	677	526	73.0	521	35.65	690	451	0.14	498	542	498	629	482
Be	15	2.22	2.36	2.62	2.84	2.91	2.97	3.00	2.74	0.26	2.73	1.77	3.03	2.16	0.10	2.84	2.85	2.84	2.42	2.31
Bi	15	0.42	0.44	0.47	0.49	0.53	0.73	1.38	0.66	0.58	0.57	1.71	2.73	0.40	0.88	0.49	0.52	0.49	0.45	0.24
Br	15	2.04	2.14	2.25	2.80	5.55	6.48	7.51	3.97	2.13	3.51	2.21	8.70	1.90	0.54	2.80	2.30	2.80	3.80	1.50
Cd	15	0.11	0.11	0.13	0.15	0.17	0.18	0.27	0.17	0.09	0.15	3.15	0.48	0.10	0.54	0.15	0.17	0.15	0.10	0.11
Ce	15	72.2	75.3	76.8	79.9	87.9	91.0	96.1	82.6	9.65	82.1	12.27	107	66.2	0.12	79.9	80.0	79.9	85.2	84.1
Cl	15	82.3	86.4	90.9	131	260	414	594	234	242	169	17.90	1005	73.3	1.04	131	224	131	63.9	39.00
Co	15	11.51	12.00	16.10	17.80	18.50	19.54	20.31	16.86	2.90	16.60	4.86	20.80	11.30	0.17	17.80	18.70	17.80	9.41	11.90
Cr	15	52.7	59.5	90.6	97.1	99.1	104	107	90.3	17.69	88.3	12.49	109	52.4	0.20	97.1	88.0	97.1	17.61	71.0
Cu	15	18.43	19.67	27.86	30.88	34.44	37.35	38.12	30.11	6.75	29.31	6.64	39.90	17.62	0.22	30.88	30.24	30.88	11.90	11.20
F	15	450	525	688	753	806	848	875	724	134	711	40.68	903	436	0.18	753	753	753	825	431
Ga	15	18.08	18.36	19.15	20.40	21.15	22.14	22.33	20.20	1.44	20.15	5.51	22.40	17.80	0.07	20.40	20.40	20.40	19.33	18.92
Ge	15	1.37	1.39	1.41	1.43	1.47	1.56	1.64	1.46	0.10	1.46	1.26	1.77	1.36	0.07	1.43	1.47	1.43	1.55	1.50
Hg	15	0.05	0.05	0.05	0.05	0.07	0.07	0.07	0.06	0.01	0.06	5.28	0.08	0.05	0.18	0.05	0.05	0.05	0.05	0.048
I	15	2.31	2.64	3.85	5.10	7.65	9.84	10.96	5.94	2.91	5.28	2.70	11.80	2.10	0.49	5.10	5.10	5.10	5.04	3.86
La	15	35.00	38.40	40.00	41.00	45.00	46.60	48.50	41.87	5.33	41.52	8.29	52.0	28.00	0.13	41.00	40.00	41.00	41.06	41.00
Li	15	33.05	40.89	57.0	61.4	64.1	65.1	65.2	57.6	10.70	56.4	9.72	65.2	32.25	0.19	61.4	57.7	61.4	36.24	37.51
Mn	15	681	728	873	1263	1401	1612	1712	1180	366	1122	51.8	1802	583	0.31	1263	1182	1263	905	713
Mo	15	0.46	0.53	0.65	0.71	1.19	1.71	1.98	0.95	0.53	0.84	1.62	2.19	0.41	0.56	0.71	0.99	0.71	0.82	0.62
N	15	0.61	0.66	0.70	0.75	0.87	0.94	0.95	0.78	0.13	0.77	1.27	0.97	0.54	0.16	0.75	0.81	0.75	0.52	0.49
Nb	15	17.17	17.20	17.50	17.70	18.60	19.08	19.44	18.05	0.85	18.04	5.21	20.00	17.10	0.05	17.70	18.00	17.70	21.50	19.60
Ni	15	22.80	24.62	37.84	41.41	46.10	47.47	47.79	39.48	9.24	38.21	7.74	48.14	19.58	0.23	41.41	39.17	41.41	12.67	11.00
P	15	0.29	0.29	0.40	0.57	0.59	0.63	0.80	0.53	0.21	0.50	1.76	1.15	0.29	0.40	0.57	0.51	0.57	0.32	0.24
Pb	15	30.40	31.40	32.50	37.00	41.50	55.4	74.4	43.20	21.35	40.27	8.75	115	29.00	0.49	37.00	38.00	37.00	31.35	30.00

续表 3-4

元素/指标	N	$X_{5\%}$	$X_{10\%}$	$X_{25\%}$	$X_{50\%}$	$X_{75\%}$	$X_{90\%}$	$X_{95\%}$	$\bar{X}$	S	$\bar{X}_g$	S_g	X_{max}	X_{min}	CV	X_{me}	X_{mo}	路桥区基准值	台州市基准值	浙江省基准值
Rb	15	131	134	142	150	159	162	162	149	11.56	149	17.09	163	126	0.08	150	149	150	136	128
S	12	69.3	71.5	79.4	93.3	97.3	103	104	89.1	12.57	88.3	12.66	104	67.1	0.14	93.3	89.1	93.3	119	114
Sb	15	0.49	0.50	0.53	0.61	0.67	0.69	0.74	0.61	0.10	0.60	1.41	0.84	0.49	0.16	0.61	0.65	0.61	0.56	0.53
Sc	15	12.90	13.36	14.70	15.90	16.05	16.86	17.33	15.39	1.47	15.32	4.66	17.40	12.20	0.10	15.90	16.00	15.90	11.11	9.70
Se	15	0.13	0.13	0.14	0.15	0.20	0.25	0.27	0.17	0.06	0.17	2.76	0.32	0.12	0.34	0.15	0.15	0.15	0.22	0.21
Sn	15	2.42	2.72	3.35	3.60	3.85	4.22	4.84	3.64	0.90	3.54	2.14	6.10	2.00	0.25	3.60	3.60	3.60	3.10	2.60
Sr	15	64.5	75.9	95.6	117	125	132	134	109	23.64	106	13.72	135	56.2	0.22	117	109	117	78.8	112
Th	15	13.94	14.12	14.65	15.00	15.55	16.34	17.01	15.22	1.10	15.18	4.71	18.20	13.80	0.07	15.00	15.20	15.00	14.31	14.50
Ti	15	3772	4234	4845	5101	5191	5299	5330	4887	599	4846	122	5390	3129	0.12	5101	4995	5101	4538	4602
Tl	15	0.76	0.78	0.81	0.86	1.04	1.11	1.14	0.92	0.14	0.91	1.16	1.17	0.71	0.15	0.86	0.88	0.86	0.97	0.82
U	15	2.27	2.34	2.40	2.60	2.70	2.82	3.08	2.59	0.32	2.58	1.76	3.50	2.20	0.12	2.60	2.40	2.60	3.08	3.14
V	15	74.5	80.1	101	118	121	123	125	108	19.05	106	13.85	128	65.0	0.18	118	110	118	104	110
W	15	1.85	1.88	1.93	2.01	2.11	2.23	2.68	2.12	0.44	2.09	1.58	3.67	1.83	0.21	2.01	2.05	2.01	1.87	1.93
Y	15	26.92	27.63	28.56	29.24	30.12	30.46	30.62	29.11	1.27	29.08	6.78	30.69	26.11	0.04	29.24	29.24	29.24	26.22	26.13
Zn	15	81.7	83.5	97.5	107	110	113	123	105	15.97	104	13.68	147	81.3	0.15	107	106	107	83.3	77.4
Zr	15	178	180	182	186	194	204	223	193	21.65	192	20.02	265	177	0.11	186	193	186	293	287
SiO_2	15	58.0	58.5	58.9	60.7	65.4	68.0	69.2	62.1	4.10	61.9	10.54	69.7	57.1	0.07	60.7	62.3	60.7	69.3	70.5
Al_2O_3	15	15.04	15.18	15.37	15.68	16.14	16.57	16.82	15.80	0.65	15.79	4.82	17.30	14.87	0.04	15.68	15.78	15.68	15.69	14.82
TFe_2O_3	15	4.29	4.31	5.46	6.27	6.51	6.90	6.99	5.92	0.95	5.84	2.70	7.03	4.29	0.16	6.27	4.29	6.27	4.38	4.70
MgO	15	0.94	1.01	1.55	2.15	2.39	2.44	2.50	1.93	0.60	1.81	1.59	2.61	0.79	0.31	2.15	1.97	2.15	0.45	0.67
CaO	15	0.33	0.34	0.69	1.05	2.21	2.96	3.26	1.48	1.06	1.12	2.23	3.61	0.31	0.72	1.05	1.53	1.05	0.35	0.22
Na_2O	15	0.65	0.70	0.87	1.05	1.11	1.17	1.19	0.99	0.19	0.97	1.25	1.19	0.59	0.19	1.05	1.09	1.05	1.03	0.16
K_2O	15	2.90	2.95	3.00	3.09	3.14	3.25	3.32	3.09	0.13	3.09	1.91	3.32	2.84	0.04	3.09	3.13	3.09	2.99	2.99
TC	15	0.55	0.62	0.73	0.84	1.18	1.25	1.42	0.94	0.34	0.89	1.42	1.81	0.52	0.36	0.84	0.74	0.84	0.54	0.43
Corg	15	0.42	0.44	0.48	0.51	0.60	0.66	0.72	0.55	0.11	0.54	1.50	0.84	0.41	0.20	0.51	0.48	0.51	0.42	0.42
pH	15	5.83	5.91	7.07	8.00	8.47	8.59	8.63	6.51	6.21	7.66	3.10	8.67	5.72	0.95	8.00	8.00	8.00	5.14	5.12

2.0 倍以上；其他元素/指标基准值则与浙江省基准值基本接近。

五、临海市土壤地球化学基准值

临海市土壤地球化学基准值数据经正态分布检验，结果表明，原始数据中仅 Ba、Be、Cd、Ga、Ge、I、La、Mn、N、Rb、Sc、Sn、Sr、Th、Ti、Tl、U、Y、Zn、Zr、SiO_2、Al_2O_3、TFe_2O_3、Na_2O、K_2O、Corg 共 26 项元素/指标符合正态分布，Ag、As、Au、B、Bi、Br、Ce、Cl、Co、Cr、Cu、Hg、Li、Nb、Ni、P、Pb、S、Sb、Se、V、W、MgO、CaO、TC、pH 共 26 项元素/指标符合对数正态分布，F 剔除异常值后符合正态分布，Mo 剔除异常值后符合对数正态分布（表 3-5）。

临海市深层土壤总体呈酸性，土壤 pH 基准值为 5.94，极大值为 8.88，极小值为 4.75，接近于台州市基准值和浙江省基准值。

各元素/指标中，多数元素/指标变异系数在 0.40 以下，分布较为均匀；Ag、As、B、Bi、Br、Cd、Co、Corg、Cr、Cu、I、MgO、Na_2O、Ni、P、S、Sb、Se、Sr、TC、Cl、Au、pH、CaO 变异系数大于 0.40，其中 Cl、Au、pH、CaO 变异系数大于 0.80，空间变异性较大。

与台州市土壤基准值相比，临海市土壤基准值绝大多数元素/指标基准值与台州市基准值接近；F 基准值为台州市基准值的 59%；V、Bi、Na_2O 基准值略低于台州市基准值，为台州市基准值的 60%~80%；Cd、Cl、Cu、I 基准值略高于台州市基准值，为台州市基准值的 1.2~1.4 倍；MgO、Cr 基准值明显高于台州市基准值，为台州市基准值的 1.4 倍以上。

与浙江省土壤基准值相比，临海市土壤基准值中 B、Cr 基准值明显低于浙江省基准值，不足浙江省基准值的 60%；Co、V 基准值略低于浙江省基准值，为浙江省基准值的 60%~80%；Au、Ba、Bi、Cu、Mn、Mo、Ni、P、Sn、TC 基准值略高于浙江省基准值，是浙江省基准值的 1.2~1.4 倍；Br、Cl、I、CaO、Na_2O 明显相对富集，基准值是浙江省基准值的 1.4 倍以上；其他元素/指标基准值则与浙江省基准值基本接近。

六、温岭市土壤地球化学基准值

温岭市土壤地球化学基准值数据经正态分布检验，结果表明，原始数据中 Ag、As、B、Ba、Be、Bi、Br、Cd、Ce、Co、Cu、F、Ga、Ge、Hg、I、La、Li、Mn、N、Nb、Ni、P、Rb、Sb、Sc、Se、Sn、Sr、Th、Ti、Tl、V、Zn、Zr、SiO_2、Al_2O_3、MgO、Na_2O、K_2O、TC、Corg 共 42 项元素/指标符合正态分布，Au、Cl、Mo、Pb、S、U、W、CaO 符合对数正态分布，其他元素/指标不符合正态分布或对数正态分布（表 3-6）。

温岭市深层土壤总体呈酸性，土壤 pH 基准值为 6.53，极大值为 8.58，极小值为 4.65，略高于台州市基准值和浙江省基准值。

各元素/指标中，多数元素/指标变异系数在 0.40 以下，分布较为均匀；B、Br、Cr、Cu、MgO、Mo、Ni、S、Se、CaO、pH、Cl 变异系数大于 0.40，其中 CaO、pH、Cl 变异系数大于 0.80，空间变异性较大，可能与区内古生代沉积岩、中生代火山岩地质背景差异性及地形地貌类型复杂多样性有关。

与台州市土壤基准值相比，温岭市土壤基准值中大多数元素/指标基准值与台州市基准值接近；F、Zr 基准值略低于台州市基准值；Cd、Sr、I、As、P、Li、Au、N 基准值略高于台州市基准值，为台州市基准值的 1.2~1.4 倍；TC、Co、B、CaO、Cu、Cl、Ni、Cr、MgO 基准值高于台州市基准值的 1.4 倍，其中 Cl、Ni、Cr、MgO 基准值是台州市基准值的 2.0 倍以上。

与浙江省土壤基准值相比，温岭市土壤基准值中 B、Cr 基准值略低于浙江省基准值，为浙江省基准值的 60%~80%；As、Ba、Li、Pb、Sc、Se、Sn、Tl、Zn 基准值略高于浙江省基准值，为浙江省基准值的 1.2~1.4 倍；Au、Bi、Br、Cl、Cu、F、I、Mn、Mo、N、Ni、P、MgO、CaO、Na_2O、TC 基准值明显高于浙江省基准值，是浙江省基准值的 1.4 倍以上，其中 Br、Cl、Cu、Ni、MgO、CaO、Na_2O 明显相对富集，基准值是浙江省基准值的 2.0 倍以上；其他元素/指标基准值则与浙江省基准值基本接近。

表 3-5 临海市土壤地球化学基准值参数统计表

元素/指标	N	$X_{5\%}$	$X_{10\%}$	$X_{25\%}$	$X_{50\%}$	$X_{75\%}$	$X_{90\%}$	$X_{95\%}$	$\overline{X}$	S	$\overline{X}_g$	S_g	X_{max}	X_{min}	CV	X_{me}	X_{mo}	分布类型	临海市基准值	台州市基准值	浙江省基准值
Ag	131	50.00	54.0	64.0	78.0	93.0	116	154	89.6	60.8	81.3	13.30	628	42.50	0.68	78.0	77.0	对数正态分布	81.3	73.5	70.0
As	131	3.68	3.84	5.00	6.19	8.60	11.10	13.25	7.34	4.47	6.58	3.25	42.05	1.70	0.61	6.19	7.90	对数正态分布	6.58	6.61	6.83
Au	131	0.57	0.72	0.91	1.30	1.70	2.51	3.14	1.57	1.35	1.32	1.79	12.60	0.44	0.86	1.30	1.40	对数正态分布	1.32	1.13	1.10
B	131	14.00	18.25	22.22	28.78	37.00	51.0	61.0	31.13	13.19	28.60	7.29	67.0	7.00	0.42	28.78	33.00	对数正态分布	28.60	28.51	73.0
Ba	131	401	457	508	617	751	857	949	643	175	621	41.33	1296	352	0.27	617	593	正态分布	643	629	482
Be	131	1.85	1.92	2.15	2.39	2.69	2.96	3.10	2.46	0.52	2.41	1.73	6.09	1.43	0.21	2.39	2.37	正态分布	2.46	2.42	2.31
Bi	131	0.17	0.19	0.23	0.29	0.39	0.49	0.57	0.33	0.18	0.30	2.23	1.51	0.13	0.54	0.29	0.19	对数正态分布	0.30	0.45	0.24
Br	131	1.95	2.12	2.68	3.61	5.46	7.22	9.89	4.59	3.43	3.90	2.54	30.46	1.27	0.75	3.61	2.70	对数正态分布	3.90	3.80	1.50
Cd	131	0.05	0.05	0.08	0.12	0.16	0.21	0.23	0.13	0.06	0.12	3.69	0.35	0.02	0.47	0.12	0.16	正态分布	0.13	0.10	0.11
Ce	131	70.0	72.2	79.6	87.2	97.3	118	126	90.6	18.74	88.9	13.28	188	51.1	0.21	87.2	91.8	对数正态分布	88.9	85.2	84.1
Cl	131	41.85	45.80	53.1	68.8	99.3	140	233	91.4	74.5	76.7	13.27	458	36.30	0.82	68.8	57.4	对数正态分布	76.7	63.9	39.00
Co	131	4.89	5.47	6.95	8.79	12.34	16.40	18.60	10.17	4.64	9.27	3.99	27.40	2.80	0.46	8.79	11.90	对数正态分布	9.27	9.41	11.90
Cr	131	17.82	19.95	24.58	31.31	53.8	83.1	97.3	41.41	24.54	35.60	8.67	108	5.47	0.59	31.31	26.57	对数正态分布	35.60	17.61	71.0
Cu	131	8.46	9.72	11.46	14.79	20.80	29.82	32.48	17.17	7.84	15.63	5.30	44.06	5.70	0.46	14.79	16.96	对数正态分布	15.63	11.90	11.20
F	129	338	366	403	462	555	661	710	488	116	475	35.35	799	292	0.24	462	484	剔除后正态分布	488	825	431
Ga	131	15.23	16.05	17.26	18.79	21.00	22.84	24.55	19.34	2.87	19.14	5.55	28.51	13.64	0.15	18.79	20.20	正态分布	19.34	19.33	18.92
Ge	131	1.33	1.37	1.43	1.56	1.65	1.80	1.89	1.56	0.18	1.55	1.31	2.39	1.17	0.12	1.56	1.40	对数正态分布	1.55	1.55	1.50
Hg	131	0.03	0.03	0.04	0.05	0.06	0.08	0.09	0.05	0.02	0.05	6.01	0.13	0.01	0.37	0.05	0.05	正态分布	0.05	0.05	0.048
I	131	2.20	2.76	3.54	5.52	7.55	11.04	11.92	6.09	3.33	5.32	2.86	22.60	1.80	0.55	5.52	4.88	正态分布	6.09	5.04	3.86
La	131	29.22	32.08	38.50	42.38	47.07	53.7	58.5	43.35	9.97	42.32	8.82	92.0	21.58	0.23	42.38	41.00	正态分布	43.35	41.06	41.00
Li	131	21.55	23.25	26.32	31.69	40.70	55.4	61.7	35.53	12.25	33.66	7.83	66.4	15.10	0.34	31.69	36.60	正态分布	33.66	36.24	37.5
Mn	131	477	531	690	921	1058	1232	1357	896	278	851	49.74	1740	248	0.31	921	1025	正态分布	896	905	713
Mo	117	0.55	0.59	0.71	0.85	0.99	1.31	1.52	0.89	0.28	0.85	1.36	1.75	0.42	0.31	0.85	0.97	剔除后正态分布	0.85	0.82	0.62
N	131	0.30	0.33	0.40	0.53	0.67	0.84	0.93	0.56	0.21	0.53	1.65	1.29	0.22	0.37	0.53	0.40	正态分布	0.56	0.52	0.49
Nb	131	17.60	18.30	20.18	22.60	25.39	28.16	29.04	23.22	5.42	22.76	6.06	57.5	15.60	0.23	22.60	23.10	对数正态分布	22.76	21.50	19.60
Ni	131	6.62	7.30	9.60	12.37	20.60	38.66	43.66	16.87	11.44	14.05	5.30	53.0	4.45	0.68	12.37	16.73	对数正态分布	14.05	12.67	11.00
P	131	0.14	0.18	0.23	0.33	0.46	0.62	0.66	0.38	0.22	0.33	2.21	1.56	0.09	0.58	0.33	0.38	对数正态分布	0.33	0.32	0.24
Pb	131	24.84	26.59	28.82	32.00	38.50	48.00	58.5	35.81	12.71	34.24	7.88	111	18.00	0.35	32.00	32.00	对数正态分布	34.24	31.35	30.00

续表 3-5

元素/指标	N	$X_{5\%}$	$X_{10\%}$	$X_{25\%}$	$X_{50\%}$	$X_{75\%}$	$X_{90\%}$	$X_{95\%}$	$\overline{X}$	S	$\overline{X}_g$	S_g	X_{max}	X_{min}	CV	X_{me}	X_{mo}	分布类型	临海市基准值	台州市基准值	浙江省基准值
Rb	131	111	116	124	133	144	154	159	135	17.16	134	16.86	212	98.7	0.13	133	131	正态分布	135	136	128
S	131	47.79	56.3	80.6	110	165	216	288	135	107	114	15.50	1077	29.82	0.79	110	92.5	对数正态分布	114	119	114
Sb	131	0.38	0.41	0.46	0.53	0.62	0.77	0.88	0.58	0.26	0.55	1.55	2.98	0.30	0.45	0.53	0.68	对数正态分布	0.55	0.56	0.53
Sc	131	7.40	8.20	9.56	10.70	12.20	14.60	15.25	11.04	2.35	10.80	3.99	17.90	6.10	0.21	10.70	12.60	正态分布	11.04	11.11	9.70
Se	131	0.12	0.12	0.16	0.23	0.32	0.44	0.49	0.26	0.13	0.23	2.70	0.89	0.09	0.52	0.23	0.16	对数正态分布	0.23	0.22	0.21
Sn	131	2.00	2.20	2.75	3.11	3.55	4.00	4.53	3.17	0.83	3.07	1.96	7.40	1.30	0.26	3.11	3.30	正态分布	3.17	3.10	2.60
Sr	131	31.58	38.93	54.3	88.0	119	141	169	91.7	47.59	80.7	13.91	370	22.13	0.52	88.0	94.1	正态分布	91.7	78.8	112
Th	131	10.22	11.40	13.21	14.23	15.38	16.35	16.90	14.25	2.31	14.06	4.67	26.60	8.10	0.16	14.23	13.70	正态分布	14.25	14.31	14.50
Ti	131	3367	3634	3928	4442	5168	5792	6271	4674	1116	4563	130	11010	2532	0.24	4442	4673	正态分布	4674	4538	4602
Tl	131	0.76	0.79	0.84	0.93	1.05	1.17	1.35	0.97	0.18	0.95	1.19	1.58	0.70	0.18	0.93	0.81	正态分布	0.97	0.97	0.82
U	131	2.44	2.59	2.72	3.10	3.39	3.80	3.98	3.14	0.54	3.10	1.96	5.60	2.20	0.17	3.10	2.60	正态分布	3.14	3.08	3.14
V	131	40.09	43.50	50.2	64.6	87.9	114	121	71.9	27.90	67.1	12.04	194	23.81	0.39	64.6	72.1	对数正态分布	67.1	104	110
W	131	1.50	1.56	1.73	1.90	2.13	2.37	2.77	1.99	0.44	1.95	1.55	4.02	1.32	0.22	1.90	1.88	对数正态分布	1.95	1.87	1.93
Y	131	19.85	21.50	24.05	27.00	29.86	32.10	34.15	27.04	4.48	26.68	6.70	42.21	17.10	0.17	27.00	26.90	正态分布	27.04	26.22	26.13
Zn	131	55.8	58.8	69.2	83.6	97.0	106	124	84.6	22.60	81.9	12.77	204	40.29	0.27	83.6	86.2	正态分布	84.6	83.3	77.4
Zr	131	202	234	275	302	340	376	412	309	64.5	302	26.75	609	182	0.21	302	299	正态分布	309	293	287
SiO_2	131	60.9	62.0	65.9	70.7	73.4	75.8	76.6	69.7	5.07	69.5	11.51	78.6	52.4	0.07	70.7	71.4	正态分布	69.7	69.3	70.5
Al_2O_3	131	12.74	13.35	14.35	15.39	16.72	18.14	18.75	15.53	1.82	15.43	4.84	20.38	10.76	0.12	15.39	15.85	正态分布	15.53	15.69	14.82
TFe_2O_3	131	2.77	3.03	3.33	4.14	5.29	6.17	6.50	4.41	1.37	4.22	2.44	11.40	2.01	0.31	4.14	3.33	正态分布	4.41	4.38	4.70
MgO	131	0.39	0.45	0.54	0.66	0.94	1.68	2.30	0.87	0.54	0.75	1.68	2.52	0.33	0.63	0.66	0.37	对数正态分布	0.75	0.45	0.67
CaO	131	0.08	0.10	0.20	0.37	0.59	1.10	1.79	0.56	0.67	0.36	2.82	3.70	0.06	1.19	0.37	0.57	对数正态分布	0.36	0.35	0.22
Na_2O	131	0.20	0.26	0.39	0.80	1.03	1.21	1.39	0.76	0.42	0.64	1.97	2.25	0.10	0.55	0.80	1.12	正态分布	0.76	1.03	0.16
K_2O	131	2.21	2.39	2.63	2.87	3.13	3.35	3.55	2.88	0.42	2.85	1.88	4.66	1.85	0.15	2.87	2.89	正态分布	2.88	2.99	2.99
TC	131	0.28	0.31	0.40	0.53	0.79	1.01	1.18	0.61	0.29	0.55	1.75	1.71	0.17	0.48	0.53	0.53	对数正态分布	0.55	0.54	0.43
Corg	131	0.21	0.23	0.33	0.42	0.57	0.75	0.85	0.48	0.23	0.43	1.94	1.60	0.10	0.49	0.42	0.54	正态分布	0.48	0.42	0.42
pH	131	4.86	4.97	5.21	5.65	6.23	7.90	8.39	5.39	5.35	5.94	2.84	8.88	4.75	0.99	5.65	5.88	对数正态分布	5.94	5.14	5.12

表3-6 温岭市土壤地球化学基准值参数统计表

元素/指标	N	$X_{5\%}$	$X_{10\%}$	$X_{25\%}$	$X_{50\%}$	$X_{75\%}$	$X_{90\%}$	$X_{95\%}$	$\overline{X}$	S	$\overline{X}_g$	S_g	X_{max}	X_{min}	CV	X_{me}	X_{mo}	分布类型	温岭市基准值	台州市基准值	浙江省基准值
Ag	52	56.4	63.2	71.0	81.5	95.2	106	114	83.2	18.27	81.1	12.67	128	41.00	0.22	81.5	82.0	正态分布	83.2	73.5	70.0
As	52	4.80	5.02	6.30	8.20	11.30	12.88	13.99	8.66	3.05	8.16	3.50	16.10	4.60	0.35	8.20	8.80	正态分布	8.66	6.61	6.83
Au	52	1.00	1.11	1.30	1.50	1.70	2.38	2.94	1.62	0.58	1.54	1.49	3.70	0.90	0.36	1.50	1.60	对数正态分布	1.54	1.13	1.10
B	52	15.55	18.47	28.00	50.5	63.5	68.8	71.0	46.17	19.39	41.29	9.55	73.0	13.00	0.42	50.5	59.0	正态分布	46.17	28.51	73.0
Ba	52	463	474	503	579	776	875	892	633	165	613	39.97	1030	305	0.26	579	614	正态分布	633	629	482
Be	52	2.13	2.31	2.50	2.75	2.97	3.05	3.09	2.73	0.36	2.71	1.82	4.18	1.96	0.13	2.75	2.46	正态分布	2.73	2.42	2.31
Bi	52	0.25	0.30	0.40	0.46	0.51	0.60	0.64	0.45	0.11	0.43	1.69	0.70	0.21	0.25	0.46	0.45	正态分布	0.45	0.45	0.24
Br	52	2.06	2.20	2.40	3.30	5.00	7.00	8.10	4.10	2.30	3.61	2.38	12.80	1.60	0.56	3.30	2.20	正态分布	4.10	3.80	1.50
Cd	52	0.07	0.09	0.10	0.12	0.15	0.17	0.18	0.13	0.03	0.12	3.34	0.20	0.06	0.26	0.12	0.11	正态分布	0.13	0.10	0.11
Ce	52	71.8	75.1	78.8	85.0	93.0	111	115	88.2	15.38	87.1	13.12	156	64.0	0.17	85.0	85.1	正态分布	88.2	85.2	84.1
Cl	52	52.1	59.9	73.8	96.4	247	553	624	215	271	137	18.50	1647	46.40	1.26	96.4	216	对数正态分布	215	63.9	39.00
Co	52	5.99	8.02	10.10	15.15	17.98	19.57	20.53	14.14	4.88	13.13	4.83	21.80	3.60	0.35	15.15	17.60	正态分布	14.14	9.41	11.90
Cr	52	19.70	22.64	40.04	70.0	101	104	106	69.4	31.86	60.4	12.07	110	17.39	0.46	70.0	49.98	偏峰分布	69.4	17.61	71.0
Cu	52	7.21	10.78	14.41	22.92	30.16	34.67	37.11	22.54	9.53	20.23	6.27	41.07	6.26	0.42	22.92	30.03	正态分布	22.54	11.90	11.20
F	52	416	436	477	688	788	825	863	656	186	629	41.88	1297	288	0.28	688	825	正态分布	656	825	431
Ga	52	16.79	18.22	18.88	20.70	21.27	22.08	23.09	20.31	2.04	20.20	5.68	26.10	15.00	0.10	20.70	20.70	正态分布	20.31	19.33	18.92
Ge	52	1.34	1.36	1.41	1.48	1.51	1.59	1.64	1.47	0.10	1.47	1.27	1.74	1.16	0.07	1.48	1.48	正态分布	1.47	1.55	1.50
Hg	52	0.03	0.03	0.04	0.05	0.06	0.08	0.10	0.05	0.02	0.05	5.61	0.12	0.02	0.38	0.05	0.05	正态分布	0.05	0.05	0.048
I	52	2.90	3.63	4.58	5.83	8.18	9.89	10.77	6.36	2.50	5.89	2.96	11.74	2.75	0.39	5.83	6.10	正态分布	6.36	5.04	3.86
La	52	36.10	38.10	41.00	44.00	50.00	52.9	56.7	45.50	7.77	44.92	8.91	79.0	31.00	0.17	44.00	45.00	正态分布	45.50	41.06	41.00
Li	52	21.83	26.91	34.21	52.6	65.2	66.8	67.2	48.57	16.89	45.07	9.73	71.1	12.67	0.35	52.6	52.8	正态分布	48.57	36.24	37.51
Mn	52	534	633	861	1044	1279	1513	1556	1049	326	995	55.0	1796	402	0.31	1044	1045	正态分布	1049	905	713
Mo	52	0.41	0.49	0.57	0.81	1.43	2.64	3.21	1.19	0.93	0.95	1.88	4.11	0.35	0.78	0.81	0.56	对数正态分布	1.19	0.82	0.62
N	52	0.43	0.45	0.60	0.70	0.83	0.94	0.97	0.71	0.20	0.69	1.41	1.29	0.27	0.27	0.70	0.67	正态分布	0.71	0.52	0.49
Nb	52	16.21	16.91	17.55	18.25	19.10	20.50	21.56	18.47	1.57	18.41	5.33	22.80	15.90	0.09	18.25	18.30	正态分布	18.47	21.50	19.60
Ni	52	8.75	11.62	18.79	32.79	44.62	46.39	47.37	30.53	14.04	26.59	7.61	50.2	6.90	0.46	32.79	32.23	正态分布	30.53	12.67	11.00
P	52	0.19	0.22	0.30	0.45	0.55	0.59	0.60	0.42	0.14	0.39	1.90	0.62	0.15	0.34	0.45	0.42	正态分布	0.42	0.32	0.24
Pb	52	29.31	30.00	31.00	33.00	38.00	52.3	69.2	37.94	13.42	36.38	8.18	93.0	28.00	0.35	33.00	31.00	对数正态分布	37.94	31.35	30.00

续表 3-6

元素/指标	N	$X_{5\%}$	$X_{10\%}$	$X_{25\%}$	$X_{50\%}$	$X_{75\%}$	$X_{90\%}$	$X_{95\%}$	$\bar{X}$	S	$\bar{X}_g$	S_g	X_{max}	X_{min}	CV	X_{me}	X_{mo}	分布类型	温岭市基准值	台州市基准值	浙江省基准值
Rb	52	127	129	140	150	156	163	167	149	14.78	148	17.78	208	116	0.10	150	149	正态分布	149	136	128
S	52	59.4	67.2	82.0	105	153	217	338	138	96.7	117	15.60	578	44.10	0.70	105	140	对数正态分布	117	119	114
Sb	52	0.41	0.43	0.47	0.57	0.65	0.77	0.90	0.59	0.17	0.57	1.51	1.26	0.37	0.28	0.57	0.43	正态分布	0.59	0.56	0.53
Sc	52	8.42	8.91	10.77	13.25	16.15	17.09	17.55	13.25	3.19	12.85	4.53	18.30	6.40	0.24	13.25	12.70	正态分布	13.25	11.11	9.70
Se	52	0.13	0.13	0.16	0.23	0.32	0.42	0.50	0.26	0.14	0.23	2.68	0.74	0.10	0.52	0.23	0.24	正态分布	0.26	0.22	0.21
Sn	52	1.81	2.30	2.68	3.35	3.73	4.29	4.59	3.23	0.90	3.09	2.07	6.00	1.20	0.28	3.35	3.50	正态分布	3.23	3.10	2.60
Sr	52	38.58	42.95	76.0	106	119	133	134	97.2	33.33	90.4	14.18	193	32.91	0.34	106	97.7	正态分布	97.2	78.8	112
Th	52	12.46	13.72	14.47	15.50	17.82	20.46	23.29	16.50	3.21	16.23	5.07	26.70	11.70	0.19	15.50	15.50	正态分布	16.50	14.31	14.50
Ti	52	2956	3439	4019	4987	5293	5424	5616	4638	870	4543	130	5905	2102	0.19	4987	4638	正态分布	4638	4538	4602
Tl	52	0.70	0.77	0.80	0.91	1.16	1.45	1.51	1.01	0.27	0.98	1.29	1.66	0.63	0.27	0.91	0.80	正态分布	1.01	0.97	0.82
U	52	2.30	2.31	2.50	2.90	3.52	4.68	5.93	3.28	1.10	3.13	2.05	6.90	2.20	0.34	2.90	2.90	对数正态分布	3.13	3.08	3.14
V	52	46.33	52.1	68.4	98.4	123	126	127	94.3	29.58	88.7	14.05	131	23.72	0.31	98.4	94.2	对数正态分布	94.3	104	110
W	52	1.45	1.58	1.80	1.90	2.01	2.27	2.33	1.94	0.43	1.91	1.54	4.34	1.27	0.22	1.90	1.83	偏峰分布	1.91	1.87	1.93
Y	52	21.70	23.01	25.07	28.61	29.86	30.89	31.04	27.51	3.16	27.32	6.75	31.30	19.87	0.11	28.61	28.72	正态分布	28.72	26.22	26.13
Zn	52	65.3	70.4	79.6	99.7	107	111	114	93.5	17.17	91.9	13.85	133	59.0	0.18	99.7	102	正态分布	93.5	83.3	77.4
Zr	52	176	182	192	235	264	309	326	234	48.50	230	22.67	338	173	0.21	235	234	正态分布	234	293	287
SiO₂	52	57.6	58.4	60.7	62.9	67.5	68.9	70.3	63.8	4.38	63.6	10.84	75.8	56.7	0.07	62.9	63.7	正态分布	63.8	69.3	70.5
Al₂O₃	52	14.06	15.05	15.66	16.14	17.38	18.27	18.70	16.43	1.44	16.37	4.98	20.57	12.76	0.09	16.14	16.20	正态分布	16.43	15.69	14.82
TFe₂O₃	52	3.14	3.46	4.33	5.45	6.55	6.83	6.95	5.34	1.37	5.14	2.75	7.21	1.78	0.26	5.45	4.63	偏峰分布	4.63	4.38	4.70
MgO	52	0.53	0.56	0.89	1.40	2.08	2.48	2.51	1.47	0.71	1.28	1.83	2.57	0.27	0.48	1.40	1.40	正态分布	1.47	0.45	0.67
CaO	52	0.11	0.11	0.39	0.71	1.20	2.30	3.06	0.96	0.89	0.62	2.84	3.47	0.04	0.92	0.71	0.11	对数正态分布	0.62	0.35	0.22
Na₂O	52	0.23	0.31	0.61	0.97	1.07	1.16	1.25	0.85	0.34	0.76	1.72	1.70	0.17	0.39	0.97	1.07	正态分布	0.85	1.03	0.16
K₂O	52	2.77	2.92	3.02	3.10	3.17	3.40	3.51	3.11	0.22	3.10	1.92	3.87	2.64	0.07	3.10	3.04	正态分布	3.11	2.99	2.99
TC	52	0.41	0.48	0.66	0.77	0.89	1.17	1.24	0.79	0.27	0.75	1.48	1.61	0.24	0.34	0.77	0.78	正态分布	0.79	0.54	0.43
Corg	52	0.30	0.31	0.43	0.50	0.55	0.64	0.71	0.50	0.17	0.48	1.65	1.41	0.22	0.34	0.50	0.50	正态分布	0.50	0.42	0.42
pH	52	4.91	5.22	5.64	7.33	7.99	8.50	8.54	5.66	5.35	6.95	3.09	8.58	4.65	0.95	7.33	6.53	偏峰分布	6.53	5.14	5.12

七、玉环市土壤地球化学基准值

玉环市采集深层土壤样品18件，无法进行正态分布检验，具体参数统计如下（表3-7）。

玉环市深层土壤总体呈中偏碱性，土壤pH基准值为7.69，极大值为8.51，极小值为5.02，明显高于台州市基准值和浙江省基准值。

各元素/指标中，多数元素/指标变异系数在0.40以下，分布较为均匀；B、Br、Cr、Cu、Li、MgO、Mo、Na_2O、Ni、S、Se、CaO、pH、Cl变异系数大于0.40，其中CaO、pH、Cl变异系数不小于0.80，空间变异性较大。

与台州市土壤基准值相比，玉环市土壤基准值中F、V、Zr基准值明显低于台州市基准值，为台州市基准值的60%～80%；B、Li、N、P、Pb、Corg基准值略高于台州市基准值，为台州市基准值的1.2～1.4倍；Cd、Cu、Ni、S、MgO、CaO、Cr、Cl、Co、Mo基准值明显高于台州市基准值，为台州市基准值的1.4倍以上，其中Ni、MgO、Cr、Cl基准值是台州市基准值的2.0倍以上，Cl基准值为台州市基准值的3.52倍。

与浙江省土壤基准值相比，玉环市土壤基准值中B基准值明显低于浙江省基准值，仅为浙江省基准值的53%；V、Zr基准值偏低，仅为浙江省基准值的60%～80%；Au、Cd、Mn、N、Pb、Sc、Se、Sn、Tl、Corg基准值略高于浙江省基准值，为浙江省基准值的1.2～1.4倍；Bi、Br、Cl、Cu、Mo、Ni、P、S、MgO、CaO、Na_2O、TC基准值明显高于浙江省基准值，是浙江省基准值的1.4倍以上，其中Br、Cl、Ni、CaO、Na_2O明显相对富集，基准值是浙江省基准值的2.0倍以上，Na_2O基准值为台州市基准值的5.75倍；其他元素/指标基准值则与浙江省基准值基本接近。

八、天台县土壤地球化学基准值

天台县土壤地球化学基准值数据经正态分布检验，结果表明，原始数据中Ag、B、Ba、Be、Ce、Cl、F、Ga、Ge、I、La、Li、Mn、Nb、Rb、S、Sb、Sc、Se、Th、Ti、U、Zr、SiO_2、Al_2O_3、TFe_2O_3、MgO、Na_2O、K_2O、TC、Corg、pH共32项元素/指标符合正态分布，As、Au、Bi、Br、Cd、Co、Cr、Cu、Hg、Mo、N、Ni、P、Pb、Sn、Sr、Tl、W、Y、CaO共20项元素/指标符合对数正态分布，V、Zn剔除异常值后符合正态分布（表3-8）。

天台县深层土壤总体呈酸性，土壤pH基准值为5.42，极大值为8.11，极小值为4.71，基本持平于台州市基准值和浙江省基准值。

各元素/指标中，多数元素/指标变异系数在0.40以下，分布较为均匀；Au、Br、CaO、Cd、Co、Corg、Cr、I、Ni、P、Se、Sr、TC、As、Mo、pH、Bi、Hg变异系数大于0.40，其中As、Mo、pH、Bi、Hg变异系数大于0.80，空间变异性较大。

与台州市土壤基准值相比，天台县土壤基准值中Bi、F、V基准值明显低于台州市基准值，不足台州市基准值的60%；Au基准值为台州市基准值的74%；Cr、MgO基准值明显高于台州市基准值，为台州市基准值的1.4倍以上；其他元素/指标基准值则与台州市基准值基本接近。

与浙江省土壤基准值相比，天台县土壤基准值中B、Cr、V基准值不足浙江省基准值的60%；Au、Cd、Co、Sr基准值为浙江省基准值的60%～80%；Ba、Tl基准值为浙江省基准值的1.2～1.4倍；Br、Cl、Mo、CaO、Na_2O基准值是浙江省基准值的1.4倍以上；其他元素/指标基准值则与浙江省基准值基本接近。

九、仙居县土壤地球化学基准值

仙居县土壤地球化学基准值数据经正态分布检验，结果表明，原始数据中B、Ba、Be、Ce、F、Ga、Ge、I、La、Li、Mn、Nb、Ni、Rb、Sc、Se、Sn、Th、Tl、U、W、Y、Zr、Al_2O_3、MgO、K_2O共27项元素/指标符合正态分布，Ag、As、Au、Br、Cd、Cl、Co、Cu、Hg、Mo、N、P、Sb、Sr、Zn、TFe_2O_3、CaO、Na_2O、TC、Corg、pH共21项元素/指标符合对数正态分布，Bi、Pb、Ti、V剔除异常值后符合正态分布，S、SiO_2不符合正态分布或对数正态分布（表3-9）。

仙居县深层土壤总体呈酸性，土壤pH基准值为5.32，极大值为6.72，极小值为4.66，基本持平于台州

表 3-7 玉环市土壤地球化学基准值参数统计表

元素/指标	N	$X_{5\%}$	$X_{10\%}$	$X_{25\%}$	$X_{50\%}$	$X_{75\%}$	$X_{90\%}$	$X_{95\%}$	$\bar{X}$	S	$\bar{X}_g$	S_g	X_{max}	X_{min}	CV	X_{me}	X_{mo}	玉环市基准值	台州市基准值	浙江省基准值
Ag	16	59.2	63.5	69.8	75.0	91.0	92.5	96.0	78.8	13.40	77.7	11.85	105	57.0	0.17	75.0	75.0	75.0	73.5	70.0
As	18	4.77	4.80	5.60	6.30	8.12	11.16	11.33	7.22	2.38	6.89	3.19	11.50	4.60	0.33	6.30	5.60	6.30	6.61	6.83
Au	18	0.98	1.14	1.30	1.35	1.40	1.59	2.05	1.45	0.55	1.39	1.40	3.50	0.90	0.38	1.35	1.40	1.35	1.13	1.10
B	18	21.25	22.70	26.50	39.00	54.0	71.0	71.3	42.72	18.44	38.89	8.39	73.0	17.00	0.43	39.00	39.00	39.00	28.51	73.0
Ba	18	453	457	492	519	653	772	829	577	134	564	38.08	899	436	0.23	519	581	519	629	482
Be	18	1.56	1.72	2.00	2.52	2.71	2.84	2.90	2.37	0.45	2.33	1.73	2.90	1.49	0.19	2.52	2.90	2.52	2.42	2.31
Bi	18	0.31	0.31	0.36	0.47	0.52	0.53	0.54	0.44	0.09	0.43	1.69	0.54	0.31	0.20	0.47	0.31	0.47	0.45	0.24
Br	18	2.69	2.87	3.42	3.80	5.85	8.10	8.68	4.89	2.53	4.41	2.66	12.00	2.10	0.52	3.80	3.80	3.80	3.80	1.50
Cd	18	0.08	0.09	0.12	0.14	0.17	0.20	0.21	0.15	0.05	0.13	3.27	0.27	0.03	0.37	0.14	0.17	0.14	0.10	0.11
Ce	18	68.6	72.9	75.1	76.5	86.2	90.2	91.0	79.5	7.71	79.1	12.01	93.2	65.7	0.10	76.5	80.8	76.5	85.2	84.1
Cl	18	65.3	74.9	88.8	216	386	1210	1368	426	539	229	29.25	1962	54.6	1.26	216	407	216	63.9	39.00
Co	18	7.40	8.06	8.62	14.25	16.35	18.07	18.82	12.96	4.31	12.24	4.49	19.50	6.80	0.33	14.25	8.30	14.25	9.41	11.90
Cr	18	25.26	27.24	30.12	62.1	80.5	92.5	97.9	57.9	27.81	51.2	10.42	103	21.45	0.48	62.1	59.6	62.1	17.61	71.0
Cu	18	8.79	9.25	11.97	18.09	28.12	32.08	32.38	19.73	8.84	17.80	5.77	33.64	8.70	0.45	18.09	19.63	18.09	11.90	11.20
F	18	305	316	380	512	650	751	825	525	184	493	36.78	825	240	0.35	512	316	512	825	431
Ga	18	14.48	15.48	17.25	19.35	20.53	21.25	21.69	18.73	2.35	18.59	5.35	22.20	14.40	0.13	19.35	20.30	19.35	19.33	18.92
Ge	18	1.31	1.33	1.33	1.38	1.44	1.50	1.59	1.40	0.10	1.40	1.22	1.65	1.26	0.07	1.38	1.33	1.38	1.55	1.50
Hg	18	0.04	0.04	0.04	0.05	0.07	0.07	0.08	0.06	0.02	0.06	5.34	0.12	0.04	0.34	0.05	0.05	0.05	0.05	0.048
I	18	3.01	3.18	4.02	4.41	7.13	7.73	8.40	5.31	2.05	4.96	2.54	9.90	2.84	0.39	4.41	4.31	4.41	5.04	3.86
La	18	33.95	35.00	37.75	41.00	44.25	52.0	52.1	41.67	6.69	41.15	8.38	53.0	28.00	0.16	41.00	41.00	41.00	41.06	41.00
Li	18	20.79	21.70	22.70	44.10	55.8	62.4	63.3	40.71	17.36	36.97	8.51	68.3	18.02	0.43	44.10	43.46	44.10	36.24	37.51
Mn	18	570	611	770	887	948	1007	1101	853	206	825	47.92	1316	363	0.24	887	852	887	905	713
Mo	18	0.69	0.77	0.95	1.15	1.90	2.58	2.79	1.44	0.77	1.28	1.65	3.34	0.59	0.53	1.15	0.95	1.15	0.82	0.62
N	18	0.45	0.53	0.62	0.67	0.73	0.85	0.94	0.69	0.18	0.67	1.38	1.23	0.45	0.25	0.67	0.67	0.67	0.52	0.49
Nb	18	16.78	17.04	17.32	17.75	20.05	20.93	21.92	18.58	1.90	18.50	5.30	23.20	16.10	0.10	17.75	20.10	17.75	21.50	19.60
Ni	18	11.47	11.87	12.93	26.25	33.77	41.22	43.08	25.02	12.08	22.09	6.58	44.10	9.60	0.48	26.25	26.00	26.25	12.67	11.00
P	18	0.24	0.26	0.33	0.40	0.50	0.54	0.54	0.40	0.11	0.38	1.79	0.54	0.21	0.27	0.40	0.41	0.40	0.32	0.24
Pb	18	29.55	30.70	32.50	38.50	41.75	46.30	47.00	38.00	6.15	37.52	7.78	47.00	27.00	0.16	38.50	38.00	38.50	31.35	30.00

第三章 土壤地球化学基准值

续表 3-7

元素/指标	N	$X_{5\%}$	$X_{10\%}$	$X_{25\%}$	$X_{50\%}$	$X_{75\%}$	$X_{90\%}$	$X_{95\%}$	$\overline{X}$	S	$\overline{X}_g$	S_g	X_{max}	X_{min}	CV	X_{me}	X_{mo}	玉环市基准值	台州市基准值	浙江省基准值
Rb	18	121	130	133	144	150	153	158	141	12.97	141	16.84	164	110	0.09	144	146	144	136	128
S	18	103	104	147	190	375	435	458	249	141	215	22.95	560	101	0.57	190	264	190	119	114
Sb	18	0.43	0.43	0.47	0.50	0.62	0.69	0.70	0.53	0.10	0.53	1.49	0.70	0.43	0.18	0.50	0.47	0.50	0.56	0.53
Sc	18	7.19	7.69	8.38	12.55	14.38	15.25	16.39	11.66	3.35	11.19	4.21	16.90	7.10	0.29	12.55	13.80	12.55	11.11	9.70
Se	18	0.15	0.16	0.19	0.26	0.35	0.47	0.51	0.29	0.13	0.26	2.46	0.56	0.14	0.44	0.26	0.31	0.26	0.22	0.21
Sn	18	2.38	2.54	2.82	3.25	3.88	4.75	5.13	3.46	0.88	3.36	1.99	5.30	2.30	0.26	3.25	2.60	3.25	3.10	2.60
Sr	18	46.71	48.80	65.9	92.4	116	128	131	89.5	30.69	84.1	13.67	133	43.76	0.34	92.4	85.4	92.4	78.8	112
Th	18	11.04	11.52	14.20	15.40	15.90	17.07	17.97	14.98	2.25	14.81	4.64	19.50	10.70	0.15	15.40	15.30	15.40	14.31	14.50
Ti	18	3075	3248	3522	4254	4869	5109	5164	4226	755	4159	119	5263	2986	0.18	4254	4171	4254	4538	4602
Tl	18	0.85	0.87	0.91	1.04	1.14	1.19	1.25	1.04	0.15	1.03	1.15	1.34	0.80	0.14	1.04	1.14	1.04	0.97	0.82
U	18	2.42	2.50	3.00	3.40	3.98	4.43	4.56	3.46	0.76	3.38	2.04	4.90	2.00	0.22	3.40	3.30	3.40	3.08	3.14
V	18	49.13	49.55	52.4	79.4	106	112	120	80.5	28.31	75.7	12.60	129	48.57	0.35	79.4	86.8	79.4	104	110
W	18	1.40	1.41	1.53	1.83	1.90	2.02	2.06	1.76	0.23	1.74	1.45	2.07	1.39	0.13	1.83	1.74	1.83	1.87	1.93
Y	18	18.85	19.94	23.88	26.53	28.51	29.19	29.93	25.61	4.11	25.28	6.39	33.29	17.17	0.16	26.53	25.70	26.53	26.22	26.13
Zn	18	56.9	59.9	72.0	85.8	99.1	105	110	84.5	17.68	82.7	12.75	112	55.4	0.21	85.8	83.7	85.8	83.3	77.4
Zr	18	181	185	194	211	259	282	289	226	42.34	223	22.09	322	175	0.19	211	229	211	293	287
SiO_2	18	59.0	59.1	62.5	66.2	70.1	73.5	74.0	66.6	5.21	66.4	10.84	75.5	58.8	0.08	66.2	66.6	66.2	69.3	70.5
Al_2O_3	18	12.74	13.34	14.83	15.39	16.07	17.02	18.13	15.39	1.83	15.29	4.73	20.27	12.23	0.12	15.39	15.40	15.39	15.69	14.82
TFe_2O_3	18	2.94	3.15	3.44	4.72	5.52	6.08	6.14	4.59	1.22	4.44	2.50	6.48	2.91	0.26	4.72	6.08	4.72	4.38	4.70
MgO	18	0.38	0.42	0.48	1.30	1.84	2.16	2.39	1.24	0.76	0.99	2.02	2.52	0.33	0.61	1.30	1.28	1.30	0.45	0.67
CaO	18	0.19	0.20	0.33	0.67	1.57	2.29	2.42	0.98	0.83	0.68	2.46	2.72	0.16	0.84	0.67	1.02	0.67	0.35	0.22
Na_2O	18	0.27	0.31	0.61	0.92	1.08	1.25	1.32	0.82	0.36	0.71	1.82	1.33	0.15	0.44	0.92	0.92	0.92	1.03	0.16
K_2O	18	2.44	2.70	2.92	3.11	3.24	3.33	3.38	3.03	0.33	3.02	1.92	3.51	2.13	0.11	3.11	3.14	3.11	2.99	2.99
TC	18	0.57	0.63	0.70	0.77	0.95	1.06	1.08	0.81	0.19	0.79	1.30	1.17	0.42	0.23	0.77	0.72	0.77	0.54	0.43
Corg	18	0.45	0.48	0.52	0.55	0.61	0.67	0.81	0.57	0.12	0.56	1.44	0.89	0.36	0.21	0.55	0.52	0.55	0.42	0.42
pH	18	5.03	5.18	5.77	7.69	7.96	8.34	8.39	5.75	5.50	7.01	3.10	8.51	5.02	0.96	7.69	7.69	7.69	5.14	5.12

表3-8 天台县土壤地球化学基准值参数统计表

元素/指标	N	$X_{5\%}$	$X_{10\%}$	$X_{25\%}$	$X_{50\%}$	$X_{75\%}$	$X_{90\%}$	$X_{95\%}$	$\bar{X}$	S	$\bar{X}_g$	S_g	X_{max}	X_{min}	CV	X_{me}	X_{mo}	分布类型	天台县基准值	台州市基准值	浙江省基准值
Ag	90	47.00	50.9	57.8	65.5	77.7	91.5	106	69.7	19.18	67.4	11.48	145	40.50	0.28	65.5	60.5	正态分布	69.7	73.5	70.0
As	90	3.65	3.99	4.60	5.50	6.96	8.92	11.69	6.69	5.44	5.88	2.90	44.97	2.32	0.81	5.50	4.88	对数正态分布	5.88	6.61	6.83
Au	90	0.47	0.53	0.62	0.83	1.04	1.46	1.86	0.95	0.61	0.84	1.61	4.67	0.31	0.64	0.83	0.61	对数正态分布	0.84	1.13	1.10
B	90	15.33	19.00	23.71	27.74	35.60	41.73	43.65	29.32	8.95	27.95	6.97	54.3	10.66	0.31	27.74	35.99	正态分布	29.32	28.51	73.0
Ba	90	345	425	556	666	814	898	955	669	185	641	41.12	1070	260	0.28	666	669	正态分布	669	629	482
Be	90	1.66	1.77	1.97	2.20	2.43	2.87	3.10	2.25	0.44	2.21	1.65	4.21	1.42	0.20	2.20	2.03	正态分布	2.25	2.42	2.31
Bi	90	0.16	0.18	0.19	0.22	0.26	0.44	1.01	0.34	0.48	0.26	2.56	3.47	0.15	1.38	0.22	0.21	对数正态分布	0.26	0.45	0.24
Br	90	1.80	2.00	2.30	3.15	4.15	6.27	7.93	3.68	1.96	3.28	2.31	12.20	1.00	0.53	3.15	2.80	对数正态分布	3.28	3.80	1.50
Cd	90	0.04	0.05	0.06	0.08	0.11	0.13	0.17	0.10	0.07	0.08	4.54	0.50	0.03	0.74	0.08	0.06	对数正态分布	0.08	0.10	0.11
Ce	90	66.6	69.7	75.4	81.4	89.2	99.4	104	83.7	13.01	82.8	12.68	132	59.2	0.16	81.4	73.5	正态分布	83.7	85.2	84.1
Cl	90	45.17	47.00	54.3	64.9	78.9	91.2	102	68.0	19.22	65.6	11.59	138	40.80	0.28	64.9	62.1	对数正态分布	68.0	63.9	39.00
Co	90	4.58	5.12	6.14	7.63	9.23	11.36	14.58	8.40	3.66	7.85	3.48	25.99	3.77	0.44	7.63	5.77	正态分布	7.85	9.41	11.90
Cr	90	15.92	17.60	20.79	27.49	37.86	45.94	59.5	31.25	16.42	28.23	7.37	106	11.30	0.53	27.49	31.22	对数正态分布	28.23	17.61	71.0
Cu	90	8.44	8.97	11.28	12.47	14.77	18.57	22.51	13.71	5.31	12.99	4.53	44.28	5.10	0.39	12.47	11.80	对数正态分布	12.99	11.90	11.20
F	90	320	359	410	452	529	602	646	471	98.1	461	34.16	794	306	0.21	452	510	正态分布	471	825	431
Ga	90	13.48	15.46	16.68	18.19	21.69	24.33	25.63	19.11	3.72	18.76	5.42	29.25	11.55	0.19	18.19	16.14	正态分布	19.11	19.33	18.92
Ge	90	1.30	1.33	1.44	1.52	1.63	1.82	1.96	1.55	0.20	1.54	1.33	2.18	1.19	0.13	1.52	1.55	正态分布	1.55	1.55	1.50
Hg	90	0.02	0.02	0.03	0.04	0.05	0.06	0.07	0.06	0.21	0.04	6.81	2.06	0.02	3.31	0.04	0.04	对数正态分布	0.04	0.05	0.048
I	90	1.64	1.97	2.72	4.15	5.70	7.96	8.88	4.52	2.51	3.94	2.64	15.52	1.16	0.55	4.15	4.51	正态分布	4.52	5.04	3.86
La	90	29.83	32.32	35.91	39.76	44.34	49.84	53.1	40.68	7.73	40.01	8.35	71.8	27.86	0.19	39.76	40.41	正态分布	40.68	41.06	41.00
Li	90	21.94	24.54	28.23	34.21	41.68	46.59	48.93	35.08	9.29	33.93	7.60	73.1	16.59	0.26	34.21	29.85	正态分布	35.08	36.24	37.51
Mn	90	391	455	607	783	971	1113	1216	810	314	758	45.46	2420	349	0.39	783	812	正态分布	810	905	713
Mo	90	0.44	0.52	0.62	0.84	1.15	1.66	2.34	1.09	0.98	0.91	1.71	7.92	0.38	0.89	0.84	0.59	对数正态分布	0.91	0.82	0.62
N	90	0.27	0.28	0.35	0.43	0.51	0.68	0.72	0.46	0.17	0.44	1.75	1.22	0.24	0.36	0.43	0.27	对数正态分布	0.44	0.52	0.49
Nb	90	16.90	18.09	19.10	20.60	22.82	25.81	27.74	21.40	3.88	21.08	5.88	36.10	12.40	0.18	20.60	19.60	正态分布	21.40	21.50	19.60
Ni	90	6.18	6.56	7.58	10.23	12.47	15.17	17.76	11.14	5.72	10.24	4.15	42.46	4.81	0.51	10.23	10.53	对数正态分布	10.24	12.67	11.00
P	90	0.18	0.19	0.24	0.27	0.34	0.41	0.47	0.30	0.13	0.28	2.23	1.14	0.12	0.44	0.27	0.27	对数正态分布	0.28	0.32	0.24
Pb	90	22.14	23.65	25.30	27.46	32.80	38.27	45.54	30.72	11.15	29.48	7.20	92.0	19.21	0.36	27.46	25.30	对数正态分布	29.48	31.35	30.00

续表 3-8

元素/指标	N	$X_{5\%}$	$X_{10\%}$	$X_{25\%}$	$X_{50\%}$	$X_{75\%}$	$X_{90\%}$	$X_{95\%}$	$\bar{X}$	S	$\bar{X}_g$	S_g	X_{max}	X_{min}	CV	X_{me}	X_{mo}	分布类型	天台县基准值	台州市基准值	浙江省基准值
Rb	90	91.0	97.0	120	134	152	171	202	137	33.85	134	17.16	277	78.3	0.25	134	137	正态分布	137	136	128
S	90	56.3	62.4	74.5	101	138	163	188	108	41.75	100.0	14.95	220	43.93	0.39	101	104	正态分布	108	119	114
Sb	90	0.35	0.42	0.45	0.53	0.63	0.72	0.83	0.56	0.17	0.54	1.59	1.46	0.24	0.30	0.53	0.56	正态分布	0.56	0.56	0.53
Sc	90	7.63	8.58	9.12	9.92	10.71	11.68	12.27	9.99	1.50	9.87	3.74	14.27	5.60	0.15	9.92	9.88	正态分布	9.99	11.11	9.70
Se	90	0.10	0.12	0.14	0.18	0.25	0.34	0.37	0.21	0.09	0.19	2.80	0.50	0.07	0.44	0.18	0.21	对数正态分布	0.21	0.22	0.21
Sn	90	2.27	2.36	2.52	2.85	3.26	3.95	4.78	3.06	0.85	2.97	1.98	6.90	2.05	0.28	2.85	2.67	对数正态分布	2.97	3.10	2.60
Sr	90	42.70	49.05	66.0	86.1	115	144	171	98.0	63.4	86.9	13.25	560	33.49	0.65	86.1	98.0	正态分布	86.9	78.8	112
Th	90	9.86	11.15	12.35	14.12	16.02	20.01	22.32	14.69	4.08	14.17	4.76	29.21	4.43	0.28	14.12	14.21	正态分布	14.69	14.31	14.50
Ti	90	3179	3421	3889	4303	4864	5604	6009	4444	1052	4341	124	10368	2765	0.24	4303	4486	正态分布	4444	4538	4602
Tl	90	0.63	0.69	0.83	0.95	1.19	1.46	1.76	1.06	0.42	1.00	1.38	2.97	0.54	0.39	0.95	1.06	对数正态分布	1.00	0.97	0.82
U	90	2.13	2.50	2.72	3.12	3.55	4.14	4.38	3.18	0.71	3.11	1.99	6.22	1.58	0.22	3.12	2.98	对数正态分布	3.18	3.08	3.14
V	86	38.31	42.45	48.56	58.1	65.8	70.7	75.6	57.2	12.13	55.9	10.28	89.7	31.64	0.21	58.1	58.0	剔除后正态分布	57.2	104	110
W	90	1.34	1.43	1.59	1.83	2.13	2.61	2.68	1.94	0.63	1.86	1.60	6.22	0.62	0.32	1.83	1.98	对数正态分布	1.86	1.87	1.93
Y	90	19.21	20.30	21.73	23.20	24.85	26.80	29.23	23.51	3.08	23.32	6.18	36.10	17.40	0.13	23.20	22.40	正态分布	23.51	26.22	26.13
Zn	84	51.5	54.5	60.8	68.4	79.6	85.8	90.7	69.5	12.19	68.4	11.40	93.7	42.11	0.18	68.4	58.7	剔除后正态分布	69.5	83.3	77.4
Zr	90	212	241	265	301	323	347	362	295	44.09	292	26.29	374	172	0.15	301	347	正态分布	295	293	287
SiO$_2$	90	66.6	67.1	69.4	71.4	73.5	75.8	76.9	71.4	3.71	71.3	11.64	78.2	55.4	0.05	71.4	71.1	正态分布	71.4	69.3	70.5
Al$_2$O$_3$	90	12.32	12.59	13.52	14.87	16.19	16.96	18.08	14.93	1.87	14.81	4.76	20.81	11.08	0.13	14.87	14.67	正态分布	14.93	15.69	14.82
TFe$_2$O$_3$	90	2.51	2.84	3.26	3.87	4.42	5.14	5.66	3.96	1.05	3.83	2.25	8.38	2.22	0.27	3.87	3.88	正态分布	3.96	4.38	4.70
MgO	90	0.40	0.42	0.53	0.63	0.75	1.03	1.06	0.67	0.21	0.64	1.49	1.41	0.37	0.32	0.63	0.67	正态分布	0.67	0.45	0.67
CaO	90	0.13	0.17	0.22	0.29	0.48	0.63	0.77	0.37	0.23	0.31	2.41	1.51	0.08	0.62	0.29	0.29	对数正态分布	0.37	0.35	0.22
Na$_2$O	90	0.36	0.44	0.63	0.86	1.08	1.31	1.40	0.86	0.33	0.80	1.57	1.75	0.15	0.38	0.86	0.87	正态分布	0.86	1.03	0.16
K$_2$O	90	1.99	2.16	2.46	2.86	3.17	3.46	3.63	2.83	0.52	2.78	1.87	4.24	1.56	0.18	2.86	3.04	正态分布	2.83	2.99	2.99
TC	90	0.22	0.25	0.34	0.43	0.58	0.73	0.85	0.47	0.20	0.44	1.84	1.11	0.20	0.41	0.43	0.47	正态分布	0.47	0.54	0.43
Corg	90	0.18	0.21	0.29	0.39	0.51	0.69	0.80	0.42	0.19	0.38	2.00	1.10	0.14	0.46	0.39	0.42	正态分布	0.42	0.42	0.42
pH	90	4.99	5.05	5.22	5.59	6.04	6.58	7.06	5.42	5.42	5.74	2.74	8.11	4.71	1.00	5.59	5.60	正态分布	5.42	5.14	5.12

表 3-9 仙居县土壤地球化学基准值参数统计表

元素/指标	N	$X_{5\%}$	$X_{10\%}$	$X_{25\%}$	$X_{50\%}$	$X_{75\%}$	$X_{90\%}$	$X_{95\%}$	$\bar{X}$	S	$\bar{X}_g$	S_g	X_{max}	X_{min}	CV	X_{me}	X_{mo}	分布类型	仙居县基准值	台州市基准值	浙江省基准值
Ag	125	41.10	45.00	50.00	58.0	68.5	84.5	96.4	62.3	19.02	60.0	10.61	154	37.00	0.31	58.0	65.5	对数正态分布	60.0	73.5	70.0
As	125	3.17	3.75	4.84	5.89	8.51	11.17	12.84	7.31	6.35	6.33	3.15	67.4	2.32	0.87	5.89	7.27	对数正态分布	6.33	6.61	6.83
Au	125	0.52	0.55	0.64	0.80	1.01	1.42	1.75	0.91	0.42	0.84	1.48	2.88	0.39	0.47	0.80	0.56	对数正态分布	0.84	1.13	1.10
B	125	14.64	16.02	18.70	23.03	28.32	34.31	37.54	23.90	7.29	22.86	6.23	50.00	9.71	0.30	23.03	23.86	正态分布	23.90	28.51	73.0
Ba	125	426	475	559	718	885	1010	1080	743	251	705	44.53	1668	267	0.34	718	746	正态分布	743	629	482
Be	125	1.82	1.88	2.01	2.24	2.59	2.81	2.97	2.31	0.37	2.28	1.63	3.61	1.70	0.16	2.24	2.23	对数正态分布	2.31	2.42	2.31
Bi	115	0.16	0.16	0.18	0.21	0.24	0.28	0.31	0.22	0.05	0.21	2.54	0.36	0.07	0.23	0.21	0.22	剔除后正态分布	0.22	0.45	0.24
Br	125	1.70	1.90	2.30	3.20	4.70	6.86	8.48	4.03	2.85	3.43	2.30	24.60	0.60	0.71	3.20	2.30	对数正态分布	3.43	3.80	1.50
Cd	125	0.03	0.04	0.06	0.09	0.12	0.15	0.18	0.09	0.05	0.08	4.79	0.34	0.02	0.58	0.09	0.13	正态分布	0.08	0.10	0.11
Ce	125	60.1	64.7	73.3	84.8	95.2	110	117	86.7	20.31	84.6	12.89	185	45.45	0.23	84.8	101	对数正态分布	86.7	85.2	84.1
Cl	125	31.92	34.48	37.50	44.30	52.9	67.7	76.6	48.83	17.59	46.54	9.24	145	25.30	0.36	44.30	43.60	对数正态分布	46.54	63.9	39.00
Co	125	4.41	4.97	5.72	6.85	8.68	11.57	14.47	7.70	2.94	7.25	3.18	18.53	3.35	0.38	6.85	7.72	对数正态分布	7.25	9.41	11.90
Cr	125	14.83	16.62	21.01	25.23	32.14	37.33	46.27	27.47	10.89	25.71	6.57	91.7	10.09	0.40	25.23	30.39	对数正态分布	27.47	17.61	71.0
Cu	125	7.75	8.56	9.95	11.38	13.44	17.76	20.05	12.37	3.72	11.90	4.18	25.20	7.34	0.30	11.38	11.35	对数正态分布	11.90	11.90	11.20
F	125	336	360	392	452	549	620	701	479	120	466	34.15	984	245	0.25	452	368	正态分布	479	825	431
Ga	125	14.20	15.34	16.71	19.32	21.53	24.51	25.61	19.58	4.12	19.20	5.59	38.18	12.20	0.21	19.32	19.59	正态分布	19.58	19.33	18.92
Ge	125	1.31	1.38	1.49	1.63	1.81	1.87	1.98	1.64	0.24	1.63	1.37	3.08	1.12	0.15	1.63	1.64	对数正态分布	1.64	1.55	1.50
Hg	125	0.03	0.03	0.04	0.05	0.06	0.08	0.10	0.05	0.03	0.05	6.24	0.20	0.02	0.49	0.05	0.05	对数正态分布	0.05	0.05	0.048
I	125	2.21	2.59	3.33	4.68	6.23	8.38	9.43	5.11	2.64	4.58	2.58	21.40	1.26	0.52	4.68	5.15	正态分布	5.11	5.04	3.86
La	125	27.30	28.65	33.53	39.16	44.19	50.8	57.0	39.43	9.06	38.46	8.38	70.9	22.34	0.23	39.16	39.49	正态分布	39.43	41.06	41.00
Li	125	25.96	27.35	31.16	35.46	43.62	47.37	52.4	37.11	8.23	36.23	8.07	60.7	20.09	0.22	35.46	37.15	正态分布	37.11	36.24	37.51
Mn	125	386	447	601	765	973	1199	1329	802	297	749	44.33	1767	310	0.37	765	601	正态分布	802	905	713
Mo	125	0.45	0.53	0.63	0.76	0.92	1.30	1.50	0.87	0.52	0.79	1.52	4.77	0.39	0.60	0.76	0.85	对数正态分布	0.79	0.82	0.62
N	125	0.23	0.25	0.31	0.39	0.51	0.72	0.80	0.44	0.21	0.40	2.00	1.72	0.19	0.47	0.39	0.27	对数正态分布	0.40	0.52	0.49
Nb	125	19.08	20.03	21.81	24.05	27.36	30.81	33.35	24.91	4.91	24.29	6.29	42.29	2.86	0.20	24.05	22.44	正态分布	24.91	21.50	19.60
Ni	125	5.56	6.28	7.45	9.41	12.21	15.91	17.75	10.16	3.66	9.58	3.71	21.79	4.73	0.36	9.41	10.22	对数正态分布	10.16	12.67	11.00
P	125	0.11	0.13	0.16	0.21	0.31	0.44	0.67	0.27	0.19	0.23	2.86	1.22	0.09	0.70	0.21	0.21	对数正态分布	0.23	0.32	0.24
Pb	114	23.59	24.66	27.05	29.79	32.30	35.32	36.86	29.92	4.12	29.64	7.10	41.17	20.10	0.14	29.79	29.91	剔除后正态分布	29.92	31.35	30.00

续表 3-9

元素/指标	N	$X_{5\%}$	$X_{10\%}$	$X_{25\%}$	$X_{50\%}$	$X_{75\%}$	$X_{90\%}$	$X_{95\%}$	$\bar{X}$	S	$\bar{X}_g$	S_g	X_{max}	X_{min}	CV	X_{me}	X_{mo}	分布类型	仙居县基准值	台州市基准值	浙江省基准值
Rb	125	104	109	122	132	146	157	163	133	19.41	132	16.74	188	77.3	0.15	132	127	正态分布	133	136	128
S	122	56.3	62.4	68.5	95.5	128	156	185	104	38.80	97.0	13.78	211	50.1	0.37	95.5	68.5	偏峰分布	68.5	119	114
Sb	125	0.38	0.44	0.51	0.58	0.72	0.94	1.04	0.64	0.22	0.61	1.51	1.66	0.29	0.35	0.58	0.64	对数正态分布	0.61	0.56	0.53
Sc	125	8.69	8.90	9.59	10.46	11.50	13.00	13.98	10.74	1.70	10.61	3.87	17.55	6.60	0.16	10.46	11.25	正态分布	10.74	11.11	9.70
Se	125	0.11	0.13	0.16	0.20	0.26	0.34	0.40	0.22	0.09	0.21	2.79	0.65	0.08	0.41	0.20	0.22	正态分布	0.22	0.22	0.21
Sn	125	2.46	2.59	2.81	3.15	3.46	3.84	4.04	3.21	0.55	3.17	1.95	5.62	2.10	0.17	3.15	3.23	正态分布	3.21	3.10	2.60
Sr	125	32.94	36.87	46.98	60.8	92.3	113	122	75.4	77.8	64.4	11.77	864	30.88	1.03	60.8	43.67	对数正态分布	64.4	78.8	112
Th	125	7.72	9.60	12.02	13.58	15.66	17.66	18.97	13.69	3.21	13.27	4.66	21.97	4.79	0.23	13.58	13.33	正态分布	13.69	14.31	14.50
Ti	117	3182	3393	3638	4178	4794	5635	6445	4373	961	4276	122	7132	2550	0.22	4178	4382	剔除后正态分布	4373	4538	4602
Tl	125	0.72	0.80	0.87	0.97	1.10	1.29	1.32	1.01	0.21	0.98	1.23	2.11	0.42	0.21	0.97	0.92	正态分布	1.01	0.97	0.82
U	125	2.59	2.72	2.90	3.20	3.46	3.87	4.16	3.22	0.49	3.18	1.99	4.43	1.42	0.15	3.20	3.15	正态分布	3.22	3.08	3.14
V	119	40.14	42.01	46.50	53.3	61.4	74.5	83.4	55.7	12.81	54.3	9.86	88.0	31.46	0.23	53.3	46.50	剔除后正态分布	55.7	104	110
W	125	1.35	1.43	1.57	1.82	2.05	2.28	2.58	1.85	0.39	1.81	1.50	3.48	0.78	0.21	1.82	1.84	正态分布	1.85	1.87	1.93
Y	125	19.26	21.40	22.70	25.30	27.90	29.50	32.22	25.51	3.95	25.22	6.38	43.50	17.70	0.15	25.30	24.80	对数正态分布	25.51	26.22	26.13
Zn	125	59.3	62.3	68.8	80.1	88.9	99.6	110	81.6	20.29	79.6	12.26	190	53.8	0.25	80.1	90.4	正态分布	79.6	83.3	77.4
Zr	125	252	261	299	333	373	416	452	339	62.1	334	28.64	538	217	0.18	333	317	偏峰分布	339	293	287
SiO₂	123	62.5	65.0	67.8	72.1	74.1	75.7	77.0	70.8	4.39	70.6	11.72	78.4	58.2	0.06	72.1	72.6	正态分布	72.6	69.3	70.5
Al₂O₃	125	12.11	12.74	14.08	15.81	17.40	18.75	19.74	15.84	2.47	15.66	4.83	24.22	10.64	0.16	15.81	13.35	对数正态分布	15.84	15.69	14.82
TFe₂O₃	125	2.84	2.92	3.22	3.75	4.71	6.11	7.17	4.21	1.47	4.01	2.28	10.65	2.36	0.35	3.75	4.11	对数正态分布	4.01	4.38	4.70
MgO	125	0.39	0.45	0.51	0.63	0.75	0.94	1.07	0.67	0.22	0.64	1.51	1.79	0.31	0.32	0.63	0.66	正态分布	0.67	0.45	0.67
CaO	125	0.10	0.11	0.13	0.20	0.28	0.40	0.45	0.23	0.13	0.20	2.81	1.09	0.08	0.58	0.20	0.18	对数正态分布	0.20	0.35	0.22
Na₂O	125	0.24	0.27	0.33	0.48	0.68	1.03	1.13	0.56	0.29	0.49	1.88	1.59	0.15	0.53	0.48	0.31	对数正态分布	0.49	1.03	0.16
K₂O	125	2.15	2.24	2.43	2.68	2.99	3.23	3.50	2.71	0.42	2.68	1.80	4.02	1.77	0.15	2.68	2.75	正态分布	2.71	2.99	2.99
TC	125	0.21	0.23	0.29	0.37	0.51	0.74	0.88	0.44	0.23	0.39	2.08	1.76	0.15	0.53	0.37	0.43	对数正态分布	0.39	0.54	0.43
Corg	125	0.16	0.17	0.22	0.30	0.42	0.56	0.75	0.35	0.20	0.32	2.31	1.63	0.12	0.58	0.30	0.23	对数正态分布	0.32	0.42	0.42
pH	125	4.88	4.96	5.09	5.20	5.44	5.97	6.18	5.20	5.40	5.32	2.63	6.72	4.66	1.04	5.20	5.14	对数正态分布	5.32	5.14	5.12

市基准值和浙江省基准值。

各元素/指标中,多数元素/指标变异系数在 0.40 以下,分布较为均匀;Au、Br、CaO、Cd、Corg、Hg、I、Mo、N、Na_2O、P、Se、TC、As、Sr、pH 变异系数大于 0.40,其中 As、Sr、pH 变异系数大于 0.80,空间变异性较大。

与台州市土壤基准值相比,仙居县土壤基准值中 Na_2O、Bi、V、CaO、S、F 基准值明显偏低,不足台州市基准值的 60%;Au、Ce、Cl、N、P、TC、Corg 基准值略高于台州市基准值,为台州市基准值的 1.2~1.4 倍;MgO、Cr 基准值明显高于台州市基准值,为台州市基准值的 1.4 倍以上;其他元素/指标基准值则与台州市基准值基本接近。

与浙江省土壤基准值相比,仙居县土壤基准值中 B、Cr、Sr、V 基准值不足浙江省基准值的 60%;Au、Cd、Co、S、Corg 基准值为浙江省基准值的 60%~80%;I、Mo、Nb、Sn、Tl 基准值为浙江省背景值的 1.2~1.4 倍;Ba、Br、Na_2O 相对富集,基准值为浙江省基准值的 1.4 倍以上;其他元素/指标基准值则与浙江省基准值基本接近。

十、三门县土壤地球化学基准值

三门县土壤地球化学基准值数据经正态分布检验,结果表明,原始数据中 As、B、Ba、Be、Bi、Cd、Ce、Co、Cr、F、Ga、Ge、I、La、Mn、N、Nb、P、Rb、Sb、Sc、Sr、Th、Ti、Tl、U、V、W、Y、Zn、Zr、SiO_2、Al_2O_3、TFe_2O_3、MgO、Na_2O、K_2O、TC、Corg 共 39 项元素/指标符合正态分布,Au、Br、Cl、Cu、Hg、Li、Mo、Ni、Pb、S、Se、Sn、CaO、pH 共 14 项元素/指标符合对数正态分布,Ag 剔除异常值后符合正态分布(表 3-10)。

三门县深层土壤总体呈弱酸性,土壤 pH 基准值为 6.54,极大值为 8.63,极小值为 4.94,略高于台州市基准值和浙江省基准值。

各元素/指标中,大多数元素/指标变异系数在 0.40 以下,分布较为均匀,As、B、Bi、Co、Cr、Cu、Hg、Li、MgO、N、Ni、Pb、S、Se、Sr、Br、Cl、Mo、CaO、pH 变异系数大于 0.40,其中 Br、Cl、Mo、CaO、pH 变异系数大于 0.80 的元素/指标,空间变异性较大。

与台州市土壤基准值相比,三门县土壤基准值中 F 基准值明显偏低,为台州市基准值的 58%;V 基准值为台州市基准值的 78.7%;B、Br、Co、N、Ni、P、Sr、Corg 基准值略高于台州市基准值,为台州市基准值的 1.2~1.4 倍;TC、Cd、MgO、Cl、Cu、Mo、S、CaO、Cr 基准值偏高,为台州市基准值的 1.4 倍以上,其中 Cl、MgO、Cr 基准值均超过台州市基准值的 2.0 倍;其他元素/指标背景值与浙江省基准值基本接近。

与浙江省土壤基准值相比,三门县土壤基准值中 B 基准值明显低于浙江省基准值,仅为浙江省基准值的 49%;Cr、V 基准值略低于浙江省基准值,为浙江省基准值的 60%~80%;Au、Ba、Cd、I、P、Corg 基准值略高于浙江省基准值,为浙江省基准值的 1.2~1.4 倍;Bi、Br、Cl、Cu、Mn、Mo、N、Ni、P、S、MgO、CaO、Na_2O、TC 相对富集,基准值为浙江省基准值的 1.4 倍以上;其他元素/指标基准值则与浙江省基准值基本接近。

第二节　主要土壤母质类型地球化学基准值

一、松散岩类沉积物土壤母质地球化学基准值

松散岩类沉积物土壤母质地球化学基准值数据经正态分布检验,结果表明,原始数据中 As、Be、Ce、F、Ga、Ge、I、Mn、N、P、Rb、Sb、Sr、Th、W、Zn、Al_2O_3、K_2O、TC、Corg 共 20 项元素/指标符合正态分布,Ag、Br、Cd、Cl、Hg、Pb、S、Se、Sn、Tl、U、SiO_2、CaO 共 13 项元素/指标符合对数正态分布,Au、Mo、Y、Na_2O 剔除异常值后符合正态分布,Nb 剔除异常值后符合对数正态分布,其他元素/指标不符合正态分布或对数正态分布(表 3-11)。

表 3-10 三门县土壤地球化学基准值参数统计表

元素/指标	N	$X_{5\%}$	$X_{10\%}$	$X_{25\%}$	$X_{50\%}$	$X_{75\%}$	$X_{90\%}$	$X_{95\%}$	$\bar{X}$	S	$\bar{X}_g$	S_g	X_{max}	X_{min}	CV	X_{me}	X_{mo}	分布类型	三门县基准值	台州市基准值	浙江省基准值
Ag	51	55.8	60.5	66.0	80.0	91.0	99.0	106	79.8	15.16	78.3	12.42	110	45.50	0.19	80.0	82.0	剔除后正态分布	79.8	73.5	70.0
As	55	3.61	4.04	5.18	7.10	9.70	11.62	12.41	7.43	3.01	6.83	3.26	14.67	2.00	0.41	7.10	7.30	正态分布	7.43	6.61	6.83
Au	55	0.80	0.87	1.10	1.30	1.50	2.01	2.59	1.40	0.55	1.32	1.43	3.32	0.70	0.39	1.30	1.30	对数正态分布	1.32	1.13	1.10
B	55	14.47	18.88	23.46	29.00	47.50	59.8	62.6	35.54	16.32	32.02	7.63	78.0	10.00	0.46	29.00	25.00	正态分布	35.54	28.51	73.0
Ba	55	436	458	490	629	821	913	992	663	189	638	41.57	1191	407	0.29	629	670	正态分布	663	629	482
Be	55	2.03	2.07	2.23	2.50	2.72	2.89	2.94	2.48	0.30	2.46	1.70	2.97	1.84	0.12	2.50	2.72	正态分布	2.48	2.42	2.31
Bi	55	0.15	0.17	0.24	0.34	0.46	0.55	0.74	0.38	0.24	0.33	2.20	1.67	0.13	0.63	0.34	0.37	正态分布	0.38	0.45	0.24
Br	55	2.30	2.42	3.00	4.35	6.28	9.15	10.91	5.76	5.08	4.70	2.85	30.58	2.00	0.88	4.35	3.00	对数正态分布	4.70	3.80	1.50
Cd	55	0.07	0.09	0.11	0.14	0.18	0.24	0.26	0.15	0.06	0.14	3.29	0.34	0.05	0.40	0.14	0.12	正态分布	0.15	0.10	0.11
Ce	55	73.6	74.7	80.1	87.8	94.9	104	111	90.0	15.18	88.9	13.25	159	67.7	0.17	87.8	73.7	对数正态分布	90.0	85.2	84.1
Cl	55	56.8	60.0	74.1	136	409	1100	1667	439	879	190	25.33	5968	51.0	2.00	136	443	对数正态分布	190	63.9	39.00
Co	55	6.74	7.22	8.20	10.70	12.95	17.74	19.15	11.60	4.99	10.76	4.06	34.36	4.50	0.43	10.70	11.90	正态分布	11.60	9.41	11.90
Cr	55	17.90	20.02	29.63	38.80	63.7	90.4	97.7	47.41	25.98	41.03	9.03	100.0	15.82	0.55	38.80	31.50	对数正态分布	47.41	17.61	71.0
Cu	55	9.25	10.45	12.02	14.89	25.05	35.93	38.68	19.13	9.96	16.99	5.33	44.93	7.08	0.52	14.89	12.13	对数正态分布	19.13	11.90	11.20
F	55	320	335	362	426	581	697	765	480	143	460	33.75	810	232	0.30	426	581	正态分布	480	825	431
Ga	55	15.97	16.44	17.69	18.70	19.85	22.36	23.52	19.02	2.26	18.90	5.38	25.50	14.60	0.12	18.70	18.70	正态分布	19.02	19.33	18.92
Ge	55	1.33	1.35	1.43	1.48	1.56	1.64	1.69	1.49	0.11	1.49	1.26	1.82	1.24	0.08	1.48	1.47	正态分布	1.49	1.55	1.50
Hg	55	0.03	0.03	0.04	0.04	0.06	0.07	0.08	0.05	0.02	0.05	5.88	0.17	0.02	0.43	0.04	0.05	对数正态分布	0.05	0.05	0.048
I	55	2.41	2.84	3.63	4.39	5.52	6.66	8.08	4.79	1.93	4.47	2.48	12.52	2.12	0.40	4.39	4.88	正态分布	4.79	5.04	3.86
La	55	34.47	36.40	39.00	42.00	47.11	49.00	53.1	43.42	7.7C	42.83	8.75	78.0	26.00	0.18	42.00	41.00	正态分布	43.42	41.06	41.00
Li	55	19.56	20.28	23.20	29.50	44.95	59.2	64.8	35.38	15.19	32.51	7.54	69.4	16.90	0.43	29.50	25.60	对数正态分布	35.38	36.24	37.51
Mn	55	591	722	815	970	1176	1431	1607	1033	299	992	53.0	1807	479	0.29	970	1003	正态分布	1033	905	713
Mo	55	0.68	0.73	0.83	1.09	1.54	1.99	3.14	1.40	1.19	1.19	1.66	8.61	0.55	0.85	1.09	1.14	对数正态分布	1.40	0.82	0.62
N	55	0.35	0.42	0.56	0.66	0.78	0.94	1.14	0.70	0.29	0.65	1.52	2.17	0.30	0.41	0.66	0.74	正态分布	0.70	0.52	0.49
Nb	55	16.94	17.69	19.65	21.80	24.88	27.45	28.63	22.33	3.70	22.03	5.99	31.11	15.20	0.17	21.80	25.07	对数正态分布	22.33	21.50	19.60
Ni	55	6.47	7.36	10.20	14.20	26.98	41.73	44.35	19.65	12.82	16.16	5.47	48.04	5.81	0.65	14.20	12.55	对数正态分布	19.65	12.67	11.00
P	55	0.24	0.28	0.32	0.42	0.57	0.64	0.71	0.44	0.15	0.42	1.84	0.78	0.15	0.35	0.42	0.45	正态分布	0.44	0.32	0.24
Pb	55	26.05	28.40	30.00	33.00	39.06	51.0	80.8	39.48	18.78	36.80	8.32	126	22.45	0.48	33.00	33.00	对数正态分布	39.48	31.35	30.00

续表 3-10 台州市土壤元素背景值

元素/指标	N	$X_{5\%}$	$X_{10\%}$	$X_{25\%}$	$X_{50\%}$	$X_{75\%}$	$X_{90\%}$	$X_{95\%}$	$\bar{X}$	S	$\bar{X}_g$	S_g	X_{max}	X_{min}	CV	X_{me}	X_{mo}	分布类型	三门县基准值	台州市基准值	浙江省基准值
Rb	55	116	121	130	138	146	153	155	137	12.79	136	16.87	162	104	0.09	138	138	正态分布	137	136	128
S	55	74.3	78.3	103	145	300	424	514	212	166	168	20.22	884	64.9	0.79	145	145	对数正态分布	168	119	114
Sb	55	0.38	0.40	0.45	0.52	0.64	0.74	0.78	0.55	0.14	0.53	1.55	0.92	0.28	0.25	0.52	0.49	正态分布	0.55	0.56	0.53
Sc	55	7.15	7.40	8.55	10.60	12.30	15.34	16.18	10.85	2.99	10.46	3.85	19.74	6.10	0.28	10.60	7.40	对数正态分布	10.85	11.11	9.70
Se	55	0.12	0.15	0.17	0.20	0.23	0.33	0.38	0.22	0.09	0.21	2.58	0.66	0.09	0.42	0.20	0.16	对数正态分布	0.21	0.22	0.21
Sn	55	2.35	2.40	2.53	2.90	3.40	3.50	3.91	3.14	1.17	3.01	1.98	9.80	1.90	0.37	2.90	3.50	正态分布	3.01	3.10	2.60
Sr	55	54.9	59.1	70.7	97.7	123	193	203	108	45.24	99.4	14.49	208	45.15	0.42	97.7	110	正态分布	108	78.8	112
Th	55	10.94	11.96	13.00	14.30	15.68	16.56	17.15	14.16	2.26	13.94	4.66	18.40	6.47	0.16	14.30	15.20	正态分布	14.16	14.31	14.50
Ti	55	3352	3506	3944	4787	5219	5705	6677	4742	1000	4642	127	7781	2985	0.21	4787	4753	正态分布	4742	4538	4602
Tl	55	0.74	0.76	0.82	0.94	1.04	1.14	1.26	0.95	0.17	0.93	1.20	1.63	0.61	0.18	0.94	0.94	正态分布	0.95	0.97	0.82
U	55	2.43	2.59	2.90	3.00	3.40	3.98	4.20	3.16	0.49	3.12	1.97	4.30	2.30	0.16	3.00	3.00	正态分布	3.16	3.08	3.14
V	55	45.02	48.36	61.6	77.9	95.3	123	125	81.8	28.93	77.2	12.28	190	34.17	0.35	77.9	86.5	正态分布	81.8	104	110
W	55	1.45	1.52	1.66	1.88	2.04	2.31	2.57	1.90	0.36	1.87	1.48	3.14	1.21	0.19	1.88	1.94	正态分布	1.90	1.87	1.93
Y	55	19.79	21.29	23.67	27.17	29.39	31.95	34.67	26.73	4.28	26.39	6.58	37.45	18.40	0.16	27.17	29.33	正态分布	26.73	26.22	26.13
Zn	55	60.7	69.4	77.4	88.4	99.3	116	138	92.7	25.97	89.7	13.39	194	51.2	0.28	88.4	92.5	正态分布	92.7	83.3	77.4
Zr	55	186	204	247	298	339	383	407	301	79.8	292	26.48	629	176	0.26	298	298	正态分布	301	293	287
SiO$_2$	55	58.4	60.1	64.6	69.0	73.0	74.9	76.4	68.4	5.70	68.2	11.40	78.1	55.5	0.08	69.0	68.4	正态分布	68.4	69.3	70.5
Al$_2$O$_3$	55	12.98	13.53	14.40	14.95	16.07	17.09	18.28	15.28	1.51	15.20	4.75	18.91	12.54	0.10	14.95	14.79	正态分布	15.28	15.69	14.82
TFe$_2$O$_3$	55	3.00	3.18	3.73	4.48	5.69	6.65	6.81	4.76	1.37	4.57	2.47	9.41	2.37	0.29	4.48	4.43	正态分布	4.76	4.38	4.70
MgO	55	0.45	0.47	0.57	0.78	1.26	2.36	2.52	1.06	0.67	0.89	1.76	2.67	0.37	0.63	0.78	0.54	正态分布	1.06	0.45	0.67
CaO	55	0.24	0.26	0.32	0.56	0.95	2.11	2.32	0.85	0.75	0.62	2.28	3.47	0.16	0.89	0.56	0.56	对数正态分布	0.62	0.35	0.22
Na$_2$O	55	0.39	0.48	0.63	0.87	1.11	1.28	1.37	0.87	0.32	0.81	1.53	1.56	0.26	0.37	0.87	0.51	正态分布	0.87	1.03	0.16
K$_2$O	55	2.59	2.69	2.95	3.15	3.35	3.55	3.84	3.14	0.42	3.11	1.96	4.50	1.73	0.14	3.15	3.08	正态分布	3.14	2.99	2.99
TC	55	0.43	0.47	0.59	0.74	0.92	1.20	1.28	0.77	0.28	0.72	1.51	1.52	0.22	0.36	0.74	0.75	正态分布	0.77	0.54	0.43
Corg	55	0.29	0.37	0.46	0.54	0.65	0.75	0.82	0.56	0.18	0.53	1.59	1.30	0.18	0.32	0.54	0.54	正态分布	0.56	0.42	0.42
pH	55	5.18	5.30	5.69	6.09	7.90	8.31	8.39	5.75	5.58	6.54	2.95	8.63	4.94	0.97	6.09	5.31	对数正态分布	6.54	5.14	5.12

第三章 土壤地球化学基准值

表 3-11 松散岩类沉积物土壤母质地球化学基准值参数统计表

元素/指标	N	$X_{5\%}$	$X_{10\%}$	$X_{25\%}$	$X_{50\%}$	$X_{75\%}$	$X_{90\%}$	$X_{95\%}$	$\overline{X}$	S	$\overline{X}_g$	S_g	X_{max}	X_{min}	CV	X_{me}	X_{mo}	分布类型	松散岩类沉积物基准值	台州市基准值
Ag	117	60.8	63.6	72.0	80.0	93.0	113	145	93.1	54.6	85.8	13.58	391	50.00	0.59	80.0	75.0	对数正态分布	85.8	73.5
As	117	4.59	5.00	6.13	7.70	10.80	12.00	12.74	8.34	2.79	7.88	3.53	16.10	3.79	0.33	7.70	7.70	正态分布	8.34	6.61
Au	103	1.00	1.20	1.32	1.50	1.60	1.80	1.99	1.48	0.28	1.45	1.35	2.20	0.77	0.19	1.50	1.40	剔除后正态分布	1.48	1.13
B	117	20.54	22.15	29.00	52.0	63.0	67.0	71.0	47.14	18.00	43.13	9.56	76.0	16.00	0.38	52.0	65.0	其他分布	65.0	28.51
Ba	108	456	461	485	520	590	677	727	548	86.8	541	37.49	792	407	0.16	520	543	偏峰分布	543	629
Be	117	2.19	2.32	2.51	2.74	2.91	3.03	3.05	2.70	0.30	2.68	1.81	3.46	1.74	0.11	2.74	2.73	正态分布	2.70	2.42
Bi	116	0.20	0.22	0.35	0.45	0.50	0.54	0.56	0.42	0.12	0.40	1.80	0.65	0.17	0.28	0.45	0.45	偏峰分布	0.45	0.45
Br	117	1.90	2.11	2.30	3.60	6.10	8.02	8.85	4.43	2.57	3.80	2.64	12.80	0.60	0.58	3.60	2.20	正态分布	3.80	3.80
Cd	117	0.07	0.09	0.11	0.13	0.16	0.18	0.19	0.13	0.05	0.13	3.37	0.48	0.03	0.37	0.13	0.13	正态分布	0.13	0.10
Ce	117	69.6	73.7	76.8	80.6	86.7	92.8	97.9	82.5	9.05	82.1	12.79	120	62.8	0.11	80.6	76.4	正态分布	82.5	85.2
Cl	117	48.20	59.6	82.5	122	349	733	1218	299	396	170	23.73	1962	42.10	1.33	122	297	偏峰分布	170	63.9
Co	117	6.08	7.61	11.90	16.40	18.30	19.38	20.46	14.88	4.49	14.02	4.98	21.80	5.13	0.30	16.40	17.60	其他分布	17.60	9.41
Cr	117	23.36	27.60	57.7	90.6	100.0	107	110	78.7	29.61	70.6	13.10	118	17.61	0.38	90.6	90.6	偏峰分布	90.6	17.61
Cu	117	11.16	12.22	19.63	28.55	32.05	35.80	38.12	25.99	8.52	24.31	6.80	41.07	8.69	0.33	28.55	37.35	正态分布	37.35	11.90
F	117	385	434	561	688	788	825	863	661	151	640	42.44	903	232	0.23	688	825	正态分布	661	825
Ga	117	16.43	17.12	18.70	20.70	21.70	22.44	22.92	20.23	2.04	20.13	5.66	24.80	15.70	0.10	20.70	21.90	正态分布	20.23	19.33
Ge	117	1.35	1.38	1.42	1.48	1.56	1.65	1.70	1.50	0.12	1.50	1.28	1.99	1.21	0.08	1.48	1.42	对数正态分布	1.50	1.55
Hg	117	0.03	0.04	0.04	0.05	0.06	0.08	0.09	0.06	0.02	0.05	5.49	0.15	0.02	0.35	0.05	0.05	其他分布	0.05	0.05
I	117	2.42	2.72	3.71	5.10	7.09	8.60	9.13	5.44	2.21	4.98	2.83	11.80	1.37	0.41	5.10	4.60	偏峰分布	5.44	5.04
La	114	35.45	37.00	40.00	41.77	44.00	47.00	49.35	42.06	3.91	41.88	8.68	52.0	32.70	0.09	41.77	41.00	偏峰分布	41.00	41.06
Li	117	27.86	31.88	45.10	58.6	64.9	66.7	67.9	54.1	13.25	52.1	10.18	74.0	20.10	0.24	58.6	55.5	偏峰分布	55.5	36.24
Mn	117	606	738	921	1008	1264	1458	1554	1070	291	1028	55.7	1802	317	0.27	1008	1008	正态分布	1070	905
Mo	107	0.42	0.46	0.56	0.68	0.80	0.87	0.93	0.68	0.17	0.66	1.42	1.16	0.35	0.24	0.68	0.80	剔除后正态分布	0.68	0.82
N	117	0.28	0.36	0.60	0.73	0.82	0.94	0.97	0.69	0.20	0.66	1.51	1.13	0.19	0.29	0.73	0.81	正态分布	0.69	0.52
Nb	106	17.02	17.15	17.62	18.30	19.38	21.36	22.33	18.75	1.70	18.68	5.40	24.03	15.30	0.09	18.30	18.30	剔除后对数分布	18.68	21.50
Ni	117	7.54	10.02	23.97	40.19	44.98	47.27	48.06	33.52	13.92	29.15	8.24	50.2	5.72	0.42	40.19	30.60	其他分布	30.60	12.67
P	117	0.24	0.27	0.39	0.49	0.57	0.61	0.63	0.47	0.14	0.45	1.76	1.15	0.12	0.31	0.49	0.47	正态分布	0.47	0.32
Pb	117	27.41	28.97	30.00	32.48	36.00	41.40	44.01	34.77	9.68	33.96	7.76	113	22.62	0.28	32.48	32.00	对数正态分布	33.96	31.35

续表 3-11

元素/指标	N	$X_{5\%}$	$X_{10\%}$	$X_{25\%}$	$X_{50\%}$	$X_{75\%}$	$X_{90\%}$	$X_{95\%}$	$\overline{X}$	S	$\overline{X}_g$	S_g	X_{max}	X_{min}	CV	X_{me}	X_{mo}	分布类型	松散岩类沉积物基准值	台州市基准值
Rb	117	119	126	136	148	156	162	163	145	14.43	145	17.78	171	97.0	0.10	148	155	正态分布	145	136
S	117	52.7	62.4	74.7	98.2	168	360	414	156	147	120	17.41	1077	44.10	0.94	98.2	80.6	对数正态分布	120	119
Sb	117	0.41	0.43	0.47	0.55	0.66	0.74	0.83	0.58	0.14	0.57	1.49	1.26	0.37	0.25	0.55	0.53	正态分布	0.58	0.56
Sc	117	9.18	9.67	12.00	14.60	16.00	17.00	17.42	13.87	2.82	13.56	4.63	19.30	7.40	0.20	14.60	14.80	偏峰分布	14.80	11.11
Se	117	0.11	0.12	0.13	0.15	0.19	0.24	0.29	0.17	0.06	0.16	2.97	0.39	0.08	0.35	0.15	0.16	对数正态分布	0.16	0.22
Sn	117	2.30	2.40	2.80	3.30	3.70	4.10	4.62	3.39	1.02	3.28	2.10	9.80	1.80	0.30	3.30	3.30	对数正态分布	3.28	3.10
Sr	117	64.0	70.6	96.9	112	122	134	139	110	27.06	106	14.96	251	42.55	0.25	112	118	正态分布	110	78.8
Th	117	11.63	12.59	13.80	14.80	15.60	16.79	18.52	14.80	2.07	14.65	4.82	20.90	9.06	0.14	14.80	15.20	偏峰分布	14.80	14.31
Ti	113	3979	4072	4595	5133	5311	5531	5628	4970	547	4938	135	5915	3498	0.11	5133	5220	对数正态分布	5220	4538
Tl	117	0.71	0.76	0.80	0.85	0.95	1.06	1.09	0.88	0.12	0.87	1.17	1.28	0.64	0.14	0.85	0.81	对数正态分布	0.87	0.97
U	117	2.30	2.30	2.50	2.70	3.00	3.30	3.51	2.77	0.42	2.74	1.82	4.70	2.00	0.15	2.70	2.40	对数正态分布	2.74	3.08
V	117	47.69	52.7	86.8	109	123	127	128	101	26.73	96.5	14.70	132	41.52	0.26	109	119	其他分布	119	104
W	117	1.55	1.63	1.81	1.93	2.05	2.17	2.31	1.93	0.27	1.91	1.50	3.67	1.27	0.14	1.93	1.93	正态分布	1.93	1.87
Y	106	26.05	27.21	28.36	29.34	30.46	30.90	32.17	29.28	1.76	29.23	7.03	33.77	24.40	0.06	29.34	30.28	剔除后正态分布	29.28	26.22
Zn	117	64.9	72.4	85.1	99.7	107	112	113	95.5	16.36	94.0	14.00	147	49.52	0.17	99.7	102	正态分布	95.5	83.3
Zr	114	178	182	188	201	269	321	334	228	56.3	222	22.21	390	173	0.25	201	193	其他分布	193	293
SiO₂	117	58.0	58.6	60.2	62.4	67.2	73.9	75.6	64.3	5.59	64.1	10.95	77.0	56.7	0.09	62.4	61.1	对数正态分布	64.1	69.3
Al₂O₃	117	12.83	13.89	14.72	15.63	16.17	16.73	16.99	15.41	1.21	15.37	4.87	19.15	12.37	0.08	15.63	15.78	正态分布	15.41	15.69
TFe₂O₃	117	3.21	3.51	4.85	5.93	6.52	6.86	7.00	5.59	1.22	5.43	2.80	7.21	2.77	0.22	5.93	6.48	偏峰分布	6.48	4.38
MgO	117	0.49	0.61	1.24	1.96	2.33	2.49	2.53	1.71	0.69	1.52	1.84	2.67	0.41	0.40	1.96	2.52	偏峰分布	2.52	0.45
CaO	117	0.25	0.33	0.57	0.93	1.98	2.84	3.35	1.32	1.03	0.97	2.24	5.52	0.12	0.78	0.93	0.57	对数正态分布	0.97	0.35
Na₂O	102	0.78	0.91	0.99	1.07	1.15	1.26	1.32	1.07	0.15	1.06	1.16	1.43	0.70	0.14	1.07	1.09	剔除后正态分布	1.07	1.03
K₂O	117	2.52	2.74	2.98	3.11	3.18	3.33	3.50	3.07	0.28	3.06	1.93	4.00	2.17	0.09	3.11	3.13	正态分布	3.07	2.99
TC	117	0.27	0.33	0.67	0.81	1.11	1.23	1.24	0.83	0.33	0.76	1.63	1.81	0.19	0.39	0.81	0.78	正态分布	0.83	0.54
Corg	117	0.22	0.27	0.44	0.51	0.59	0.67	0.73	0.50	0.15	0.48	1.68	0.93	0.13	0.30	0.51	0.48	正态分布	0.50	0.42
pH	117	5.48	5.80	6.83	7.86	8.37	8.54	8.62	6.26	5.81	7.51	3.25	8.88	4.98	0.93	7.86	8.32	偏峰分布	8.32	5.14

注：氧化物、TC、Corg 单位为%；N、P 单位为 g/kg；Au、Ag 单位为 μg/kg；pH 为无量纲；其他元素/指标单位为 mg/kg；后表单位相同。

松散岩类沉积物区深层土壤总体呈碱性,土壤pH基准值为8.32,极大值为8.88,极小值为4.98,明显高于台州市基准值。

各元素/指标中,多数元素/指标变异系数在0.40以下,分布较为均匀;Ag、Br、CaO、I、Ni、pH、S、Cl变异系数大于0.40,其中pH、S、Cl变异系数大于0.80,空间变异性较大。

与台州市土壤基准值相比,松散岩类沉积物区土壤基准值中绝大多数元素/指标基准值与台州市基准值接近;Zr、Se基准值略低于台州市基准值;Cd、As、Au、N、Sc、Sr基准值略高于台州市基准值,为台州市基准值的1.2~1.4倍;P、TFe_2O_3、Li、TC、Co、B、Ni、Cl、CaO、Cu、Cr、MgO基准值明显高于台州市基准值,是台州市基准值的1.4倍以上,其中B、Ni、Cl、CaO、Cu、Cr、MgO明显相对富集,基准值为台州市基准值的2.0倍以上,Na_2O基准值最高,为台州市基准值的5.6倍。

二、古土壤风化物土壤母质地球化学基准值

古土壤风化物区采集深层土壤样品7件,无法进行正态分布检验,具体参数统计如下(表3-12)。

古土壤风化物区深层土壤总体为弱酸性,土壤pH基准值为5.88,极大值为8.11,极小值为5.06,接近于台州市基准值。

各元素/指标中,多数元素/指标变异系数在0.40以下,分布较为均匀;Ag、Au、CaO、Cd、Corg、Hg、Mn、P、TC、pH变异系数大于0.40,其中pH变异系数大于0.80,空间变异性较大。

与台州市土壤基准值相比,古土壤风化物区土壤基准值中Hg、I、TC、Bi、F、V、Br、Corg、S、N基准值明显低于台州市土壤基准值,均不足台州市基准值的60%;Ag、Au、Co、Mn、Mo、P、Se、Zn、TFe_2O_3基准值略低于台州市基准值,为台州市基准值的60%~80%;CaO、Sr、MgO基准值略高于台州市基准值,是台州市基准值的1.2~1.4倍;Cr基准值明显高于台州市基准值,是台州市基准值的1.75倍;其他元素/指标基准值与台州市基准值基本接近。

三、碎屑岩类风化物土壤母质地球化学基准值

碎屑岩类风化物区采集深层土壤样品21件,无法进行正态分布检验,具体参数统计如下(表3-13)。

碎屑岩类风化物区深层土壤总体为酸性,土壤pH基准值为5.02,极大值为6.03,极小值为4.67,基本与台州市基准值接近。

各元素/指标中,多数元素/指标变异系数均在0.40以下,分布较为均匀;CaO、Cd、Co、Cr、Cu、Hg、Na_2O、Ni、P、Sb、Sr、pH、As、TFe_2O_3变异系数大于0.40,其中pH、As变异系数大于0.80,空间变异性较大。

与台州市土壤基准值相比,碎屑岩类风化物区土壤基准值中Na_2O、CaO、Bi、V、Sr基准值显著低于台州市基准值,不足台州市基准值的60%;B、Ba、F、K_2O、TC略低于台州市基准值,为台州市基准值的60%~80%;Hg、S基准值略高于台州市基准值,为台州市基准值的1.2~1.4倍;Cr、I、Se、MgO基准值明显高于台州市基准值,为台州市基准值的1.4倍以上;其他元素/指标基准值接近于台州市基准值。

四、紫色碎屑岩类风化物土壤母质地球化学基准值

紫色碎屑岩类风化物区采集深层土壤样品18件,无法进行正态分布检验,具体参数统计如下(表3-14)。

紫色碎屑岩类风化物区深层土壤总体为弱酸性,土壤pH基准值为6.14,极大值为7.85,极小值为5.03,接近于台州市基准值。

各元素/指标中,多数元素/指标变异系数在0.40以下,分布较为均匀;Au、Br、CaO、Cd、Corg、I、Na_2O、Se、TC、P、pH、Sr、Mo、Hg变异系数大于0.40,其中P、pH、Sr、Mo、Hg变异系数大于0.80,空间变异性较大。

与台州市土壤基准值相比,紫色碎屑岩类风化物区土壤基准值中Bi、TC、Br、F、I、S、V、Cd、Hg基准值均不足台州市基准值的60%;Ag、Au、Mn、Mo、N、P、Se、Zn、Na_2O、Corg基准值略低于台州市基准值;

台州市土壤元素背景值

表 3-12 古土壤风化物土壤母质地球化学基准值参数统计表

元素/指标	N	$X_{5\%}$	$X_{10\%}$	$X_{25\%}$	$X_{50\%}$	$X_{75\%}$	$X_{90\%}$	$X_{95\%}$	$\bar{X}$	S	$\bar{X}_g$	S_g	X_{max}	X_{min}	CV	X_{me}	X_{mo}	古土壤风化物基准值	台州市基准值
Ag	7	48.50	50.00	55.0	58.5	78.8	105	124	73.6	32.79	68.8	11.01	142	47.00	0.45	58.5	77.0	58.5	73.5
As	7	4.57	4.62	4.76	5.80	6.43	7.18	7.63	5.83	1.28	5.71	2.61	8.09	4.53	0.22	5.80	5.80	5.80	6.61
Au	7	0.64	0.66	0.74	0.88	1.46	2.04	2.27	1.20	0.69	1.06	1.62	2.50	0.62	0.57	0.88	1.18	0.88	1.13
B	7	25.22	26.30	28.49	30.00	31.05	39.30	45.10	32.02	8.67	31.20	7.17	50.9	24.14	0.27	30.00	31.57	30.00	28.51
Ba	7	573	610	660	723	784	915	969	739	156	725	39.75	1024	536	0.21	723	725	723	629
Be	7	1.90	1.91	2.02	2.23	2.46	2.54	2.57	2.24	0.28	2.22	1.57	2.59	1.89	0.12	2.23	2.23	2.23	2.42
Bi	7	0.21	0.21	0.21	0.24	0.25	0.27	0.28	0.24	0.03	0.24	2.22	0.29	0.20	0.13	0.24	0.24	0.24	0.45
Br	7	1.36	1.42	1.60	2.12	2.35	2.58	2.64	2.00	0.52	1.94	1.62	2.70	1.30	0.26	2.12	2.12	2.12	3.80
Cd	7	0.03	0.03	0.05	0.08	0.13	0.17	0.19	0.09	0.06	0.08	4.80	0.20	0.03	0.68	0.08	0.08	0.08	0.10
Ce	7	74.0	74.5	77.2	81.1	82.7	87.5	90.1	81.0	6.33	80.8	11.34	92.7	73.5	0.08	81.1	81.1	81.1	85.2
Cl	7	48.50	50.3	53.0	53.8	57.1	59.8	59.9	54.4	4.52	54.2	9.35	60.0	46.70	0.08	53.8	54.5	53.8	63.9
Co	7	4.90	5.07	5.73	6.38	7.48	8.43	8.59	6.61	1.46	6.48	3.00	8.76	4.72	0.22	6.38	6.77	6.38	9.41
Cr	7	25.43	25.52	26.02	30.90	31.52	36.65	40.34	30.77	6.48	30.25	6.90	44.03	25.34	0.21	30.90	30.90	30.90	17.61
Cu	7	11.23	11.82	12.88	13.16	18.09	21.68	22.13	15.47	4.55	14.95	4.87	22.58	10.65	0.29	13.16	15.09	13.16	11.90
F	7	378	389	420	458	488	514	523	453	56.4	450	30.40	531	368	0.12	458	458	458	825
Ga	7	16.36	16.44	16.84	17.30	19.21	22.06	24.12	18.84	3.45	18.60	5.10	26.18	16.27	0.18	17.30	19.11	17.30	19.33
Ge	7	1.45	1.47	1.51	1.54	1.68	1.83	1.91	1.62	0.19	1.61	1.30	2.00	1.43	0.12	1.54	1.64	1.54	1.55
Hg	7	0.02	0.02	0.02	0.02	0.05	0.06	0.07	0.04	0.02	0.03	7.34	0.07	0.02	0.58	0.02	0.05	0.02	0.05
I	7	1.56	1.56	1.81	2.33	2.70	3.02	3.21	2.33	0.67	2.25	1.64	3.40	1.56	0.29	2.33	2.33	2.33	5.04
La	7	41.57	42.79	44.70	45.77	46.84	51.4	54.5	46.69	5.30	46.45	8.43	57.6	40.36	0.11	45.77	46.45	45.77	41.06
Li	7	27.58	28.15	29.59	35.45	41.05	43.62	44.73	35.65	7.23	35.03	7.04	45.85	27.00	0.20	35.45	35.45	35.45	36.24
Mn	7	354	359	406	623	772	919	963	619	251	576	35.95	1007	349	0.41	623	623	623	905
Mo	7	0.43	0.43	0.51	0.58	0.80	0.89	0.92	0.65	0.20	0.63	1.48	0.95	0.42	0.31	0.58	0.58	0.58	0.82
N	7	0.23	0.24	0.24	0.27	0.45	0.51	0.52	0.35	0.13	0.33	1.93	0.54	0.23	0.38	0.27	0.42	0.27	0.52
Nb	7	17.98	18.46	19.38	20.80	22.22	24.39	25.51	21.16	2.98	20.99	5.30	26.64	17.50	0.14	20.80	20.80	20.80	21.50
Ni	7	7.76	7.79	9.25	10.83	12.41	13.52	14.14	10.95	2.56	10.69	3.86	14.77	7.73	0.23	10.83	10.83	10.83	12.67
P	7	0.11	0.12	0.13	0.22	0.23	0.28	0.31	0.20	0.08	0.19	2.61	0.35	0.11	0.42	0.22	0.22	0.22	0.32
Pb	7	23.54	26.17	30.51	32.33	40.67	43.91	45.95	34.80	8.95	33.75	7.16	48.00	20.92	0.26	32.33	32.33	32.33	31.35

续表 3-12

元素/指标	N	$X_{5\%}$	$X_{10\%}$	$X_{25\%}$	$X_{50\%}$	$X_{75\%}$	$X_{90\%}$	$X_{95\%}$	$\bar{X}$	S	$\bar{X}_g$	S_g	X_{max}	X_{min}	CV	X_{me}	X_{mo}	古土壤风化物基准值	台州市基准值
Rb	7	100.0	104	114	119	131	133	134	120	13.68	119	14.18	134	96.7	0.11	119	119	119	136
S	7	45.79	47.64	59.3	68.5	76.5	95.8	109	72.3	25.27	68.9	10.99	122	43.93	0.35	68.5	68.5	68.5	119
Sb	7	0.54	0.55	0.57	0.60	0.66	0.71	0.74	0.62	0.08	0.62	1.37	0.77	0.53	0.13	0.60	0.60	0.60	0.56
Sc	7	9.00	9.09	9.23	9.48	9.69	9.90	9.94	9.46	0.37	9.45	3.47	9.98	8.92	0.04	9.48	9.48	9.48	11.11
Se	7	0.11	0.11	0.13	0.15	0.16	0.19	0.22	0.15	0.04	0.15	3.08	0.24	0.10	0.29	0.15	0.15	0.15	0.22
Sn	7	2.52	2.57	2.71	2.80	2.99	3.36	3.60	2.93	0.44	2.91	1.81	3.85	2.46	0.15	2.80	2.96	2.80	3.10
Sr	7	58.2	67.5	82.9	110	119	129	136	101	31.47	95.9	13.93	144	48.83	0.31	110	110	110	78.8
Th	7	13.07	13.34	14.57	15.46	16.37	16.74	16.98	15.34	1.57	15.27	4.47	17.23	12.80	0.10	15.46	15.44	15.46	14.31
Ti	7	3467	3540	3736	3921	4057	4194	4272	3893	312	3882	101	4350	3394	0.08	3921	3921	3921	4538
Tl	7	0.70	0.71	0.77	0.85	0.93	1.01	1.02	0.86	0.13	0.85	1.18	1.04	0.69	0.15	0.85	0.85	0.85	0.97
U	7	2.21	2.44	2.84	3.11	3.37	3.47	3.52	3.02	0.53	2.97	1.85	3.58	1.99	0.18	3.11	2.96	3.11	3.08
V	7	49.24	49.47	50.4	52.9	58.9	64.8	68.6	56.1	8.27	55.7	9.67	72.5	49.01	0.15	52.9	58.0	52.9	104
W	7	1.60	1.61	1.65	1.85	2.00	2.14	2.22	1.86	0.26	1.85	1.45	2.30	1.59	0.14	1.85	1.85	1.85	1.87
Y	7	22.65	22.80	23.60	25.30	26.33	27.70	28.30	25.22	2.24	25.14	6.03	28.90	22.50	0.09	25.30	25.30	25.30	26.22
Zn	7	52.2	53.2	55.8	59.6	71.7	85.4	91.8	66.3	16.46	64.8	10.00	98.2	51.3	0.25	59.6	66.6	59.6	83.3
Zr	7	271	283	303	307	331	393	427	328	64.2	323	24.87	461	260	0.20	307	315	307	293
SiO_2	7	71.1	71.8	73.3	74.6	75.3	76.2	76.5	74.2	2.08	74.1	10.98	76.8	70.5	0.03	74.6	74.1	74.6	69.3
Al_2O_3	7	12.79	12.91	13.19	13.44	13.88	14.61	15.11	13.69	0.95	13.66	4.23	15.61	12.67	0.07	13.44	13.80	13.44	15.69
TFe_2O_3	7	3.04	3.13	3.26	3.31	3.66	4.04	4.08	3.46	0.43	3.44	2.05	4.12	2.95	0.12	3.31	3.33	3.31	4.38
MgO	7	0.48	0.53	0.59	0.61	0.67	0.77	0.84	0.64	0.14	0.62	1.37	0.90	0.43	0.22	0.61	0.64	0.61	0.45
CaO	7	0.28	0.29	0.33	0.48	0.70	0.76	0.81	0.52	0.23	0.48	1.69	0.86	0.28	0.44	0.48	0.48	0.48	0.35
Na_2O	7	0.44	0.52	0.69	0.85	0.93	1.12	1.26	0.83	0.32	0.78	1.48	1.40	0.36	0.38	0.85	0.85	0.85	1.03
K_2O	7	2.17	2.18	2.31	2.62	2.84	3.04	3.05	2.59	0.36	2.57	1.74	3.07	2.15	0.14	2.62	2.62	2.62	2.99
TC	7	0.21	0.21	0.24	0.25	0.38	0.51	0.53	0.32	0.14	0.30	2.08	0.55	0.20	0.43	0.25	0.28	0.25	0.54
Corg	7	0.16	0.16	0.18	0.20	0.31	0.40	0.41	0.25	0.11	0.23	2.32	0.42	0.15	0.43	0.20	0.24	0.20	0.42
pH	7	5.18	5.30	5.48	5.88	6.42	7.16	7.64	5.60	5.51	6.12	2.85	8.11	5.06	0.98	5.88	6.31	5.88	5.14

表 3-13 碎屑岩类风化物土壤母质地球化学基准值参数统计表

元素/指标	N	$X_{5\%}$	$X_{10\%}$	$X_{25\%}$	$X_{50\%}$	$X_{75\%}$	$X_{90\%}$	$X_{95\%}$	$\overline{X}$	S	$\overline{X}_g$	S_g	X_{max}	X_{min}	CV	X_{me}	X_{mo}	碎屑岩类风化物基准值	台州市基准值
Ag	21	43.00	43.00	48.00	59.5	69.0	93.5	94.0	62.2	18.39	59.9	10.68	108	40.00	0.30	59.5	69.0	59.5	73.5
As	21	3.24	4.32	4.65	6.90	8.21	12.63	12.83	9.59	13.51	6.97	3.75	67.4	3.09	1.41	6.90	9.56	6.90	6.61
Au	21	0.68	0.72	0.85	0.97	1.09	1.27	1.33	0.99	0.21	0.96	1.23	1.53	0.63	0.22	0.97	0.94	0.97	1.13
B	21	15.16	15.52	19.65	21.65	25.16	30.32	31.50	22.37	5.48	21.65	6.11	31.53	9.89	0.24	21.65	21.65	21.65	28.51
Ba	21	360	405	420	466	558	705	710	510	133	496	35.11	885	345	0.26	466	496	466	629
Be	21	1.60	1.63	1.88	2.17	2.45	2.74	2.93	2.25	0.49	2.20	1.68	3.61	1.60	0.22	2.17	2.27	2.17	2.42
Bi	21	0.17	0.18	0.19	0.21	0.25	0.30	0.31	0.23	0.05	0.22	2.43	0.35	0.15	0.22	0.21	0.23	0.21	0.45
Br	21	2.90	3.10	3.30	4.00	5.70	6.70	7.40	4.63	1.73	4.36	2.40	9.20	2.44	0.37	4.00	4.00	4.00	3.80
Cd	21	0.03	0.03	0.05	0.09	0.10	0.13	0.14	0.08	0.04	0.07	4.78	0.15	0.02	0.48	0.09	0.09	0.09	0.10
Ce	21	55.9	60.1	67.6	77.1	88.6	95.2	115	79.2	17.42	77.4	11.88	116	51.1	0.22	77.1	79.7	77.1	85.2
Cl	21	33.10	37.10	40.90	52.3	66.5	90.2	93.0	55.1	18.98	52.3	9.48	93.1	30.20	0.34	52.3	55.4	52.3	63.9
Co	21	5.87	5.90	6.43	8.31	11.02	17.51	27.73	10.72	6.76	9.34	3.90	29.02	4.79	0.63	8.31	10.61	8.31	9.41
Cr	19	16.61	17.20	23.64	26.99	33.64	51.0	69.2	32.28	15.92	29.41	7.37	73.4	15.04	0.49	26.99	32.14	26.99	17.61
Cu	21	8.17	9.54	11.01	13.04	21.19	28.57	32.08	17.59	12.28	15.14	5.08	62.4	8.15	0.70	13.04	16.29	13.04	11.90
F	21	358	373	435	506	535	622	802	516	150	499	35.66	984	302	0.29	506	519	506	825
Ga	21	12.58	12.62	14.62	16.68	19.26	20.20	22.61	16.81	3.12	16.54	5.09	22.74	12.21	0.19	16.68	16.92	16.68	19.33
Ge	21	1.41	1.45	1.54	1.66	1.76	1.83	1.90	1.66	0.15	1.65	1.36	1.90	1.39	0.09	1.66	1.65	1.66	1.55
Hg	21	0.04	0.04	0.05	0.06	0.06	0.07	0.08	0.06	0.03	0.06	5.09	0.20	0.04	0.53	0.06	0.06	0.06	0.05
I	21	4.53	4.85	6.63	7.59	8.79	10.60	10.80	7.53	2.32	7.08	3.09	11.57	1.91	0.31	7.59	7.59	7.59	5.04
La	21	27.00	27.69	31.41	35.85	42.24	51.8	53.2	37.50	9.10	36.49	7.83	57.7	22.66	0.24	35.85	38.17	35.85	41.06
Li	21	20.30	23.11	24.87	33.38	45.08	52.9	55.0	35.52	12.63	33.42	8.00	61.9	16.41	0.36	33.38	35.55	33.38	36.24
Mn	21	454	517	695	835	1076	1303	1423	880	305	830	46.58	1468	414	0.35	835	859	835	905
Mo	21	0.50	0.53	0.70	0.77	0.97	1.13	1.20	0.83	0.22	0.80	1.34	1.27	0.44	0.27	0.77	0.81	0.77	0.82
N	21	0.33	0.36	0.39	0.46	0.56	0.57	0.58	0.47	0.10	0.46	1.65	0.72	0.31	0.21	0.46	0.46	0.46	0.52
Nb	21	15.64	17.34	21.10	23.10	25.48	26.82	27.36	22.71	3.68	22.39	6.11	28.70	14.75	0.16	23.10	22.71	23.10	21.50
Ni	21	7.53	7.88	8.61	11.29	12.36	23.95	34.18	13.92	10.48	11.92	4.47	50.8	6.48	0.75	11.29	13.89	11.29	12.67
P	21	0.17	0.18	0.20	0.28	0.40	0.59	0.60	0.32	0.15	0.29	2.33	0.67	0.16	0.48	0.28	0.32	0.28	0.32
Pb	21	20.57	20.86	26.41	28.24	32.12	36.82	48.10	30.20	8.13	29.32	6.86	52.9	20.56	0.27	28.24	30.12	28.24	31.35

续表 3-13

元素/指标	N	$X_{5\%}$	$X_{10\%}$	$X_{25\%}$	$X_{50\%}$	$X_{75\%}$	$X_{90\%}$	$X_{95\%}$	$\bar{X}$	S	$\bar{X}_g$	S_g	X_{max}	X_{min}	CV	X_{me}	X_{mo}	碎屑岩类风化物基准值	台州市基准值
Rb	21	84.0	84.6	104	124	134	137	141	120	22.40	118	15.68	176	80.4	0.19	124	119	124	136
S	21	86.1	92.5	110	151	173	206	206	147	48.55	140	16.32	278	80.6	0.33	151	92.5	151	119
Sb	21	0.38	0.38	0.43	0.52	0.67	0.73	1.42	0.61	0.33	0.56	1.63	1.66	0.37	0.54	0.52	0.67	0.52	0.56
Sc	21	9.85	10.00	10.77	11.64	12.29	15.27	16.30	12.16	3.20	11.84	4.11	23.40	7.20	0.26	11.64	12.23	11.64	11.11
Se	21	0.18	0.18	0.26	0.37	0.43	0.49	0.52	0.34	0.12	0.32	2.29	0.57	0.15	0.36	0.37	0.36	0.37	0.22
Sn	21	2.33	2.50	2.75	3.10	3.21	3.45	3.46	3.01	0.35	2.99	1.91	3.50	2.30	0.12	3.10	3.15	3.10	3.10
Sr	21	30.20	34.28	42.23	44.69	54.0	73.1	107	52.1	22.57	48.46	9.47	113	23.60	0.43	44.69	53.0	44.69	78.8
Th	21	6.56	8.76	11.32	12.35	13.14	15.60	15.79	11.97	3.08	11.47	4.21	16.94	3.97	0.26	12.35	11.70	12.35	14.31
Ti	21	3287	3569	4188	5037	5705	7075	7183	5156	1663	4931	130	10197	2755	0.32	5037	5175	5037	4538
Tl	21	0.70	0.74	0.88	0.95	1.02	1.26	1.30	0.97	0.19	0.95	1.22	1.31	0.60	0.20	0.95	0.98	0.95	0.97
U	21	1.89	2.05	2.96	3.20	3.35	3.42	3.63	3.02	0.53	2.96	1.92	3.66	1.86	0.17	3.20	3.02	3.20	3.08
V	17	42.06	45.23	50.6	57.1	69.4	71.1	73.1	58.3	10.83	57.3	10.23	78.8	40.96	0.19	57.1	57.8	57.1	104
W	21	1.17	1.28	1.51	1.69	1.98	2.28	2.78	1.84	0.60	1.77	1.57	3.79	1.10	0.32	1.69	1.83	1.69	1.87
Y	21	22.40	23.00	25.30	26.20	27.80	28.80	31.60	26.49	2.71	26.36	6.58	32.10	20.90	0.10	26.20	26.20	26.20	26.22
Zn	21	70.2	70.8	73.2	79.6	94.0	107	112	84.8	15.29	83.5	12.61	114	58.2	0.18	79.6	83.6	79.6	83.3
Zr	21	225	234	246	264	317	349	398	286	57.1	281	25.79	430	214	0.20	264	288	264	293
SiO_2	21	56.1	57.0	66.3	68.5	71.5	73.2	74.2	67.6	6.08	67.3	11.17	78.0	55.7	0.09	68.5	67.6	68.5	69.3
Al_2O_3	21	14.50	14.93	15.63	16.52	18.50	19.89	21.98	17.26	2.53	17.10	4.97	23.98	13.54	0.15	16.52	15.63	16.52	15.69
TFe_2O_3	21	3.13	3.29	3.85	4.46	5.69	8.67	9.82	5.24	2.23	4.87	2.59	10.52	2.76	0.43	4.46	5.00	4.46	4.38
MgO	21	0.48	0.53	0.61	0.64	0.73	1.03	1.13	0.72	0.25	0.69	1.42	1.50	0.45	0.34	0.64	0.73	0.64	0.45
CaO	21	0.06	0.06	0.12	0.13	0.18	0.21	0.31	0.16	0.09	0.14	3.40	0.46	0.05	0.58	0.13	0.16	0.13	0.35
Na_2O	21	0.15	0.15	0.18	0.27	0.37	0.61	0.63	0.32	0.19	0.28	2.30	0.86	0.12	0.58	0.27	0.33	0.27	0.45
K_2O	21	1.52	1.76	2.03	2.31	2.63	2.92	2.98	2.34	0.47	2.29	1.71	3.26	1.41	0.20	2.31	2.31	2.31	1.03
TC	21	0.31	0.34	0.41	0.43	0.57	0.62	0.64	0.47	0.12	0.45	1.74	0.71	0.25	0.25	0.43	0.47	0.43	2.99
Corg	21	0.20	0.27	0.29	0.36	0.45	0.52	0.59	0.38	0.12	0.36	2.05	0.67	0.17	0.33	0.36	0.38	0.36	0.54
pH	21	4.78	4.83	4.90	5.02	5.25	5.32	5.39	5.02	5.32	5.09	2.55	6.03	4.67	1.06	5.02	5.27	5.02	5.14

表3-14 紫色碎屑岩类风化物土壤母质地球化学基准值参数统计表

元素/指标	N	$X_{5\%}$	$X_{10\%}$	$X_{25\%}$	$X_{50\%}$	$X_{75\%}$	$X_{90\%}$	$X_{95\%}$	$\bar{X}$	S	$\bar{X}_g$	S_g	X_{max}	X_{min}	CV	X_{me}	X_{mo}	紫色碎屑岩类风化物基准值	台州市基准值
Ag	18	45.10	46.35	51.1	57.8	74.2	92.5	97.3	64.1	18.87	61.7	10.83	104	40.00	0.29	57.8	63.5	57.8	73.5
As	18	3.55	3.94	4.69	6.31	7.98	10.17	10.67	6.56	2.41	6.16	2.96	11.22	3.29	0.37	6.31	6.64	6.31	6.61
Au	18	0.56	0.60	0.63	0.68	0.90	1.37	1.64	0.87	0.45	0.80	1.48	2.33	0.52	0.51	0.68	0.85	0.68	1.13
B	18	15.69	20.71	24.35	33.33	38.91	46.98	53.5	32.87	11.18	30.97	7.59	54.3	13.94	0.34	33.33	32.52	33.33	28.51
Ba	18	411	424	490	561	685	765	852	599	171	578	36.89	1058	359	0.29	561	587	561	629
Be	18	1.60	1.65	1.68	1.95	2.19	2.48	2.55	1.99	0.35	1.96	1.50	2.69	1.42	0.18	1.95	2.00	1.95	2.42
Bi	18	0.18	0.18	0.19	0.21	0.23	0.25	0.30	0.23	0.08	0.22	2.53	0.53	0.16	0.35	0.21	0.22	0.21	0.45
Br	18	1.09	1.59	2.02	2.25	2.77	3.12	3.80	2.51	1.09	2.32	1.77	6.10	1.00	0.43	2.25	2.70	2.25	3.80
Cd	18	0.03	0.03	0.04	0.06	0.08	0.12	0.13	0.07	0.03	0.06	5.59	0.14	0.03	0.52	0.06	0.06	0.06	0.10
Ce	18	60.8	64.4	67.3	72.7	76.3	82.6	85.1	72.0	9.36	71.3	11.42	87.3	45.45	0.13	72.7	72.2	72.7	85.2
Cl	18	33.17	35.71	45.38	55.3	69.0	76.6	78.1	56.0	15.39	53.9	10.33	78.2	31.90	0.27	55.3	56.0	55.3	63.9
Co	18	5.58	5.67	6.08	8.30	10.29	12.81	15.51	8.88	3.47	8.34	3.51	18.10	5.08	0.39	8.30	8.70	8.30	9.41
Cr	18	27.78	28.47	30.05	34.92	42.81	50.1	50.6	36.84	8.36	35.98	8.01	51.3	24.72	0.23	34.92	35.84	34.92	17.61
Cu	18	9.79	9.92	11.35	12.82	15.69	18.99	20.42	13.86	3.73	13.43	4.46	22.82	9.41	0.27	12.82	13.90	12.82	11.90
F	18	385	408	442	477	501	612	644	490	96.4	482	33.07	730	306	0.20	477	491	477	825
Ga	18	12.49	14.01	15.69	17.40	18.53	21.96	22.48	17.43	3.02	17.19	5.01	22.78	12.47	0.17	17.40	17.49	17.40	19.33
Ge	18	1.38	1.40	1.48	1.61	1.72	1.91	2.10	1.69	0.39	1.66	1.41	3.08	1.31	0.23	1.61	1.71	1.61	1.55
Hg	18	0.02	0.02	0.02	0.03	0.04	0.06	0.38	0.15	0.48	0.04	8.55	2.06	0.02	3.26	0.03	0.08	0.03	0.05
I	18	1.55	1.65	1.99	2.52	3.71	4.53	5.93	3.28	2.50	2.78	2.08	12.33	1.16	0.76	2.52	3.09	2.52	5.04
La	18	30.01	32.25	35.86	37.08	39.17	41.69	44.16	36.85	4.86	36.50	7.86	44.49	22.72	0.13	37.08	36.80	37.08	41.06
Li	18	26.49	27.42	30.22	35.40	40.45	46.60	48.16	36.32	8.12	35.52	7.73	56.6	26.10	0.22	35.40	36.21	35.40	36.24
Mn	18	356	375	410	577	759	857	1055	622	250	580	36.94	1273	341	0.40	577	628	577	905
Mo	18	0.40	0.44	0.53	0.62	0.70	0.94	1.71	0.85	0.99	0.68	1.85	4.77	0.39	1.16	0.62	0.84	0.62	0.82
N	18	0.27	0.27	0.27	0.33	0.39	0.44	0.47	0.35	0.09	0.34	1.97	0.62	0.26	0.27	0.33	0.27	0.33	0.52
Nb	18	16.23	16.78	18.50	20.52	23.91	27.70	28.47	21.28	4.40	20.87	5.50	30.75	14.70	0.21	20.52	18.80	20.52	21.50
Ni	18	8.52	8.70	9.47	10.88	12.67	14.79	15.92	11.50	2.63	11.23	4.09	17.68	8.51	0.23	10.88	11.41	10.88	12.67
P	18	0.11	0.11	0.20	0.21	0.32	0.42	0.61	0.29	0.25	0.24	2.77	1.22	0.09	0.87	0.21	0.27	0.21	0.32
Pb	18	21.02	21.93	23.19	26.35	29.38	30.50	32.75	26.61	4.59	26.25	6.41	38.89	19.21	0.17	26.35	26.76	26.35	31.35

续表 3-14

元素/指标	N	$X_{5\%}$	$X_{10\%}$	$X_{25\%}$	$X_{50\%}$	$X_{75\%}$	$X_{90\%}$	$X_{95\%}$	$\bar{X}$	S	$\bar{X}_g$	S_g	X_{max}	X_{min}	CV	X_{me}	X_{mo}	紫色碎屑岩类风化物基准值	台州市基准值
Rb	18	84.5	88.5	94.5	110	127	133	145	112	21.36	110	14.39	161	78.3	0.19	110	111	110	136
S	18	49.18	54.4	57.8	68.5	86.6	107	133	78.2	30.06	73.9	11.34	167	43.93	0.38	68.5	68.5	68.5	119
Sb	18	0.48	0.49	0.54	0.66	0.71	0.85	1.10	0.69	0.24	0.66	1.46	1.50	0.45	0.35	0.66	0.69	0.66	0.56
Sc	18	8.70	9.32	9.73	10.09	10.92	11.41	11.96	10.37	1.22	10.31	3.74	14.03	8.64	0.12	10.09	10.36	10.09	11.11
Se	18	0.10	0.11	0.12	0.15	0.20	0.26	0.37	0.18	0.09	0.16	3.20	0.44	0.10	0.52	0.15	0.17	0.15	0.22
Sn	18	2.00	2.14	2.37	2.76	3.14	3.29	3.35	2.73	0.48	2.68	1.76	3.44	1.70	0.18	2.76	2.73	2.76	3.10
Sr	18	38.81	41.48	58.9	74.5	90.3	171	289	109	122	81.5	13.96	560	31.42	1.13	74.5	99.7	74.5	78.8
Th	18	9.67	9.87	11.59	12.25	13.99	16.58	17.33	12.83	2.63	12.58	4.24	18.04	8.68	0.20	12.25	12.95	12.25	14.31
Ti	18	3707	3748	3922	4647	5051	6779	8862	5039	1688	4839	123	9948	3558	0.33	4647	5113	4647	4538
Tl	18	0.58	0.61	0.67	0.81	0.88	0.95	1.03	0.80	0.15	0.78	1.28	1.07	0.54	0.18	0.81	0.80	0.81	0.97
U	18	1.93	1.98	2.54	2.76	3.02	3.17	3.32	2.74	0.48	2.70	1.76	3.74	1.86	0.17	2.76	2.73	2.76	3.08
V	18	44.97	45.25	51.2	62.0	68.6	81.4	85.8	62.1	13.84	60.7	10.50	87.0	43.54	0.22	62.0	63.8	62.0	104
W	18	1.42	1.47	1.58	1.84	2.09	2.22	2.46	1.87	0.35	1.84	1.51	2.69	1.40	0.19	1.84	1.87	1.84	1.87
Y	18	21.57	22.22	23.07	24.10	25.95	26.83	26.94	24.38	2.01	24.30	6.13	27.20	20.30	0.08	24.10	26.80	24.10	26.22
Zn	18	45.92	48.12	58.0	65.3	76.2	90.1	110	71.7	27.37	68.0	11.05	164	42.11	0.38	65.3	71.6	65.3	83.3
Zr	18	257	264	293	327	361	366	374	323	43.42	320	26.58	383	238	0.13	327	321	327	293
SiO_2	18	64.0	66.2	70.4	71.6	73.7	75.0	75.7	71.1	4.69	70.9	11.42	76.9	56.3	0.07	71.6	71.1	71.6	69.3
Al_2O_3	18	11.49	11.58	13.51	14.31	14.92	16.64	17.03	14.28	1.95	14.16	4.44	19.05	11.08	0.14	14.31	14.29	14.31	15.69
TFe_2O_3	18	2.90	3.08	3.38	4.38	5.03	6.14	7.36	4.55	1.57	4.34	2.39	9.15	2.87	0.34	4.38	4.55	4.38	4.38
MgO	18	0.51	0.57	0.62	0.72	0.97	1.20	1.41	0.84	0.34	0.78	1.48	1.79	0.40	0.40	0.72	0.81	0.72	0.45
CaO	18	0.12	0.14	0.20	0.34	0.57	0.78	0.84	0.42	0.28	0.33	2.44	1.09	0.09	0.68	0.34	0.46	0.34	0.35
Na_2O	18	0.26	0.30	0.49	0.71	1.05	1.16	1.27	0.75	0.34	0.67	1.73	1.36	0.22	0.46	0.71	0.76	0.71	1.03
K_2O	18	1.77	1.91	2.26	2.44	2.64	3.01	3.11	2.45	0.42	2.42	1.68	3.18	1.69	0.17	2.44	2.47	2.44	2.99
TC	18	0.22	0.22	0.26	0.32	0.39	0.47	0.60	0.36	0.15	0.33	2.07	0.86	0.22	0.43	0.32	0.36	0.32	0.54
Corg	18	0.17	0.18	0.22	0.26	0.33	0.39	0.50	0.30	0.13	0.28	2.30	0.70	0.16	0.43	0.26	0.27	0.26	0.42
pH	18	5.07	5.10	5.33	6.14	6.76	7.75	7.76	5.56	5.48	6.20	2.92	7.85	5.03	0.98	6.14	7.75	6.14	5.14

MgO、Cr基准值明显高于台州市基准值,是台州市基准值的1.4倍以上,其中Cr基准值接近台州市基准值的2.0倍;其他元素/指标基准值接近于台州市基准值。

五、中酸性火成岩类风化物土壤母质地球化学基准值

中酸性火成岩类风化物土壤母质地球化学基准值数据经正态分布检验,结果表明,原始数据中Ba、Mn、Zr、SiO_2、Al_2O_3、K_2O符合正态分布,Ag、As、Au、B、Be、Br、Cd、Co、Cr、F、Ga、Ge、Hg、I、Li、Mo、N、Ni、P、Sc、Se、Sn、Tl、U、V、Y、TFe_2O_3、MgO、CaO、Na_2O、TC、Corg、pH共33项元素/指标符合对数正态分布,Ce、La、Rb、Sb、Th、Ti、W、Zn剔除异常值后符合正态分布,Bi、Cl、Cu、Nb、Pb、S、Sr剔除异常值后符合对数正态分布(表3-15)。

中酸性火成岩类风化物区深层土壤总体为酸性,土壤pH基准值为5.59,极大值为8.69,极小值为4.65,与台州市基准值基本接近。

各元素/指标中,多数元素/指标变异系数均在0.40以下,分布较为均匀;Ag、As、B、Cd、Co、Corg、Cr、Hg、I、MgO、Mo、N、Na_2O、Ni、P、Se、Sr、TC、CaO、pH变异系数大于0.40;其中CaO、pH变异系数不小于0.80,空间变异性较大。

与台州市土壤基准值相比,中酸性火成岩类风化物区土壤基准值绝大多数元素/指标基准值与台州市基准值接近;Na_2O、F、Bi、V基准值明显偏低,不足台州市基准值的60%;CaO基准值略偏低,为台州市基准值的77%;Mo基准值略高于台州市基准值,是台州市基准值的1.2～1.4倍;MgO、Cr基准值明显高于台州市基准值,是台州市基准值的1.4倍以上。

第三节 主要土壤类型地球化学基准值

一、黄壤土壤地球化学基准值

黄壤区土壤地球化学基准值数据经正态分布检验,结果表明,原始数据中As、Cu、Mo、Pb、Sn、Tl符合对数正态分布,Ag、Bi、Cd剔除异常值后符合正态分布,其他元素/指标都符合正态分布(表3-16)。

黄壤区深层土壤总体为酸性,土壤pH基准值为5.12,极大值为6.13,极小值为4.77,与台州市基准值持平。

各元素/指标中,绝大多数元素/指标变异系数在0.40以下,分布较为均匀;As、Br、CaO、Cd、Corg、Mn、Na_2O、P、Pb、TC、As、Mo、pH变异系数大于0.40,其中As、Mo、pH变异系数不小于0.80,空间变异性较大。

与台州市土壤基准值相比,黄壤区土壤基准值绝大多数元素/指标基准值与台州市基准值接近;Na_2O、Bi、F、CaO基准值明显偏低,不足台州市基准值的60%;Au、Sr、V基准值略低于台州市基准值,为台州市基准值60%～80%;S、Corg基准值略高于台州市基准值,为台州市基准值的1.2～1.4倍;I、Hg、Se、MgO、Br、Cr基准值明显高于台州市基准值,为台州市基准值的1.4倍以上,其中Br、Cr富集明显,基准值接近台州市基准值的2.0倍。

二、红壤土壤地球化学基准值

红壤区土壤地球化学基准值数据经正态分布检验,结果表明,原始数据中Ba、Ga、Mn、Rb、Y、Zn、SiO_2、Al_2O_3、K_2O符合正态分布,Ag、As、Au、B、Be、Bi、Br、Cd、Ce、Cl、Co、Ge、Hg、I、La、Mn、N、Nb、Ni、P、S、Sb、Sc、Se、Sn、Sr、Tl、U、V、TFe_2O_3、CaO、Na_2O、TC、Corg、pH共35项元素/指标符合对数正态分布,Th、W、Zn剔除异常值后符合正态分布,Cr、Cu、F、Li、Pb、Ti、MgO剔除异常值后符合对数正态分布(表3-17)。

表 3-15 中酸性火成岩类风化物土壤母质地球化学基准值参数统计表

元素/指标	N	$X_{5\%}$	$X_{10\%}$	$X_{25\%}$	$X_{50\%}$	$X_{75\%}$	$X_{90\%}$	$X_{95\%}$	$\bar{X}$	S	$\bar{X}_g$	S_g	X_{max}	X_{min}	CV	X_{me}	X_{mo}	分布类型	分布	中酸性火成岩类风化物基准值	台州市基准值
Ag	397	43.50	47.00	56.5	71.0	85.0	106	118	76.5	40.00	71.4	12.28	628	37.00	0.52	71.0	75.0	对数正态分布	对数正态分布	71.4	73.5
As	397	3.40	3.88	4.83	5.93	8.20	10.38	12.95	6.96	4.22	6.26	3.13	44.97	1.70	0.61	5.93	6.00	对数正态分布	对数正态分布	6.26	6.61
Au	397	0.53	0.58	0.76	1.01	1.40	1.90	2.82	1.24	0.94	1.07	1.66	12.60	0.31	0.76	1.01	1.30	对数正态分布	对数正态分布	1.07	1.13
B	397	14.41	16.23	20.93	26.00	34.17	44.15	58.0	28.95	12.51	26.67	7.13	78.0	7.00	0.43	26.00	26.00	对数正态分布	对数正态分布	26.67	28.51
Ba	397	387	458	546	659	821	945	1023	691	209	661	43.00	1668	260	0.30	659	593	正态分布	正态分布	691	629
Be	397	1.80	1.88	2.06	2.30	2.61	2.89	3.07	2.36	0.45	2.32	1.69	6.09	1.43	0.19	2.30	2.36	对数正态分布	对数正态分布	2.32	2.42
Bi	369	0.16	0.17	0.20	0.25	0.32	0.43	0.50	0.27	0.10	0.26	2.32	0.54	0.07	0.37	0.25	0.30	剔除后正态分布	剔除后正态分布	0.26	0.45
Br	397	1.90	2.12	2.70	3.70	5.40	7.25	9.72	4.51	3.32	3.87	2.50	30.58	1.20	0.74	3.70	2.80	对数正态分布	对数正态分布	3.87	3.80
Cd	397	0.04	0.05	0.07	0.10	0.15	0.20	0.25	0.12	0.07	0.10	4.02	0.68	0.02	0.61	0.10	0.11	对数正态分布	对数正态分布	0.10	0.10
Ce	380	65.8	71.3	78.1	87.2	95.8	106	114	87.7	14.09	86.6	13.18	126	50.5	0.16	87.2	90.6	剔除后正态分布	剔除后正态分布	87.7	85.2
Cl	361	35.30	38.90	46.80	58.7	76.9	94.7	111	63.7	22.61	60.0	11.22	134	25.30	0.36	58.7	57.4	剔除后正态分布	剔除后正态分布	60.0	63.9
Co	397	4.73	5.31	6.58	8.20	10.48	14.22	16.22	9.11	4.04	8.42	3.69	34.36	2.80	0.44	8.20	8.70	对数正态分布	对数正态分布	8.42	9.41
Cr	397	16.43	17.62	22.14	29.41	38.79	59.5	73.1	33.77	17.61	30.18	7.69	106	5.47	0.52	29.41	30.39	对数正态分布	对数正态分布	30.18	17.61
Cu	369	7.66	8.79	10.44	12.13	15.14	19.08	21.22	13.17	4.03	12.61	4.45	25.36	5.10	0.31	12.13	11.90	剔除后正态分布	剔除后正态分布	12.61	11.90
F	397	322	351	394	452	546	628	698	478	124	465	34.76	1297	240	0.26	452	477	对数正态分布	对数正态分布	465	825
Ga	397	14.38	15.45	17.13	18.77	20.96	23.93	25.39	19.29	3.42	19.01	5.54	38.18	11.46	0.18	18.77	18.70	对数正态分布	对数正态分布	19.01	19.33
Ge	397	1.31	1.35	1.43	1.53	1.67	1.82	1.88	1.56	0.19	1.55	1.31	2.39	1.12	0.12	1.53	1.43	对数正态分布	对数正态分布	1.55	1.55
Hg	397	0.03	0.03	0.04	0.05	0.06	0.08	0.09	0.05	0.02	0.05	6.05	0.19	0.01	0.41	0.05	0.05	对数正态分布	对数正态分布	0.05	0.05
I	397	2.39	2.80	3.67	5.09	7.28	9.82	11.07	5.80	2.93	5.17	2.80	22.60	1.26	0.51	5.09	4.88	对数正态分布	对数正态分布	5.17	5.04
La	386	28.26	30.56	35.53	40.63	46.36	52.0	54.3	41.22	7.94	40.45	8.62	63.2	21.58	0.19	40.63	40.00	剔除后正态分布	剔除后正态分布	41.22	41.06
Li	397	21.25	22.89	26.80	32.25	39.19	47.77	52.1	33.92	9.85	32.59	7.59	73.1	12.67	0.29	32.25	33.90	对数正态分布	对数正态分布	32.59	36.24
Mn	397	455	536	663	849	1030	1226	1432	875	297	827	48.96	2420	248	0.34	849	982	正态分布	正态分布	875	905
Mo	397	0.53	0.58	0.71	0.90	1.31	1.86	2.67	1.15	0.82	0.99	1.65	7.92	0.39	0.71	0.90	1.00	对数正态分布	对数正态分布	0.99	0.82
N	397	0.27	0.31	0.39	0.49	0.65	0.81	0.92	0.54	0.23	0.50	1.70	2.17	0.19	0.42	0.49	0.30	对数正态分布	对数正态分布	0.50	0.52
Nb	384	17.20	18.26	19.90	22.14	24.92	28.11	29.77	22.59	3.75	22.29	5.95	32.99	12.40	0.17	22.14	19.00	对数正态分布	对数正态分布	22.29	21.50
Ni	397	6.06	6.72	8.20	11.22	15.25	23.60	31.50	13.39	7.93	11.76	4.60	53.0	4.45	0.59	11.22	15.20	对数正态分布	对数正态分布	11.76	12.67
P	397	0.14	0.16	0.21	0.29	0.39	0.54	0.65	0.33	0.18	0.29	2.30	1.56	0.09	0.56	0.29	0.21	对数正态分布	对数正态分布	0.29	0.32
Pb	360	23.82	24.82	27.49	31.00	35.26	40.12	45.01	31.88	6.12	31.31	7.42	50.00	18.00	0.19	31.00	30.00	剔除后对数正态分布	剔除后对数正态分布	31.31	31.35

续表 3-15

元素/指标	N	$X_{5\%}$	$X_{10\%}$	$X_{25\%}$	$X_{50\%}$	$X_{75\%}$	$X_{90\%}$	$X_{95\%}$	$\bar{X}$	S	$\bar{X}_g$	S_g	X_{max}	X_{min}	CV	X_{me}	X_{mo}	分布类型		中酸性火成岩类风化物基准值	台州市基准值
Rb	379	105	113	124	134	147	156	161	135	16.60	134	16.95	179	92.5	0.12	134	136	剔除后正态分布		135	136
S	378	58.3	68.5	86.6	116	151	190	211	122	46.08	114	15.50	238	29.82	0.38	116	104	剔除后对数分布		114	119
Sb	369	0.38	0.41	0.46	0.53	0.60	0.69	0.76	0.54	0.11	0.53	1.54	0.84	0.28	0.21	0.53	0.53	剔除后对数分布		0.54	0.56
Sc	397	7.48	8.30	9.32	10.58	11.67	13.41	14.36	10.69	2.10	10.49	3.89	19.74	5.60	0.20	10.58	11.40	对数正态分布		10.49	11.11
Se	397	0.12	0.15	0.18	0.24	0.34	0.44	0.50	0.27	0.12	0.25	2.55	0.89	0.07	0.46	0.24	0.24	对数正态分布		0.25	0.22
Sn	397	2.20	2.40	2.70	3.08	3.50	4.00	4.62	3.19	0.82	3.10	1.97	9.21	1.20	0.26	3.08	3.30	对数正态分布		3.10	3.10
Sr	384	33.26	38.80	50.5	73.6	99.0	126	139	77.9	34.06	70.8	12.65	179	22.13	0.44	73.6	78.8	剔除后对数分布		70.8	78.8
Th	371	10.18	11.17	12.75	14.21	15.80	17.20	19.07	14.29	2.50	14.06	4.69	20.94	7.93	0.18	14.21	13.70	剔除后正态分布		14.29	14.31
Ti	377	3128	3332	3759	4280	4907	5517	5942	4369	863	4286	125	6811	2102	0.20	4280	4298	剔除后正态分布		4369	4538
Tl	397	0.74	0.80	0.88	0.99	1.15	1.35	1.51	1.05	0.28	1.02	1.26	2.97	0.42	0.27	0.99	0.92	对数正态分布		1.02	0.97
U	397	2.45	2.60	2.86	3.19	3.59	4.12	4.40	3.28	0.66	3.22	2.02	6.90	1.42	0.20	3.19	3.00	对数正态分布		3.22	3.08
V	397	39.54	43.36	49.60	59.8	74.8	96.4	112	65.6	23.65	62.1	11.18	194	23.72	0.36	59.8	66.0	对数正态分布		62.1	104
W	380	1.39	1.46	1.63	1.84	2.06	2.28	2.47	1.87	0.33	1.84	1.48	2.75	1.03	0.17	1.84	1.84	剔除后正态分布		1.87	1.87
Y	397	19.16	20.54	22.51	25.00	28.19	31.10	32.84	25.53	4.26	25.19	6.45	43.50	17.10	0.17	25.00	23.80	对数正态分布		25.19	26.22
Zn	376	57.1	59.9	69.0	79.9	89.4	99.6	110	80.0	15.56	78.5	12.41	126	40.29	0.19	79.9	79.9	剔除后正态分布		80.0	83.3
Zr	397	214	237	268	306	342	388	414	310	64.1	304	26.98	629	172	0.21	306	317	正态分布		310	293
SiO_2	397	61.5	64.0	66.6	70.2	73.0	75.4	76.5	69.7	4.59	69.6	11.60	78.6	52.4	0.07	70.2	70.8	正态分布		69.7	69.3
Al_2O_3	397	12.57	13.34	14.49	15.91	17.39	18.95	19.63	15.99	2.23	15.84	4.90	24.22	10.64	0.14	15.91	14.79	正态分布		15.99	15.69
TFe_2O_3	397	2.73	2.93	3.35	3.98	4.90	5.94	6.79	4.27	1.33	4.09	2.35	11.40	1.78	0.31	3.98	4.11	对数正态分布		4.09	4.38
MgO	397	0.39	0.44	0.53	0.63	0.83	1.12	1.37	0.73	0.33	0.67	1.54	2.56	0.27	0.45	0.63	0.65	对数正态分布		0.67	0.45
CaO	397	0.09	0.11	0.16	0.27	0.42	0.67	0.92	0.35	0.34	0.27	2.68	3.04	0.04	0.96	0.27	0.25	对数正态分布		0.27	0.35
Na_2O	397	0.20	0.25	0.37	0.62	0.90	1.14	1.29	0.67	0.37	0.57	1.91	2.25	0.10	0.55	0.62	0.61	正态分布		0.57	1.03
K_2O	397	2.11	2.26	2.55	2.87	3.16	3.45	3.56	2.86	0.47	2.82	1.89	4.66	1.56	0.16	2.87	2.75	正态分布		2.86	2.99
TC	397	0.25	0.29	0.38	0.50	0.71	0.89	1.02	0.56	0.25	0.51	1.76	1.76	0.15	0.45	0.50	0.48	对数正态分布		0.51	0.54
Corg	397	0.19	0.22	0.31	0.42	0.56	0.75	0.86	0.46	0.23	0.42	1.95	1.63	0.10	0.49	0.42	0.50	对数正态分布		0.42	0.42
pH	397	4.87	4.95	5.11	5.38	5.83	6.36	7.28	5.29	5.35	5.59	2.74	8.69	4.65	1.01	5.38	5.14	对数正态分布		5.59	5.14

第三章 土壤地球化学基准值

表 3-16 黄壤土壤地球化学基准值参数统计表

元素/指标	N	$X_{5\%}$	$X_{10\%}$	$X_{25\%}$	$X_{50\%}$	$X_{75\%}$	$X_{90\%}$	$X_{95\%}$	$\bar{X}$	S	$\bar{X}_g$	S_g	X_{max}	X_{min}	CV	X_{me}	X_{mo}	分布类型	黄壤基准值	台州市基准值
Ag	38	42.92	43.50	50.9	59.2	72.5	82.4	94.0	62.4	15.62	60.6	10.88	102	42.50	0.25	59.2	54.5	剔除后正态分布	62.4	73.5
As	42	3.89	4.05	5.18	6.49	8.64	12.32	13.01	7.91	6.47	6.84	3.25	44.97	3.15	0.82	6.49	7.85	对数正态分布	6.84	6.61
Au	42	0.43	0.57	0.70	0.80	1.04	1.16	1.28	0.86	0.27	0.81	1.45	1.61	0.31	0.32	0.80	0.80	正态分布	0.86	1.13
B	42	15.27	18.07	22.95	28.44	34.55	36.91	40.08	28.45	7.95	27.30	6.81	46.68	13.85	0.28	28.44	28.56	正态分布	28.45	28.51
Ba	42	390	453	531	627	853	914	1066	696	244	657	41.46	1586	260	0.35	627	712	正态分布	696	629
Be	42	1.78	1.85	1.97	2.11	2.47	2.79	2.97	2.22	0.37	2.19	1.63	3.11	1.64	0.17	2.11	2.23	正态分布	2.22	2.42
Bi	34	0.20	0.21	0.23	0.25	0.27	0.28	0.29	0.25	0.03	0.25	2.29	0.33	0.19	0.13	0.25	0.25	剔除后正态分布	0.25	0.45
Br	42	2.70	3.02	4.12	5.35	7.90	11.31	11.98	6.60	4.26	5.71	2.96	26.85	2.00	0.65	5.35	5.80	正态分布	6.60	3.80
Cd	38	0.03	0.04	0.06	0.08	0.11	0.13	0.15	0.09	0.04	0.08	0.01	0.18	0.03	0.42	0.08	0.08	剔除后正态分布	0.09	0.10
Ce	42	72.2	75.2	82.7	89.8	104	117	131	95.0	17.62	93.5	13.33	136	63.2	0.19	89.8	95.0	正态分布	95.0	85.2
Cl	42	31.36	37.65	47.52	62.0	76.1	84.7	91.1	63.9	22.69	60.2	10.90	136	27.60	0.36	62.0	76.2	正态分布	63.9	63.9
Co	42	4.86	5.56	6.31	7.78	9.91	11.75	12.92	8.43	3.29	7.94	3.36	22.94	3.98	0.39	7.78	5.77	正态分布	8.43	9.41
Cr	42	14.83	17.50	25.67	32.24	38.31	42.87	46.56	32.06	11.44	29.89	7.10	66.8	10.10	0.36	32.24	46.56	正态分布	32.06	17.61
Cu	42	8.44	9.14	11.04	12.57	15.99	20.14	23.24	13.88	4.70	13.22	4.46	28.06	8.34	0.34	12.57	13.32	对数正态分布	13.22	11.90
F	42	349	364	387	459	513	568	601	464	95.4	455	33.86	794	311	0.21	459	461	正态分布	464	825
Ga	42	13.76	14.42	16.74	18.13	20.29	25.27	26.74	19.17	4.80	18.67	5.49	38.18	11.46	0.25	18.13	19.20	正态分布	19.17	19.33
Ge	42	1.32	1.37	1.45	1.55	1.74	1.83	1.84	1.58	0.18	1.57	1.32	1.93	1.12	0.12	1.55	1.58	正态分布	1.58	1.55
Hg	42	0.04	0.04	0.05	0.06	0.07	0.09	0.10	0.07	0.02	0.06	5.26	0.12	0.03	0.30	0.06	0.07	对数正态分布	0.07	0.05
I	42	3.29	3.48	5.59	7.82	8.80	10.39	10.51	7.27	2.55	6.73	3.15	12.52	1.85	0.35	7.82	7.26	正态分布	7.27	5.04
La	42	28.02	28.35	32.05	37.92	41.34	47.72	52.3	37.84	7.85	37.09	7.95	61.3	26.00	0.21	37.92	37.75	正态分布	37.84	41.06
Li	42	23.30	25.65	27.05	30.16	34.25	37.89	42.62	31.77	7.02	31.12	7.25	59.5	21.54	0.22	30.16	31.44	正态分布	31.77	36.24
Mn	42	460	529	653	797	987	1199	1575	882	385	817	47.22	2420	342	0.44	797	881	正态分布	882	905
Mo	42	0.53	0.63	0.69	0.84	1.29	1.84	1.97	1.15	1.15	0.96	1.68	7.92	0.39	1.00	0.84	1.11	对数正态分布	0.96	0.82
N	42	0.31	0.38	0.46	0.55	0.67	0.83	0.94	0.59	0.22	0.55	1.60	1.26	0.29	0.37	0.55	0.58	正态分布	0.59	0.52
Nb	42	18.71	20.04	22.45	23.69	26.66	29.26	31.62	24.62	3.92	24.33	6.17	36.92	18.40	0.16	23.69	27.98	正态分布	24.62	21.50
Ni	42	6.04	7.91	11.39	13.78	17.23	18.72	20.36	14.12	5.57	13.11	4.49	37.02	4.89	0.39	13.78	14.04	正态分布	14.12	12.67
P	42	0.15	0.17	0.19	0.27	0.32	0.42	0.59	0.29	0.13	0.27	2.35	0.72	0.13	0.46	0.27	0.29	正态分布	0.29	0.32
Pb	42	24.54	25.51	29.44	32.11	38.20	52.0	60.2	38.71	25.70	35.15	8.04	182	23.66	0.66	32.11	29.84	对数正态分布	35.15	31.35

续表 3-16

元素/指标	N	$X_{5\%}$	$X_{10\%}$	$X_{25\%}$	$X_{50\%}$	$X_{75\%}$	$X_{90\%}$	$X_{95\%}$	$\overline{X}$	S	$\overline{X}_g$	S_g	X_{max}	X_{min}	CV	X_{me}	X_{mo}	分布类型	黄岩基准值	台州市基准值
Rb	42	108	114	124	135	143	157	178	137	20.53	135	17.01	204	106	0.15	135	136	正态分布	137	136
S	42	80.9	98.5	118	150	176	211	220	151	48.09	144	17.62	307	62.4	0.32	150	151	正态分布	151	119
Sb	42	0.40	0.44	0.49	0.57	0.68	0.78	0.94	0.60	0.16	0.58	1.51	1.09	0.34	0.27	0.57	0.60	正态分布	0.60	0.56
Sc	42	6.95	8.80	10.27	11.17	12.12	13.02	13.78	10.95	1.91	10.77	3.87	14.56	6.19	0.17	11.17	12.62	正态分布	10.95	11.11
Se	42	0.15	0.16	0.25	0.34	0.38	0.47	0.49	0.32	0.11	0.30	2.24	0.66	0.11	0.35	0.34	0.33	对数正态分布	0.32	0.22
Sn	42	2.70	2.83	3.05	3.47	3.88	4.84	5.10	3.70	1.12	3.58	2.13	9.21	2.37	0.30	3.47	3.88	正态分布	3.58	3.10
Sr	42	34.97	38.18	44.34	54.3	68.6	97.7	109	61.2	23.37	57.2	10.64	115	22.13	0.38	54.3	62.5	正态分布	61.2	78.8
Th	42	10.72	11.30	12.47	14.35	16.53	19.53	21.04	14.79	3.50	14.38	4.75	23.90	7.24	0.24	14.35	16.50	正态分布	14.79	14.31
Ti	42	3188	3263	3789	4335	4967	6005	7115	4596	1299	4447	123	8725	2765	0.28	4335	4547	正态分布	4596	4538
Tl	42	0.80	0.86	0.97	1.06	1.20	1.49	2.10	1.20	0.47	1.14	1.36	2.97	0.79	0.39	1.06	1.20	对数正态分布	1.14	0.97
U	42	2.93	2.97	3.20	3.54	3.75	4.16	4.27	3.51	0.44	3.49	2.06	4.46	2.64	0.12	3.54	3.53	正态分布	3.51	3.08
V	42	42.20	46.00	52.0	60.4	71.2	86.0	89.5	63.3	16.74	61.3	10.56	109	38.08	0.26	60.4	63.4	正态分布	63.3	104
W	42	1.49	1.54	1.67	1.94	2.09	2.44	2.61	1.93	0.33	1.91	1.52	2.75	1.34	0.17	1.94	1.93	正态分布	1.93	1.87
Y	42	20.57	21.03	22.32	24.45	27.53	29.28	29.97	24.92	3.22	24.72	6.22	32.80	19.88	0.13	24.45	25.30	正态分布	24.92	26.22
Zn	42	59.5	66.9	78.1	85.2	95.2	116	143	90.7	25.87	87.8	13.00	190	54.1	0.29	85.2	89.3	正态分布	90.7	83.3
Zr	42	207	244	264	313	354	393	402	312	61.7	306	26.67	452	172	0.20	313	311	正态分布	312	293
SiO₂	42	62.5	63.6	66.0	70.0	72.2	72.8	73.8	69.1	3.81	69.0	11.44	75.5	59.6	0.06	70.0	69.1	正态分布	69.1	69.3
Al₂O₃	42	14.31	14.38	15.27	16.37	18.88	20.71	21.41	17.13	2.42	16.97	5.02	23.26	13.45	0.14	16.37	17.25	正态分布	17.13	15.69
TFe₂O₃	42	2.91	3.08	3.34	3.93	4.74	5.32	6.10	4.15	1.13	4.02	2.27	7.88	2.35	0.27	3.93	4.93	正态分布	4.15	4.38
MgO	42	0.43	0.44	0.52	0.64	0.74	0.95	1.06	0.66	0.19	0.64	1.48	1.22	0.38	0.29	0.64	0.66	正态分布	0.66	0.45
CaO	42	0.09	0.11	0.12	0.18	0.26	0.34	0.39	0.20	0.09	0.18	2.84	0.42	0.09	0.46	0.18	0.20	正态分布	0.20	0.35
Na₂O	42	0.18	0.24	0.33	0.39	0.60	0.74	0.95	0.47	0.23	0.42	1.92	1.11	0.15	0.50	0.39	0.46	正态分布	0.47	1.03
K₂O	42	2.14	2.19	2.39	2.69	3.03	3.33	3.45	2.71	0.44	2.68	1.81	3.73	1.87	0.16	2.69	2.75	正态分布	2.71	2.99
TC	42	0.25	0.39	0.46	0.56	0.74	0.96	1.06	0.63	0.26	0.58	1.68	1.52	0.21	0.42	0.56	0.61	正态分布	0.63	0.54
Corg	42	0.20	0.27	0.39	0.49	0.65	0.86	0.93	0.54	0.24	0.48	1.86	1.30	0.15	0.46	0.49	0.54	正态分布	0.54	0.42
pH	42	4.86	4.92	4.98	5.14	5.33	5.49	5.55	5.12	5.44	5.18	2.58	6.13	4.77	1.06	5.14	5.14	正态分布	5.12	5.14

注：氧化物、TC、Corg 单位为%，N、P 单位为 g/kg，Au、Ag 单位为 μg/kg，pH 为无量纲，其他元素/指标单位为 mg/kg；后表单位相同。

表 3-17 红壤土壤地球化学基准值参数统计表

元素/指标	N	$X_{5\%}$	$X_{10\%}$	$X_{25\%}$	$X_{50\%}$	$X_{75\%}$	$X_{90\%}$	$X_{95\%}$	$\overline{X}$	S	$\overline{X}_g$	S_g	X_{max}	X_{min}	CV	X_{me}	X_{mo}	分布类型	红壤基准值	台州市基准值
Ag	307	43.00	47.00	56.5	69.5	89.0	108	125	78.5	46.33	72.2	12.44	628	37.00	0.59	69.5	75.0	对数正态分布	72.2	73.5
As	307	3.44	3.94	4.80	5.97	7.90	9.85	11.71	6.72	3.61	6.15	3.07	42.05	1.70	0.54	5.97	4.60	对数正态分布	6.15	6.61
Au	307	0.54	0.60	0.77	1.06	1.40	1.84	2.97	1.28	1.00	1.10	1.66	12.60	0.41	0.79	1.06	1.40	对数正态分布	1.10	1.13
B	307	14.62	16.36	20.90	26.00	33.00	49.40	61.0	29.15	13.02	26.76	7.21	73.0	7.00	0.45	26.00	33.00	对数正态分布	26.76	28.51
Ba	307	388	438	532	650	813	932	1010	670	191	643	42.71	1296	267	0.29	650	743	正态分布	670	629
Be	307	1.78	1.87	2.06	2.27	2.57	2.86	3.05	2.34	0.45	2.31	1.69	6.09	1.43	0.19	2.27	2.36	对数正态分布	2.31	2.42
Bi	307	0.16	0.17	0.20	0.25	0.37	0.52	0.68	0.31	0.20	0.28	2.33	1.67	0.11	0.63	0.25	0.27	对数正态分布	0.28	0.45
Br	307	1.90	2.12	2.70	3.50	5.10	7.14	8.82	4.31	2.96	3.73	2.46	30.46	0.60	0.69	3.50	2.30	对数正态分布	3.73	3.80
Cd	307	0.04	0.05	0.07	0.10	0.15	0.20	0.24	0.12	0.07	0.10	0.02	0.68	0.02	0.62	0.10	0.09	对数正态分布	0.10	0.10
Ce	307	62.8	69.6	77.2	86.8	95.1	107	120	88.1	18.09	86.5	13.23	188	45.45	0.21	86.8	90.6	对数正态分布	86.5	85.2
Cl	307	36.20	39.88	48.80	62.1	84.6	131	169	92.0	158	69.5	13.07	1962	25.30	1.72	62.1	57.4	对数正态分布	69.5	63.9
Co	307	4.65	5.20	6.59	8.30	11.30	15.54	17.64	9.41	4.27	8.62	3.76	29.02	2.80	0.45	8.30	12.30	对数正态分布	8.62	9.41
Cr	270	16.02	17.60	20.79	26.57	33.68	43.70	50.4	28.70	10.56	26.89	6.96	61.4	5.47	0.37	26.57	26.57	剔除后对数分布	26.89	17.61
Cu	285	7.67	8.84	10.44	12.15	15.71	20.27	22.94	13.54	4.57	12.86	4.54	27.47	5.10	0.34	12.15	11.90	剔除后对数分布	12.86	11.90
F	302	330	357	394	449	546	629	697	477	113	464	34.61	802	245	0.24	449	462	剔除后对数分布	464	825
Ga	307	14.27	15.29	17.00	18.73	21.02	23.65	25.20	19.20	3.29	18.93	5.55	33.76	12.20	0.17	18.73	18.70	正态分布	19.20	19.33
Ge	307	1.31	1.35	1.43	1.53	1.67	1.83	1.90	1.56	0.19	1.55	1.31	2.39	1.16	0.12	1.53	1.47	对数正态分布	1.55	1.55
Hg	307	0.03	0.03	0.04	0.05	0.06	0.07	0.09	0.05	0.02	0.05	6.07	0.20	0.01	0.43	0.05	0.04	对数正态分布	0.05	0.05
I	307	2.24	2.76	3.60	4.88	7.40	10.11	11.55	5.80	3.11	5.11	2.78	22.60	1.43	0.54	4.88	3.29	对数正态分布	5.11	5.04
La	307	28.30	31.30	35.91	41.17	46.01	52.0	56.7	41.93	9.17	40.99	8.71	92.0	21.58	0.22	41.17	45.00	对数正态分布	40.99	41.06
Li	304	20.40	22.07	25.99	31.78	40.73	48.73	55.3	34.14	10.68	32.57	7.62	65.1	12.67	0.31	31.78	36.60	剔除后对数分布	32.57	36.24
Mn	307	456	529	663	859	1070	1277	1441	886	296	836	49.71	1807	248	0.33	859	1003	正态分布	886	905
Mo	307	0.50	0.55	0.70	0.89	1.25	1.84	2.70	1.15	0.88	0.97	1.68	8.40	0.39	0.77	0.89	1.00	对数正态分布	0.97	0.82
N	307	0.27	0.31	0.38	0.47	0.65	0.83	0.92	0.53	0.24	0.49	1.72	2.17	0.19	0.44	0.47	0.30	对数正态分布	0.49	0.52
Nb	307	17.24	18.00	19.80	21.99	24.45	27.54	29.73	22.47	4.37	22.04	5.99	53.8	2.86	0.19	21.99	22.71	对数正态分布	22.04	21.50
Ni	307	5.89	6.72	8.15	10.71	14.27	26.45	36.94	13.61	9.17	11.67	4.65	53.0	4.45	0.67	10.71	16.73	对数正态分布	11.67	12.67
P	307	0.13	0.15	0.21	0.29	0.41	0.57	0.67	0.34	0.20	0.30	2.31	1.56	0.09	0.58	0.29	0.21	对数正态分布	0.30	0.32
Pb	284	23.83	24.83	27.32	31.00	35.46	42.22	46.85	32.17	6.81	31.50	7.47	53.0	18.00	0.21	31.00	32.00	剔除后对数分布	31.50	31.35

续表 3-17

元素/指标	N	$X_{5\%}$	$X_{10\%}$	$X_{25\%}$	$X_{50\%}$	$X_{75\%}$	$X_{90\%}$	$X_{95\%}$	$\overline{X}$	S	$\overline{X}_g$	S_g	X_{max}	X_{min}	CV	X_{me}	X_{mo}	分布类型	红壤基准值	台州市基准值
Rb	307	99.6	107	123	134	147	159	164	135	22.30	133	17.07	248	78.3	0.17	134	136	正态分布	135	136
S	307	62.4	68.5	86.6	116	162	206	237	131	66.9	118	16.04	578	41.53	0.51	116	92.5	对数正态分布	118	119
Sb	307	0.38	0.41	0.47	0.53	0.62	0.76	0.87	0.56	0.17	0.54	1.55	1.50	0.24	0.30	0.53	0.53	对数正态分布	0.54	0.56
Sc	307	7.40	8.26	9.40	10.57	11.82	13.94	15.03	10.82	2.31	10.59	3.92	23.40	5.60	0.21	10.57	9.00	对数正态分布	10.59	11.11
Se	307	0.12	0.14	0.17	0.23	0.34	0.45	0.51	0.27	0.13	0.24	2.64	0.89	0.07	0.49	0.23	0.18	对数正态分布	0.24	0.22
Sn	307	2.27	2.40	2.68	3.05	3.48	4.04	4.61	3.19	0.86	3.09	1.99	9.80	1.30	0.27	3.05	3.30	对数正态分布	3.09	3.10
Sr	307	32.97	38.92	51.2	76.7	107	139	178	89.4	69.2	76.2	13.60	864	23.60	0.77	76.7	94.1	对数正态分布	76.2	78.8
Th	286	9.85	11.22	12.80	14.34	15.60	16.84	17.80	14.22	2.34	14.02	4.67	20.19	8.10	0.16	14.34	15.20	剔除后正态分布	14.22	14.31
Ti	297	3211	3390	3814	4284	5083	5713	6351	4476	942	4380	127	7075	2102	0.21	4284	4478	剔除后对数正态分布	4380	4538
Tl	307	0.74	0.79	0.88	0.98	1.11	1.32	1.50	1.02	0.23	1.00	1.23	2.23	0.54	0.23	0.98	0.92	对数正态分布	1.00	0.97
U	307	2.44	2.59	2.81	3.10	3.47	3.90	4.25	3.20	0.63	3.15	2.00	6.90	1.58	0.20	3.10	3.00	对数正态分布	3.15	3.08
V	307	39.72	43.03	49.60	61.4	76.1	102	118	67.1	25.68	63.1	11.31	194	23.72	0.38	61.4	67.6	对数正态分布	63.1	104
W	294	1.37	1.44	1.62	1.85	2.06	2.27	2.47	1.86	0.33	1.83	1.49	2.78	1.03	0.18	1.85	1.88	剔除后正态分布	1.86	1.87
Y	307	18.90	20.27	22.60	25.07	27.80	31.31	33.10	25.47	4.25	25.13	6.45	43.50	17.10	0.17	25.07	23.00	正态分布	25.47	26.22
Zn	294	57.4	60.7	68.9	79.1	90.9	102	113	80.8	16.59	79.1	12.54	126	40.29	0.21	79.1	79.9	剔除后正态分布	80.8	83.3
Zr	307	212	233	266	302	339	375	406	306	62.9	300	26.91	629	175	0.21	302	299	正态分布	306	293
SiO$_2$	307	60.5	63.5	66.5	70.2	73.3	75.7	77.0	69.6	4.94	69.4	11.58	78.6	52.4	0.07	70.2	70.2	正态分布	69.6	69.3
Al$_2$O$_3$	307	12.54	12.98	14.41	15.77	17.10	18.93	19.48	15.85	2.19	15.70	4.87	23.98	10.64	0.14	15.77	14.67	正态分布	15.85	15.69
TFe$_2$O$_3$	307	2.75	2.90	3.38	4.06	5.05	6.07	6.96	4.37	1.44	4.17	2.39	11.40	1.78	0.33	4.06	3.92	对数正态分布	4.17	4.38
MgO	278	0.39	0.44	0.52	0.62	0.75	0.96	1.08	0.66	0.20	0.63	1.49	1.32	0.27	0.31	0.62	0.45	剔除后正态分布	0.63	0.45
CaO	307	0.08	0.11	0.16	0.27	0.48	0.76	0.98	0.39	0.40	0.28	2.72	3.58	0.04	1.02	0.27	0.31	对数正态分布	0.28	0.35
Na$_2$O	307	0.18	0.23	0.36	0.63	0.95	1.19	1.34	0.69	0.38	0.57	1.96	2.25	0.10	0.56	0.63	0.78	对数正态分布	0.57	1.03
K$_2$O	307	1.96	2.21	2.48	2.83	3.16	3.38	3.54	2.82	0.49	2.78	1.90	4.66	1.41	0.18	2.83	2.47	正态分布	2.82	2.99
TC	307	0.25	0.29	0.36	0.50	0.69	0.88	1.00	0.55	0.26	0.50	1.77	1.76	0.15	0.47	0.50	0.60	对数正态分布	0.50	0.54
Corg	307	0.20	0.22	0.31	0.41	0.54	0.72	0.84	0.46	0.22	0.41	1.94	1.63	0.10	0.49	0.41	0.53	对数正态分布	0.41	0.42
pH	307	4.85	4.91	5.10	5.43	5.92	6.81	7.81	5.29	5.32	5.67	2.78	8.62	4.65	1.01	5.43	5.14	对数正态分布	5.67	5.14

红壤区深层土壤总体为弱酸性,土壤 pH 基准值为 5.67,极大值为 8.62,极小值为 4.65,接近于台州市基准值。

各元素/指标中,大多数元素/指标变异系数在 0.40 以下,分布较为均匀;Ag、As、Au、B、Bi、Br、Cd、Co、Corg、Hg、I、Mo、N、Na_2O、Ni、P、S、Se、Sr、TC、pH、CaO、Cl 变异系数大于 0.40,其中 pH、CaO、Cl 变异系数大于 0.80,空间变异性较大。

与台州市土壤基准值相比,红壤区土壤基准值中大多数元素/指标基准值基本与台州市基准值接近;Na_2O、F 基准值明显偏低,不足台州市基准值的 60%;Bi、V 略低于台州市基准值;而 MgO、Cr 基准值明显高于台州市基准值,达到台州市基准值的 1.4 倍以上。

三、粗骨土土壤地球化学基准值

粗骨土区土壤地球化学基准值数据经正态分布检验,结果表明,原始数据中 Ag、B、CaO、Co、N、Na_2O、Rb、Sb、Sc、Sn、Tl、V、W 共 13 项元素/指标符合对数正态分布,S 剔除异常值后符合正态分布,其他元素/指标符合正态分布(表 3-18)。

粗骨土区深层土壤总体为弱酸性,土壤 pH 基准值为 5.30,极大值为 8.35,极小值为 4.66,接近于台州市基准值。

各元素/指标中,大多数元素/指标变异系数在 0.40 以下,分布较为均匀;Ag、As、Au、B、Bi、Br、Cd、Co、Cr、Cu、MgO、Mo、Na_2O、Ni、P、S、Se、Sr、V、pH、CaO、Cl 变异系数大于 0.40,其中 pH、CaO、Cl 变异系数不小于 0.80,空间变异性较大。

与台州市土壤基准值相比,粗骨土区土壤基准值中 F、Na_2O 基准值低于台州市基准值,不足台州市基准值的 60%;V、Bi、CaO 略低于台州市基准值,为台州市基准值的 60%~80%;S、Nb、Ni、Cu、Cd 略高于台州市基准值,为台州市基准值的 1.2~1.4 倍;MgO、Cr、Cl、Mo 基准值明显高于台州市基准值,最高的 Cl 基准值为台州市基准值的 2.55 倍;其他各项元素/指标基准值与台州市基准值基本接近。

四、紫色土土壤地球化学基准值

紫色土区采集深层土壤样品 11 件,无法进行正态分布检验,具体参数统计如下(表 3-19)。

紫色土区深层土壤总体为弱酸性,土壤 pH 基准值为 6.12,极大值为 8.11,极小值为 4.98,接近于台州市基准值。

各元素/指标中,大多数元素/指标变异系数在 0.40 以下,分布较为均匀;Bi、CaO、Cd、Cr、I、MgO、pH、Mo、Na_2O、Se 变异系数大于 0.40,其中 pH 变异系数不小于 0.80,空间变异性较大。

与台州市土壤基准值相比,紫色土区土壤基准值中 B、Br、V、Corg、TC、Cd 基准值明显偏低,均不足台州市基准值的 60%;Ag、As、Au、F、I、Mn、Mo、N、P、S、Se、Zn、Na_2O 基准值略低于台州市基准值;Cr、MgO 基准值明显高于台州市基准值,为台州市基准值的 1.4 倍以上;其他各项元素/指标基准值与台州市基准值基本接近。

五、水稻土土壤地球化学基准值

水稻土区土壤地球化学基准值数据经正态分布检验,结果表明,原始数据中 Be、Cd、Ce、Cu、F、Ga、I、Mn、N、P、Rb、Sn、Sr、Th、Zn、Al_2O_3、TC、Corg 共 18 项元素/指标符合正态分布,Ag、As、Au、Br、Cl、Ge、La、Li、Mo、Nb、Pb、Sb、Se、Tl、U、W、Zr、SiO_2、CaO 共 19 项元素/指标符合对数正态分布,Hg、S、K_2O 剔除异常值后符合正态分布,Ba 剔除异常值后符合对数正态分布,其他元素/指标不符合正态分布或对数正态分布(表 3-20)。

水稻土区深层土壤总体为弱酸性,土壤 pH 基准值为 6.53,极大值为 8.88,极小值为 4.97,略高于台州市基准值。

表 3-18 粗骨土壤地球化学基准值参数统计表

元素/指标	N	$X_{5\%}$	$X_{10\%}$	$X_{25\%}$	$X_{50\%}$	$X_{75\%}$	$X_{90\%}$	$X_{95\%}$	$\overline{X}$	S	$\overline{X}_g$	S_g	X_{max}	X_{min}	CV	X_{me}	X_{mo}	分布类型	粗骨土基准值	台州市基准值
Ag	49	45.00	50.8	56.5	65.0	82.0	91.4	105	75.9	44.77	70.0	12.12	343	41.00	0.59	65.0	76.0	对数正态分布	70.0	73.5
As	49	3.48	3.68	4.69	6.52	8.80	11.53	13.02	7.38	4.18	6.56	3.34	26.72	2.84	0.57	6.52	7.50	正态分布	7.38	6.61
Au	49	0.53	0.56	0.69	0.92	1.40	1.91	2.12	1.10	0.54	0.99	1.60	2.51	0.39	0.49	0.92	1.40	正态分布	1.10	1.13
B	49	14.68	16.75	21.00	24.20	33.69	48.20	59.8	29.14	13.43	26.67	7.26	67.0	10.88	0.46	24.20	24.00	对数正态分布	26.67	28.51
Ba	49	390	456	524	719	874	970	1067	726	274	681	42.41	1668	306	0.38	719	720	正态分布	726	629
Be	49	1.94	2.06	2.17	2.51	2.75	2.98	3.05	2.56	0.48	2.52	1.74	4.21	1.84	0.19	2.51	2.64	正态分布	2.56	2.42
Bi	49	0.16	0.17	0.23	0.30	0.36	0.45	0.54	0.31	0.13	0.28	2.27	0.72	0.07	0.42	0.30	0.32	正态分布	0.31	0.45
Br	49	2.00	2.30	3.10	3.93	5.50	6.79	7.53	4.41	1.88	4.04	2.45	10.00	1.20	0.43	3.93	4.30	正态分布	4.41	3.80
Cd	49	0.05	0.05	0.08	0.12	0.15	0.18	0.19	0.12	0.05	0.11	0.02	0.31	0.03	0.46	0.12	0.13	正态分布	0.12	0.10
Ce	49	66.0	69.3	76.7	85.8	104	117	128	91.4	22.37	89.0	13.33	164	57.5	0.24	85.8	92.0	正态分布	91.4	85.2
Cl	49	33.64	35.10	42.20	50.00	76.9	366	885	163	332	73.4	16.07	1740	29.20	2.04	50.00	43.60	正态分布	163	63.9
Co	49	5.07	5.51	6.70	7.97	11.90	13.44	16.14	9.55	5.09	8.68	3.81	34.36	4.34	0.53	7.97	9.70	对数正态分布	9.55	9.41
Cr	49	17.49	19.20	24.20	32.14	48.63	61.1	74.0	37.52	18.40	33.77	8.36	90.4	15.04	0.49	32.14	32.14	正态分布	37.52	17.61
Cu	49	7.52	9.43	10.99	13.05	17.19	23.20	29.98	15.28	7.45	13.96	4.95	44.93	6.26	0.49	13.05	17.19	正态分布	15.28	11.90
F	49	321	342	399	452	530	586	659	473	107	462	33.85	813	302	0.23	452	530	正态分布	473	825
Ga	49	15.05	15.65	17.81	19.90	20.90	22.59	24.26	19.44	2.73	19.24	5.51	24.85	12.83	0.14	19.90	20.00	正态分布	19.44	19.33
Ge	49	1.37	1.40	1.48	1.56	1.70	1.82	1.85	1.58	0.16	1.58	1.31	2.02	1.33	0.10	1.56	1.40	正态分布	1.58	1.55
Hg	49	0.03	0.03	0.04	0.05	0.07	0.07	0.08	0.05	0.02	0.05	5.90	0.10	0.02	0.33	0.05	0.05	正态分布	0.05	0.05
I	49	2.95	3.29	3.82	4.88	6.62	9.30	9.66	5.56	2.23	5.14	2.77	11.57	1.62	0.40	4.88	4.88	正态分布	5.56	5.04
La	49	28.22	28.80	34.06	40.52	47.19	53.0	64.2	42.07	11.61	40.70	8.69	85.0	25.15	0.28	40.52	41.00	正态分布	42.07	41.06
Li	49	25.06	28.22	31.02	35.46	44.16	49.44	52.2	37.37	8.93	36.33	8.14	59.5	19.80	0.24	35.46	37.80	正态分布	37.37	36.24
Mn	49	458	511	717	844	1064	1318	1411	898	293	851	48.09	1613	402	0.33	844	873	正态分布	898	905
Mo	49	0.57	0.65	0.72	0.86	1.19	1.77	3.04	1.16	0.88	0.99	1.67	4.88	0.40	0.76	0.86	0.87	正态分布	1.16	0.82
N	49	0.31	0.36	0.43	0.56	0.67	0.74	0.78	0.55	0.16	0.53	1.60	0.89	0.23	0.29	0.56	0.56	正态分布	0.55	0.52
Nb	49	17.76	18.74	21.50	25.03	30.28	32.77	34.54	26.18	7.30	25.33	6.36	57.5	15.20	0.28	25.03	27.57	对数正态分布	26.18	21.50
Ni	49	7.23	7.32	9.60	12.58	20.17	27.81	38.01	15.96	9.58	13.85	5.22	46.51	6.34	0.60	12.58	15.99	正态分布	15.96	12.67
P	49	0.15	0.16	0.21	0.29	0.39	0.50	0.58	0.33	0.18	0.29	2.27	0.98	0.11	0.55	0.29	0.32	正态分布	0.33	0.32
Pb	49	23.28	25.85	29.00	31.00	34.42	41.42	61.0	34.46	13.77	32.76	7.66	97.8	18.18	0.40	31.00	33.00	正态分布	34.46	31.35

第三章 土壤地球化学基准值

续表 3-18

元素/指标	N	$X_{5\%}$	$X_{10\%}$	$X_{25\%}$	$X_{50\%}$	$X_{75\%}$	$X_{90\%}$	$X_{95\%}$	$\overline{X}$	S	$\overline{X}_g$	S_g	X_{max}	X_{min}	CV	X_{me}	X_{mo}	分布类型	粗骨土基准值	台州市基准值
Rb	47	114	121	128	140	149	153	155	138	15.21	137	16.90	173	98.5	0.11	140	142	对数正态分布	137	136
S	49	66.3	68.5	98.5	121	149	249	415	155	122	130	17.58	688	56.3	0.78	121	116	剔除后正态分布	155	119
Sb	49	0.35	0.38	0.47	0.57	0.64	0.81	0.94	0.60	0.22	0.57	1.55	1.66	0.29	0.37	0.57	0.64	对数正态分布	0.57	0.56
Sc	49	8.40	8.85	9.95	11.00	11.90	12.78	14.05	11.03	2.15	10.84	3.96	19.74	6.10	0.19	11.00	11.40	对数正态分布	10.84	11.11
Se	49	0.12	0.15	0.19	0.23	0.27	0.38	0.42	0.25	0.10	0.23	2.53	0.63	0.09	0.41	0.23	0.20	正态分布	0.25	0.22
Sn	49	2.16	2.62	2.83	3.27	3.50	3.98	4.28	3.27	0.82	3.18	2.01	7.00	1.20	0.25	3.27	3.40	对数正态分布	3.18	3.10
Sr	49	36.04	38.10	47.55	68.5	95.6	120	128	74.0	34.24	67.1	12.31	193	30.88	0.46	68.5	73.6	正态分布	74.0	78.8
Th	49	8.27	10.00	12.24	14.00	16.31	19.12	19.98	14.29	4.23	13.67	4.77	29.21	4.79	0.30	14.00	14.00	正态分布	14.29	14.31
Ti	49	3247	3436	3840	4386	5089	6527	8109	4803	1744	4581	127	12944	2767	0.36	4386	4705	正态分布	4803	4538
Tl	49	0.72	0.79	0.85	0.99	1.25	1.33	1.45	1.04	0.26	1.00	1.29	1.82	0.42	0.25	0.99	0.85	对数正态分布	1.00	0.97
U	49	2.33	2.58	2.89	3.20	3.56	4.22	4.61	3.33	0.85	3.23	2.06	6.22	1.42	0.25	3.20	3.31	正态分布	3.33	3.08
V	49	42.48	43.38	51.7	58.2	80.9	94.9	118	68.2	27.71	64.0	11.46	190	31.46	0.41	58.2	70.1	对数正态分布	64.0	104
W	49	1.27	1.45	1.57	1.92	2.11	2.30	2.54	1.88	0.41	1.83	1.53	2.86	0.78	0.22	1.92	1.84	正态分布	1.83	1.87
Y	49	20.66	21.59	24.20	28.00	29.50	32.60	35.68	27.57	4.79	27.18	6.71	42.21	19.87	0.17	28.00	28.00	正态分布	27.57	26.22
Zn	49	59.6	62.8	71.3	83.5	92.7	107	138	86.0	22.44	83.6	12.81	158	56.5	0.26	83.5	92.5	正态分布	86.0	83.3
Zr	49	219	234	296	323	394	452	464	338	78.7	329	27.54	538	197	0.23	323	296	正态分布	338	293
SiO_2	49	60.1	64.0	65.3	70.2	72.6	74.5	74.7	69.0	4.80	68.9	11.38	78.1	55.1	0.07	70.2	68.9	正态分布	69.0	69.3
Al_2O_3	49	12.42	13.55	14.75	15.96	17.64	18.41	18.89	16.05	2.21	15.90	4.88	24.22	11.79	0.14	15.96	16.07	正态分布	16.05	15.69
TFe_2O_3	49	2.91	3.20	3.35	3.90	5.14	6.28	7.47	4.47	1.64	4.24	2.43	10.65	2.37	0.37	3.90	4.63	正态分布	4.47	4.38
MgO	49	0.38	0.46	0.55	0.65	0.93	1.30	1.46	0.79	0.36	0.72	1.55	2.01	0.35	0.46	0.65	0.81	正态分布	0.79	0.45
CaO	49	0.10	0.11	0.14	0.25	0.36	0.63	1.26	0.37	0.42	0.26	2.78	2.19	0.09	1.15	0.25	0.17	对数正态分布	0.26	0.35
Na_2O	49	0.26	0.30	0.38	0.63	0.95	1.18	1.28	0.68	0.34	0.60	1.79	1.56	0.17	0.50	0.63	0.61	正态分布	0.60	1.03
K_2O	49	2.30	2.39	2.69	2.99	3.22	3.52	3.92	2.98	0.50	2.93	1.92	4.18	1.73	0.17	2.99	3.13	正态分布	2.98	2.99
TC	49	0.30	0.36	0.42	0.52	0.71	0.82	0.89	0.58	0.21	0.54	1.61	1.29	0.26	0.37	0.52	0.56	正态分布	0.58	0.54
Corg	49	0.20	0.26	0.32	0.41	0.52	0.61	0.73	0.43	0.16	0.40	1.85	0.85	0.17	0.36	0.41	0.54	正态分布	0.43	0.42
pH	49	4.96	5.00	5.17	5.31	5.63	6.81	8.11	5.30	5.39	5.67	2.77	8.35	4.66	1.02	5.31	5.40	正态分布	5.30	5.14

表 3-19 紫色土土壤地球化学基准值参数统计表

元素/指标	N	$X_{5\%}$	$X_{10\%}$	$X_{25\%}$	$X_{50\%}$	$X_{75\%}$	$X_{90\%}$	$X_{95\%}$	$\bar{X}$	S	$\bar{X}_g$	S_g	X_{max}	X_{min}	CV	X_{me}	X_{mo}	紫色土基准值	台州市基准值
Ag	11	44.25	46.00	50.8	53.5	64.0	72.0	76.2	58.0	11.48	57.0	10.03	80.5	42.50	0.20	53.5	60.5	53.5	73.5
As	11	4.15	4.59	4.67	5.17	6.71	7.36	8.97	5.91	1.92	5.67	2.82	10.58	3.71	0.33	5.17	5.98	5.17	6.61
Au	11	0.48	0.52	0.63	0.76	0.83	0.95	1.09	0.76	0.21	0.73	1.42	1.22	0.44	0.28	0.76	0.76	0.76	1.13
B	11	18.85	19.00	25.07	34.15	40.10	50.9	54.0	34.08	12.52	32.04	7.30	57.1	18.70	0.37	34.15	34.15	34.15	28.51
Ba	11	458	494	523	661	774	816	878	659	159	641	38.48	941	421	0.24	661	661	661	629
Be	11	1.68	1.69	1.90	2.20	2.39	2.61	2.66	2.17	0.36	2.14	1.55	2.72	1.66	0.16	2.20	2.20	2.20	2.42
Bi	11	0.17	0.18	0.18	0.19	0.22	0.28	0.38	0.23	0.09	0.21	2.63	0.48	0.16	0.40	0.19	0.24	0.19	0.45
Br	11	1.80	2.10	2.15	2.20	2.75	3.70	3.85	2.52	0.74	2.43	1.73	4.00	1.50	0.29	2.20	2.20	2.20	3.80
Cd	11	0.03	0.04	0.05	0.06	0.08	0.09	0.11	0.07	0.03	0.06	0.01	0.13	0.03	0.41	0.06	0.07	0.06	0.10
Ce	11	64.1	64.7	66.6	82.7	85.9	86.7	87.3	77.2	10.10	76.5	11.42	87.8	63.5	0.13	82.7	73.5	82.7	85.2
Cl	11	46.75	46.90	51.1	65.2	79.2	84.8	105	69.3	23.77	66.1	10.79	126	46.60	0.34	65.2	65.2	65.2	63.9
Co	11	5.38	5.50	6.13	7.67	8.73	8.94	9.16	7.50	1.50	7.35	3.18	9.38	5.26	0.20	7.67	7.50	7.67	9.41
Cr	11	19.99	21.24	22.04	29.76	43.39	45.49	61.7	35.07	17.19	32.03	7.33	77.9	18.75	0.49	29.76	33.71	29.76	17.61
Cu	11	8.32	8.94	10.62	12.45	14.57	15.35	15.54	12.28	2.67	11.99	4.16	15.72	7.71	0.22	12.45	12.45	12.45	11.90
F	11	427	449	468	512	570	582	726	537	124	526	33.09	869	406	0.23	512	531	512	825
Ga	11	15.82	16.15	16.86	17.93	21.30	21.76	22.66	18.82	2.70	18.64	5.21	23.56	15.48	0.14	17.93	18.55	17.93	19.33
Ge	11	1.54	1.54	1.56	1.60	1.77	1.87	1.93	1.68	0.15	1.68	1.35	1.99	1.53	0.09	1.60	1.73	1.60	1.55
Hg	11	0.02	0.02	0.02	0.03	0.04	0.04	0.04	0.03	0.01	0.03	7.93	0.04	0.02	0.31	0.03	0.03	0.03	0.05
I	11	1.77	1.98	2.06	3.49	3.68	6.25	8.25	3.77	2.51	3.24	2.15	10.24	1.56	0.67	3.49	3.68	3.49	5.04
La	11	33.53	34.40	34.66	36.47	42.27	45.22	45.42	38.50	4.75	38.24	7.78	45.61	32.66	0.12	36.47	39.46	36.47	41.06
Li	11	27.04	29.85	30.40	32.95	40.23	43.62	45.14	35.32	6.80	34.72	7.55	46.66	24.23	0.19	32.95	37.09	32.95	36.24
Mn	11	455	525	599	642	761	828	859	660	144	644	37.84	891	384	0.22	642	644	642	905
Mo	11	0.45	0.45	0.49	0.61	0.73	0.83	1.22	0.70	0.33	0.65	1.51	1.60	0.44	0.47	0.61	0.71	0.61	0.82
N	11	0.24	0.27	0.27	0.32	0.44	0.53	0.53	0.35	0.11	0.34	2.02	0.54	0.21	0.32	0.32	0.27	0.32	0.52
Nb	11	15.60	16.50	17.20	19.20	21.30	22.80	23.74	19.34	2.99	19.13	5.21	24.67	14.70	0.15	19.20	19.20	19.20	21.50
Ni	11	6.41	7.09	7.86	10.20	12.54	14.02	14.39	10.17	3.01	9.76	3.94	14.77	5.72	0.30	10.20	10.20	10.20	12.67
P	11	0.14	0.15	0.17	0.21	0.26	0.27	0.33	0.22	0.07	0.21	2.47	0.38	0.12	0.32	0.21	0.21	0.21	0.32
Pb	11	20.73	20.92	23.99	29.95	34.06	38.89	41.65	29.80	7.69	28.93	6.58	44.41	20.54	0.26	29.95	29.95	29.95	31.35

续表 3-19

元素/指标	N	$X_{5\%}$	$X_{10\%}$	$X_{25\%}$	$X_{50\%}$	$X_{75\%}$	$X_{90\%}$	$X_{95\%}$	$\bar{X}$	S	$\bar{X}_g$	S_g	X_{max}	X_{min}	CV	X_{me}	X_{mo}	紫色土基准值	台州市基准值
Rb	11	87.7	89.8	108	121	154	187	193	132	39.06	127	15.12	199	85.6	0.30	121	130	121	136
S	11	50.1	56.3	62.4	74.5	95.5	122	136	82.9	31.42	78.0	11.29	151	43.93	0.38	74.5	68.5	74.5	119
Sb	11	0.43	0.44	0.47	0.50	0.69	0.71	0.80	0.57	0.15	0.56	1.44	0.89	0.43	0.26	0.50	0.57	0.50	0.56
Sc	11	8.66	8.94	9.57	9.69	10.09	11.33	12.83	10.13	1.57	10.04	3.65	14.33	8.39	0.16	9.69	10.09	9.69	11.11
Se	11	0.10	0.10	0.11	0.16	0.19	0.20	0.29	0.17	0.08	0.15	3.32	0.38	0.10	0.48	0.16	0.17	0.16	0.22
Sn	11	2.12	2.18	2.37	2.65	2.83	3.00	3.28	2.63	0.43	2.60	1.69	3.57	2.05	0.16	2.65	2.37	2.65	3.10
Sr	11	47.45	51.6	67.9	85.9	101	119	130	86.3	28.79	81.8	13.17	141	43.30	0.33	85.9	85.9	85.9	78.8
Th	11	9.12	9.85	10.09	12.25	13.29	14.17	17.79	12.50	3.46	12.14	4.26	21.41	8.40	0.28	12.25	12.25	12.25	14.31
Ti	11	3030	3124	3779	4350	4719	4864	5068	4225	758	4157	111	5272	2936	0.18	4350	4166	4350	4538
Tl	11	0.64	0.65	0.72	0.82	1.02	1.45	1.47	0.92	0.30	0.88	1.35	1.48	0.64	0.32	0.82	0.99	0.82	0.97
U	11	1.97	1.99	2.44	2.61	3.09	3.85	4.17	2.83	0.77	2.75	1.85	4.47	1.94	0.27	2.61	2.73	2.61	3.08
V	11	45.36	45.75	49.02	55.2	63.8	66.2	67.6	56.1	8.66	55.5	9.79	69.0	44.97	0.15	55.2	55.2	55.2	104
W	11	1.57	1.57	1.68	1.96	2.11	2.19	2.30	1.93	0.28	1.91	1.47	2.41	1.57	0.14	1.96	1.92	1.96	1.87
Y	11	22.40	22.40	22.60	23.50	24.20	28.90	29.10	24.29	2.47	24.19	5.98	29.30	22.40	0.10	23.50	23.50	23.50	26.22
Zn	11	54.0	56.7	58.8	63.0	69.6	75.6	82.4	65.7	10.45	65.0	10.33	89.2	51.3	0.16	63.0	68.1	63.0	83.3
Zr	11	207	216	265	283	338	357	421	302	78.2	294	25.09	484	199	0.26	283	307	283	293
SiO_2	11	65.5	66.6	69.7	70.5	72.1	73.3	74.2	70.4	2.98	70.3	11.05	75.0	64.5	0.04	70.5	70.5	70.5	69.3
Al_2O_3	11	12.73	12.84	13.43	14.34	17.50	18.01	18.95	15.28	2.50	15.10	4.55	19.89	12.61	0.16	14.34	14.82	14.34	15.69
TFe_2O_3	11	2.96	3.04	3.53	3.92	4.38	5.75	5.76	4.10	0.95	4.00	2.24	5.78	2.88	0.23	3.92	3.99	3.92	4.38
MgO	11	0.52	0.55	0.59	0.71	0.96	1.34	1.51	0.85	0.37	0.79	1.50	1.69	0.49	0.44	0.71	0.81	0.71	0.45
CaO	11	0.13	0.18	0.27	0.37	0.52	0.78	0.82	0.41	0.24	0.34	2.27	0.86	0.08	0.59	0.37	0.40	0.37	0.35
Na_2O	11	0.36	0.43	0.61	0.80	1.11	1.36	1.38	0.86	0.37	0.78	1.61	1.40	0.29	0.42	0.80	0.80	0.80	1.03
K_2O	11	2.00	2.05	2.43	2.60	3.15	3.57	3.91	2.82	0.68	2.75	1.82	4.24	1.96	0.24	2.60	2.88	2.60	2.99
TC	11	0.22	0.22	0.22	0.28	0.34	0.40	0.44	0.30	0.09	0.29	2.23	0.48	0.22	0.30	0.28	0.31	0.28	0.54
Corg	11	0.16	0.16	0.18	0.21	0.27	0.35	0.37	0.24	0.08	0.23	2.45	0.40	0.15	0.33	0.21	0.26	0.21	0.42
pH	11	5.07	5.16	5.38	6.12	7.02	7.75	7.93	5.58	5.46	6.29	2.88	8.11	4.98	0.98	6.12	6.42	6.12	5.14

表 3-20 水稻土土壤地球化学基准值参数统计表

元素/指标	N	$X_{5\%}$	$X_{10\%}$	$X_{25\%}$	$X_{50\%}$	$X_{75\%}$	$X_{90\%}$	$X_{95\%}$	$\overline{X}$	S	$\overline{X}_g$	S_g	X_{max}	X_{min}	CV	X_{me}	X_{mo}	分布类型	水稻土基准值	台州市基准值
Ag	123	52.5	58.0	67.2	79.0	90.5	107	127	85.9	42.85	80.6	13.12	391	44.50	0.50	79.0	79.0	对数正态分布	80.6	73.5
As	123	3.92	4.64	5.49	7.50	10.40	12.00	13.10	8.37	6.14	7.47	3.51	67.4	2.63	0.73	7.50	7.70	对数正态分布	7.47	6.61
Au	123	0.68	0.82	1.14	1.40	1.70	2.20	2.69	1.51	0.67	1.39	1.60	5.10	0.52	0.45	1.40	1.40	其他分布	1.39	1.13
B	123	16.00	21.04	27.37	42.00	62.00	66.0	68.9	43.69	18.21	39.32	9.23	76.0	9.54	0.42	42.00	65.00	其他分布	65.0	28.51
Ba	119	451	462	491	543	660	748	819	582	120	571	38.63	934	356	0.21	543	587	剔除后对数分布	571	629
Be	123	1.86	1.96	2.37	2.64	2.90	3.04	3.06	2.58	0.41	2.54	1.79	3.46	1.42	0.16	2.64	2.60	正态分布	2.58	2.42
Bi	123	0.18	0.19	0.25	0.40	0.48	0.53	0.55	0.37	0.13	0.35	1.97	0.65	0.16	0.35	0.40	0.45	其他分布	0.45	0.45
Br	123	1.80	2.00	2.20	3.00	4.90	6.96	7.92	3.78	2.03	3.33	2.40	11.90	1.10	0.54	3.00	2.20	对数正态分布	3.33	3.80
Cd	123	0.05	0.06	0.10	0.12	0.15	0.17	0.20	0.12	0.05	0.11	0.02	0.48	0.03	0.44	0.12	0.13	其他分布	0.12	0.10
Ce	123	70.0	73.1	76.4	80.7	88.7	93.6	103	83.5	11.77	82.8	12.82	156	62.8	0.14	80.7	79.3	正态分布	83.5	85.2
Cl	123	41.80	48.20	59.8	91.2	202	417	607	182	236	117	19.15	1743	36.70	1.29	91.2	45.80	对数正态分布	117	63.9
Co	123	5.71	6.19	8.50	12.80	17.80	19.00	20.37	13.22	5.21	12.08	4.76	27.40	4.72	0.39	12.80	17.60	其他分布	17.60	9.41
Cr	123	19.83	24.43	31.06	64.7	98.7	105	108	65.0	32.68	55.4	11.94	115	12.57	0.50	64.7	98.0	对数正态分布	98.0	17.61
Cu	123	9.97	10.92	13.33	21.97	30.40	33.89	36.26	22.39	9.23	20.37	6.32	41.07	7.22	0.41	21.97	28.44	正态分布	22.39	11.90
F	123	351	381	477	628	758	825	859	612	170	586	40.69	984	232	0.28	628	825	对数正态分布	612	825
Ga	123	15.72	16.21	17.69	20.00	21.25	22.08	22.98	19.54	2.78	19.34	5.57	33.70	12.21	0.14	20.00	20.40	正态分布	19.54	19.33
Ge	123	1.33	1.37	1.42	1.50	1.61	1.74	1.79	1.54	0.21	1.52	1.30	3.08	1.14	0.13	1.50	1.42	对数正态分布	1.52	1.55
Hg	115	0.02	0.03	0.04	0.05	0.06	0.06	0.07	0.05	0.01	0.05	5.88	0.08	0.02	0.27	0.05	0.05	剔除后正态分布	0.05	0.05
I	123	2.08	2.57	3.11	4.90	6.54	8.35	9.19	5.18	2.32	4.65	2.81	11.80	1.16	0.45	4.90	7.40	正态分布	5.18	5.04
La	123	34.38	36.00	39.58	42.00	46.20	52.0	53.9	43.24	7.18	42.71	8.76	79.0	28.00	0.17	42.00	41.00	对数正态分布	42.71	41.06
Li	123	24.65	26.57	34.55	50.5	62.4	66.4	67.1	48.25	14.90	45.70	9.54	71.2	21.10	0.31	50.5	52.8	对数正态分布	45.70	36.24
Mn	123	406	587	763	980	1182	1383	1551	983	328	923	54.1	1802	341	0.33	980	984	其他分布	983	905
Mo	123	0.42	0.46	0.58	0.70	0.88	1.41	1.67	0.91	0.86	0.77	1.66	8.61	0.35	0.95	0.70	0.56	对数正态分布	0.77	0.82
N	123	0.26	0.27	0.45	0.65	0.78	0.93	0.97	0.62	0.22	0.58	1.62	1.13	0.19	0.35	0.65	0.81	正态分布	0.62	0.52
Nb	123	16.90	17.10	17.75	18.90	20.90	23.77	26.58	19.87	3.16	19.65	5.52	35.40	15.30	0.16	18.90	18.30	对数正态分布	19.65	21.50
Ni	123	6.88	7.97	11.42	25.30	43.91	46.92	47.62	27.19	15.51	22.02	7.47	50.2	6.26	0.57	25.30	38.66	其他分布	38.66	12.67
P	123	0.18	0.21	0.27	0.44	0.55	0.59	0.62	0.42	0.17	0.38	1.96	1.00	0.09	0.40	0.44	0.42	正态分布	0.42	0.32
Pb	123	24.07	26.26	29.54	32.00	36.00	40.83	45.99	34.21	11.83	33.00	7.76	115	19.21	0.35	32.00	31.00	对数正态分布	33.00	31.35

续表 3-20

元素/指标	N	$X_{5\%}$	$X_{10\%}$	$X_{25\%}$	$X_{50\%}$	$X_{75\%}$	$X_{90\%}$	$X_{95\%}$	$\bar{X}$	S	$\bar{X}_g$	S_g	X_{max}	X_{min}	CV	X_{me}	X_{mo}	分布类型	水稻土基准值	台州市基准值
Rb	123	109	118	127	144	154	161	163	140	18.34	139	17.45	188	94.1	0.13	144	146	正态分布	140	136
S	108	52.3	56.3	68.5	86.3	116	145	168	94.1	35.34	88.1	13.68	197	29.82	0.38	86.3	68.5	剔除后正态分布	94.1	119
Sb	123	0.40	0.43	0.48	0.55	0.66	0.76	0.90	0.60	0.27	0.57	1.55	2.98	0.30	0.45	0.55	0.53	对数正态分布	0.57	0.56
Sc	123	8.51	8.93	9.99	12.66	15.75	16.90	17.39	12.85	3.11	12.47	4.47	18.80	7.90	0.24	12.66	14.80	其他分布	14.80	11.11
Se	123	0.11	0.12	0.14	0.16	0.24	0.31	0.36	0.19	0.08	0.18	2.89	0.46	0.08	0.43	0.16	0.16	对数正态分布	0.18	0.22
Sn	123	2.29	2.40	2.79	3.20	3.60	3.90	4.19	3.24	0.78	3.16	2.03	7.40	1.70	0.24	3.20	3.30	正态分布	3.24	3.10
Sr	123	44.14	56.5	79.6	107	122	133	142	102	32.09	96.3	14.59	251	36.34	0.31	107	107	正态分布	102	78.8
Th	123	11.06	11.82	13.48	14.60	15.95	17.48	19.30	14.73	2.33	14.54	4.78	20.90	8.57	0.16	14.60	14.50	偏峰分布	14.73	14.31
Ti	121	3376	3649	4110	5002	5283	5424	5596	4749	734	4689	132	6949	2971	0.15	5002	5220	正态分布	5220	4538
Tl	123	0.69	0.73	0.80	0.85	0.96	1.09	1.16	0.89	0.17	0.88	1.21	1.85	0.59	0.19	0.85	0.83	对数正态分布	0.88	0.97
U	123	2.30	2.40	2.50	2.71	3.11	3.50	4.08	2.87	0.53	2.83	1.85	4.90	2.00	0.18	2.71	2.40	对数正态分布	2.83	3.08
V	123	45.31	49.51	60.5	91.7	120	126	128	90.7	30.14	85.1	13.96	140	33.41	0.33	91.7	87.0	偏峰分布	87.0	104
W	123	1.50	1.56	1.67	1.87	2.02	2.23	2.33	1.90	0.37	1.88	1.51	4.34	1.27	0.20	1.87	1.83	对数正态分布	1.88	1.87
Y	123	22.31	23.02	25.34	28.51	30.03	30.80	31.10	27.63	3.17	27.44	6.86	35.72	19.10	0.11	28.51	28.72	其他分布	28.72	26.22
Zn	123	55.5	61.4	74.4	88.7	105	110	113	88.8	20.10	86.4	13.49	151	46.59	0.23	88.7	108	正态分布	88.8	83.3
Zr	123	178	183	192	234	300	338	356	249	64.6	241	23.06	461	173	0.26	234	186	对数正态分布	241	293
SiO$_2$	123	58.4	58.8	60.8	65.9	71.8	75.2	76.0	66.3	6.10	66.0	11.11	77.2	56.7	0.09	65.9	72.6	正态分布	66.0	69.3
Al$_2$O$_3$	123	12.83	13.37	14.32	15.64	16.21	17.04	17.71	15.40	1.59	15.32	4.85	22.20	11.08	0.10	15.64	14.79	对数正态分布	15.40	15.69
TFe$_2$O$_3$	123	2.96	3.25	4.11	5.21	6.48	6.83	7.03	5.20	1.39	5.00	2.72	8.30	2.52	0.27	5.21	6.48	偏峰正态分布	6.48	4.38
MgO	123	0.45	0.50	0.66	1.25	2.13	2.43	2.49	1.40	0.74	1.18	1.87	2.57	0.39	0.53	1.25	1.29	其他分布	1.29	0.45
CaO	123	0.15	0.24	0.36	0.62	1.26	2.53	3.11	1.02	0.98	0.68	2.48	5.52	0.11	0.96	0.62	0.57	对数正态分布	0.68	0.35
Na$_2$O	122	0.33	0.48	0.69	0.98	1.08	1.16	1.24	0.89	0.28	0.83	1.54	1.46	0.15	0.31	0.98	1.03	偏峰分布	1.03	1.03
K$_2$O	117	2.49	2.65	2.84	3.04	3.16	3.32	3.48	3.01	0.28	3.00	1.91	3.69	2.36	0.09	3.04	2.99	剔除后正态分布	3.01	2.99
TC	123	0.23	0.28	0.43	0.74	0.96	1.21	1.24	0.73	0.34	0.64	1.76	1.75	0.20	0.47	0.74	0.74	正态分布	0.73	0.54
Corg	123	0.16	0.21	0.36	0.48	0.57	0.67	0.74	0.47	0.18	0.43	1.84	1.22	0.13	0.39	0.48	0.48	正态分布	0.47	0.42
pH	123	5.20	5.27	5.82	6.82	8.14	8.53	8.59	5.85	5.61	6.94	3.14	8.88	4.97	0.96	6.82	6.53	其他分布	6.53	5.14

各元素/指标中,大多数元素/指标变异系数在0.40以下,分布较为均匀;Ag、As、Au、B、Bi、Br、Cd、Cr、Cu、I、MgO、Ni、Sb、Se、TC、Mo、CaO、pH、Cl变异系数大于0.40,其中Mo、CaO、pH、Cl变异系数大于0.80,空间变异性较大。

与台州市土壤基准值相比,水稻土区土壤基准值中F、S基准值略低于台州市基准值,为台州市基准值的60%～80%;Au、Li、Sr、P、Sc、TC、Cd基准值略高于台州市基准值,为台州市基准值的1.2～1.4倍;TFe_2O_3、Cl、Co、Cu、CaO、B、MgO、Ni、Cr基准值明显高于台州市基准值,其中Cr基准值最高,为台州市基准值的5.57倍;其他各项元素/指标基准值与台州市基准值基本接近。

六、潮土土壤地球化学基准值

潮土区采集深层土壤样品14件,无法进行正态分布检验,具体参数如下(表3-21)。

潮土区深层土壤总体为碱性,土壤pH基准值为7.71,极大值为8.69,极小值为5.49,明显高于台州市基准值。

各元素/指标中,大多数元素/指标变异系数在0.40以下,分布较为均匀;As、Au、B、Cr、Cu、Hg、I、MgO、Mo、Ni、Pb、TC、CaO、pH、S、Bi、Br、Cl变异系数大于0.40,其中CaO、pH、S、Bi、Br、Cl变异系数大于0.80,空间变异性较大。

与台州市土壤基准值相比,潮土区土壤基准值中F、Se、Zr基准值略低于台州市基准值,为台州市基准值的60%～80%;As、Au、B、Li、N、P、Sr、TFe_2O_3、TC、Hg基准值略高于台州市基准值,为台州市基准值的1.2～1.4倍;Cd、Cl、Co、Cr、Cu、Ni、MgO、CaO基准值是台州市基准值的1.4倍;其他各项元素/指标基准值与台州市基准值基本接近。

七、滨海盐土土壤地球化学基准值

滨海盐土区采集深层土壤样品8件,无法进行正态分布检验,具体参数统计如下(表3-22)。

滨海盐土区深层土壤总体为碱性,土壤pH基准值为8.32,极大值为8.51,极小值为7.96,明显高于台州市基准值。

各元素/指标中,绝大多数元素/指标变异系数在0.40以下,分布较为均匀;Ag、Au、B、Cl、Mo、pH变异系数大于0.40,其中仅pH变异系数不小于0.80,空间变异性较大。

与台州市土壤基准值相比,滨海盐土区土壤基准值中Ba、Se、Zr基准值略低于台州市基准值,为台州市基准值的60%～80%;Au、Sb、Sc、Zn、Hg基准值略高于台州市基准值,为台州市基准值的1.2～1.4倍;Corg、TFe_2O_3、As、Sr、N、Li、P、Co、Br、TC、Cu、Ni、S、MgO、Cr、CaO、Cl、Cd基准值明显高于台州市基准值,其中Br、Cu、Ni、S、MgO、Cr、CaO、Cl基准值为台州市基准值的2.0倍以上;其他各项元素/指标基准值与台州市基准值基本接近。

第四节 主要土地利用类型地球化学基准值

一、水田土壤地球化学基准值

水田土壤地球化学基准值数据经正态分布检验,结果表明,原始数据中、As、B、Ba、Be、Cd、Ce、Co、Cu、F、Ga、Ge、Hg、I、La、Li、Mn、N、Nb、P、Rb、Sb、Sc、Sn、Sr、Th、Ti、Tl、U、V、W、Y、Zn、Zr、SiO_2、Al_2O_3、TFe_2O_3、Na_2O、K_2O、TC、Corg、pH共41项元素/指标符合正态分布,Ag、Au、Bi、Br、Cl、Mo、Pb、S、Se、CaO共10项元素/指标符合对数正态分布,其他元素/指标不符合正态分布或对数正态分布(表3-23)。

第三章 土壤地球化学基准值

表 3-21 潮土地球化学基准值参数统计表

元素/指标	N	$X_{5\%}$	$X_{10\%}$	$X_{25\%}$	$X_{50\%}$	$X_{75\%}$	$X_{90\%}$	$X_{95\%}$	$\overline{X}$	S	$\overline{X}_g$	S_g	X_{max}	X_{min}	CV	X_{me}	X_{mo}	潮土基准值	台州市基准值
Ag	14	69.5	72.3	74.4	80.0	89.0	92.2	104	83.4	14.14	82.4	12.25	124	65.0	0.17	80.0	80.0	80.0	73.5
As	14	4.88	5.32	6.39	8.85	10.43	13.60	18.31	9.64	5.20	8.71	3.64	25.06	4.61	0.54	8.85	9.70	8.85	6.61
Au	14	0.66	0.78	1.08	1.50	1.60	2.54	2.80	1.55	0.74	1.40	1.74	3.18	0.53	0.48	1.50	1.60	1.50	1.13
B	14	19.25	21.08	23.52	34.90	55.2	62.1	66.4	40.05	18.93	35.81	8.50	72.7	16.00	0.47	34.90	41.80	34.90	28.51
Ba	14	454	466	488	573	755	791	846	622	158	604	36.27	946	433	0.25	573	608	573	629
Be	14	1.92	2.03	2.38	2.75	2.90	3.00	3.03	2.61	0.40	2.58	1.76	3.04	1.82	0.15	2.75	2.61	2.75	2.42
Bi	14	0.20	0.20	0.22	0.39	0.51	0.54	1.31	0.53	0.65	0.39	2.18	2.73	0.20	1.22	0.39	0.39	0.39	0.45
Br	14	1.96	2.03	2.42	4.47	5.80	6.37	14.86	5.84	7.31	4.16	3.08	30.58	1.90	1.25	4.47	4.80	4.47	3.80
Cd	14	0.05	0.07	0.11	0.15	0.17	0.18	0.19	0.14	0.05	0.13	0.02	0.19	0.05	0.33	0.15	0.14	0.15	0.10
Ce	14	70.9	72.0	77.2	79.7	82.9	96.7	105	82.8	11.99	82.1	12.05	115	69.6	0.14	79.7	82.5	79.7	85.2
Cl	14	37.99	42.83	64.6	95.9	204	240	2252	533	1566	127	22.53	5968	36.30	2.94	95.9	251	95.9	63.9
Co	14	5.94	6.45	7.54	13.75	15.45	18.30	18.94	12.47	4.86	11.46	4.66	19.56	5.13	0.39	13.75	12.90	13.75	9.41
Cr	14	19.35	20.35	25.65	77.5	96.9	105	109	65.6	36.40	53.6	12.42	112	17.61	0.55	77.5	71.2	77.5	17.61
Cu	14	11.19	11.33	12.37	24.15	29.21	34.83	35.60	22.56	9.42	20.58	6.46	36.10	11.16	0.42	24.15	23.16	24.15	11.90
F	14	389	409	446	565	657	710	751	565	134	550	37.53	810	377	0.24	565	657	565	825
Ga	14	17.49	18.00	18.95	20.36	22.05	22.67	23.25	20.51	2.10	20.41	5.50	24.28	17.10	0.10	20.36	20.67	20.36	19.33
Ge	14	1.29	1.35	1.40	1.45	1.63	1.69	1.75	1.49	0.17	1.49	1.30	1.82	1.17	0.11	1.45	1.64	1.45	1.55
Hg	14	0.03	0.04	0.04	0.06	0.07	0.11	0.13	0.07	0.03	0.06	4.93	0.15	0.03	0.50	0.06	0.07	0.06	0.05
I	14	2.01	2.37	2.96	4.65	5.55	7.43	8.21	4.64	2.08	4.17	2.66	8.60	1.37	0.45	4.65	4.60	4.65	5.04
La	14	37.65	38.00	38.33	41.33	43.49	49.75	52.8	42.59	5.47	42.30	8.18	56.1	37.00	0.13	41.33	43.00	41.33	41.06
Li	14	31.87	32.83	35.69	50.5	58.1	67.7	69.5	48.60	13.88	46.75	9.43	69.6	31.16	0.29	50.5	49.40	50.5	36.24
Mn	14	557	608	754	954	1176	1332	1423	973	296	931	48.81	1546	552	0.30	954	961	954	905
Mo	14	0.52	0.53	0.60	0.76	0.85	1.23	1.55	0.84	0.37	0.78	1.48	1.89	0.51	0.45	0.76	0.72	0.76	0.82
N	14	0.31	0.33	0.37	0.64	0.82	0.86	0.90	0.61	0.23	0.56	1.61	0.93	0.28	0.38	0.64	0.58	0.64	0.52
Nb	14	17.09	17.49	17.93	18.70	22.37	24.46	26.02	20.20	3.40	19.95	5.33	28.16	16.50	0.17	18.70	18.30	18.70	21.50
Ni	14	7.36	7.44	8.86	33.20	38.02	43.89	44.56	26.56	15.58	21.05	7.71	45.80	7.23	0.59	33.20	31.31	33.20	12.67
P	14	0.27	0.29	0.31	0.40	0.55	0.65	0.67	0.44	0.15	0.41	1.76	0.68	0.24	0.35	0.40	0.47	0.40	0.32
Pb	14	26.30	27.35	28.86	33.10	35.18	50.7	76.6	39.09	22.59	35.74	7.94	113	25.00	0.58	33.10	35.00	33.10	31.35

续表 3-21

元素/指标	N	$X_{5\%}$	$X_{10\%}$	$X_{25\%}$	$X_{50\%}$	$X_{75\%}$	$X_{90\%}$	$X_{95\%}$	$\overline{X}$	S	$\overline{X}_g$	S_g	X_{max}	X_{min}	CV	X_{me}	X_{mo}	潮土基准值	台州市基准值
Rb	14	111	118	127	146	153	160	162	141	17.65	140	16.54	162	106	0.13	146	140	146	136
S	14	66.3	70.6	82.1	113	149	281	515	178	214	129	18.10	884	62.4	1.20	113	200	113	119
Sb	14	0.45	0.47	0.57	0.64	0.68	0.76	0.82	0.63	0.13	0.62	1.39	0.92	0.44	0.20	0.64	0.68	0.64	0.56
Sc	14	9.15	9.30	9.71	13.15	14.00	15.34	15.80	12.39	2.45	12.16	4.38	16.00	9.07	0.20	13.15	12.80	13.15	11.11
Se	14	0.11	0.11	0.12	0.15	0.21	0.22	0.23	0.16	0.05	0.16	2.89	0.24	0.10	0.29	0.15	0.12	0.15	0.22
Sn	14	2.13	2.29	2.56	3.16	3.39	3.62	3.66	3.00	0.55	2.95	1.90	3.70	2.00	0.18	3.16	3.10	3.16	3.10
Sr	14	80.8	89.8	96.9	105	121	134	134	107	20.08	106	14.19	134	64.2	0.19	105	110	105	78.8
Th	14	12.65	12.77	13.48	14.90	15.74	16.33	16.68	14.70	1.43	14.64	4.58	17.00	12.57	0.10	14.90	14.80	14.90	14.31
Ti	14	3533	3593	4417	4761	5017	5457	5557	4653	683	4603	123	5572	3454	0.15	4761	4615	4761	4538
Tl	14	0.69	0.73	0.82	0.88	1.00	1.10	1.13	0.91	0.15	0.90	1.20	1.17	0.68	0.16	0.88	0.96	0.88	0.97
U	14	2.30	2.30	2.55	2.90	3.14	3.40	3.63	2.90	0.48	2.86	1.80	3.96	2.29	0.17	2.90	3.00	2.90	3.08
V	14	46.05	47.40	55.3	96.4	104	122	124	86.7	29.43	81.3	13.53	124	44.19	0.34	96.4	82.5	96.4	104
W	14	1.73	1.74	1.80	1.91	2.01	2.11	2.49	1.99	0.37	1.96	1.48	3.20	1.73	0.19	1.91	1.97	1.91	1.87
Y	14	23.94	24.66	26.40	28.30	29.11	30.25	30.51	27.64	2.34	27.54	6.62	30.69	22.70	0.08	28.30	28.40	28.30	26.22
Zn	14	61.2	68.3	82.0	86.2	103	112	120	90.9	20.46	88.7	13.14	135	54.7	0.23	86.2	91.9	86.2	83.3
Zr	14	181	186	194	219	312	347	357	250	68.2	242	21.44	364	178	0.27	219	265	219	293
SiO_2	14	58.0	59.9	62.0	67.6	73.8	75.1	75.7	67.2	6.81	66.9	10.69	76.2	55.5	0.10	67.6	65.4	67.6	69.3
Al_2O_3	14	12.40	12.72	13.39	14.94	16.78	17.23	17.73	15.11	1.98	14.99	4.78	18.52	12.16	0.13	14.94	15.06	15.06	15.69
TFe_2O_3	14	3.14	3.18	3.55	5.46	5.92	6.65	6.85	5.00	1.40	4.81	2.71	6.99	3.10	0.28	5.46	5.28	5.46	4.38
MgO	14	0.55	0.56	0.61	1.43	2.20	2.35	2.44	1.42	0.80	1.19	1.93	2.56	0.53	0.56	1.43	1.10	1.43	0.45
CaO	14	0.34	0.36	0.41	0.76	1.54	2.70	2.87	1.14	0.97	0.83	2.19	3.04	0.31	0.85	0.76	1.04	0.76	0.35
Na_2O	14	0.54	0.62	0.86	1.01	1.23	1.30	1.40	1.02	0.29	0.98	1.37	1.56	0.51	0.29	1.01	1.02	1.01	1.03
K_2O	14	2.46	2.72	2.86	3.07	3.17	3.26	3.34	2.99	0.35	2.97	1.88	3.50	2.03	0.12	3.07	3.00	3.07	2.99
TC	14	0.29	0.30	0.34	0.73	1.04	1.17	1.22	0.73	0.37	0.63	1.79	1.28	0.27	0.51	0.73	0.67	0.73	0.54
Corg	14	0.23	0.24	0.28	0.49	0.56	0.68	0.74	0.47	0.19	0.43	1.76	0.84	0.23	0.40	0.49	0.49	0.49	0.42
pH	14	5.64	5.74	5.89	7.71	8.22	8.44	8.53	6.16	5.99	7.16	3.16	8.69	5.49	0.97	7.71	7.62	7.71	5.14

第三章 土壤地球化学基准值

表 3-22 滨海盐土土壤地球化学基准值参数统计表

元素/指标	N	$X_{5\%}$	$X_{10\%}$	$X_{25\%}$	$X_{50\%}$	$X_{75\%}$	$X_{90\%}$	$X_{95\%}$	$\bar{X}$	S	$\bar{X}_g$	S_g	X_{max}	X_{min}	CV	X_{me}	X_{mo}	滨海盐土基准值	台州市基准值
Ag	8	71.0	72.1	76.0	81.5	86.8	129	173	97.1	48.93	90.3	13.05	217	70.0	0.50	81.5	92.0	81.5	73.5
As	8	9.02	10.14	11.10	11.60	12.75	13.62	14.46	11.78	2.09	11.60	4.04	15.30	7.90	0.18	11.60	11.10	11.60	6.61
Au	8	1.27	1.34	1.48	1.55	1.65	2.40	3.10	1.80	0.83	1.69	1.60	3.80	1.20	0.46	1.55	1.60	1.55	1.13
B	8	21.70	22.40	23.00	26.50	39.50	73.1	75.5	37.25	23.21	32.53	7.40	78.0	21.00	0.62	26.50	23.00	26.50	28.51
Ba	8	465	470	476	493	508	584	632	515	71.3	511	33.24	680	459	0.14	493	497	493	629
Be	8	2.55	2.56	2.67	2.76	2.84	2.92	2.95	2.75	0.15	2.75	1.77	2.97	2.54	0.05	2.76	2.73	2.76	2.42
Bi	8	0.36	0.41	0.47	0.49	0.52	0.53	0.53	0.47	0.07	0.47	1.61	0.53	0.30	0.16	0.49	0.49	0.49	0.45
Br	8	3.96	4.74	6.76	7.75	9.12	11.12	11.96	7.90	2.93	7.36	3.31	12.80	3.18	0.37	7.75	8.10	7.75	3.80
Cd	8	0.11	0.11	0.12	0.14	0.15	0.16	0.16	0.14	0.02	0.13	0.02	0.16	0.11	0.15	0.14	0.15	0.14	0.10
Ce	8	75.5	75.8	76.3	76.9	79.8	81.7	82.3	78.1	2.73	78.1	11.51	82.9	75.2	0.03	76.9	77.0	76.9	85.2
Cl	8	252	291	422	950	1302	1649	1652	923	563	742	44.24	1655	213	0.61	950	895	950	63.9
Co	8	13.54	15.08	16.70	17.55	19.20	19.50	19.50	17.30	2.46	17.12	4.89	19.50	12.00	0.14	17.55	19.50	17.55	9.41
Cr	8	70.2	78.3	89.1	92.0	97.3	99.0	101	89.9	12.50	89.0	12.24	103	62.0	0.14	92.0	90.4	92.0	17.61
Cu	8	23.25	26.22	31.23	34.20	37.57	38.52	38.89	33.04	6.29	32.42	7.14	39.26	20.29	0.19	34.20	32.15	34.20	11.90
F	8	581	581	595	744	797	848	876	721	122	711	39.42	903	581	0.17	744	581	744	825
Ga	8	17.55	17.90	19.40	20.00	21.00	22.47	22.78	20.14	1.92	20.06	5.41	23.10	17.20	0.10	20.00	19.80	20.00	19.33
Ge	8	1.35	1.36	1.40	1.45	1.49	1.57	1.60	1.46	0.10	1.45	1.26	1.63	1.33	0.07	1.45	1.46	1.45	1.55
Hg	8	0.05	0.05	0.06	0.06	0.06	0.07	0.07	0.06	0.01	0.06	4.79	0.08	0.05	0.15	0.06	0.06	0.06	0.05
I	8	3.97	4.12	4.30	5.05	5.29	5.69	6.16	4.96	0.87	4.90	2.48	6.63	3.82	0.17	5.05	5.29	5.05	5.04
La	8	40.35	40.70	41.00	41.00	42.00	42.00	42.00	41.25	0.71	41.24	8.01	42.00	40.00	0.02	41.00	41.00	41.00	41.06
Li	8	52.5	54.3	56.6	60.1	63.8	66.9	67.6	60.1	5.89	59.9	9.81	68.3	50.7	0.10	60.1	62.5	60.1	36.24
Mn	8	805	810	903	974	1075	1104	1110	972	121	965	47.43	1117	800	0.12	974	965	974	905
Mo	8	0.66	0.69	0.78	0.84	1.04	1.38	1.70	1.00	0.44	0.93	1.41	2.02	0.63	0.44	0.84	1.02	0.84	0.82
N	8	0.59	0.60	0.63	0.78	0.94	1.02	1.09	0.81	0.21	0.78	1.30	1.16	0.58	0.26	0.78	0.89	0.78	0.52
Nb	8	16.87	16.94	17.08	17.35	18.01	20.78	22.93	18.41	2.77	18.26	5.17	25.07	16.80	0.15	17.35	18.94	17.35	21.50
Ni	8	28.13	32.69	37.91	40.39	43.27	44.49	44.95	38.98	6.88	38.32	7.67	45.40	23.56	0.18	40.39	38.35	40.39	12.67
P	8	0.52	0.53	0.53	0.56	0.62	0.64	0.65	0.58	0.05	0.57	1.36	0.65	0.52	0.09	0.56	0.59	0.56	0.32
Pb	8	29.35	29.70	30.75	32.50	33.00	33.30	33.65	31.88	1.73	31.83	6.93	34.00	29.00	0.05	32.50	33.00	32.50	31.35

续表 3-22

元素/指标	N	$X_{5\%}$	$X_{10\%}$	$X_{25\%}$	$X_{50\%}$	$X_{75\%}$	$X_{90\%}$	$X_{95\%}$	$\overline{X}$	S	$\overline{X}_g$	S_g	X_{max}	X_{min}	CV	X_{me}	X_{mo}	滨海盐土基准值	台州市基准值
Rb	8	135	136	138	143	148	150	151	143	6.18	143	16.03	152	135	0.04	143	144	143	136
S	8	281	287	306	359	415	435	438	360	63.7	355	25.61	440	275	0.18	359	362	359	119
Sb	8	0.64	0.64	0.66	0.72	0.77	0.84	0.85	0.73	0.08	0.72	1.22	0.85	0.64	0.11	0.72	0.74	0.72	0.56
Sc	8	12.13	13.46	14.75	15.55	16.32	16.49	16.59	15.09	1.90	14.97	4.54	16.70	10.80	0.13	15.55	15.10	15.55	11.11
Se	8	0.14	0.14	0.15	0.15	0.16	0.18	0.20	0.16	0.03	0.16	2.76	0.22	0.14	0.16	0.15	0.16	0.15	0.22
Sn	8	2.30	2.30	2.45	2.75	3.28	3.50	3.50	2.85	0.50	2.81	1.83	3.50	2.30	0.18	2.75	2.30	2.75	3.10
Sr	8	104	111	118	127	135	155	179	132	30.92	130	15.42	202	97.7	0.23	127	133	127	78.8
Th	8	11.33	11.96	12.88	14.20	14.93	15.42	15.56	13.80	1.65	13.71	4.42	15.70	10.70	0.12	14.20	14.10	14.20	14.31
Ti	8	4800	4844	5071	5150	5214	5445	5582	5162	289	5155	120	5720	4755	0.06	5150	5154	5150	4538
Tl	8	0.73	0.74	0.80	0.85	0.86	0.88	0.89	0.83	0.06	0.83	1.15	0.89	0.73	0.07	0.85	0.86	0.85	0.97
U	8	2.07	2.14	2.50	2.85	3.00	3.00	3.00	2.69	0.39	2.66	1.80	3.00	2.00	0.15	2.85	3.00	2.85	3.08
V	8	99.4	103	108	114	124	128	128	115	11.52	114	14.18	129	95.6	0.10	114	119	114	104
W	8	1.82	1.86	1.92	1.95	2.07	2.17	2.17	1.99	0.13	1.98	1.49	2.18	1.79	0.07	1.95	1.96	1.95	1.87
Y	8	27.37	27.48	27.80	28.92	29.06	29.30	29.30	28.52	0.81	28.51	6.53	29.34	27.26	0.03	28.92	28.92	28.92	26.22
Zn	8	85.5	88.9	97.3	102	108	111	111	101	9.95	100.0	13.16	112	82.0	0.10	102	99.8	102	83.3
Zr	8	178	180	185	191	208	248	293	210	53.0	206	19.98	338	176	0.25	191	209	191	293
SiO_2	8	57.1	57.1	57.7	59.8	61.7	62.6	63.6	60.0	2.66	59.9	9.84	64.6	57.1	0.04	59.8	57.1	59.8	69.3
Al_2O_3	8	14.92	15.03	15.20	15.50	15.95	16.18	16.43	15.59	0.59	15.58	4.67	16.67	14.81	0.04	15.50	15.59	15.50	15.69
TFe_2O_3	8	5.57	5.60	5.77	6.24	6.49	6.60	6.70	6.16	0.46	6.14	2.79	6.81	5.53	0.07	6.24	6.11	6.24	4.38
MgO	8	1.49	1.74	2.05	2.40	2.56	2.63	2.65	2.24	0.48	2.18	1.64	2.67	1.24	0.21	2.40	2.28	2.40	0.45
CaO	8	1.47	1.64	2.07	2.31	2.92	3.51	3.56	2.46	0.79	2.35	1.77	3.61	1.30	0.32	2.31	2.37	2.31	0.35
Na_2O	8	0.89	1.02	1.18	1.22	1.24	1.27	1.29	1.16	0.17	1.15	1.19	1.32	0.77	0.15	1.22	1.19	1.22	1.03
K_2O	8	2.91	2.92	2.98	3.08	3.16	3.31	3.43	3.11	0.21	3.10	1.90	3.55	2.90	0.07	3.08	3.12	3.08	2.99
TC	8	0.86	0.93	1.04	1.07	1.23	1.41	1.61	1.16	0.30	1.13	1.26	1.81	0.80	0.26	1.07	1.23	1.07	0.54
Corg	8	0.49	0.50	0.52	0.59	0.62	0.75	0.79	0.60	0.12	0.59	1.39	0.84	0.49	0.20	0.59	0.59	0.59	0.42
pH	8	8.00	8.04	8.18	8.32	8.41	8.45	8.48	8.24	8.57	8.28	3.26	8.51	7.96	1.04	8.32	8.31	8.32	5.14

表 3-23 水田土壤环境基准值参数统计表

元素/指标	N	$X_{5\%}$	$X_{10\%}$	$X_{25\%}$	$X_{50\%}$	$X_{75\%}$	$X_{90\%}$	$X_{95\%}$	$\bar{X}$	S	$\bar{X}_g$	S_g	X_{max}	X_{min}	CV	X_{me}	X_{mo}	分布类型	水田基准值	台州市基准值
Ag	65	50.3	56.2	65.0	79.5	87.4	114	118	91.9	78.1	80.9	13.48	628	37.50	0.85	79.5	84.0	对数正态分布	80.9	73.5
As	65	3.91	4.57	5.80	7.10	9.00	11.72	12.69	7.55	2.79	7.04	3.33	15.30	2.00	0.37	7.10	7.10	正态分布	7.55	6.61
Au	65	0.56	0.73	0.99	1.30	1.58	2.26	2.58	1.39	0.67	1.26	1.63	3.80	0.35	0.48	1.30	1.50	对数正态分布	1.26	1.13
B	65	21.04	22.80	28.67	41.00	59.0	64.6	68.4	42.66	16.96	39.07	9.12	73.0	9.71	0.40	41.00	59.0	正态分布	42.66	28.51
Ba	65	437	458	483	566	691	827	954	606	161	586	39.01	1032	260	0.27	566	492	正态分布	606	629
Be	65	1.82	1.88	2.23	2.52	2.87	2.96	3.05	2.50	0.43	2.46	1.76	3.46	1.42	0.17	2.52	2.87	正态分布	2.50	2.42
Bi	65	0.19	0.20	0.24	0.35	0.47	0.52	0.60	0.39	0.23	0.35	2.01	1.92	0.17	0.61	0.35	0.47	对数正态分布	0.35	0.45
Br	65	1.34	1.78	2.12	2.76	4.80	6.92	8.08	4.06	3.99	3.25	2.52	30.58	1.00	0.98	2.76	2.20	对数正态分布	3.25	3.80
Cd	65	0.04	0.06	0.08	0.13	0.16	0.18	0.19	0.12	0.05	0.11	3.73	0.23	0.02	0.41	0.13	0.16	正态分布	0.12	0.10
Ce	65	67.6	72.4	76.8	81.6	88.6	99.3	104	84.2	12.95	83.3	12.71	143	65.4	0.15	81.6	76.4	对数正态分布	84.2	85.2
Cl	65	40.12	45.08	59.3	82.9	177	439	942	278	767	119	21.20	5968	34.50	2.76	82.9	285	对数正态分布	119	63.9
Co	65	5.36	6.07	8.27	13.00	17.60	18.94	19.99	12.74	5.03	11.65	4.66	21.80	4.84	0.40	13.00	17.60	正态分布	12.74	9.41
Cr	65	20.54	24.22	31.21	51.0	97.1	104	106	61.0	33.01	51.3	11.37	109	11.43	0.54	51.0	103	其他分布	103	17.61
Cu	65	10.27	11.11	13.44	21.08	29.93	34.30	36.07	21.67	8.97	19.80	6.22	38.20	8.92	0.41	21.08	16.96	正态分布	21.67	11.90
F	65	352	368	442	604	719	819	834	589	165	565	39.40	903	335	0.28	604	688	正态分布	589	825
Ga	65	15.32	16.19	17.58	19.32	21.00	22.46	23.08	19.25	2.90	19.03	5.50	27.13	11.55	0.15	19.32	21.90	正态分布	19.25	19.33
Ge	65	1.33	1.37	1.43	1.48	1.59	1.75	1.84	1.53	0.16	1.52	1.28	2.00	1.21	0.11	1.48	1.45	正态分布	1.53	1.55
Hg	65	0.02	0.03	0.04	0.05	0.06	0.07	0.08	0.05	0.02	0.05	6.03	0.12	0.02	0.37	0.05	0.05	对数正态分布	0.05	0.05
I	65	1.69	2.33	3.11	4.60	6.30	7.88	8.69	4.79	2.15	4.29	2.64	9.90	1.16	0.45	4.60	3.29	正态分布	4.79	5.04
La	65	33.00	34.47	39.00	42.00	46.00	50.00	56.6	43.07	8.11	42.38	8.74	72.0	23.75	0.19	42.00	41.00	正态分布	43.07	41.06
Li	65	22.73	27.11	31.10	48.80	60.9	66.0	66.5	46.25	15.57	43.39	9.30	69.4	16.90	0.34	48.80	55.5	正态分布	46.25	36.24
Mn	65	432	478	739	949	1146	1428	1554	962	345	898	52.4	1802	366	0.36	949	950	正态分布	962	905
Mo	65	0.41	0.46	0.56	0.72	0.89	1.06	1.57	0.91	1.04	0.75	1.66	8.40	0.39	1.14	0.72	0.82	对数正态分布	0.75	0.82
N	65	0.27	0.33	0.42	0.63	0.77	0.90	0.92	0.60	0.21	0.56	1.61	0.97	0.23	0.35	0.63	0.91	正态分布	0.60	0.52
Nb	65	17.20	17.44	18.20	19.85	22.00	24.24	26.97	20.61	3.55	20.35	5.59	36.12	15.60	0.17	19.85	18.20	正态分布	20.61	21.50
Ni	65	7.38	7.78	10.68	17.70	41.41	45.51	47.19	25.18	15.44	20.12	7.10	48.45	5.35	0.61	17.70	25.60	偏峰分布	25.60	12.67
P	65	0.15	0.19	0.24	0.44	0.56	0.62	0.67	0.41	0.18	0.37	2.05	0.96	0.11	0.44	0.44	0.40	正态分布	0.41	0.32
Pb	65	24.94	26.47	29.50	32.00	35.00	45.21	56.6	35.57	15.27	33.77	7.78	133	19.21	0.43	32.00	35.00	对数正态分布	33.77	31.35

续表 3-23

元素/指标	N	$X_{5\%}$	$X_{10\%}$	$X_{25\%}$	$X_{50\%}$	$X_{75\%}$	$X_{90\%}$	$X_{95\%}$	$\bar{X}$	S	$\bar{X}_g$	S_g	X_{max}	X_{min}	CV	X_{me}	X_{mo}	分布类型	水田基准值	台州市基准值
Rb	65	98.8	110	129	140	154	157	160	137	18.93	136	17.14	162	78.3	0.14	140	155	正态分布	137	136
S	65	50.5	55.4	70.2	83.3	139	333	361	138	136	107	15.94	884	43.93	0.99	83.3	68.5	对数正态分布	107	119
Sb	65	0.38	0.43	0.48	0.56	0.65	0.73	0.81	0.57	0.13	0.56	1.51	0.92	0.28	0.23	0.56	0.51	正态分布	0.57	0.56
Sc	65	8.89	9.14	9.84	12.30	15.39	16.32	17.04	12.59	2.94	12.24	4.38	18.30	6.60	0.23	12.30	13.10	正态分布	12.59	11.11
Se	65	0.11	0.12	0.14	0.16	0.21	0.29	0.36	0.19	0.08	0.18	2.98	0.50	0.09	0.45	0.16	0.16	对数正态分布	0.18	0.22
Sn	65	2.31	2.40	2.73	3.19	3.65	4.26	4.58	3.28	0.82	3.20	2.04	7.00	1.90	0.25	3.19	3.40	正态分布	3.28	3.10
Sr	65	43.59	48.69	79.3	109	121	135	140	103	38.08	95.4	15.00	230	33.49	0.37	109	102	正态分布	103	78.8
Th	65	10.45	11.95	13.49	14.80	15.49	16.54	16.87	14.47	2.03	14.32	4.72	19.40	9.06	0.14	14.80	15.20	正态分布	14.47	14.31
Ti	65	3843	3929	4562	5043	5302	5570	5758	4902	709	4848	133	6915	2765	0.14	5043	4913	正态分布	4902	4538
Tl	65	0.70	0.72	0.80	0.86	0.97	1.11	1.17	0.89	0.16	0.88	1.21	1.40	0.54	0.18	0.86	0.81	正态分布	0.89	0.97
U	65	2.20	2.34	2.60	2.83	3.13	3.50	3.80	2.89	0.51	2.85	1.86	4.53	1.86	0.18	2.83	2.60	正态分布	2.89	3.08
V	65	48.66	50.6	60.1	94.4	118	124	126	88.8	29.16	83.7	13.71	139	41.52	0.33	94.4	86.5	正态分布	88.8	104
W	65	1.57	1.62	1.83	1.93	2.05	2.24	2.34	1.93	0.24	1.92	1.49	2.68	1.32	0.13	1.93	1.93	正态分布	1.93	1.87
Y	65	20.39	22.64	24.60	28.19	30.38	31.30	32.77	27.54	4.26	27.21	6.78	43.50	17.70	0.15	28.19	29.86	正态分布	27.54	26.22
Zn	65	52.4	59.9	71.7	90.4	103	108	110	87.2	20.09	84.8	13.28	147	42.11	0.23	90.4	102	正态分布	87.2	83.3
Zr	65	183	186	199	277	332	388	403	278	81.5	266	24.22	523	172	0.29	277	299	正态分布	278	293
SiO_2	65	58.5	59.7	61.1	66.9	72.4	74.7	76.1	66.8	6.08	66.5	11.11	76.2	55.5	0.09	66.9	57.1	正态分布	66.8	69.3
Al_2O_3	65	12.36	13.36	14.44	15.39	16.07	16.70	18.65	15.29	1.77	15.19	4.79	21.75	11.56	0.12	15.39	14.44	正态分布	15.29	15.69
TFe_2O_3	65	3.25	3.33	4.11	5.13	6.33	6.58	6.89	5.10	1.29	4.92	2.67	7.32	2.35	0.25	5.13	4.11	正态分布	5.10	4.38
MgO	65	0.48	0.54	0.61	1.09	2.05	2.34	2.44	1.32	0.74	1.11	1.86	2.61	0.41	0.56	1.09	1.96	其他分布	1.96	0.45
CaO	65	0.13	0.21	0.37	0.69	0.97	2.64	3.18	0.95	0.92	0.64	2.53	3.61	0.06	0.97	0.69	0.95	对数正态分布	0.64	0.35
Na_2O	65	0.30	0.37	0.70	1.00	1.12	1.22	1.39	0.90	0.34	0.81	1.68	1.56	0.15	0.37	1.00	1.00	正态分布	0.90	1.03
K_2O	65	2.06	2.31	2.67	3.02	3.14	3.37	3.59	2.91	0.48	2.86	1.92	3.96	1.57	0.16	3.02	3.12	正态分布	2.91	2.99
TC	65	0.25	0.26	0.37	0.67	0.85	1.20	1.25	0.69	0.35	0.60	1.81	1.81	0.18	0.52	0.67	0.71	正态分布	0.69	0.54
Corg	65	0.19	0.21	0.29	0.45	0.55	0.70	0.83	0.45	0.20	0.41	1.91	1.22	0.15	0.45	0.45	0.48	正态分布	0.45	0.42
pH	65	5.04	5.12	5.83	6.87	8.00	8.43	8.50	5.72	5.47	6.89	3.15	8.67	4.88	0.96	6.87	8.00	正态分布	5.72	5.14

注：氧化物、TC、Corg 单位为%，N、P 单位为 g/kg，Au、Ag 单位为 μg/kg，pH 为无量纲，其他元素/指标单位为 mg/kg；后表单位相同。

水田区表层土壤总体为弱酸性，土壤pH基准值为5.72，极大值为8.67，极小值为4.88，接近于台州市土壤环境基准值。

水田区表层各元素/指标中，少部分元素/指标变异系数小于0.40，分布相对均匀；Cd、Cu、Pb、P、I、Se、Corg、Au、TC、Cr、MgO、Bi、Ni、Ag、pH、CaO、Br、S、Mo、Cl 变异系数大于0.40，其中Ag、pH、CaO、Br、S、Mo、Cl 变异系数大于0.80，空间变异性较大。

与台州市土壤基准值相比，水田区土壤基准值中Bi、F略低于台州市基准值，为台州市基准值的60%～80%；Li、TC、P、Sr、Co、Cd基准值略高于台州市基准值，与台州市基准值比值在1.2～1.4之间；B、Cu、CaO、Cl、Ni、MgO、Cr基准值明显偏高，与台州市基准值比值均在1.4以上，其中Ni、MgO、Cr基准值均为台州市基准值的2.0倍以上；其他元素/指标基准值则与台州市基准值基本接近。

二、旱地土壤地球化学基准值

旱地区采集深层土壤样品15件，无法进行正态分布，具体参数统计如下（表3-24）。

旱地区表层土壤总体为弱酸性，土壤pH环境基准值为5.56，极大值为8.32，极小值为4.80，接近于台州市土壤环境基准值。

旱地区表层各元素/指标中，大部分元素/指标变异系数小于0.40，分布相对均匀；B、Cd、I、Se、Cu、Hg、Na_2O、Au、Ag、MgO、Cr、S、Ni、CaO、pH、Cl 变异系数大于0.40，其中CaO、pH、Cl 变异系数大于0.80，空间变异性较大。

与台州市土壤基准值相比，旱地区土壤基准值中V、F、Bi基准值略低于台州市基准值，是台州市基准值的60%～80%；S、Sr、TC、Corg、Cu、Cd基准值略高于台州市基准值，与台州市基准值比值在1.2～1.4之间；Cr、MgO、Cl基准值明显偏高，与台州市基准值比值均在1.4以上；其他元素/指标基准值则与台州市基准值基本接近。

三、园地土壤地球化学基准值

园地土壤地球化学基准值数据经正态分布检验，结果表明，原始数据中除Cl、Hg、Mo、Pb、S、Sb、Se、CaO符合对数正态分布外，其他元素/指标都符合正态分布（表3-25）。

园地区表层土壤总体为酸性，土壤pH基准值为5.46，极大值为8.58，极小值为4.65，接近于台州市土壤环境基准值。

园地区表层各元素/指标中，约一半元素/指标变异系数小于0.40，分布相对均匀；Bi、Au、Sr、Na_2O、Co、Corg、Cu、Cd、I、TC、B、Se、Br、P、Cr、As、Sb、MgO、Ni、Pb、pH、Mo、S、CaO、Cl、Hg 共26项元素/指标变异系数大于0.40，其中Pb、pH、Mo、S、CaO、Cl、Hg 变异系数大于0.80，空间变异性较大。

与台州市土壤基准值相比，园地区土壤基准值中F、Bi、V、Na_2O基准值略偏低，为台州市基准值的60%～80%；Co、B、As、CaO、P基准值略高于台州市基准值，与台州市基准值比值在1.2～1.4之间；Cl、Ni、Cu、MgO、Cr基准值明显偏高，与台州市基准值比值均在1.4以上，其中MgO、Cr基准值为台州市基准值的2.0倍以上；其他元素/指标基准值则与台州市基准值基本接近。

四、林地土壤地球化学基准值

林地土壤地球化学基准值基准值数据经正态分布检验，结果表明，原始数据中Ba、Be、Ga、Ge、La、Mn、Y、SiO_2、Al_2O_3、K_2O 共10项元素/指标符合正态分布，Ag、As、Au、B、Br、Cd、Co、Cr、Hg、I、Li、Mo、N、Nb、Ni、P、Rb、Sb、Sc、Se、Th、Tl、U、V、W、Zr、TFe_2O_3、MgO、CaO、Na_2O、TC、Corg、pH 共33项元素/指标符合对数正态分布，Ce、Sn、Ti、Zn剔除异常值后符合正态分布，Bi、Cl、Cu、F、Pb、S、Sr剔除异常值后符合对数正态分布（表3-26）。

表 3-24 旱地土壤环境基准值参数统计表

元素/指标	N	$X_{5\%}$	$X_{10\%}$	$X_{25\%}$	$X_{50\%}$	$X_{75\%}$	$X_{90\%}$	$X_{95\%}$	$\overline{X}$	S	$\overline{X}_g$	S_g	X_{max}	X_{min}	CV	X_{me}	X_{mo}	旱地基准值	台州市基准值
Ag	15	44.15	50.3	67.8	78.0	99.5	163	207	95.7	55.0	85.0	13.28	246	41.00	0.58	78.0	92.0	78.0	73.5
As	15	3.42	3.74	4.78	6.95	8.18	10.10	10.52	6.67	2.61	6.18	3.24	11.50	2.82	0.39	6.95	10.10	6.95	6.61
Au	15	0.56	0.70	0.98	1.30	2.35	2.90	3.12	1.62	0.88	1.40	1.82	3.18	0.52	0.54	1.30	1.20	1.30	1.13
B	15	18.87	21.06	22.50	24.00	27.99	37.40	46.20	27.75	11.35	26.18	6.76	63.0	14.66	0.41	24.00	23.00	24.00	28.51
Ba	15	440	484	513	601	730	837	860	628	156	610	36.57	889	356	0.25	601	601	601	629
Be	15	1.73	1.84	1.89	2.19	2.52	2.75	2.95	2.25	0.45	2.21	1.68	3.25	1.49	0.20	2.19	2.26	2.19	2.42
Bi	15	0.16	0.17	0.21	0.31	0.38	0.50	0.52	0.32	0.12	0.29	2.09	0.53	0.14	0.39	0.31	0.32	0.31	0.45
Br	15	2.01	2.18	3.30	3.90	5.10	5.76	6.63	4.16	1.65	3.86	2.36	8.10	1.80	0.40	3.90	4.20	3.90	3.80
Cd	15	0.06	0.07	0.09	0.12	0.15	0.20	0.21	0.13	0.05	0.11	3.76	0.21	0.03	0.41	0.12	0.12	0.12	0.10
Ce	15	64.0	70.0	78.2	84.4	88.8	93.5	93.6	82.4	10.05	81.7	12.30	93.6	58.2	0.12	84.4	93.6	84.4	85.2
Cl	15	41.11	47.59	62.0	91.2	113	288	584	179	289	106	17.33	1187	36.95	1.62	91.2	233	91.2	63.9
Co	15	6.12	6.67	7.50	8.80	11.09	14.60	16.52	9.84	3.34	9.36	3.87	16.80	5.35	0.34	8.80	10.31	8.80	9.41
Cr	15	18.98	20.60	23.52	27.80	54.7	76.8	86.9	39.91	24.17	34.42	8.78	90.6	17.11	0.61	27.80	35.17	27.80	17.61
Cu	15	8.60	8.91	10.55	15.61	23.30	27.90	29.75	16.99	7.94	15.36	5.26	32.05	8.11	0.47	15.61	17.85	15.61	11.90
F	15	293	322	367	504	578	622	662	477	138	458	33.50	719	240	0.29	504	555	504	825
Ga	15	16.31	16.72	17.60	19.91	20.63	23.44	24.04	19.65	2.59	19.50	5.30	24.51	16.10	0.13	19.91	19.91	19.91	19.33
Ge	15	1.35	1.38	1.46	1.49	1.61	1.65	1.67	1.52	0.11	1.52	1.27	1.69	1.33	0.07	1.49	1.54	1.49	1.55
Hg	15	0.03	0.04	0.04	0.04	0.06	0.10	0.11	0.06	0.03	0.05	5.29	0.12	0.03	0.47	0.04	0.06	0.04	0.05
I	15	2.75	2.84	3.32	4.88	6.41	7.65	8.42	5.14	2.11	4.76	2.57	9.90	2.75	0.41	4.88	5.29	4.88	5.04
La	15	32.86	33.52	37.50	41.00	45.50	50.7	53.3	41.79	6.65	41.30	8.42	54.0	31.73	0.16	41.00	41.00	41.00	41.06
Li	15	21.11	21.85	23.85	28.57	43.03	55.1	57.8	34.46	13.92	32.13	7.83	62.5	19.51	0.40	28.57	35.09	28.57	36.24
Mn	15	511	598	698	744	901	933	943	756	161	736	42.46	966	363	0.21	744	760	744	905
Mo	15	0.55	0.64	0.76	0.83	0.93	1.07	1.14	0.84	0.19	0.82	1.28	1.20	0.46	0.22	0.83	0.85	0.83	0.82
N	15	0.40	0.43	0.44	0.61	0.66	0.81	0.89	0.59	0.18	0.56	1.49	1.00	0.32	0.31	0.61	0.43	0.61	0.52
Nb	15	16.80	17.14	18.20	19.90	23.01	23.89	25.89	20.68	3.68	20.40	5.55	30.38	16.10	0.18	19.90	19.00	19.90	21.50
Ni	15	6.97	7.32	9.45	12.65	21.68	32.45	37.77	16.62	10.73	14.00	5.51	40.50	6.33	0.65	12.65	16.00	12.65	12.67
P	15	0.17	0.20	0.23	0.33	0.47	0.53	0.55	0.36	0.14	0.33	2.09	0.57	0.14	0.40	0.33	0.33	0.33	0.32
Pb	15	26.99	28.38	31.50	35.00	41.00	44.53	45.70	35.60	6.47	35.05	7.65	46.00	24.82	0.18	35.00	35.00	35.00	31.35

续表 3-24

元素/指标	N	$X_{5\%}$	$X_{10\%}$	$X_{25\%}$	$X_{50\%}$	$X_{75\%}$	$X_{90\%}$	$X_{95\%}$	$\overline{X}$	S	$\overline{X}_g$	S_g	X_{max}	X_{min}	CV	X_{me}	X_{mo}	旱地基准值	台州市基准值
Rb	15	115	119	124	136	149	156	159	136	16.01	136	16.34	163	110	0.12	136	136	136	136
S	15	88.9	104	104	145	195	378	419	183	117	156	20.02	440	52.9	0.64	145	104	145	119
Sb	15	0.37	0.40	0.44	0.57	0.64	0.65	0.76	0.56	0.16	0.54	1.50	1.00	0.34	0.28	0.57	0.64	0.57	0.56
Sc	15	8.21	8.42	9.76	10.90	11.64	13.52	14.66	10.89	1.99	10.73	3.88	14.80	8.00	0.18	10.90	10.90	10.90	11.11
Se	15	0.14	0.15	0.16	0.23	0.27	0.40	0.45	0.24	0.10	0.23	2.52	0.46	0.14	0.42	0.23	0.16	0.23	0.22
Sn	15	2.21	2.38	2.81	3.11	3.43	3.50	3.98	3.12	0.71	3.06	1.94	5.10	2.00	0.23	3.11	3.50	3.11	3.10
Sr	15	46.19	48.77	62.6	104	120	135	147	96.5	37.86	89.0	12.81	171	43.76	0.39	104	104	104	78.8
Th	15	10.06	11.32	13.07	14.39	16.36	17.40	18.31	14.48	2.80	14.20	4.65	19.50	8.57	0.19	14.39	14.39	14.39	14.31
Ti	15	3222	3337	3856	4512	4845	5006	5132	4332	715	4272	115	5262	2986	0.16	4512	4317	4512	4538
Tl	15	0.79	0.81	0.85	0.90	0.98	1.09	1.12	0.92	0.11	0.92	1.13	1.14	0.76	0.12	0.90	0.92	0.90	0.97
U	15	2.26	2.50	2.73	3.00	3.42	3.66	4.06	3.13	0.67	3.06	1.96	4.90	2.00	0.22	3.00	3.20	3.00	3.08
V	15	44.63	44.95	51.3	64.8	81.8	98.6	107	69.4	21.32	66.4	11.34	109	43.92	0.31	64.8	64.8	64.8	104
W	15	1.38	1.41	1.56	1.80	1.88	1.99	2.06	1.74	0.24	1.73	1.41	2.17	1.37	0.14	1.80	1.79	1.80	1.87
Y	15	19.81	20.70	22.80	24.03	28.04	29.75	31.82	25.51	4.48	25.16	6.45	36.37	19.14	0.18	24.03	25.90	24.03	26.22
Zn	15	57.4	60.7	76.1	81.0	89.2	96.5	100.0	80.8	13.78	79.6	12.19	104	55.4	0.17	81.0	80.7	81.0	83.3
Zr	15	189	198	228	283	329	349	361	278	61.2	272	23.33	368	182	0.22	283	283	283	293
SiO_2	15	61.7	63.6	66.9	68.5	70.5	73.2	73.9	68.6	3.85	68.5	11.00	75.7	61.6	0.06	68.5	68.5	68.5	69.3
Al_2O_3	15	13.75	13.98	14.56	15.08	17.17	18.97	19.42	15.94	2.10	15.82	4.77	20.27	13.60	0.13	15.08	16.29	15.08	15.69
TFe_2O_3	15	3.11	3.24	3.55	4.30	4.70	5.41	5.62	4.23	0.88	4.15	2.33	5.82	2.84	0.21	4.30	4.30	4.30	4.38
MgO	15	0.39	0.41	0.56	0.65	1.19	1.74	1.99	0.92	0.54	0.79	1.71	2.07	0.39	0.59	0.65	0.90	0.65	0.45
CaO	15	0.15	0.18	0.25	0.34	0.88	1.46	1.96	0.69	0.64	0.48	2.52	2.37	0.12	0.94	0.34	0.72	0.34	0.35
Na_2O	15	0.25	0.31	0.52	0.88	1.11	1.19	1.25	0.80	0.38	0.69	1.93	1.32	0.15	0.47	0.88	0.88	0.88	1.03
K_2O	15	2.33	2.44	2.69	2.99	3.28	3.57	3.66	2.98	0.46	2.94	1.90	3.72	2.13	0.16	2.99	2.99	2.99	2.99
TC	15	0.38	0.40	0.43	0.72	0.99	1.05	1.05	0.70	0.28	0.65	1.56	1.06	0.37	0.40	0.72	0.72	0.72	0.54
Corg	15	0.29	0.32	0.39	0.55	0.70	0.73	0.76	0.53	0.17	0.50	1.62	0.79	0.28	0.33	0.55	0.59	0.55	0.42
pH	15	4.95	5.09	5.25	5.56	7.67	7.94	8.07	5.40	5.35	6.18	2.93	8.32	4.80	0.99	5.56	5.88	5.56	5.14

表 3-25 园地土壤环境基准值参数统计表

元素/指标	N	$X_{5\%}$	$X_{10\%}$	$X_{25\%}$	$X_{50\%}$	$X_{75\%}$	$X_{90\%}$	$X_{95\%}$	$\bar{X}$	S	$\bar{X}_g$	S_g	X_{max}	X_{min}	CV	X_{me}	X_{mo}	分布类型	园地基准值	台州市基准值
Ag	44	47.73	62.0	68.4	79.0	87.8	101	108	80.8	24.25	78.0	12.38	199	43.50	0.30	79.0	79.0	正态分布	80.8	73.5
As	44	3.35	4.45	5.30	6.96	10.03	12.00	13.36	8.25	4.98	7.31	3.56	33.59	2.80	0.60	6.96	9.90	正态分布	8.25	6.61
Au	44	0.53	0.63	0.90	1.30	1.60	2.04	2.39	1.32	0.57	1.20	1.60	2.90	0.47	0.43	1.30	1.40	正态分布	1.32	1.13
B	44	14.07	15.26	21.96	29.39	49.25	64.7	65.0	35.30	17.85	31.01	8.23	67.0	9.54	0.51	29.39	65.0	正态分布	35.30	28.51
Ba	44	430	464	502	597	707	859	923	623	162	604	39.26	1058	344	0.26	597	614	正态分布	623	629
Be	44	1.85	1.94	2.21	2.50	2.84	3.02	3.05	2.51	0.41	2.47	1.76	3.17	1.64	0.16	2.50	2.47	正态分布	2.51	2.42
Bi	44	0.18	0.20	0.23	0.30	0.47	0.54	0.55	0.34	0.14	0.32	2.10	0.71	0.16	0.41	0.30	0.40	正态分布	0.34	0.45
Br	44	1.91	2.13	2.68	3.40	5.41	6.46	6.97	4.06	2.13	3.63	2.47	12.20	1.40	0.53	3.40	2.60	正态分布	4.06	3.80
Cd	44	0.05	0.06	0.07	0.12	0.15	0.18	0.25	0.12	0.06	0.11	3.76	0.30	0.04	0.50	0.12	0.12	正态分布	0.12	0.10
Ce	44	67.7	70.5	75.9	82.4	93.3	99.8	112	85.0	14.03	84.0	12.85	124	60.0	0.16	82.4	80.7	正态分布	85.0	85.2
Cl	44	37.53	38.91	51.0	82.5	137	302	453	162	272	97.7	17.63	1740	27.60	1.68	82.5	152	对数正态分布	97.7	63.9
Co	44	5.08	5.68	7.35	10.28	15.83	18.98	21.22	11.61	5.54	10.42	4.33	27.40	3.98	0.48	10.28	11.70	正态分布	11.61	9.41
Cr	44	16.98	18.12	30.19	43.76	74.9	100.0	107	53.0	31.18	44.10	10.47	118	12.57	0.59	43.76	50.8	正态分布	53.0	17.61
Cu	44	8.59	9.50	12.10	17.67	29.41	33.61	35.29	20.24	9.82	17.97	5.84	44.28	6.98	0.49	17.67	19.63	正态分布	20.24	11.90
F	44	363	382	422	514	630	781	825	545	153	525	37.22	869	232	0.28	514	422	正态分布	545	825
Ga	44	15.52	16.28	17.68	20.19	21.82	22.86	23.82	19.86	2.79	19.66	5.56	25.51	13.30	0.14	20.19	18.00	正态分布	19.86	19.33
Ge	44	1.29	1.33	1.40	1.48	1.66	1.84	1.87	1.53	0.21	1.51	1.31	2.18	1.12	0.14	1.48	1.40	正态分布	1.53	1.55
Hg	44	0.03	0.03	0.04	0.05	0.06	0.07	0.08	0.10	0.30	0.05	5.92	2.06	0.03	3.10	0.05	0.04	对数正态分布	0.05	0.05
I	44	1.90	2.98	3.44	5.05	7.15	9.27	10.52	5.64	2.81	4.96	2.85	13.88	1.26	0.50	5.05	8.60	正态分布	5.64	5.04
La	44	34.10	36.24	39.14	41.00	45.81	52.0	53.2	42.89	6.55	42.44	8.68	65.0	32.08	0.15	41.00	40.00	正态分布	42.89	41.06
Li	44	23.34	23.75	29.31	38.81	49.97	64.8	69.0	42.11	15.57	39.36	8.89	74.0	19.00	0.37	38.81	41.10	正态分布	42.11	36.24
Mn	44	544	576	792	979	1136	1271	1351	947	276	901	50.8	1516	342	0.29	979	954	正态分布	947	905
Mo	44	0.47	0.54	0.64	0.85	1.29	2.09	3.41	1.27	1.35	0.98	1.87	8.61	0.38	1.07	0.85	1.54	对数正态分布	0.98	0.82
N	44	0.27	0.30	0.41	0.53	0.73	0.80	0.82	0.55	0.20	0.52	1.65	1.05	0.22	0.36	0.53	0.46	正态分布	0.55	0.52
Nb	44	16.96	17.70	18.60	21.30	23.94	26.91	28.90	21.93	4.14	21.59	5.82	36.10	16.33	0.19	21.30	20.60	正态分布	21.93	21.50
Ni	44	6.08	6.50	10.04	16.61	29.10	45.26	45.80	21.47	14.35	16.96	6.49	49.16	4.45	0.67	16.61	45.80	正态分布	21.47	12.67
P	44	0.16	0.19	0.25	0.36	0.56	0.63	0.72	0.41	0.22	0.36	2.15	1.22	0.12	0.54	0.36	0.41	正态分布	0.41	0.32
Pb	44	24.77	25.27	29.00	32.72	37.12	44.40	51.9	40.00	38.62	35.06	7.82	283	24.00	0.97	32.72	39.00	对数正态分布	35.06	31.35

续表 3-25

元素/指标	N	$X_{5\%}$	$X_{10\%}$	$X_{25\%}$	$X_{50\%}$	$X_{75\%}$	$X_{90\%}$	$X_{95\%}$	$\bar{X}$	S	$\bar{X}_g$	S_g	X_{max}	X_{min}	CV	X_{me}	X_{mo}	分布类型	园地基准值	台州市基准值
Rb	44	109	111	124	144	157	166	176	141	22.82	139	17.31	200	91.1	0.16	144	141	正态分布	141	136
S	44	56.7	61.3	84.5	118	177	230	309	162	176	126	17.54	1077	50.1	1.08	118	122	对数正态分布	126	119
Sb	44	0.38	0.44	0.46	0.56	0.65	0.75	0.83	0.62	0.39	0.57	1.58	2.98	0.30	0.62	0.56	0.68	对数正态分布	0.57	0.56
Sc	44	8.72	8.80	9.75	11.38	13.86	16.00	17.12	12.00	2.87	11.68	4.22	19.30	7.90	0.24	11.38	12.30	正态分布	12.00	11.11
Se	44	0.11	0.12	0.15	0.17	0.32	0.44	0.47	0.23	0.12	0.21	2.86	0.53	0.09	0.52	0.17	0.13	对数正态分布	0.21	0.22
Sn	44	2.40	2.43	2.80	3.15	3.48	3.70	3.99	3.14	0.52	3.10	1.97	4.40	2.00	0.16	3.15	3.30	正态分布	3.14	3.10
Sr	44	39.20	44.07	56.7	97.2	115	132	155	93.0	41.15	84.3	13.69	241	33.10	0.44	97.2	94.9	正态分布	93.0	78.8
Th	44	10.56	11.62	13.35	15.10	16.01	17.82	19.11	14.73	2.78	14.45	4.77	20.94	7.93	0.19	15.10	15.10	正态分布	14.73	14.31
Ti	44	3511	3619	3946	4389	5169	6134	8505	4868	1564	4684	128	10368	3203	0.32	4389	4871	正态分布	4868	4538
Tl	44	0.73	0.77	0.82	0.90	1.05	1.21	1.60	0.97	0.25	0.95	1.25	1.85	0.70	0.26	0.90	1.08	正态分布	0.97	0.97
U	44	2.31	2.45	2.71	3.13	3.33	3.61	3.95	3.09	0.48	3.05	1.92	4.27	2.20	0.16	3.13	2.90	正态分布	3.09	3.08
V	44	39.13	44.32	54.5	71.9	104	124	128	78.7	30.01	73.1	12.49	140	32.55	0.38	71.9	79.6	正态分布	78.7	104
W	44	1.29	1.39	1.70	1.83	1.97	2.28	2.46	1.88	0.50	1.82	1.55	3.79	0.62	0.26	1.83	1.88	正态分布	1.88	1.87
Y	44	21.63	22.93	25.17	27.87	30.04	31.25	31.96	27.68	3.83	27.42	6.80	39.83	19.70	0.14	27.87	27.80	正态分布	27.68	26.22
Zn	44	57.3	61.5	70.8	87.7	108	116	125	90.3	24.00	87.2	13.15	152	46.59	0.27	87.7	89.3	正态分布	90.3	83.3
Zr	44	182	185	205	268	322	341	359	272	71.3	264	24.25	505	175	0.26	268	273	正态分布	272	293
SiO$_2$	44	58.4	59.4	63.4	66.7	72.8	75.1	76.1	67.5	6.01	67.2	11.20	78.3	56.3	0.09	66.7	67.6	正态分布	67.5	69.3
Al$_2$O$_3$	44	12.68	13.43	14.59	15.75	16.78	18.10	19.50	15.72	2.12	15.58	4.81	20.80	11.08	0.14	15.75	15.78	正态分布	15.72	15.69
TFe$_2$O$_3$	44	2.88	2.95	3.48	4.55	6.16	7.04	7.77	4.91	1.66	4.65	2.58	9.15	2.52	0.34	4.55	5.21	正态分布	4.91	4.38
MgO	44	0.44	0.46	0.57	0.82	1.70	2.31	2.46	1.13	0.71	0.93	1.85	2.53	0.33	0.63	0.82	1.09	正态分布	1.13	0.45
CaO	44	0.11	0.13	0.23	0.40	0.76	2.04	2.79	0.72	0.82	0.44	2.86	3.17	0.06	1.13	0.40	0.25	对数正态分布	0.44	0.35
Na$_2$O	44	0.22	0.29	0.51	0.81	1.03	1.23	1.35	0.81	0.39	0.71	1.80	2.12	0.15	0.47	0.81	0.98	正态分布	0.81	1.03
K$_2$O	44	2.19	2.33	2.65	3.03	3.27	3.47	3.54	2.95	0.44	2.91	1.91	3.69	1.91	0.15	3.03	3.04	正态分布	2.95	2.99
TC	44	0.23	0.25	0.38	0.62	0.90	1.14	1.18	0.65	0.32	0.56	1.83	1.29	0.17	0.50	0.62	0.64	正态分布	0.65	0.54
Corg	44	0.17	0.20	0.31	0.46	0.58	0.77	0.88	0.47	0.22	0.41	1.98	1.03	0.10	0.48	0.46	0.48	正态分布	0.47	0.42
pH	44	4.89	4.99	5.38	5.81	7.55	8.40	8.47	5.46	5.29	6.33	2.99	8.58	4.65	0.97	5.81	6.16	正态分布	5.46	5.14

表 3-26 林地土壤环境基准值参数统计表

元素/指标	N	$X_{5\%}$	$X_{10\%}$	$X_{25\%}$	$X_{50\%}$	$X_{75\%}$	$X_{90\%}$	$X_{95\%}$	$\bar{X}$	S	$\bar{X}_g$	S_g	X_{max}	X_{min}	CV	X_{me}	X_{mo}	分布类型	林地基准值	台州市基准值
Ag	337	43.40	47.00	55.0	67.0	85.0	105	114	73.5	27.12	69.6	12.08	216	37.00	0.37	67.0	72.5	对数正态分布	69.6	73.5
As	337	3.49	3.94	4.83	5.89	7.90	10.38	12.95	7.06	5.31	6.25	3.13	67.4	1.70	0.75	5.89	8.20	对数正态分布	6.25	6.61
Au	337	0.53	0.58	0.75	1.00	1.40	1.83	2.80	1.22	0.97	1.05	1.65	12.60	0.31	0.79	1.00	1.30	对数正态分布	1.05	1.13
B	337	14.55	16.09	20.24	25.29	33.00	42.94	56.7	28.33	12.24	26.16	7.06	78.0	7.00	0.43	25.29	25.00	对数正态分布	26.16	28.51
Ba	337	387	443	529	652	813	938	1013	682	210	652	42.79	1668	267	0.31	652	743	正态分布	682	629
Be	337	1.79	1.90	2.08	2.31	2.61	2.86	3.03	2.36	0.45	2.33	1.69	6.09	1.43	0.19	2.31	2.36	正态分布	2.36	2.42
Bi	315	0.16	0.17	0.20	0.24	0.31	0.42	0.49	0.27	0.10	0.25	2.33	0.54	0.07	0.37	0.24	0.30	剔除后对数正态分布	0.25	0.45
Br	337	2.00	2.20	2.80	3.80	5.50	7.75	9.72	4.60	3.18	3.98	2.51	30.46	1.27	0.69	3.80	2.80	对数正态分布	3.98	3.80
Cd	337	0.04	0.05	0.07	0.10	0.15	0.20	0.25	0.12	0.07	0.10	4.02	0.68	0.02	0.63	0.10	0.05	对数正态分布	0.10	0.10
Ce	320	64.0	71.0	77.9	87.2	95.2	106	113	87.3	14.17	86.2	13.15	125	50.5	0.16	87.2	90.6	剔除后正态分布	87.3	85.2
Cl	304	35.30	38.96	46.94	57.4	74.4	87.9	98.8	61.4	19.42	58.6	10.96	121	25.30	0.32	57.4	57.4	剔除后对数正态分布	58.6	63.9
Co	337	4.73	5.30	6.45	8.07	10.78	14.57	16.32	9.17	4.25	8.43	3.69	34.36	2.80	0.46	8.07	12.30	对数正态分布	8.43	9.41
Cr	337	16.64	18.03	22.25	29.36	38.27	61.3	73.8	33.96	18.07	30.31	7.71	109	5.47	0.53	29.36	30.39	剔除后对数正态分布	30.31	17.61
Cu	320	7.68	8.63	10.43	12.09	15.54	20.07	22.93	13.41	4.44	12.75	4.50	26.60	5.10	0.33	12.09	11.90	剔除后对数正态分布	12.75	11.90
F	325	324	357	396	452	530	606	646	468	97.6	459	34.40	753	288	0.21	452	477	剔除后正态分布	459	825
Ga	337	14.21	15.38	17.00	18.70	20.71	23.42	25.15	19.13	3.37	18.85	5.53	38.18	11.46	0.18	18.70	18.70	正态分布	19.13	19.33
Ge	337	1.32	1.35	1.43	1.54	1.67	1.82	1.87	1.56	0.19	1.55	1.31	2.39	1.14	0.12	1.54	1.43	正态分布	1.55	1.55
Hg	337	0.03	0.03	0.04	0.05	0.06	0.08	0.09	0.05	0.02	0.05	6.02	0.20	0.01	0.42	0.05	0.05	对数正态分布	0.05	0.05
I	337	2.50	2.87	3.70	5.20	7.49	9.82	11.24	5.92	2.98	5.28	2.82	22.60	1.43	0.50	5.20	4.88	对数正态分布	5.28	5.04
La	337	28.14	30.32	35.26	40.41	46.82	52.0	57.9	41.62	9.65	40.60	8.69	92.0	21.58	0.23	40.41	40.00	正态分布	41.62	41.06
Li	337	21.10	23.19	27.00	32.54	39.50	47.93	52.1	34.07	9.76	32.75	7.62	65.9	12.67	0.29	32.54	33.90	对数正态分布	32.75	36.24
Mn	337	454	540	663	844	1045	1278	1444	886	305	835	49.35	2420	248	0.34	844	982	正态分布	886	905
Mo	337	0.51	0.57	0.70	0.89	1.32	1.86	2.67	1.16	0.86	0.99	1.67	7.92	0.39	0.74	0.89	0.97	对数正态分布	0.99	0.82
N	337	0.28	0.31	0.39	0.49	0.65	0.81	0.92	0.54	0.23	0.50	1.71	2.17	0.21	0.43	0.49	0.58	对数正态分布	0.50	0.52
Nb	337	17.10	18.36	20.10	22.50	25.48	28.64	30.59	23.10	4.97	22.59	6.06	57.5	2.86	0.22	22.50	18.80	对数正态分布	22.59	21.50
Ni	337	6.18	6.85	8.27	11.20	14.87	23.56	32.41	13.36	7.97	11.77	4.56	53.0	4.69	0.60	11.20	15.20	对数正态分布	11.77	12.67
P	337	0.14	0.16	0.21	0.29	0.38	0.53	0.62	0.32	0.18	0.29	2.31	1.56	0.09	0.54	0.29	0.29	对数正态分布	0.29	0.32
Pb	306	23.03	24.57	26.99	30.58	34.68	39.54	43.35	31.40	6.05	30.84	7.34	48.76	18.00	0.19	30.58	30.00	剔除后对数正态分布	30.84	31.35

第三章 土壤地球化学基准值

续表 3-26

元素/指标	N	$X_{5\%}$	$X_{10\%}$	$X_{25\%}$	$X_{50\%}$	$X_{75\%}$	$X_{90\%}$	$X_{95\%}$	$\overline{X}$	S	$\overline{X}_g$	S_g	X_{max}	X_{min}	CV	X_{me}	X_{mo}	分布类型	林地基准值	台州市基准值
Rb	337	104	112	124	134	147	156	166	135	21.26	133	17.03	248	77.3	0.16	134	136	对数正态分布	133	136
S	321	58.4	68.5	87.6	116	151	188	211	122	45.41	114	15.41	238	29.82	0.37	116	92.5	剔除后对数正态分布	114	119
Sb	337	0.39	0.42	0.47	0.53	0.62	0.78	0.93	0.58	0.19	0.55	1.56	1.66	0.24	0.33	0.53	0.53	对数正态分布	0.55	0.56
Sc	337	7.40	8.35	9.50	10.58	11.70	13.53	14.63	10.78	2.22	10.56	3.90	23.40	5.60	0.21	10.58	11.40	对数正态分布	10.56	11.11
Se	337	0.12	0.15	0.18	0.24	0.34	0.45	0.51	0.27	0.13	0.25	2.56	0.89	0.07	0.46	0.24	0.24	对数正态分布	0.25	0.22
Sn	319	2.27	2.37	2.69	3.06	3.46	3.89	4.10	3.09	0.58	3.04	1.93	4.69	1.70	0.19	3.06	3.30	剔除后正态分布	3.09	3.10
Sr	324	32.66	38.37	49.56	69.7	95.1	121	135	75.1	32.51	68.3	12.45	171	22.13	0.43	69.7	78.8	剔除后对数正态分布	68.3	78.8
Th	337	8.17	10.40	12.40	14.08	15.90	17.66	19.87	14.16	3.40	13.72	4.73	28.12	3.97	0.24	14.08	13.70	对数正态分布	13.72	14.31
Ti	320	3174	3355	3766	4304	4920	5553	6042	4392	890	4304	125	6859	2102	0.20	4304	4390	剔除后正态分布	4392	4538
Tl	337	0.74	0.80	0.87	0.99	1.14	1.34	1.50	1.04	0.28	1.01	1.27	2.97	0.42	0.27	0.99	0.94	对数正态分布	1.01	0.97
U	337	2.43	2.60	2.81	3.17	3.57	4.04	4.33	3.25	0.65	3.19	2.02	6.90	1.42	0.20	3.17	2.90	对数正态分布	3.19	3.08
V	337	39.54	43.13	49.60	59.4	74.7	97.9	112	65.8	24.90	62.1	11.16	194	23.72	0.38	59.4	66.0	对数正态分布	62.1	104
W	337	1.41	1.48	1.63	1.87	2.12	2.43	2.72	1.94	0.50	1.89	1.55	6.22	0.78	0.26	1.87	2.12	对数正态分布	1.89	1.87
Y	337	19.44	21.10	22.60	25.07	28.03	31.14	32.84	25.55	4.09	25.24	6.46	42.21	17.10	0.16	25.07	22.40	正态分布	25.55	26.22
Zn	318	57.5	60.9	69.2	78.5	89.7	99.8	107	80.0	15.42	78.5	12.39	126	40.29	0.19	78.5	79.9	剔除后正态分布	80.0	83.3
Zr	337	220	238	268	305	343	389	420	311	63.3	305	27.13	629	196	0.20	305	317	对数正态分布	305	293
SiO_2	337	62.3	64.1	66.6	70.4	73.0	75.4	76.5	69.8	4.60	69.6	11.61	78.6	52.4	0.07	70.4	70.2	正态分布	69.8	69.3
Al_2O_3	337	12.68	13.35	14.51	15.92	17.38	18.90	19.50	16.02	2.19	15.88	4.89	24.22	10.86	0.14	15.92	18.50	正态分布	16.02	15.69
TFe_2O_3	337	2.77	2.94	3.35	3.98	4.93	5.97	6.93	4.31	1.42	4.12	2.36	11.40	1.78	0.33	3.98	3.92	对数正态分布	4.12	4.38
MgO	337	0.40	0.45	0.53	0.64	0.81	1.13	1.36	0.73	0.31	0.68	1.53	2.48	0.27	0.43	0.64	0.45	对数正态分布	0.68	0.45
CaO	337	0.09	0.11	0.15	0.26	0.42	0.66	0.94	0.34	0.31	0.26	2.71	3.04	0.05	0.92	0.26	0.30	对数正态分布	0.26	0.35
Na_2O	337	0.20	0.25	0.34	0.59	0.90	1.13	1.28	0.65	0.37	0.55	1.94	2.25	0.10	0.56	0.59	0.63	对数正态分布	0.55	1.03
K_2O	337	2.05	2.23	2.54	2.82	3.11	3.38	3.55	2.83	0.48	2.78	1.88	4.66	1.41	0.17	2.82	2.75	正态分布	2.83	2.99
TC	337	0.25	0.29	0.38	0.51	0.70	0.88	0.96	0.56	0.25	0.51	1.76	1.76	0.15	0.45	0.51	0.56	对数正态分布	0.51	0.54
Corg	337	0.19	0.23	0.31	0.42	0.55	0.74	0.85	0.46	0.22	0.42	1.94	1.63	0.12	0.48	0.42	0.50	对数正态分布	0.42	0.42
pH	337	4.88	4.95	5.09	5.36	5.82	6.43	7.39	5.28	5.35	5.59	2.74	8.69	4.66	1.01	5.36	5.14	对数正态分布	5.59	5.14

林地区表层土壤总体为酸性，土壤pH环境基准值为5.59，极大值为8.69，极小值为4.66，接近于台州市土壤环境基准值。

林地区表层各元素/指标中，大多数元素/指标变异系数小于0.40，分布相对均匀；Hg、B、N、Sr、MgO、TC、Co、Se、Corg、I、Cr、P、Na_2O、Ni、Cd、Br、Mo、As、Au、CaO、pH共21项元素/指标变异系数大于0.40，其中CaO、pH变异系数大于0.80，空间变异性较大。

与台州市土壤基准值相比，林地区土壤基准值中Na_2O、Bi、F、V基准值明显偏低，在台州市基准值的60%以下；Mo、CaO基准值略低于台州市基准值，为台州市基准值的60%～80%；MgO、Cr基准值明显偏高，与台州市基准值比值均在1.4以上；其他元素/指标基准值则与台州市基准值基本接近。

第四章　土壤元素背景值

第一节　各行政区土壤元素背景值

一、台州市土壤元素背景值

台州市土壤元素背景值数据经正态分布检验,结果表明,原始数据中 Al_2O_3 符合正态分布,Br、N、Sc、TC 符合对数正态分布,Ga 剔除异常值后符合正态分布,Ce、F、La、S、Th、Tl、W、MgO 剔除异常值后符合对数正态分布,其他元素/指标不符合正态分布或对数正态分布(表 4-1)。

台州市表层土壤总体呈酸性,土壤 pH 背景值为 5.10,极大值为 7.95,极小值为 3.57,与浙江省背景值相同,略低于中国背景值。

表层土壤各元素/指标中,大多数元素/指标变异系数小于 0.40,分布相对均匀;N、MgO、P、V、Hg、As、Mn、Cu、Au、Co、B、CaO、Cr、I、Ni、Br、pH 共 17 项元素/指标变异系数大于 0.40,其中 pH 变异系数大于 0.80,空间变异性较大。

与浙江省土壤元素背景值相比,台州市土壤元素背景值中 Ni 背景值明显低于浙江省背景值,仅为浙江省背景值的 29%;而 Ag、Bi、Mn、Se 背景值略低于浙江省背景值,为浙江省背景值的 60%~80%;Au、Co、Cr、Tl、Nb、MgO、K_2O 背景值略高于浙江省背景值,与浙江省背景值比值在 1.2~1.4 之间;而 Br、Na_2O 背景值明显偏高,与浙江省背景值比值均在 1.4 以上;其他元素/指标背景值则与浙江省背景值基本接近。

与中国土壤元素背景值相比,台州市土壤元素背景值中 B、CaO、MgO、Ni、Na_2O、Mn、Sr 背景值明显偏低,在中国背景值的 60% 以下,其中 CaO 背景值是中国背景值的 9%;而 Cu、Sb、Bi 背景值略低于中国背景值,为中国背景值的 60%~80%;Ce、La、Rb、Th、Y、TC 背景值略高于中国背景值,为中国背景值的 1.2~1.4 倍;Au、Pb、Zn、Nb、Co、V、I、Cr、N、Br、Corg、Hg、Tl 背景值明显高于中国背景值,是中国背景值的 1.4 倍以上,其中 Br、Corg、Hg 明显相对富集,背景值是中国背景值的 2.0 倍以上,Hg 背景值最高,为中国背景值的 4.23 倍;其他元素/指标背景值则与中国背景值基本接近。

二、椒江区土壤元素背景值

椒江区土壤元素背景值数据经正态分布检验,结果表明,原始数据中 Ag、Ba、Be、Br、Ce、F、Ga、La、Li、Mn、N、Rb、S、Sb、Sc、Sr、Th、Tl、U、SiO_2、Al_2O_3、TFe_2O_3、MgO、Na_2O、TC、Corg 共 26 项元素/指标符合正态分布,Au、Bi、Cl、I、Nb、P、Sn、W、Zr、CaO 符合对数正态分布,B、Cu、Ge、Pb、Ti、Zn 剔除异常值后符合正态分布,As、Mo 剔除异常值后符合对数正态分布,其他元素/指标不符合正态分布或对数正态分布(表 4-2)。

椒江区表层土壤总体呈酸性,土壤 pH 背景值为 6.10,极大值为 9.16,极小值为 4.10,接近于台州市背

表 4-1 台州市土壤元素背景值参数统计表

元素/指标	N	$X_{5\%}$	$X_{10\%}$	$X_{25\%}$	$X_{50\%}$	$X_{75\%}$	$X_{90\%}$	$X_{95\%}$	$\bar{X}$	S	$\bar{X}_g$	S_g	X_{max}	X_{min}	CV	X_{me}	X_{mo}	分布类型	台州市背景值	浙江省背景值	中国背景值
Ag	2121	58.0	64.0	75.0	92.0	120	156	177	101	36.39	95.5	14.55	216	28.00	0.36	92.0	76.0	其他分布	76.0	100.0	77.0
As	24 264	2.09	2.60	3.70	5.54	8.50	11.30	12.70	6.29	3.29	5.44	3.14	16.10	0.22	0.52	5.54	10.10	其他分布	10.10	10.10	9.00
Au	2111	0.57	0.69	0.90	1.40	2.05	2.90	3.40	1.58	0.87	1.37	1.80	4.30	0.29	0.55	1.40	2.00	其他分布	2.00	1.50	1.30
B	24 559	9.85	12.70	18.30	28.60	56.2	70.2	76.7	36.74	22.71	29.44	8.48	113	1.10	0.62	28.60	16.00	偏峰分布	16.00	20.00	43.0
Ba	2245	385	450	513	617	750	890	962	641	174	617	40.90	1143	165	0.27	617	506	其他分布	506	475	512
Be	2271	1.70	1.81	2.02	2.27	2.57	2.77	2.89	2.29	0.37	2.26	1.67	3.41	1.23	0.16	2.27	2.12	其他分布	2.12	2.00	2.00
Bi	2197	0.18	0.19	0.23	0.30	0.42	0.51	0.57	0.33	0.13	0.31	2.12	0.75	0.13	0.38	0.30	0.22	其他分布	0.22	0.28	0.30
Br	2299	1.90	2.20	2.90	4.40	6.90	9.80	13.00	5.60	4.49	4.57	3.03	55.7	1.00	0.80	4.40	2.40	对数正态分布	4.57	2.20	2.20
Cd	21 460	0.07	0.09	0.12	0.15	0.20	0.25	0.29	0.16	0.06	0.15	3.13	0.38	0.004	0.40	0.15	0.14	其他分布	0.14	0.14	0.137
Ce	2221	62.9	67.2	74.3	82.8	94.4	106	112	84.9	15.02	83.6	13.03	127	46.40	0.18	82.8	83.0	剔除后偏对数分布	83.6	102	64.0
Cl	2184	49.30	53.7	64.0	78.0	93.0	110	121	80.0	21.54	77.2	12.57	143	30.40	0.27	78.0	82.0	偏峰分布	82.0	71.0	78.0
Co	24 418	3.11	3.69	5.07	8.20	15.40	17.90	18.90	9.95	5.63	8.33	4.00	31.10	0.33	0.57	8.20	17.80	其他分布	17.80	14.80	11.00
Cr	24 505	11.50	14.29	19.80	33.90	82.5	96.1	102	48.04	33.17	36.82	9.61	176	0.30	0.69	33.90	101	其他分布	101	82.0	53.0
Cu	23 935	7.70	9.61	13.20	20.51	32.40	39.60	45.40	23.31	12.25	20.02	6.46	62.9	1.00	0.53	20.51	13.00	其他分布	13.00	16.00	20.00
F	2276	306	333	387	465	557	653	712	479	122	463	35.43	816	139	0.26	465	445	剔除后偏对数分布	463	453	488
Ga	2227	12.92	13.87	15.51	17.40	19.42	21.10	22.12	17.48	2.84	17.25	5.28	25.70	9.71	0.16	17.40	16.60	其他分布	17.48	16.00	15.00
Ge	20 682	1.16	1.22	1.33	1.44	1.55	1.65	1.72	1.44	0.17	1.43	1.27	1.90	0.99	0.12	1.44	1.44	其他分布	1.44	1.44	1.30
Hg	23 164	0.03	0.04	0.05	0.07	0.10	0.14	0.16	0.08	0.04	0.07	4.50	0.20	0.001	0.49	0.07	0.11	其他分布	0.11	0.110	0.026
I	2150	0.67	0.84	1.30	2.34	4.12	6.15	7.28	2.97	2.10	2.30	2.48	9.60	0.30	0.71	2.34	1.85	其他分布	1.85	1.70	1.10
La	2210	32.00	34.92	39.00	44.00	50.00	56.0	60.0	44.67	8.29	43.90	8.96	68.5	22.00	0.19	44.00	41.00	剔除后偏对数分布	43.90	41.00	33.00
Li	2285	19.00	21.00	25.00	31.12	42.00	54.0	58.0	34.32	12.12	32.32	7.85	67.2	13.00	0.35	31.12	25.00	其他分布	25.00	25.00	30.00
Mn	24 383	212	253	367	599	912	1123	1245	656	339	566	40.79	1745	61.0	0.52	599	337	其他分布	337	440	569
Mo	22 483	0.45	0.50	0.59	0.72	0.93	1.21	1.39	0.79	0.28	0.75	1.46	1.70	0.11	0.36	0.72	0.62	其他分布	0.62	0.66	0.70
N	24 608	0.69	0.81	1.04	1.39	1.83	2.31	2.66	1.49	0.62	1.37	1.62	8.99	0.12	0.42	1.39	1.48	对数正态分布	1.37	1.28	0.707
Nb	2215	17.20	17.70	18.80	21.10	24.00	26.91	28.79	21.71	3.68	21.41	5.89	32.60	11.35	0.17	21.10	20.20	其他分布	20.20	16.83	13.00
Ni	24 492	4.39	5.21	7.12	11.50	36.12	43.51	45.90	19.68	15.47	14.10	5.98	80.2	0.91	0.79	11.50	10.10	其他分布	10.10	35.00	24.00
P	23 687	0.30	0.38	0.52	0.72	1.00	1.27	1.45	0.78	0.35	0.70	1.68	1.80	0.05	0.45	0.72	0.59	其他分布	0.59	0.60	0.57
Pb	22 616	23.80	26.10	29.80	34.00	39.50	46.41	50.9	35.18	7.96	34.31	8.01	59.3	12.80	0.23	34.00	34.00	其他分布	34.00	32.00	22.00

第四章 土壤元素背景值

续表 4-1

元素/指标	N	$X_{3\%}$	$X_{10\%}$	$X_{25\%}$	$X_{50\%}$	$X_{75\%}$	$X_{90\%}$	$X_{95\%}$	$\overline{X}$	S	$\overline{X}_g$	S_g	X_{max}	X_{min}	CV	X_{me}	X_{mo}	分布类型	台州市背景值	浙江省背景值	中国背景值
Rb	2225	99.0	105	117	129	139	147	153	128	16.44	126	16.42	173	83.7	0.13	129	130	偏峰分布	130	120	96.0
S	2242	162	182	219	276	345	414	457	288	90.0	274	26.54	546	60.0	0.31	276	258	剔除后对数分布	274	248	245
Sb	2188	0.40	0.43	0.49	0.57	0.68	0.82	0.89	0.60	0.15	0.58	1.47	1.02	0.23	0.25	0.57	0.53	对数正态分布	0.53	0.53	0.73
Sc	2299	4.88	5.44	6.74	8.70	10.70	13.00	14.00	8.93	2.85	8.49	3.68	25.90	0.50	0.32	8.70	8.50	其他分布	8.49	8.70	10.00
Se	23 346	0.13	0.14	0.17	0.22	0.28	0.35	0.39	0.23	0.08	0.22	2.48	0.48	0.01	0.35	0.22	0.15	其他分布	0.15	0.21	0.17
Sn	2129	2.40	2.58	2.90	3.46	4.26	5.20	5.80	3.67	1.03	3.54	2.22	6.84	1.16	0.28	3.46	3.50	其他分布	3.50	3.60	3.00
Sr	2228	39.37	46.02	62.0	85.0	110	129	148	87.4	32.91	81.0	12.94	185	19.20	0.38	85.0	109	其他分布	109	105	197
Th	2180	10.07	10.95	12.30	13.50	14.85	16.40	17.20	13.59	2.10	13.42	4.50	19.17	8.14	0.15	13.50	13.30	剔除后对数分布	13.42	13.30	11.00
Ti	2246	3054	3277	3690	4235	4999	5366	5653	4322	850	4238	126	7077	1847	0.20	4235	4018	其他分布	4018	4665	3498
Tl	2183	0.62	0.67	0.75	0.85	0.96	1.07	1.16	0.86	0.16	0.84	1.24	1.32	0.41	0.19	0.85	0.86	剔除后对数分布	0.84	0.70	0.60
U	2224	2.30	2.47	2.70	3.00	3.37	3.70	3.97	3.05	0.50	3.01	1.92	4.43	1.70	0.16	3.00	2.60	偏峰分布	2.60	2.90	2.50
V	24 457	30.80	35.10	45.50	68.5	108	119	124	75.2	33.58	67.4	11.99	201	10.30	0.45	68.5	115	其他分布	115	106	70.0
W	2196	1.35	1.45	1.64	1.86	2.08	2.36	2.53	1.88	0.35	1.85	1.50	2.87	0.98	0.19	1.86	1.80	剔除后对数分布	1.85	1.80	1.60
Y	2273	20.00	21.00	23.10	26.00	29.00	31.20	33.00	26.23	4.04	25.92	6.68	37.80	16.00	0.15	26.00	29.00	其他分布	29.00	25.00	24.00
Zn	23 860	47.30	53.7	67.4	89.0	110	127	141	90.3	28.84	85.6	13.67	178	16.40	0.32	89.0	102	其他分布	102	101	66.0
Zr	2261	192	203	253	305	345	385	407	300	65.8	293	26.36	485	149	0.22	305	197	其他分布	197	243	230
SiO_2	2286	61.9	63.9	67.9	71.8	75.0	77.5	78.9	71.2	5.13	71.0	11.68	84.3	57.0	0.07	71.8	71.2	偏峰分布	71.2	71.3	66.7
Al_2O_3	2299	10.50	11.32	12.48	13.93	15.04	16.18	16.99	13.83	1.94	13.69	4.59	20.81	7.51	0.14	13.93	14.40	正态分布	13.83	13.20	11.90
TFe_2O_3	2273	2.19	2.41	2.79	3.42	4.52	5.72	6.11	3.72	1.23	3.53	2.27	7.18	1.32	0.33	3.42	3.51	其他分布	3.51	3.74	4.20
MgO	2078	0.34	0.38	0.46	0.59	0.79	1.12	1.32	0.67	0.29	0.62	1.61	1.59	0.19	0.43	0.59	0.61	剔除后对数分布	0.62	0.50	1.43
CaO	2152	0.13	0.16	0.22	0.33	0.55	0.82	0.96	0.41	0.26	0.34	2.38	1.24	0.06	0.62	0.33	0.24	其他分布	0.24	0.24	2.74
Na_2O	2289	0.33	0.41	0.58	0.85	1.10	1.31	1.47	0.86	0.35	0.78	1.63	1.88	0.12	0.40	0.85	0.83	其他分布	0.83	0.19	1.75
K_2O	23 563	2.02	2.21	2.52	2.83	3.12	3.49	3.70	2.83	0.49	2.79	1.84	4.10	1.54	0.17	2.83	2.82	其他分布	2.82	2.35	2.36
TC	2299	0.98	1.11	1.32	1.63	1.98	2.45	2.75	1.72	0.59	1.63	1.56	6.06	0.36	0.34	1.63	1.70	对数正态分布	1.63	1.43	1.30
Corg	18 886	0.70	0.82	1.07	1.40	1.77	2.16	2.40	1.45	0.52	1.35	1.56	2.93	0.08	0.36	1.40	1.31	其他分布	1.31	1.31	0.60
pH	22 193	4.44	4.58	4.82	5.13	5.65	6.77	7.48	4.94	4.83	5.38	2.67	7.95	3.57	0.98	5.13	5.10	其他分布	5.10	5.10	8.00

注:氧化物、TC、Corg 单位为 %,N、P 单位为 g/kg,Au、Ag 单位为 μg/kg,其他元素/指标单位为 mg/kg,pH 为无量纲;后表单位和资料来源相同。值引自《全国地球化学基准网建立与土壤地球化学背景值特征》(王学求等,2016);浙江省背景值引自《浙江省土壤元素背景值》(黄春雷等,2023);中国背景

表4-2 椒江区土壤元素背景值参数统计表

元素/指标	N	$X_{5\%}$	$X_{10\%}$	$X_{25\%}$	$X_{50\%}$	$X_{75\%}$	$X_{90\%}$	$X_{95\%}$	$\overline{X}$	S	$\overline{X}_g$	S_g	X_{max}	X_{min}	CV	X_{me}	X_{mo}	分布类型	椒江区背景值	台州市背景值	浙江省背景值
Ag	65	67.4	74.0	87.0	121	164	189	210	130	56.8	120	15.87	367	62.0	0.44	121	87.0	正态分布	130	76.0	100.0
As	1155	5.08	5.65	6.84	8.71	9.94	12.00	13.10	8.64	2.38	8.31	3.43	14.90	2.33	0.27	8.71	10.80	剔除后对数分布	8.31	10.10	10.10
Au	65	1.70	2.00	2.40	3.20	4.40	6.16	8.16	24.73	170	3.59	3.18	1375	1.30	6.88	3.20	2.00	对数正态分布	3.59	2.00	1.50
B	1125	34.44	41.84	51.0	59.1	68.9	78.8	84.5	59.5	14.57	57.5	10.41	97.3	21.90	0.25	59.1	56.8	剔除后正态分布	59.5	16.00	20.00
Ba	65	462	472	495	534	570	623	647	539	57.4	536	36.86	674	444	0.11	534	549	正态分布	539	506	475
Be	65	2.16	2.26	2.51	2.65	2.71	2.81	2.82	2.59	0.22	2.58	1.74	3.13	1.99	0.08	2.65	2.66	正态分布	2.59	2.12	2.00
Bi	65	0.34	0.35	0.42	0.46	0.53	0.63	0.70	0.52	0.29	0.48	1.63	2.63	0.27	0.56	0.46	0.44	对数正态分布	0.48	0.22	0.28
Br	65	4.62	4.80	6.40	7.60	9.60	11.66	12.82	8.12	2.94	7.64	3.47	21.00	2.50	0.36	7.60	7.30	正态分布	8.12	4.57	2.20
Cd	1077	0.08	0.10	0.13	0.16	0.20	0.24	0.27	0.17	0.05	0.16	3.03	0.32	0.04	0.33	0.16	0.15	其他分布	0.17	0.14	0.14
Ce	65	68.1	70.3	74.5	81.7	88.9	93.9	104	82.2	10.82	81.5	12.41	107	51.6	0.13	81.7	81.4	正态分布	82.2	83.6	102
Cl	65	76.2	79.0	86.0	94.0	117	137	159	241	1062	110	16.02	8662	68.0	4.42	94.0	90.0	对数正态分布	110	82.0	71.0
Co	1108	10.34	11.80	14.20	16.35	17.70	18.70	19.46	15.78	2.71	15.52	4.84	23.10	7.42	0.17	16.35	16.30	其他分布	16.30	17.80	14.80
Cr	1062	63.4	71.2	81.2	89.9	98.0	103	108	88.6	13.38	87.5	13.18	127	46.60	0.15	89.9	101	偏峰分布	101	82.0	82.0
Cu	1094	22.96	26.00	29.50	34.60	40.20	45.50	49.60	35.15	8.27	34.13	7.77	59.6	11.20	0.24	34.60	34.60	剔除后正态分布	35.15	13.00	16.00
F	65	462	498	567	645	745	780	815	651	124	640	42.19	1071	420	0.19	645	621	正态分布	651	463	453
Ga	65	15.82	16.30	17.50	18.90	19.90	20.96	21.20	18.70	1.80	18.61	5.42	24.10	15.50	0.10	18.90	19.00	正态分布	18.70	17.48	16.00
Ge	1157	1.15	1.21	1.29	1.38	1.47	1.54	1.60	1.38	0.13	1.37	1.23	1.72	1.03	0.10	1.38	1.31	剔除后对数分布	1.38	1.44	1.44
Hg	1160	0.05	0.05	0.07	0.11	0.14	0.19	0.21	0.11	0.05	0.10	3.64	0.26	0.02	0.44	0.11	0.11	其他分布	0.11	0.11	0.110
I	65	1.24	1.68	2.35	3.52	5.41	9.46	10.70	4.57	3.04	3.72	2.77	12.72	0.86	0.67	3.52	5.14	对数正态分布	4.57	1.85	1.70
La	65	37.00	39.00	41.00	44.00	48.00	51.0	52.0	44.28	5.26	43.94	8.77	55.0	24.00	0.12	44.00	45.00	正态分布	44.28	43.90	41.00
Li	65	29.00	38.40	43.00	53.0	57.0	59.0	60.8	50.4	9.66	49.28	9.77	69.0	25.00	0.19	53.0	58.0	正态分布	50.4	25.00	25.00
Mn	1192	375	457	609	802	968	1110	1182	795	270	748	44.56	3519	144	0.34	802	813	其他分布	795	337	440
Mo	1102	0.44	0.48	0.57	0.67	0.78	0.91	1.00	0.68	0.17	0.66	1.41	1.19	0.30	0.25	0.67	0.61	剔除后对数分布	0.66	0.62	0.66
N	1192	0.74	0.97	1.38	1.80	2.21	2.63	2.88	1.81	0.64	1.69	1.71	4.59	0.29	0.35	1.80	1.99	正态分布	1.81	1.37	1.28
Nb	65	17.00	17.10	17.80	18.50	19.40	20.36	22.46	18.76	1.67	18.70	5.33	25.20	16.60	0.09	18.50	18.70	对数正态分布	18.70	20.20	16.83
Ni	1099	21.80	26.38	33.30	39.20	42.85	45.50	47.10	37.39	7.62	36.43	7.92	51.4	14.10	0.20	39.20	38.80	正态分布	37.39	10.10	35.00
P	1192	0.41	0.52	0.69	0.96	1.28	1.61	1.87	1.03	0.50	0.92	1.66	5.13	0.09	0.49	0.96	0.92	对数正态分布	1.03	0.59	0.60
Pb	1112	28.36	30.20	32.90	36.00	39.40	43.09	46.05	36.31	5.11	35.96	8.09	50.8	23.30	0.14	36.00	34.00	剔除后正态分布	36.31	34.00	32.00

续表 4-2

元素/指标	N	$X_{5\%}$	$X_{10\%}$	$X_{25\%}$	$X_{50\%}$	$X_{75\%}$	$X_{90\%}$	$X_{95\%}$	$\bar{X}$	S	$\bar{X}_g$	S_g	X_{max}	X_{min}	CV	X_{ne}	X_{mo}	分布类型	椒江区背景值	台州市背景值	浙江省背景值
Rb	65	118	121	129	135	140	144	147	134	10.11	133	16.78	165	108	0.08	135	141	正态分布	134	130	120
S	65	195	206	298	342	424	485	529	349	106	333	28.69	656	138	0.30	342	306	正态分布	349	274	248
Sb	65	0.51	0.55	0.60	0.70	0.81	0.90	1.01	0.72	0.15	0.70	1.32	1.15	0.43	0.21	0.70	0.60	正态分布	0.72	0.53	0.53
Sc	65	8.94	9.62	11.20	12.30	13.50	14.06	14.38	12.24	1.72	12.11	4.27	16.50	8.70	0.14	12.30	13.00	正态分布	12.24	8.49	8.70
Se	1096	0.14	0.15	0.18	0.21	0.24	0.27	0.29	0.21	0.05	0.21	2.44	0.35	0.08	0.22	0.21	0.21	其他分布	0.21	0.15	0.21
Sn	65	2.92	3.24	3.70	4.30	5.00	6.06	7.06	4.80	3.09	4.42	2.55	27.30	2.50	0.64	4.30	4.50	对数正态分布	4.42	3.50	3.60
Sr	65	83.8	96.0	105	112	118	128	132	111	15.18	110	15.27	151	57.0	0.14	112	112	正态分布	111	109	105
Th	65	12.42	12.70	13.30	14.00	14.70	15.36	15.70	14.00	1.07	13.96	4.60	16.70	11.80	0.08	14.00	14.10	正态分布	14.00	13.42	13.30
Ti	60	4539	4632	4936	5153	5259	5411	5433	5088	284	5079	135	5528	4366	0.06	5153	5090	剔除后正态分布	5088	4018	4665
Tl	65	0.71	0.72	0.76	0.81	0.87	0.96	0.99	0.83	0.09	0.82	1.18	1.07	0.64	0.11	0.81	0.85	正态分布	0.83	0.84	0.70
U	65	2.50	2.50	2.60	2.80	3.00	3.10	3.10	2.81	0.25	2.80	1.81	3.60	2.40	0.09	2.80	2.60	其他分布	2.81	2.60	2.90
V	1077	82.3	90.7	101	109	115	119	123	107	11.83	106	14.72	137	70.2	0.11	109	112	对数正态分布	107	115	106
W	65	1.66	1.74	1.83	1.96	2.06	2.35	2.62	2.00	0.29	1.98	1.51	3.06	1.48	0.14	1.96	1.80	对数正态分布	2.00	1.85	1.80
Y	63	26.10	27.00	28.00	29.00	30.00	31.00	31.00	29.11	1.49	29.07	6.94	32.00	26.00	0.05	29.00	29.00	偏峰分布	29.00	29.00	25.00
Zn	1132	79.8	87.9	99.4	114	127	138	146	113	20.30	112	15.28	171	56.1	0.18	114	119	剔除后正态分布	113	102	101
Zr	65	187	191	195	203	214	248	292	213	30.27	211	21.33	318	180	0.14	203	198	对数正态分布	213	197	243
SiO$_2$	65	59.5	60.9	63.0	65.2	68.8	72.0	73.4	65.9	4.46	65.8	11.06	75.0	51.6	0.07	65.2	65.3	正态分布	65.9	71.2	71.3
Al$_2$O$_3$	65	12.24	12.51	13.66	14.51	15.02	15.30	15.54	14.24	1.05	14.20	4.62	16.17	11.45	0.07	14.51	14.10	正态分布	14.24	13.83	13.20
TFe$_2$O$_3$	65	3.37	3.82	4.70	5.52	6.03	6.28	6.38	5.29	0.97	5.19	2.68	7.15	2.97	0.18	5.52	4.94	正态分布	5.29	3.51	3.74
MgO	65	0.59	0.80	1.12	1.65	1.94	2.27	2.42	1.55	0.55	1.43	1.63	2.67	0.52	0.36	1.65	0.94	正态分布	1.55	0.62	0.50
CaO	65	0.40	0.53	0.63	0.85	1.31	2.63	2.81	1.15	0.80	0.94	1.86	3.56	0.14	0.70	0.85	0.91	对数正态分布	1.15	0.94	0.24
Na$_2$O	65	0.69	0.91	1.01	1.08	1.16	1.23	1.41	1.08	0.20	1.06	1.26	1.72	0.32	0.19	1.08	1.22	正态分布	1.08	0.83	0.19
K$_2$O	1092	2.03	2.08	2.19	2.30	2.39	2.48	2.54	2.29	0.16	2.29	1.61	2.73	1.86	0.07	2.30	2.33	偏峰分布	2.29	2.82	2.35
TC	65	1.19	1.28	1.57	1.88	2.15	2.43	2.45	1.85	0.42	1.80	1.52	2.68	0.91	0.23	1.88	1.77	正态分布	1.85	1.63	1.43
Corg	1192	0.65	0.78	1.12	1.48	1.83	2.17	2.38	1.50	0.54	1.39	1.60	3.74	0.27	0.36	1.48	1.44	正态分布	1.50	1.31	1.31
pH	1192	4.46	4.67	5.23	6.30	7.65	8.31	8.53	5.18	4.87	6.40	2.86	9.16	4.10	0.94	6.30	6.10	其他分布	5.18	5.10	5.10

景值和浙江省背景值。

在土壤各元素/指标中，绝大多数元素/指标变异系数小于0.40，分布相对均匀；Ag、Hg、P、Bi、Sn、I、CaO、pH、Cl、Au共10项元素/指标变异系数大于0.40，其中pH、Cl、Au变异系数大于0.80，空间变异性较大。

与台州市土壤元素背景值相比，椒江区土壤元素背景值中无明显偏低的元素/指标；Be、Cl、N、S、Sb、Sn、Ti、Na_2O背景值略高于台州市背景值，是台州市背景值的1.2~1.4倍；Ag、Au、B、Bi、Br、Cu、F、I、Li、Mn、Ni、P、Sc、TFe_2O_3、MgO、Se背景值明显偏高，是台州市背景值的1.4倍以上，其中Bi、Ni、CaO明显富集，背景值是台州市背景值的3倍以上；其他元素/指标背景值则与台州市背景值基本接近。

与浙江省土壤元素背景值相比，椒江区土壤元素背景值中Ag、Be、Cr、Sb、Sn、TC背景值略高于浙江省背景值，与浙江省背景值比值在1.2~1.4之间；而Au、B、Bi、Br、Cl、Cu、F、I、Li、Mn、N、P、S、Sc、TFe_2O_3、MgO、CaO、Na_2O背景值明显偏高，与浙江省背景值比值均在1.4以上；其他元素/指标背景值则与浙江省背景值基本接近。

三、黄岩区土壤元素背景值

黄岩区土壤元素背景值数据经正态分布检验，结果表明，原始数据中Be、Ce、F、Ge、Rb、S、Th、Ti、U、W、Y、SiO_2、Al_2O_3、TFe_2O_3、TC符合正态分布，As、Au、Bi、Br、Cl、Cu、Ga、I、La、Li、Mo、N、Nb、P、Sb、Sc、Sn、Sr、Tl、MgO、CaO、Na_2O符合对数正态分布，Ba、Zr、K_2O、Corg剔除异常值后符合正态分布，Ag、Mn、Pb、Zn、pH剔除异常值后符合对数正态分布，其他元素/指标不符合正态分布或对数正态分布（表4-3）。

黄岩区表层土壤总体呈酸性，土壤pH背景值为5.02，极大值为6.32，极小值为3.86，与台州市背景值和浙江省背景值基本接近。

在土壤各元素/指标中，多半元素/指标变异系数小于0.40，分布相对均匀；N、Sr、Mn、Na_2O、Co、As、Sn、Cr、Hg、Cd、P、Br、B、Cu、Mo、Ni、CaO、Bi、I、pH、Au共21项元素/指标变异系数大于0.40，其中I、pH、Au变异系数大于0.80，空间变异性较大。

与台州市土壤元素背景值相比，黄岩区土壤元素背景值中As、Co、Cr背景值明显低于台州市背景值，不足台州市背景值的60%；Sr、Na_2O、Hg、Ni背景值略低于台州市背景值，为台州市背景值的60%~80%；B、Br、Mo、N、P、S、Sc、CaO、Corg背景值略高于台州市背景值，是台州市背景值的1.2~1.4倍；Ag、Bi、Cd、Cu、I、Mn、Se、Zr背景值明显偏高，背景值是台州市背景值的1.4倍以上；其他元素/指标背景值则与台州市背景值基本接近。

与浙江省土壤元素背景值相比，黄岩区土壤元素背景值中As、Co、Cr、Ni背景值明显低于浙江省背景值，在浙江省背景值的60%以下；Hg、Sr背景值略低于浙江省背景值，为浙江省背景值的60%~80%；Au、Ba、Bi、Cu、Mn、N、Nb、P、Pb、S、Se、Tl、CaO、TC、Corg背景值略高于浙江省背景值，与浙江省背景值比值在1.2~1.4之间；而Br、Cd、I、MgO、Na_2O背景值明显偏高，与浙江省背景值比值均在1.4以上；其他元素/指标背景值则与浙江省背景值基本接近。

四、路桥区土壤元素背景值

路桥区土壤元素背景值数据经正态分布检验，结果表明，原始数据中Ba、Be、Bi、Br、Ce、Cl、F、Ga、Ge、I、La、Mn、Nb、Rb、S、Sc、Th、Tl、SiO_2、Al_2O_3、TFe_2O_3、MgO、Na_2O、TC符合正态分布，Au、Sb、Sn、U、W、Zr、CaO符合对数正态分布，Ag、B、Cr、Se、Sr、K_2O剔除异常值后符合正态分布，Cd、Mo、Pb、Zn剔除异常值后符合对数正态分布，其他元素/指标不符合正态分布或对数正态分布（表4-4）。

路桥区表层土壤总体呈碱性，土壤pH背景值为8.09，极大值为8.83，极小值为3.87，明显高于台州市背景值和浙江省背景值。

第四章 土壤元素背景值

表4-3 黄岩区土壤元素背景值参数统计表

元素/指标	N	$X_{5\%}$	$X_{10\%}$	$X_{25\%}$	$X_{50\%}$	$X_{75\%}$	$X_{90\%}$	$X_{95\%}$	$\overline{X}$	S	$\overline{X}_g$	S_g	X_{max}	X_{min}	CV	X_{me}	X_{mo}	分布类型	黄岩区背景值	台州市背景值	浙江省背景值
Ag	237	64.9	70.0	84.0	108	151	187	211	121	46.69	113	16.09	259	40.00	0.39	108	125	剔除后对数分布	113	76.0	100.0
As	1724	2.17	2.60	3.52	4.83	6.24	8.08	9.66	5.22	2.61	4.70	2.80	32.20	0.89	0.50	4.83	6.50	对数正态分布	4.70	10.10	10.10
Au	247	0.83	0.94	1.19	1.70	2.69	4.34	6.84	2.41	2.50	1.88	2.06	26.99	0.48	1.04	1.70	1.75	对数正态分布	1.88	2.00	1.50
B	1724	10.86	12.91	17.18	24.13	46.00	58.8	64.5	31.33	17.80	26.62	7.76	84.2	4.82	0.57	24.13	22.00	其他分布	22.00	16.00	20.00
Ba	240	409	460	519	584	673	770	830	598	121	585	39.89	926	302	0.20	584	685	剔除后正态分布	598	506	475
Be	247	1.67	1.81	1.96	2.17	2.45	2.71	2.85	2.22	0.34	2.19	1.60	3.29	1.40	0.16	2.17	2.12	正态分布	2.22	2.12	2.00
Bi	247	0.21	0.22	0.26	0.33	0.43	0.59	0.87	0.40	0.28	0.35	2.11	2.77	0.16	0.70	0.33	0.24	对数正态分布	0.35	0.22	0.28
Br	247	2.90	3.20	4.10	5.60	7.35	9.88	12.88	6.28	3.37	5.61	2.97	25.70	2.00	0.54	5.60	4.20	其他分布	5.61	4.57	2.20
Cd	1438	0.07	0.10	0.14	0.19	0.26	0.36	0.44	0.21	0.11	0.19	2.89	0.66	0.02	0.52	0.19	0.21	其他分布	0.21	0.14	0.14
Ce	247	65.9	72.9	80.5	90.9	105	117	131	93.6	18.76	91.8	13.78	163	52.5	0.20	90.9	92.8	正态分布	93.6	83.6	102
Cl	247	55.4	61.9	72.0	83.0	95.1	115	133	86.3	23.03	83.6	12.92	225	43.00	0.27	83.0	86.0	对数正态分布	83.6	82.0	71.0
Co	1701	3.68	4.23	5.60	8.33	12.41	15.36	16.80	9.15	4.24	8.18	3.82	22.65	1.84	0.46	8.33	8.80	其他分布	8.80	17.80	14.80
Cr	1716	21.48	23.91	29.12	40.73	70.4	89.1	97.2	49.72	25.16	43.85	9.77	122	11.94	0.51	40.73	27.00	对数正态分布	27.00	101	82.0
Cu	1724	9.97	11.95	15.78	20.80	28.61	34.91	40.42	23.21	14.39	20.86	6.43	380	5.12	0.62	20.80	17.10	对数正态分布	20.86	13.00	16.00
F	247	381	397	457	508	567	650	680	519	97.8	510	36.32	894	305	0.19	508	542	正态分布	519	463	453
Ga	247	14.68	15.40	16.70	18.55	20.91	23.83	25.55	19.07	3.34	18.79	5.43	30.07	12.01	0.17	18.55	17.60	对数正态分布	18.79	17.48	16.00
Ge	1724	1.13	1.19	1.29	1.39	1.50	1.61	1.68	1.40	0.17	1.39	1.25	2.32	0.96	0.12	1.39	1.50	正态分布	1.40	1.44	1.44
Hg	1627	0.05	0.06	0.07	0.10	0.15	0.20	0.24	0.12	0.06	0.10	3.72	0.30	0.02	0.51	0.10	0.07	其他分布	0.07	0.11	0.110
I	247	1.08	1.31	1.91	3.56	5.89	9.75	11.85	4.65	3.91	3.51	2.81	24.42	0.68	0.84	3.56	2.95	对数正态分布	3.51	1.85	1.70
La	247	33.95	36.12	41.00	46.93	54.0	62.7	72.0	48.82	11.70	47.54	9.40	88.1	26.95	0.24	46.93	46.00	对数正态分布	47.54	43.90	41.00
Li	247	20.35	21.46	23.60	27.49	34.48	47.00	53.7	30.63	10.26	29.22	6.99	64.0	16.63	0.34	27.49	25.00	对数正态分布	29.22	25.00	25.00
Mn	1656	256	301	406	554	766	988	1105	603	264	546	39.69	1392	101	0.44	554	650	剔除后正态分布	546	337	440
Mo	1724	0.45	0.49	0.58	0.72	0.93	1.25	1.61	0.84	0.54	0.76	1.55	8.68	0.30	0.63	0.72	0.74	对数正态分布	0.76	0.62	0.66
N	1724	0.77	0.97	1.34	1.80	2.36	2.94	3.36	1.91	0.79	1.74	1.79	5.05	0.21	0.42	1.80	1.34	对数正态分布	1.74	1.37	1.28
Nb	247	17.30	17.90	18.80	20.60	23.05	26.30	28.04	21.33	3.51	21.07	5.82	33.90	15.00	0.16	20.60	20.60	对数正态分布	21.07	20.20	16.83
Ni	1720	5.83	6.91	8.98	12.97	26.85	35.56	39.24	17.93	11.31	14.71	5.69	52.7	2.06	0.63	12.97	8.00	其他分布	8.00	10.10	35.00
P	1724	0.34	0.45	0.60	0.84	1.17	1.52	1.79	0.93	0.49	0.82	1.70	6.21	0.06	0.52	0.84	1.17	对数正态分布	0.82	0.59	0.60
Pb	1552	27.16	29.61	33.85	40.55	47.19	56.6	64.5	41.74	10.81	40.42	8.78	75.5	15.55	0.26	40.55	38.00	剔除后对数分布	40.42	34.00	32.00

97

续表 4-3

元素/指标	N	$X_{5\%}$	$X_{10\%}$	$X_{25\%}$	$X_{50\%}$	$X_{75\%}$	$X_{90\%}$	$X_{95\%}$	$\overline{X}$	S	$\overline{X}_g$	S_g	X_{max}	X_{min}	CV	X_{me}	X_{mo}	分布类型	黄岩区背景值	台州市背景值	浙江省背景值
Rb	247	93.2	99.1	108	121	133	143	150	121	17.45	120	15.85	174	75.6	0.14	121	112	正态分布	121	130	120
S	247	220	237	278	333	392	461	518	344	92.7	332	28.83	721	173	0.27	333	258	正态分布	344	274	248
Sb	247	0.42	0.44	0.51	0.57	0.66	0.79	0.87	0.60	0.16	0.59	1.48	1.46	0.33	0.26	0.57	0.66	对数正态分布	0.59	0.53	0.53
Sc	247	7.95	8.46	9.32	10.13	11.25	12.59	13.27	10.36	1.70	10.22	3.86	20.40	6.00	0.16	10.13	9.80	对数正态分布	10.22	8.49	8.70
Se	1599	0.16	0.18	0.23	0.27	0.31	0.37	0.42	0.27	0.07	0.26	2.24	0.48	0.09	0.27	0.27	0.27	其他分布	0.27	0.15	0.21
Sn	247	2.56	2.82	3.20	3.98	5.22	6.62	8.03	4.49	2.26	4.16	2.47	27.99	1.70	0.50	3.98	2.90	对数正态分布	4.16	3.50	3.60
Sr	247	37.63	43.51	53.8	73.0	98.0	114	132	78.4	33.69	72.2	12.03	268	26.71	0.43	73.0	98.0	对数正态分布	72.2	109	105
Th	247	8.48	9.29	11.13	12.49	13.62	14.80	15.74	12.37	2.20	12.16	4.21	19.51	6.00	0.18	12.49	13.50	正态分布	12.37	13.42	13.30
Ti	247	3264	3548	3999	4449	5125	5610	5981	4557	833	4482	128	7471	2580	0.18	4449	4477	正态分布	4557	4018	4665
Tl	247	0.65	0.68	0.74	0.86	1.04	1.25	1.44	0.92	0.25	0.89	1.29	2.02	0.50	0.27	0.86	0.86	对数正态分布	0.89	0.84	0.70
U	247	2.38	2.54	2.76	3.00	3.27	3.52	3.80	3.02	0.42	3.00	1.92	4.59	2.13	0.14	3.00	3.10	正态分布	3.02	2.60	2.90
V	1697	35.39	40.42	50.6	69.1	95.7	111	120	73.2	27.63	67.9	12.14	165	15.97	0.38	69.1	109	其他分布	109	115	106
W	247	1.33	1.41	1.56	1.79	2.02	2.33	2.54	1.83	0.37	1.80	1.46	3.01	1.03	0.20	1.79	1.74	正态分布	1.83	1.85	1.80
Y	247	21.86	23.06	25.50	28.10	31.00	33.64	35.37	28.32	4.05	28.04	6.86	41.30	19.10	0.14	28.10	29.00	正态分布	28.32	29.00	25.00
Zn	1630	63.7	69.7	81.9	97.3	115	134	147	99.8	24.88	96.7	14.42	173	39.49	0.25	97.3	95.0	剔除后正态分布	96.7	102	101
Zr	231	195	208	243	272	311	355	377	278	53.1	273	25.58	420	184	0.19	272	276	剔除后正态分布	278	197	243
SiO$_2$	247	64.0	65.6	67.7	70.8	73.2	75.6	76.6	70.5	3.85	70.4	11.65	79.4	59.5	0.05	70.8	66.1	正态分布	70.5	71.2	71.3
Al$_2$O$_3$	247	12.11	12.53	13.46	14.51	15.80	17.21	17.75	14.67	1.72	14.58	4.72	20.53	11.21	0.12	14.51	15.03	正态分布	14.67	13.83	13.20
TFe$_2$O$_3$	247	2.66	2.82	3.26	3.91	4.74	5.54	5.91	4.06	1.05	3.93	2.27	8.22	2.18	0.26	3.91	3.95	正态分布	4.06	3.51	3.74
MgO	247	0.44	0.48	0.56	0.68	0.90	1.20	1.41	0.77	0.31	0.72	1.51	1.92	0.34	0.40	0.68	0.56	对数正态分布	0.72	0.62	0.50
CaO	247	0.12	0.15	0.21	0.32	0.52	0.77	0.92	0.40	0.26	0.33	2.47	1.53	0.08	0.66	0.32	0.19	对数正态分布	0.33	0.24	0.24
Na$_2$O	247	0.26	0.33	0.43	0.58	0.80	1.02	1.20	0.64	0.28	0.58	1.76	1.53	0.21	0.44	0.58	0.47	对数正态分布	0.58	0.83	0.19
K$_2$O	1624	2.00	2.17	2.41	2.65	2.88	3.17	3.32	2.65	0.39	2.62	1.78	3.66	1.66	0.15	2.65	2.61	剔除后正态分布	2.65	2.82	2.35
TC	247	1.17	1.29	1.56	1.84	2.15	2.55	2.75	1.89	0.50	1.83	1.55	4.27	0.98	0.26	1.84	1.60	正态分布	1.89	1.63	1.43
Corg	1677	0.73	0.93	1.33	1.74	2.16	2.68	2.98	1.76	0.64	1.63	1.71	3.47	0.20	0.37	1.74	1.45	剔除后正态分布	1.76	1.31	1.31
pH	1591	4.40	4.51	4.73	4.98	5.26	5.62	5.83	4.84	4.85	5.02	2.55	6.32	3.86	1.00	4.98	4.91	剔除后对数分布	5.02	5.10	5.10

第四章 土壤元素背景值

表 4-4 路桥区土壤元素背景值参数统计表

元素/指标	N	$X_{5\%}$	$X_{10\%}$	$X_{25\%}$	$X_{50\%}$	$X_{75\%}$	$X_{90\%}$	$X_{95\%}$	$\overline{X}$	S	$\overline{X}_g$	S_g	X_{max}	X_{min}	CV	X_{me}	X_{mo}	分布类型	路桥区背景值	台州市背景值	浙江省背景值
Ag	61	75.0	78.0	96.0	139	208	286	311	157	77.8	140	18.03	370	64.0	0.50	139	142	剔除后正态分布	157	76.0	100.0
As	1377	4.53	5.13	6.42	8.74	10.40	12.42	13.22	8.66	2.68	8.22	3.37	15.61	2.32	0.31	8.74	11.30	其他分布	11.30	10.10	10.10
Au	62	1.71	1.91	2.70	3.75	5.78	11.53	13.14	5.26	4.52	4.12	2.91	22.50	1.40	0.86	3.75	2.70	对数正态分布	4.12	2.00	1.50
B	1305	45.84	51.2	58.4	65.1	71.6	77.9	81.2	64.7	10.43	63.8	10.89	92.7	35.39	0.16	65.1	68.0	剔除后正态分布	64.7	16.00	20.00
Ba	62	462	466	487	522	564	596	610	529	50.00	527	36.78	658	433	0.09	522	466	正态分布	529	506	475
Be	62	2.16	2.31	2.50	2.66	2.75	2.84	2.89	2.61	0.25	2.59	1.75	3.08	1.64	0.10	2.66	2.65	正态分布	2.61	2.12	2.00
Bi	62	0.38	0.39	0.44	0.50	0.58	0.76	0.82	0.54	0.14	0.52	1.55	0.98	0.35	0.26	0.50	0.47	正态分布	0.54	0.22	0.28
Br	62	4.80	5.21	6.40	7.35	8.60	10.82	12.53	7.60	2.15	7.31	3.28	13.10	3.30	0.28	7.35	7.60	正态分布	7.60	4.57	2.20
Cd	1224	0.12	0.14	0.17	0.20	0.25	0.31	0.35	0.21	0.07	0.20	2.56	0.44	0.04	0.33	0.20	0.20	剔除后正态分布	0.20	0.14	0.14
Ce	62	63.8	67.8	72.5	77.8	86.8	94.8	96.5	79.7	10.35	79.1	12.35	104	59.2	0.13	77.8	80.3	正态分布	79.7	83.6	102
Cl	62	70.1	77.1	85.2	102	122	154	179	110	34.49	105	14.82	245	67.0	0.31	102	82.0	正态分布	110	82.0	71.0
Co	1274	12.15	13.17	15.11	16.54	17.49	18.44	18.91	16.18	2.05	16.04	4.91	21.87	10.10	0.13	16.54	16.23	其他分布	16.23	17.80	14.80
Cr	1236	84.8	88.0	93.0	98.8	104	108	112	98.5	8.10	98.1	14.19	122	73.2	0.08	98.8	102	剔除后正态分布	98.5	101	82.0
Cu	1247	25.50	29.17	34.11	38.82	45.84	55.5	62.4	40.56	10.74	39.12	8.60	73.4	11.17	0.26	38.82	44.20	其他分布	44.20	13.00	16.00
F	62	431	472	577	647	719	752	788	627	124	611	40.35	850	170	0.20	647	647	正态分布	627	463	453
Ga	62	14.74	16.46	18.18	19.45	20.40	20.88	21.00	19.02	1.97	18.91	5.46	22.90	13.40	0.10	19.45	20.10	正态分布	19.02	17.48	16.00
Ge	1392	1.19	1.23	1.32	1.41	1.50	1.57	1.62	1.41	0.13	1.40	1.24	1.80	0.92	0.10	1.41	1.44	正态分布	1.41	1.44	1.44
Hg	1345	0.05	0.05	0.06	0.10	0.15	0.20	0.23	0.12	0.06	0.10	3.67	0.30	0.03	0.50	0.10	0.13	其他分布	0.13	0.11	0.110
I	62	1.16	1.26	1.95	2.81	4.69	5.83	9.19	3.49	2.28	2.91	2.34	10.32	1.07	0.65	2.81	1.95	正态分布	3.49	1.85	1.70
La	62	32.10	34.10	38.00	41.00	44.00	48.90	51.0	41.10	6.05	40.63	8.44	57.0	22.00	0.15	41.00	42.00	正态分布	41.10	43.90	41.00
Li	60	33.85	37.00	47.00	54.00	57.0	60.1	62.0	51.2	8.80	50.3	9.64	63.0	29.00	0.17	54.0	54.0	偏峰分布	54.0	25.00	25.00
Mn	1392	403	473	648	843	1030	1175	1266	844	275	796	45.96	2168	133	0.33	843	1008	正态分布	844	337	440
Mo	1274	0.47	0.51	0.57	0.64	0.72	0.81	0.89	0.65	0.12	0.64	1.37	1.04	0.30	0.19	0.64	0.65	剔除后对数分布	0.64	0.62	0.66
N	1374	0.87	1.00	1.36	1.87	2.32	2.80	3.05	1.88	0.67	1.75	1.74	3.74	0.32	0.36	1.87	1.88	其他分布	1.88	1.37	1.28
Nb	62	17.01	17.30	17.70	18.15	19.18	19.49	20.19	18.40	1.09	18.37	5.33	22.80	16.50	0.06	18.15	17.70	正态分布	18.40	20.20	16.83
Ni	1254	33.54	36.01	40.00	42.79	45.07	47.18	48.78	42.21	4.41	41.96	8.61	53.9	29.09	0.10	42.79	41.80	其他分布	41.80	10.10	35.00
P	1312	0.45	0.53	0.73	0.92	1.21	1.52	1.74	0.99	0.38	0.91	1.55	2.12	0.05	0.39	0.92	1.04	其他分布	1.04	0.59	0.60
Pb	1288	28.95	30.59	33.77	38.01	43.91	51.6	57.0	39.62	8.22	38.83	8.65	65.1	19.42	0.21	38.01	31.00	剔除后对数分布	38.83	34.00	32.00

续表 4-4

元素/指标	N	$X_{5\%}$	$X_{10\%}$	$X_{25\%}$	$X_{50\%}$	$X_{75\%}$	$X_{90\%}$	$X_{95\%}$	$\bar{X}$	S	$\bar{X}_g$	S_g	X_{max}	X_{min}	CV	X_{me}	X_{mo}	分布类型	路桥区背景值	台州市背景值	浙江省背景值
Rb	62	113	122	129	135	140	144	150	134	10.24	134	16.78	159	109	0.08	135	138	正态分布	134	130	120
S	62	226	282	326	393	458	502	518	393	108	378	31.25	868	166	0.28	393	393	正态分布	393	274	248
Sb	62	0.66	0.69	0.75	0.86	1.06	1.61	2.05	1.07	0.65	0.97	1.47	5.07	0.60	0.60	0.86	1.06	对数正态分布	0.97	0.53	0.53
Sc	62	8.61	9.03	11.20	12.55	13.00	14.08	14.59	12.02	1.86	11.87	4.18	15.30	7.20	0.15	12.55	12.80	正态分布	12.02	8.49	8.70
Se	1321	0.14	0.15	0.18	0.21	0.24	0.27	0.30	0.21	0.05	0.21	2.45	0.34	0.08	0.22	0.21	0.20	剔除后正态分布	0.21	0.15	0.21
Sn	62	3.21	3.41	3.90	5.65	7.07	8.65	9.40	6.48	6.21	5.56	2.96	51.5	2.80	0.96	5.65	6.10	剔除后正态分布	5.56	3.50	3.60
Sr	57	79.0	89.4	102	109	112	121	132	107	13.64	106	14.51	134	73.0	0.13	109	111	正态分布	107	109	105
Th	62	11.81	12.01	12.95	13.95	14.50	15.19	15.99	13.77	1.44	13.69	4.52	18.40	9.10	0.10	13.95	14.00	其他分布	13.77	13.42	13.30
Ti	56	4056	4411	5006	5136	5248	5372	5436	5031	375	5016	134	5446	4018	0.07	5136	5123	其他分布	5123	4018	4665
Tl	62	0.69	0.72	0.75	0.82	0.90	0.96	0.99	0.84	0.13	0.83	1.19	1.60	0.63	0.16	0.82	0.83	正态分布	0.84	0.84	0.70
U	62	2.30	2.40	2.52	2.70	2.90	3.19	3.39	2.76	0.37	2.74	1.80	4.20	2.20	0.13	2.70	2.70	对数正态分布	2.74	2.60	2.90
V	1255	97.3	102	109	114	118	123	125	113	8.02	113	15.23	135	88.9	0.07	114	113	偏峰分布	113	115	106
W	62	1.74	1.80	1.94	2.11	2.24	2.52	2.75	2.19	0.60	2.14	1.62	6.10	1.47	0.27	2.11	2.19	对数正态分布	2.14	1.85	1.80
Y	51	28.00	28.00	29.00	29.00	30.00	31.00	31.00	29.45	0.97	29.44	6.98	31.00	28.00	0.03	29.00	29.00	其他分布	29.00	29.00	25.00
Zn	1294	89.8	99.0	109	124	143	161	173	127	25.53	124	16.56	205	53.5	0.20	124	129	剔除后正态分布	124	102	101
Zr	62	186	187	190	194	201	223	226	199	14.82	199	20.93	249	179	0.07	194	200	对数正态分布	199	197	243
SiO$_2$	62	60.6	61.7	62.8	65.8	68.6	72.1	75.8	66.4	4.78	66.3	11.14	80.6	57.4	0.07	65.8	66.7	正态分布	66.4	71.2	71.3
Al$_2$O$_3$	62	11.43	12.65	13.76	14.52	14.95	15.23	15.37	14.17	1.12	14.13	4.61	15.59	10.74	0.08	14.52	14.35	正态分布	14.17	13.83	13.20
TFe$_2$O$_3$	62	3.00	3.57	4.49	5.41	6.04	6.24	6.34	5.15	1.13	4.99	2.64	6.64	1.76	0.22	5.41	6.24	正态分布	5.15	3.51	3.74
MgO	62	0.48	0.72	1.13	1.40	1.95	2.21	2.28	1.48	0.57	1.35	1.67	2.57	0.27	0.39	1.40	2.04	对数正态分布	1.48	0.62	0.50
CaO	62	0.35	0.50	0.57	0.84	1.12	2.08	3.07	1.05	0.75	0.88	1.78	3.44	0.29	0.72	0.84	0.92	正态分布	0.88	0.24	0.24
Na$_2$O	62	0.71	0.78	0.96	1.05	1.12	1.18	1.22	1.02	0.16	1.00	1.19	1.31	0.53	0.16	1.05	1.05	对数正态分布	1.02	0.83	0.19
K$_2$O	1325	2.54	2.61	2.72	2.82	2.91	2.99	3.04	2.81	0.15	2.81	1.81	3.21	2.40	0.05	2.82	2.84	正态分布	2.81	2.82	2.35
TC	62	1.49	1.61	1.80	2.12	2.36	2.69	2.87	2.10	0.44	2.05	1.60	3.26	1.12	0.21	2.12	1.71	剔除后正态分布	2.10	1.63	1.43
Corg	1365	0.71	0.82	1.18	1.69	2.09	2.68	2.99	1.70	0.68	1.56	1.73	3.53	0.34	0.40	1.69	1.72	其他分布	1.72	1.31	1.31
pH	1392	4.77	5.03	5.61	6.48	7.97	8.29	8.39	5.47	5.03	6.63	2.91	8.83	3.87	0.92	6.48	8.09	其他分布	8.09	5.10	5.10

在土壤各元素/指标中,大多数元素/指标变异系数小于0.40,分布相对均匀;Ag、Hg、Sb、I、CaO、Au、pH、Sn变异系数大于0.40,其中Au、pH、Sn变异系数大于0.80,空间变异性较大。

与台州市土壤元素背景值相比,路桥区土壤元素背景值中无明显偏低元素/指标,Be、Cl、F、N、Ti、Na_2O、TC、Corg背景值略高于台州市背景值,是台州市背景值的1.2~1.4倍;Ag、Au、B、Bi、Br、Cd、Cu、Li、Mn、Ni、P、S、Sb、Sc、Sn、TFe_2O_3、MgO、CaO、Se背景值明显高于台州市背景值,是台州市背景值的1.4倍以上;其他元素/指标背景值则与台州市背景值基本接近。

与浙江省土壤元素背景值相比,路桥区土壤元素背景值中Ce背景值略低于浙江省背景值,是浙江省背景值的78%;Be、Cr、F、Pb、Sc、Tl、Zn、TFe_2O_3、Corg背景值略高于浙江省背景值,与浙江省背景值比值在1.2~1.4之间;Ag、Au、B、Bi、Br、Cd、Cl、Cu、I、Li、Mn、N、P、S、Sb、Sn、MgO、CaO、Na_2O、TC背景值明显高于浙江省背景值,与浙江省背景值比值均在1.4以上;其他元素/指标背景值则与浙江省背景值基本接近。

五、临海市土壤元素背景值

临海市土壤元素背景值数据经正态分布检验,结果表明,原始数据中Be、Ce、Ga、Rb、Th、Al_2O_3、Na_2O符合正态分布,Ag、Au、Bi、Br、Cl、F、I、La、Li、N、Nb、Sb、Sc、Sn、Sr、W、TFe_2O_3、MgO、CaO、TC、Corg符合对数正态分布,Ba、Ge、Tl、U、Zr剔除异常值后符合正态分布,Ti剔除异常值后符合对数正态分布,其他元素/指标不符合正态分布或对数正态分布(表4-5)。

临海市表层土壤总体呈酸性,土壤pH背景值为5.10,极大值为7.97,极小值为3.58,与台州市背景值和浙江省背景值相同。

在土壤各元素/指标中,多半元素/指标变异系数小于0.40,分布相对均匀;Cd、Sn、P、Na_2O、V、Hg、Sr、Mn、As、Co、B、Cu、MgO、Ag、W、Cr、Ni、Br、Au、pH、Bi、CaO、I共23项元素/指标变异系数大于0.40,其中Br、Au、pH、Bi、CaO、I变异系数大于0.80,空间变异性较大。

与台州市土壤元素背景值相比,临海市土壤元素背景值中Cr背景值明显低于台州市背景值,为台州市背景值的26%;Sr背景值略低于台州市背景值,是台州市背景值的60%~80%;Ag、Ba、Li、Mn背景值略高于台州市背景值,是台州市背景值的1.2~1.4倍;B、Bi、I、Zr、CaO背景值明显高于台州市背景值,是台州市背景值的1.4倍以上;其他元素/指标背景值则与台州市背景值基本接近。

与浙江省土壤元素背景值相比,临海市土壤元素背景值中Cr、Ni背景值明显低于浙江省背景值,均低于浙江省背景值的60%;Se背景值略低于浙江省背景值,是浙江省背景值的71%;Ba、Li、Nb、Tl、Zr、MgO、K_2O背景值略高于浙江省背景值,与浙江省背景值比值在1.2~1.4之间;Br、I、CaO、Na_2O背景值明显高于浙江省背景值,是浙江省背景值的1.4倍以上;其他元素/指标背景值则与浙江省背景值基本接近。

六、温岭市土壤元素背景值

温岭市土壤元素背景值数据经正态分布检验,结果表明,原始数据中Ga、Ge、Rb、Sc、Th、Tl、SiO_2符合正态分布,Ag、Au、Bi、Br、I、N、S、Sb、Sn、U、W、CaO、TC符合对数正态分布,Ce、Cl剔除异常值后符合正态分布,La、P剔除异常值后符合对数正态分布,其他元素/指标不符合正态分布或对数正态分布(表4-6)。

温岭市表层土壤总体呈酸性,土壤pH背景值为5.10,极大值为8.96,极小值为4.05,与台州市背景值和浙江省背景值相同。

在土壤各元素/指标中,绝大多数元素/指标变异系数小于0.40,分布相对均匀;Cr、Hg、B、Ni、MgO、Br、Sb、Sn、I、CaO、Ag、pH、Au共13项元素/指标变异系数大于0.40,其中Au、pH、Ag变异系数大于0.80,空间变异性较大。

表 4-5 临海市土壤元素背景值参数统计表

元素/指标	N	$X_{5\%}$	$X_{10\%}$	$X_{25\%}$	$X_{50\%}$	$X_{75\%}$	$X_{90\%}$	$X_{95\%}$	$\bar{X}$	S	$\bar{X}_g$	S_g	X_{max}	X_{min}	CV	X_{me}	X_{mo}	分布类型	临海市背景值	台州市背景值	浙江省背景值
Ag	529	58.0	64.8	78.0	99.0	130	175	218	116	72.5	104	15.36	952	28.00	0.63	99.0	106	对数正态分布	104	76.0	100.0
As	5866	2.08	2.60	3.61	5.27	8.68	11.00	12.20	6.18	3.22	5.36	3.06	16.30	0.79	0.52	5.27	10.20	其他分布	10.20	10.10	10.10
Au	529	0.70	0.79	1.05	1.60	2.30	3.40	4.64	2.04	1.97	1.64	1.99	21.20	0.41	0.97	1.60	2.10	对数正态分布	1.64	2.00	1.50
B	5929	11.70	13.80	19.20	28.60	52.5	66.2	71.4	35.46	20.17	29.92	7.95	98.8	1.94	0.57	28.60	20.10	其他分布	20.10	16.00	20.00
Ba	523	402	449	514	612	738	855	910	631	158	611	39.72	1060	240	0.25	612	620	剔除后正态分布	631	506	475
Be	529	1.68	1.80	2.00	2.23	2.49	2.74	2.91	2.26	0.39	2.23	1.67	4.12	1.23	0.17	2.23	2.32	正态分布	2.26	2.12	2.00
Bi	529	0.18	0.20	0.23	0.30	0.41	0.54	0.74	0.38	0.39	0.32	2.20	7.04	0.14	1.03	0.30	0.23	对数正态分布	0.32	0.22	0.28
Br	529	2.14	2.40	2.90	4.30	7.10	11.30	16.42	6.06	5.27	4.79	3.23	34.90	1.70	0.87	4.30	2.70	其他分布	4.79	4.57	2.20
Cd	5254	0.05	0.08	0.12	0.15	0.19	0.24	0.27	0.16	0.06	0.14	3.30	0.36	0.004	0.41	0.15	0.15	其他分布	0.15	0.14	0.14
Ce	529	65.4	69.8	78.8	90.8	104	118	126	92.4	20.70	90.1	13.83	197	28.70	0.22	90.8	95.6	正态分布	92.4	83.6	102
Cl	529	53.7	59.0	69.0	82.0	100.0	127	146	88.4	31.33	84.1	13.12	331	37.90	0.35	82.0	76.0	对数正态分布	84.1	82.0	71.0
Co	5909	3.15	3.70	5.00	7.90	15.20	17.60	18.40	9.66	5.45	8.11	3.83	30.40	0.55	0.56	7.90	17.40	其他分布	17.40	17.80	14.80
Cr	5914	9.20	12.00	18.20	28.90	78.5	89.9	93.6	42.92	30.83	32.39	8.71	166	5.00	0.72	28.90	26.00	其他分布	26.00	101	82.0
Cu	5845	5.20	7.40	11.31	19.45	32.10	37.90	44.30	22.14	12.81	18.09	6.28	64.1	1.00	0.58	19.45	12.80	其他分布	12.80	13.00	16.00
F	529	317	336	378	445	526	624	675	466	137	451	34.80	2276	223	0.29	445	445	对数正态分布	451	463	453
Ga	529	12.99	13.70	15.23	16.91	18.80	20.70	21.92	17.07	2.78	16.85	5.21	26.90	10.03	0.16	16.91	16.60	正态分布	17.07	17.48	16.00
Ge	5817	1.25	1.31	1.40	1.51	1.61	1.71	1.77	1.51	0.15	1.50	1.30	1.95	1.07	0.10	1.51	1.48	剔除后正态分布	1.51	1.44	1.44
Hg	5681	0.03	0.04	0.05	0.07	0.10	0.14	0.16	0.08	0.04	0.07	4.47	0.19	0.001	0.48	0.07	0.11	其他分布	0.11	0.11	0.110
I	529	0.77	0.94	1.35	2.35	4.90	8.97	11.14	4.06	4.77	2.67	3.00	42.33	0.46	1.17	2.35	1.85	对数正态分布	2.67	1.85	1.70
La	529	31.70	34.88	41.00	48.00	56.00	64.0	69.8	49.24	12.56	47.63	9.55	111	14.00	0.26	48.00	50.00	对数正态分布	47.63	43.90	41.00
Li	529	19.04	21.00	24.00	29.42	36.00	51.0	54.0	32.06	10.71	30.46	7.62	61.0	15.99	0.33	29.42	21.00	对数正态分布	30.46	25.00	25.00
Mn	5873	204	251	370	584	893	1081	1189	641	324	555	39.39	1688	61.0	0.51	584	408	其他分布	408	337	440
Mo	5410	0.46	0.51	0.59	0.70	0.90	1.17	1.31	0.77	0.26	0.73	1.44	1.59	0.25	0.33	0.70	0.60	正态分布	0.60	0.62	0.66
N	5932	0.64	0.77	0.98	1.27	1.65	2.04	2.32	1.36	0.53	1.26	1.55	4.04	0.31	0.39	1.27	1.08	其他分布	1.26	1.37	1.28
Nb	529	17.41	18.10	19.90	22.50	25.57	28.99	32.58	23.58	6.20	22.98	6.29	80.8	11.71	0.26	22.50	17.70	对数正态分布	22.98	20.20	16.83
Ni	5913	4.37	5.21	7.40	11.12	34.60	42.08	44.30	18.69	14.58	13.64	5.60	71.8	1.55	0.78	11.12	10.30	其他分布	10.30	10.10	35.00
P	5729	0.30	0.39	0.55	0.75	1.02	1.27	1.44	0.80	0.34	0.72	1.67	1.81	0.10	0.43	0.75	0.63	其他分布	0.63	0.59	0.60
Pb	5386	23.50	26.10	29.70	34.40	40.90	49.80	55.4	36.05	9.32	34.92	8.13	64.9	12.40	0.26	34.40	31.00	其他分布	31.00	34.00	32.00

续表 4-5

元素/指标	N	$X_{5\%}$	$X_{10\%}$	$X_{25\%}$	$X_{50\%}$	$X_{75\%}$	$X_{90\%}$	$X_{95\%}$	$\bar{X}$	S	$\bar{X}_g$	S_g	X_{max}	X_{min}	CV	X_{me}	X_{mo}	分布类型	临海市背景值	台州市背景值	浙江省背景值
Rb	529	100.0	103	113	123	132	141	146	123	15.33	122	16.01	187	71.4	0.12	123	129	正态分布	123	130	120
S	506	159	181	225	273	341	410	468	288	88.9	274	26.68	524	120	0.31	273	238	偏峰分布	238	274	248
Sb	529	0.42	0.44	0.49	0.57	0.66	0.79	0.89	0.60	0.16	0.58	1.47	1.64	0.29	0.27	0.57	0.53	对数正态分布	0.58	0.53	0.53
Sc	529	4.89	5.65	6.60	8.00	10.00	12.70	13.50	8.54	2.65	8.16	3.55	16.80	3.54	0.31	8.00	8.70	对数正态分布	8.16	8.49	8.70
Se	5457	0.13	0.14	0.17	0.22	0.27	0.33	0.38	0.23	0.08	0.22	2.50	0.46	0.07	0.33	0.22	0.15	其他分布	0.15	0.15	0.21
Sn	529	2.40	2.59	2.97	3.50	4.30	5.51	6.47	3.90	1.61	3.68	2.31	17.50	1.80	0.41	3.50	3.30	对数正态分布	3.68	3.50	3.60
Sr	529	35.40	44.39	59.2	89.0	117	152	182	95.2	46.30	84.8	12.85	317	26.00	0.49	89.0	111	对数正态分布	84.8	109	105
Th	511	10.20	10.95	12.33	13.50	14.63	15.91	17.04	13.49	2.17	13.31	4.50	22.84	5.20	0.16	13.50	13.50	正态分布	13.49	13.42	13.30
Ti	502	3274	3463	3760	4168	4940	5396	5659	4334	767	4268	125	6700	2413	0.18	4168	4010	剔除后对数分布	4268	4018	4665
Tl	502	0.64	0.68	0.75	0.85	0.93	1.05	1.10	0.85	0.14	0.84	1.22	1.24	0.50	0.17	0.85	0.88	剔除后正态分布	0.85	0.84	0.70
U	502	2.38	2.50	2.74	3.00	3.33	3.70	3.90	3.05	0.47	3.02	1.91	4.30	1.80	0.15	3.00	3.10	剔除后正态分布	3.05	2.60	2.90
V	5913	31.30	35.10	44.30	66.1	109	119	124	74.2	33.70	66.4	11.68	205	10.30	0.45	66.1	118	其他分布	118	115	106
W	529	1.49	1.58	1.72	1.91	2.19	2.55	2.79	2.05	1.32	1.97	1.57	30.68	1.11	0.64	1.91	1.98	对数正态分布	1.97	1.85	1.80
Y	525	20.00	21.08	23.30	26.50	30.00	32.82	34.00	26.77	4.41	26.41	6.83	40.00	16.00	0.16	26.50	29.00	其他分布	29.00	29.00	25.00
Zn	5726	47.36	54.3	69.0	89.5	107	119	129	88.5	25.59	84.6	13.37	167	16.40	0.29	89.5	102	剔除后正态分布	102	102	101
Zr	509	212	248	291	319	356	387	409	320	54.2	315	27.54	457	194	0.17	319	311	偏峰分布	320	197	243
SiO_2	527	62.6	63.7	68.3	73.4	76.2	78.5	79.7	72.2	5.38	72.0	11.77	84.3	57.0	0.07	73.4	72.5	正态分布	72.5	71.2	71.3
Al_2O_3	529	10.43	11.03	12.19	13.36	14.72	16.32	17.05	13.53	2.01	13.38	4.52	19.89	7.51	0.15	13.36	12.48	对数正态分布	13.53	13.83	13.20
TFe_2O_3	529	2.25	2.42	2.76	3.28	4.10	5.56	5.94	3.62	1.26	3.44	2.22	11.58	1.90	0.35	3.28	2.87	对数正态分布	3.44	3.51	3.74
MgO	529	0.34	0.37	0.45	0.59	0.84	1.33	1.84	0.73	0.44	0.64	1.73	2.44	0.24	0.60	0.59	0.46	对数正态分布	0.64	0.62	0.50
CaO	529	0.12	0.15	0.21	0.35	0.65	1.01	1.38	0.52	0.54	0.37	2.66	4.06	0.06	1.04	0.35	0.24	对数正态分布	0.37	0.37	0.24
Na_2O	529	0.28	0.37	0.57	0.85	1.11	1.34	1.48	0.86	0.37	0.76	1.75	2.15	0.12	0.44	0.85	0.76	正态分布	0.86	0.83	0.19
K_2O	5566	2.12	2.30	2.58	2.84	3.06	3.42	3.61	2.84	0.42	2.81	1.83	3.87	1.79	0.15	2.84	2.91	其他分布	2.91	2.82	2.35
TC	527	0.97	1.10	1.31	1.63	1.95	2.42	2.85	1.71	0.60	1.61	1.58	5.00	0.36	0.35	1.63	1.31	对数正态分布	1.61	1.63	1.43
Corg	4376	0.70	0.81	1.05	1.35	1.72	2.15	2.46	1.43	0.55	1.33	1.56	5.24	0.24	0.38	1.35	1.23	对数正态分布	1.33	1.31	1.31
pH	5122	4.37	4.53	4.80	5.09	5.45	6.46	7.42	4.88	4.73	5.28	2.64	7.97	3.58	0.97	5.09	5.10	其他分布	5.10	5.10	5.10

表 4-6 温岭市土壤元素背景值参数统计表

元素/指标	N	$X_{5\%}$	$X_{10\%}$	$X_{25\%}$	$X_{50\%}$	$X_{75\%}$	$X_{90\%}$	$X_{95\%}$	$\overline{X}$	S	$\overline{X}_g$	S_g	X_{max}	X_{min}	CV	X_{me}	X_{mo}	分布类型	温岭市背景值	台州市背景值	浙江省背景值
Ag	219	64.8	73.0	89.5	124	184	283	320	161	152	134	17.44	1690	46.00	0.95	124	76.0	对数正态分布	134	76.0	100.0
As	3649	3.54	4.38	5.60	7.17	10.50	12.90	13.90	8.05	3.26	7.39	3.34	17.80	1.00	0.40	7.17	10.10	其他分布	10.10	10.10	10.10
Au	219	1.60	1.70	1.96	2.60	4.35	6.72	8.52	3.91	6.77	3.02	2.36	97.9	1.00	1.73	2.60	2.20	对数正态分布	3.02	2.00	1.50
B	3661	13.36	17.16	27.85	55.6	70.3	81.4	89.3	51.7	24.66	44.31	9.76	132	6.11	0.48	55.6	25.00	其他分布	25.00	16.00	20.00
Ba	209	474	483	503	578	682	825	882	611	133	598	40.70	1000	356	0.22	578	505	其他分布	505	506	475
Be	219	1.71	1.85	2.21	2.59	2.73	2.82	2.89	2.46	0.37	2.43	1.70	3.05	1.56	0.15	2.59	2.61	对数正态分布	2.61	2.12	2.00
Bi	219	0.30	0.33	0.38	0.44	0.49	0.59	0.69	0.46	0.14	0.44	1.72	1.52	0.25	0.30	0.44	0.45	其他分布	0.44	0.22	0.28
Br	219	3.40	3.78	4.40	5.50	6.85	8.42	10.11	6.13	3.57	5.64	2.87	42.77	2.40	0.58	5.50	5.90	对数正态分布	5.64	4.57	2.20
Cd	3286	0.10	0.11	0.14	0.17	0.22	0.27	0.31	0.18	0.06	0.17	2.85	0.38	0.02	0.34	0.17	0.16	其他分布	0.16	0.14	0.14
Ce	212	69.2	70.2	74.6	80.2	88.2	94.7	98.9	81.8	9.75	81.3	12.64	111	56.0	0.12	80.2	79.2	剔除后正态分布	81.8	83.6	102
Cl	207	69.0	73.0	81.0	92.0	102	113	119	91.8	15.69	90.5	13.52	135	49.40	0.17	92.0	93.0	剔除后正态分布	91.8	82.0	71.0
Co	3663	4.52	5.35	8.14	14.20	17.30	18.70	19.50	12.91	5.07	11.65	4.40	24.60	2.43	0.39	14.20	16.40	其他分布	16.40	17.80	14.80
Cr	3655	23.59	27.90	40.75	81.0	94.0	103	109	71.2	29.65	63.3	11.50	168	4.26	0.42	81.0	103	其他分布	103	101	82.0
Cu	3497	12.60	15.60	23.20	30.60	35.40	40.64	44.90	29.47	9.46	27.69	7.14	55.1	6.93	0.32	30.60	33.40	偏峰分布	33.40	13.00	16.00
F	219	277	325	420	553	650	753	762	538	154	514	36.22	871	191	0.29	553	627	正态分布	627	463	453
Ga	219	14.39	15.68	17.00	18.60	20.05	21.20	21.81	18.51	2.19	18.38	5.37	24.70	12.60	0.12	18.60	17.90	正态分布	18.51	17.48	16.00
Ge	3665	1.16	1.23	1.33	1.45	1.57	1.67	1.74	1.45	0.18	1.44	1.28	2.26	0.73	0.12	1.45	1.53	正态分布	1.45	1.44	1.44
Hg	3497	0.05	0.06	0.07	0.09	0.13	0.17	0.19	0.10	0.04	0.09	3.78	0.24	0.03	0.42	0.09	0.12	对数正态分布	0.12	0.11	0.110
I	219	1.35	1.59	2.01	2.99	4.52	7.37	8.53	3.83	2.61	3.21	2.46	18.00	1.16	0.68	2.99	1.96	其他分布	3.21	1.85	1.70
La	206	35.00	36.20	39.00	41.50	45.00	48.50	50.9	42.07	4.88	41.80	8.62	56.0	31.00	0.12	41.50	42.00	剔除后正态分布	41.80	43.90	41.00
Li	219	20.00	21.80	29.00	45.00	56.0	61.0	62.0	43.09	14.69	40.20	8.54	67.0	14.00	0.34	45.00	55.0	其他分布	55.0	25.00	25.00
Mn	3644	353	423	561	841	1064	1206	1315	829	311	764	45.72	1815	184	0.38	841	471	其他分布	471	337	440
Mo	3310	0.50	0.53	0.61	0.73	0.91	1.17	1.32	0.79	0.25	0.76	1.40	1.60	0.35	0.32	0.73	0.65	对数正态分布	0.65	0.62	0.66
N	3665	0.79	0.92	1.18	1.55	2.04	2.58	2.95	1.67	0.67	1.54	1.65	4.94	0.23	0.40	1.55	1.23	其他分布	1.54	1.37	1.28
Nb	208	17.20	17.60	17.90	18.40	19.12	20.43	21.10	18.68	1.13	18.65	5.40	21.80	15.80	0.06	18.40	18.40	其他分布	18.40	20.20	16.83
Ni	3661	5.21	6.80	11.40	34.90	42.10	46.04	48.20	29.05	15.61	23.01	7.14	78.2	2.27	0.54	34.90	43.10	其他分布	43.10	10.10	35.00
P	3515	0.35	0.47	0.66	0.89	1.15	1.40	1.58	0.92	0.36	0.84	1.59	1.95	0.08	0.40	0.89	0.92	剔除后对数分布	0.92	0.59	0.60
Pb	3420	28.70	30.00	32.20	35.70	41.60	48.60	52.5	37.55	7.40	36.87	8.26	60.7	16.60	0.20	35.70	31.00	其他分布	31.00	34.00	32.00

续表 4-6

元素/指标	N	$X_{5\%}$	$X_{10\%}$	$X_{25\%}$	$X_{50\%}$	$X_{75\%}$	$X_{90\%}$	$X_{95\%}$	$\overline{X}$	S	$\overline{X}_g$	S_g	X_{max}	X_{min}	CV	X_{me}	X_{mo}	分布类型	温岭市背景值	台州市背景值	浙江省背景值
Rb	219	114	118	125	133	139	145	146	132	9.91	132	16.68	162	107	0.08	133	134	正态分布	132	130	120
S	219	207	237	268	328	402	498	532	344	102	329	28.41	700	149	0.30	328	339	对数正态分布	329	274	248
Sb	219	0.49	0.51	0.58	0.74	0.89	1.03	1.38	0.82	0.49	0.76	1.49	5.71	0.43	0.59	0.74	0.85	对数正态分布	0.76	0.53	0.53
Sc	219	5.19	6.20	8.15	10.80	12.80	14.02	14.81	10.41	3.05	9.85	3.86	17.00	0.50	0.29	10.80	13.20	正态分布	10.41	8.49	8.70
Se	3500	0.19	0.20	0.23	0.28	0.35	0.43	0.47	0.30	0.09	0.29	2.10	0.56	0.06	0.29	0.28	0.28	其他分布	0.28	0.15	0.21
Sn	219	2.80	3.20	3.90	4.70	6.40	8.56	9.67	5.62	3.63	5.08	2.78	46.80	2.30	0.65	4.70	4.30	对数正态分布	5.08	3.50	3.60
Sr	218	54.3	61.9	82.0	103	115	122	128	97.4	23.64	94.0	14.02	150	34.21	0.24	103	114	偏峰分布	114	109	105
Th	219	10.99	11.80	12.80	13.90	15.05	16.30	16.80	13.90	1.86	13.78	4.60	18.70	7.70	0.13	13.90	13.30	正态分布	13.90	13.42	13.30
Ti	219	3275	3528	4049	4957	5244	5346	5388	4649	729	4585	128	5672	2502	0.16	4957	5261	其他分布	5261	4018	4665
Tl	219	0.65	0.68	0.73	0.81	0.90	1.01	1.06	0.83	0.14	0.82	1.22	1.57	0.58	0.17	0.81	0.77	正态分布	0.83	0.84	0.70
U	219	2.20	2.30	2.60	2.90	3.40	3.82	4.01	3.01	0.60	2.95	1.95	4.90	1.70	0.20	2.90	2.60	对数正态分布	2.95	2.60	2.90
V	3664	34.00	40.63	57.5	102	114	121	124	88.6	31.37	81.5	13.04	197	15.90	0.35	102	110	其他分布	110	115	106
W	219	1.59	1.67	1.81	1.95	2.17	2.48	2.96	2.05	0.45	2.02	1.57	4.96	1.36	0.22	1.95	1.91	对数正态分布	2.02	1.85	1.80
Y	215	19.00	21.00	25.95	29.00	30.00	30.80	31.00	27.20	3.69	26.92	6.63	34.30	18.00	0.14	29.00	29.00	其他分布	29.00	29.00	25.00
Zn	3479	63.9	72.8	89.5	103	115	129	137	102	21.21	100.0	14.51	159	48.20	0.21	103	102	其他分布	102	102	101
Zr	218	183	187	200	222	295	331	355	249	58.9	242	24.21	407	170	0.24	222	209	其他分布	209	197	243
SiO_2	219	59.3	61.6	65.0	68.5	72.2	75.3	77.3	68.4	5.21	68.2	11.46	80.3	53.5	0.08	68.5	65.7	正态分布	68.4	71.2	71.3
Al_2O_3	210	11.96	12.66	13.57	14.41	15.04	15.51	15.68	14.22	1.15	14.18	4.62	16.85	11.12	0.08	14.41	14.40	偏峰分布	14.40	13.83	13.20
TFe_2O_3	219	2.47	2.67	3.25	4.59	5.68	6.23	6.47	4.52	1.33	4.31	2.43	7.05	2.01	0.29	4.59	6.47	其他分布	6.47	3.51	3.74
MgO	219	0.36	0.43	0.56	1.14	1.60	2.09	2.32	1.19	0.64	1.01	1.83	2.78	0.27	0.54	1.14	0.48	偏峰分布	0.48	0.62	0.50
CaO	219	0.25	0.28	0.41	0.65	0.88	1.33	2.02	0.77	0.58	0.63	1.98	3.47	0.13	0.75	0.65	0.77	对数正态分布	0.63	0.24	0.24
Na_2O	218	0.41	0.51	0.75	0.97	1.13	1.22	1.28	0.93	0.28	0.87	1.45	1.58	0.22	0.30	0.97	0.94	偏峰分布	0.94	0.83	0.19
K_2O	3368	2.37	2.48	2.64	2.82	2.99	3.16	3.30	2.82	0.27	2.81	1.82	3.59	2.06	0.10	2.82	2.83	其他分布	2.83	2.82	2.35
TC	219	1.30	1.38	1.56	1.78	2.17	2.56	2.74	1.90	0.48	1.85	1.52	4.42	1.09	0.25	1.78	1.69	对数正态分布	1.85	1.63	1.43
Corg	3574	0.86	0.95	1.17	1.47	1.90	2.33	2.57	1.56	0.52	1.48	1.54	3.07	0.26	0.33	1.47	1.40	偏峰分布	1.40	1.31	1.31
pH	3665	4.69	4.89	5.28	5.90	7.47	8.08	8.20	5.35	5.11	6.27	2.85	8.96	4.05	0.95	5.90	5.10	其他分布	5.10	5.10	5.10

与台州市土壤元素背景值相比,温岭市土壤元素背景值中 MgO 背景值略低于台州市背景值,为台州市背景值的77%;Be、Br、F、Mn、S、Sc、Ti 背景值略高于台州市背景值,是台州市背景值的1.2～1.4倍;Ag、Au、B、Bi、Cu、I、Li、Ni、P、Sb、Se、Sn、TFe_2O_3、CaO 背景值高于台州市背景值,是台州市背景值的 1.4 倍以上;其他元素/指标背景值则与台州市背景值基本接近。

与浙江省土壤元素背景值相比,温岭市土壤元素背景值中 Ag、B、Be、Cl、Cr、F、N、Ni、S、Se、K_2O、TC 背景值略高于浙江省背景值,与浙江省背景值比值在 1.2～1.4 之间;Au、Bi、Br、Cu、I、Li、P、Sb、Sn、TFe_2O_3、CaO、Na_2O 背景值明显高于浙江省背景值,与浙江省背景值比值均在 1.4 以上;其他元素/指标背景值则与浙江省背景值基本接近。

七、玉环市土壤元素背景值

玉环市土壤元素背景值数据经正态分布检验,结果表明,原始数据中 Ba、Bi、F、Ga、I、La、Li、Nb、Rb、Sc、Sr、Th、Ti、Tl、U、SiO_2、Al_2O_3、TFe_2O_3、MgO、Na_2O、TC 符合正态分布,Ag、As、Au、Br、Ce、Cu、Ge、Mn、P、Sb、Sn、W、Zr、CaO、Corg 符合对数正态分布,Cl、S、Zn 剔除异常值后符合正态分布,Cd、Mo、Pb 剔除异常值后符合对数正态分布,其他元素/指标不符合正态分布或对数正态分布(表 4-7)。

玉环市表层土壤总体呈酸性,土壤 pH 背景值为 5.10,极大值为 9.26,极小值为 4.05,与台州市背景值和浙江省背景值相同。

各元素/指标中,大多数元素/指标变异系数均在 0.40 以下,说明分布较为均匀;Ag、As、Au、B、Br、Cd、Co、Cr、Cu、Hg、I、Mo、Ni、P、Sn、V、MgO、CaO、pH 共 19 项元素/指标大于 0.40,CaO、Br、pH、Cu 变异系数不小于 0.80,空间变异性较大。

与台州市土壤元素背景值相比,玉环市土壤元素背景值中 As、Cr 背景值明显低于台州市背景值,为台州市背景值的 60%以下;B、Sr、Corg 背景值略低于台州市背景值,为台州市背景值的 60%～80%;Au、Ba、Br、Li、S、Sb、Th、Zr 背景值略高于台州市背景值,为台州市背景值的 1.2～1.4 倍;Bi、U、Cd、Se、I、Ag、CaO、B、Sn、MgO、Cu、Mn、Mo 背景值明显高于台州市背景值,是台州市背景值的 1.4 倍以上。

与浙江省土壤元素背景值相比,玉环市土壤元素背景值中 As、B、Cr、Ni 背景值偏低,为浙江省背景值的 60%以下;Corg 背景值略低于浙江省背景值,为浙江省背景值的 79%;Ba、Be、Li、Sb、Th、U、K_2O、TC 背景值略高于浙江省背景值,是浙江省背景值的1.2～1.4倍;Au、Bi、Br、Cd、Cu、I、Mn、Mo、S、Se、Sn、Tl、MgO、CaO、Na_2O 背景值明显高于浙江省背景值,是浙江省背景值的 1.4 倍以上;其他元素/指标背景值则与浙江省背景值基本接近。

八、天台县土壤元素背景值

天台县土壤元素背景值数据经正态分布检验,结果表明,原始数据中 Ba、Ce、Ga、La、S、Zr、SiO_2、Al_2O_3、Na_2O 符合正态分布,As、Au、B、Be、Br、Cl、F、Ge、I、Li、N、Sc、Sr、Th、Tl、W、Y、TFe_2O_3、MgO、CaO、TC、Corg 符合对数正态分布,Nb、Rb、Ti、U 剔除异常值后符合正态分布,Ag、Bi、Co、Cu、Ni、Pb、Sb、Sn、V、Zn 剔除异常值后符合对数正态分布,其他元素/指标不符合正态分布或对数正态分布(表 4-8)。

天台县表层土壤总体呈酸性,土壤 pH 背景值为 4.89,极大值为 5.93,极小值为 3.96,接近于台州市背景值和浙江省背景值。

在土壤各元素/指标中,大多数元素/指标变异系数小于 0.40,分布相对均匀;P、Co、MgO、Cr、Mo、Mn、Sr、B、As、CaO、Br、Au、pH、I 共 14 项元素/指标变异系数大于 0.40,其中 Au、pH、I 变异系数大于 0.80,空间变异性较大。

与台州市土壤元素背景值相比,天台县土壤元素背景值中 As、Au、V、Cr、Co、Hg 背景值明显低于台州市背景值,不足台州市背景值的 60%,Cr 背景值仅为台州市背景值的 18%;Br、Mn、Ni、P、Zn 背景值略低

第四章 土壤元素背景值

表 4-7 玉环市土壤地球化学背景参数统计表

元素/指标	N	$X_{5\%}$	$X_{10\%}$	$X_{25\%}$	$X_{50\%}$	$X_{75\%}$	$X_{90\%}$	$X_{95\%}$	$\bar{X}$	S	$\bar{X}_g$	S_g	X_{max}	X_{min}	CV	X_{me}	X_{mo}	分布类型	玉环市背景值	台州市背景值	浙江省背景值
Ag	76	57.8	65.5	83.8	113	145	250	334	137	88.9	118	17.20	519	50.00	0.65	113	92.0	对数正态分布	118	76.0	100.0
As	1121	2.52	2.84	3.73	5.64	8.67	12.50	13.80	6.82	5.11	5.77	3.21	95.2	1.23	0.75	5.64	13.00	对数正态分布	5.77	10.10	10.10
Au	76	1.50	1.60	1.80	2.30	2.92	4.75	6.25	2.94	2.23	2.54	2.08	15.00	1.40	0.76	2.30	2.00	对数正态分布	2.54	2.00	1.50
B	1120	9.47	11.30	14.90	26.30	60.7	78.0	89.5	38.29	27.50	29.05	8.37	123	6.71	0.72	26.30	10.20	其他分布	10.20	16.00	20.00
Ba	76	360	452	500	578	693	892	915	616	181	592	38.56	1198	289	0.29	578	623	正态分布	616	506	475
Be	76	1.50	1.65	1.90	2.45	2.64	2.72	2.74	2.28	0.43	2.23	1.64	2.97	1.36	0.19	2.45	2.50	偏峰分布	2.50	2.12	2.00
Bi	76	0.28	0.30	0.34	0.42	0.48	0.56	0.64	0.43	0.11	0.42	1.77	0.70	0.25	0.25	0.42	0.33	正态分布	0.43	0.22	0.28
Br	76	3.20	3.45	4.28	6.10	8.65	11.75	13.04	7.59	6.46	6.39	3.30	46.08	3.00	0.85	6.10	4.70	对数正态分布	6.39	4.57	2.20
Cd	998	0.10	0.12	0.15	0.20	0.26	0.33	0.39	0.21	0.09	0.20	2.71	0.52	0.03	0.42	0.20	0.16	剔除后对数分布	0.20	0.14	0.14
Ce	76	70.7	72.7	78.2	84.5	92.8	105	111	88.3	17.11	87.0	13.04	170	66.4	0.19	84.5	88.3	对数正态分布	87.0	83.6	102
Cl	66	62.2	65.5	71.5	78.5	86.8	97.0	104	79.4	13.01	78.4	12.30	115	50.00	0.16	78.5	80.0	正态分布	79.4	82.0	71.0
Co	1119	4.33	4.95	6.26	9.60	14.70	17.72	18.70	10.63	4.88	9.49	4.04	25.70	2.52	0.46	9.60	15.60	对数正态分布	15.60	17.80	14.80
Cr	1119	7.55	9.97	14.75	29.60	65.7	81.3	87.0	40.02	28.37	29.39	8.72	132	2.72	0.71	29.60	13.10	其他分布	13.10	101	82.0
Cu	76	10.80	13.30	18.20	29.30	42.50	62.7	85.2	37.96	47.77	29.35	8.17	1102	6.70	1.26	29.30	28.20	对数正态分布	29.35	13.00	16.00
F	76	231	248	304	440	553	663	732	452	161	424	32.68	826	200	0.36	440	291	正态分布	452	463	453
Ga	76	14.00	14.55	16.27	17.80	19.62	20.85	21.32	17.87	2.32	17.72	5.24	23.00	12.70	0.13	17.80	20.00	正态分布	17.87	17.48	16.00
Ge	76	1.07	1.11	1.17	1.25	1.34	1.42	1.48	1.26	0.12	1.26	1.18	1.73	0.93	0.10	1.25	1.26	对数正态分布	1.26	1.44	1.44
Hg	1031	0.04	0.05	0.06	0.08	0.11	0.15	0.17	0.09	0.04	0.08	4.11	0.20	0.02	0.44	0.08	0.11	其他分布	0.11	0.11	0.110
I	76	1.91	2.05	2.44	3.42	4.46	6.32	7.19	3.85	1.90	3.48	2.39	10.13	1.67	0.49	3.42	1.67	正态分布	3.85	1.85	1.70
La	76	33.75	36.00	40.00	45.00	50.2	57.0	63.5	46.43	10.53	45.43	8.94	88.0	31.00	0.23	45.00	45.00	正态分布	46.43	43.90	41.00
Li	76	16.75	18.50	22.00	31.00	42.00	53.50	57.2	33.50	13.15	31.02	7.56	65.00	15.00	0.39	31.00	22.00	正态分布	33.50	25.00	25.00
Mn	76	352	414	540	706	944	1123	1191	750	289	696	44.00	2830	172	0.39	706	687	对数正态分布	696	337	440
Mo	1008	0.54	0.60	0.72	0.92	1.26	1.78	2.04	1.05	0.46	0.97	1.49	2.56	0.40	0.44	0.92	0.63	剔除后对数分布	0.97	0.62	0.66
N	1109	0.65	0.72	0.88	1.10	1.50	1.80	1.97	1.20	0.41	1.13	1.44	2.47	0.40	0.35	1.10	1.23	偏峰分布	1.23	1.37	1.28
Nb	76	16.58	17.05	17.60	18.45	19.42	21.00	21.23	18.68	1.47	18.62	5.34	22.80	15.90	0.08	18.45	17.60	正态分布	18.68	20.20	16.83
Ni	1116	4.00	4.71	6.32	12.35	33.30	41.20	45.42	19.48	14.73	13.88	5.91	53.2	2.53	0.76	12.35	10.90	其他分布	10.90	10.10	35.00
P	76	0.22	0.29	0.43	0.69	0.97	1.28	1.61	0.76	0.45	0.64	1.89	4.00	0.06	0.59	0.69	0.43	对数正态分布	0.64	0.59	0.60
Pb	1025	26.50	28.04	31.70	36.70	43.30	51.1	56.8	38.22	9.06	37.22	8.28	66.6	22.30	0.24	36.70	37.00	剔除后对数分布	37.22	34.00	32.00

107

续表 4-7

元素/指标	N	$X_{5\%}$	$X_{10\%}$	$X_{25\%}$	$X_{50\%}$	$X_{75\%}$	$X_{90\%}$	$X_{95\%}$	$\bar{X}$	S	$\bar{X}_g$	S_g	X_{max}	X_{min}	CV	X_{me}	X_{mo}	分布类型	玉环市背景值	台州市背景值	浙江省背景值
Rb	76	113	118	128	135	143	150	156	134	13.50	134	16.73	165	92.0	0.10	135	135	正态分布	134	130	120
S	71	256	277	307	367	408	424	432	356	65.6	350	29.43	498	184	0.18	367	349	剔除后正态分布	356	274	248
Sb	76	0.43	0.47	0.54	0.64	0.74	0.85	1.12	0.68	0.23	0.65	1.43	1.68	0.40	0.34	0.64	0.69	对数正态分布	0.65	0.53	0.53
Sc	76	6.00	6.50	7.57	9.10	11.33	13.30	13.93	9.48	2.54	9.15	3.68	16.10	5.20	0.27	9.10	9.10	正态分布	9.48	8.49	8.70
Se	1045	0.19	0.21	0.24	0.29	0.32	0.37	0.40	0.29	0.06	0.28	2.14	0.46	0.11	0.22	0.29	0.30	其他分布	0.30	0.15	0.21
Sn	76	3.00	3.30	4.20	4.85	7.00	10.90	12.93	6.28	3.85	5.54	3.09	26.10	2.50	0.61	4.85	6.30	对数正态分布	5.54	3.50	3.60
Sr	76	36.75	55.0	69.0	87.0	102	112	118	85.0	23.28	81.3	12.48	134	33.00	0.27	87.0	91.0	正态分布	85.0	109	105
Th	76	14.17	14.70	15.47	17.00	18.70	21.10	21.92	17.36	2.53	17.19	5.25	24.90	13.30	0.15	17.00	18.70	正态分布	17.36	13.42	13.30
Ti	76	2827	3052	3567	4226	4639	4900	4969	4055	714	3987	117	5187	2446	0.18	4226	4160	正态分布	4055	4018	4665
Tl	76	0.81	0.84	0.90	0.97	1.05	1.20	1.26	0.99	0.14	0.98	1.15	1.40	0.74	0.14	0.97	1.01	正态分布	0.99	0.84	0.70
U	76	2.77	2.90	3.20	3.70	4.20	4.85	5.15	3.75	0.71	3.69	2.20	5.50	2.70	0.19	3.70	3.20	正态分布	3.75	2.60	2.90
V	1120	24.00	27.30	35.80	57.7	96.7	114	122	66.3	33.78	57.5	11.24	180	13.20	0.51	57.7	112	其他分布	112	115	106
W	76	1.57	1.65	1.76	1.94	2.27	2.58	2.85	2.06	0.43	2.02	1.57	3.55	1.37	0.21	1.94	2.00	对数正态分布	2.02	1.85	1.80
Y	76	19.00	20.00	22.00	26.00	28.00	29.00	30.00	24.84	3.54	24.58	6.28	30.00	16.00	0.14	26.00	26.00	偏峰分布	26.00	29.00	25.00
Zn	1066	51.0	56.6	74.0	98.0	121	146	163	100.0	33.62	94.3	14.48	199	30.10	0.34	98.0	118	剔除后正态分布	100.0	102	101
Zr	76	183	190	203	222	280	316	352	244	57.8	238	22.87	445	171	0.24	222	190	对数正态分布	238	197	243
SiO$_2$	76	62.3	63.8	67.0	69.5	74.4	76.3	77.0	70.0	5.21	69.8	11.55	78.9	53.4	0.07	69.5	69.8	正态分布	70.0	71.2	71.3
Al$_2$O$_3$	76	11.44	11.88	13.04	14.14	15.23	16.14	16.56	14.10	1.60	14.01	4.60	17.45	9.82	0.11	14.14	14.10	正态分布	14.10	13.83	13.20
TFe$_2$O$_3$	76	2.17	2.61	3.01	3.65	4.59	5.47	5.82	3.86	1.15	3.70	2.25	6.95	1.94	0.30	3.65	3.61	正态分布	3.86	3.51	3.74
MgO	76	0.29	0.31	0.53	0.78	1.23	1.65	2.02	0.92	0.57	0.76	1.90	2.78	0.23	0.62	0.78	0.61	正态分布	0.92	0.62	0.50
CaO	76	0.24	0.27	0.40	0.56	0.83	1.38	1.93	0.72	0.58	0.58	2.02	3.19	0.17	0.80	0.56	0.61	对数正态分布	0.58	0.24	0.24
Na$_2$O	76	0.25	0.42	0.57	0.79	0.95	1.10	1.15	0.78	0.30	0.71	1.69	1.85	0.18	0.39	0.79	0.78	正态分布	0.78	0.83	0.19
K$_2$O	1027	2.37	2.57	2.81	3.04	3.27	3.63	3.80	3.06	0.40	3.03	1.92	4.06	2.00	0.13	3.04	3.12	正态分布	3.12	2.82	2.35
TC	76	1.31	1.39	1.54	1.75	1.90	2.01	2.06	1.73	0.27	1.71	1.42	2.78	1.06	0.16	1.75	1.77	正态分布	1.73	1.63	1.43
Corg	76	0.62	0.68	0.80	1.02	1.33	1.62	1.83	1.10	0.40	1.04	1.42	3.65	0.38	0.36	1.02	1.04	对数正态分布	1.04	1.31	1.31
pH	1121	4.46	4.58	4.95	5.52	6.73	7.85	8.06	5.06	4.88	5.88	2.80	9.26	4.05	0.96	5.52	5.10	其他分布	5.10	5.10	5.10

第四章 土壤元素背景值

表 4-8 天台县土壤元素背景值参数统计表

元素/指标	N	$X_{5\%}$	$X_{10\%}$	$X_{25\%}$	$X_{50\%}$	$X_{75\%}$	$X_{90\%}$	$X_{95\%}$	$\overline{X}$	S	$\overline{X}_g$	S_g	X_{max}	X_{min}	CV	X_{me}	X_{mo}	分布类型	天台县背景值	台州市背景值	浙江省背景值
Ag	335	53.7	57.0	66.0	76.0	91.5	110	120	79.8	19.58	77.5	12.53	130	41.50	0.25	76.0	70.0	剔除后对数分布	77.5	76.0	100.0
As	3952	1.45	1.91	2.94	4.40	6.32	8.98	11.20	5.16	3.67	4.26	2.88	51.2	0.41	0.71	4.40	4.13	对数正态分布	4.26	10.10	10.10
Au	364	0.49	0.56	0.70	0.93	1.40	2.21	3.05	1.27	1.10	1.04	1.77	9.25	0.36	0.86	0.93	0.70	对数正态分布	1.04	2.00	1.50
B	3952	2.86	5.52	11.50	20.10	31.00	43.50	51.2	22.70	14.99	17.02	6.95	102	1.10	0.66	20.10	15.20	对数正态分布	17.02	16.00	20.00
Ba	364	365	451	582	682	823	963	1053	694	199	662	43.82	1251	207	0.29	682	681	正态分布	694	506	475
Be	364	1.67	1.71	1.88	2.08	2.29	2.69	2.88	2.16	0.49	2.12	1.59	5.19	1.30	0.22	2.08	2.11	对数正态分布	2.12	2.12	2.00
Bi	310	0.18	0.19	0.20	0.23	0.28	0.35	0.41	0.25	0.07	0.25	2.36	0.50	0.14	0.27	0.23	0.20	剔除后对数分布	0.25	0.22	0.28
Br	364	1.52	1.70	2.20	2.90	4.30	7.40	9.70	3.92	3.16	3.23	2.38	23.20	1.10	0.80	2.90	2.30	对数正态分布	3.23	4.57	2.20
Cd	3481	0.07	0.08	0.10	0.13	0.16	0.20	0.22	0.14	0.05	0.13	3.39	0.28	0.02	0.33	0.13	0.12	其他分布	0.12	0.14	0.14
Ce	364	59.1	62.3	68.3	75.5	84.8	92.7	97.0	76.8	11.57	75.9	12.24	110	52.2	0.15	75.5	91.0	正态分布	76.8	83.6	102
Cl	364	43.84	48.50	56.4	69.2	90.3	114	125	75.3	25.59	71.4	11.46	171	30.40	0.34	69.2	61.2	对数正态分布	71.4	82.0	71.0
Co	3638	2.82	3.23	4.11	5.58	7.46	9.73	11.30	6.06	2.56	5.56	2.91	14.30	1.53	0.42	5.58	6.70	剔除后对数分布	5.56	17.80	14.80
Cr	3721	9.66	11.80	15.90	22.30	31.40	40.60	45.30	24.33	11.03	21.82	6.46	58.9	0.30	0.45	22.30	18.20	偏峰分布	18.20	101	82.0
Cu	3717	9.14	10.42	12.90	16.70	21.00	25.70	29.00	17.46	5.98	16.46	5.32	35.60	5.32	0.34	16.70	15.40	剔除后对数分布	16.46	13.00	16.00
F	364	322	336	385	449	513	590	638	463	143	449	34.54	2221	211	0.31	449	378	对数正态分布	449	463	453
Ga	364	12.17	12.88	14.42	16.29	18.27	19.70	20.52	16.36	2.74	16.13	4.95	27.78	9.71	0.17	16.29	15.97	正态分布	16.36	17.48	16.00
Ge	364	1.11	1.17	1.26	1.39	1.52	1.67	1.80	1.41	0.21	1.39	1.27	2.32	0.92	0.15	1.39	1.44	对数正态分布	1.39	1.44	1.44
Hg	3721	0.02	0.03	0.04	0.05	0.06	0.08	0.09	0.05	0.02	0.05	5.51	0.11	0.001	0.36	0.05	0.04	偏峰分布	0.04	0.11	0.110
I	364	0.58	0.67	0.89	1.50	3.29	5.72	9.61	2.76	3.41	1.79	2.51	25.13	0.45	1.23	1.50	0.82	对数正态分布	1.79	1.85	1.70
La	364	30.43	33.30	37.11	41.81	46.16	50.8	54.9	41.88	7.14	41.26	8.73	62.1	22.32	0.17	41.81	45.00	正态分布	41.88	43.90	41.00
Li	364	17.22	18.93	22.39	29.17	35.78	45.76	51.2	31.12	11.54	29.28	7.57	86.0	13.55	0.37	29.17	25.41	对数正态分布	29.28	25.00	25.00
Mn	3735	207	229	282	368	544	742	859	433	201	393	31.80	1053	140	0.46	368	266	其他分布	266	337	440
Mo	3660	0.47	0.52	0.63	0.85	1.19	1.62	1.87	0.96	0.43	0.88	1.53	2.32	0.30	0.45	0.85	0.58	其他分布	0.58	0.62	0.66
N	3952	0.67	0.78	1.01	1.28	1.61	1.97	2.27	1.35	0.49	1.26	1.51	4.55	0.26	0.36	1.28	0.78	对数正态分布	1.26	1.37	1.28
Nb	340	17.20	18.00	19.77	21.10	23.33	24.95	25.93	21.42	2.72	21.24	5.85	28.00	13.95	0.13	21.10	21.10	剔除后正态分布	21.42	20.20	16.83
Ni	3663	4.06	4.79	6.06	7.90	10.40	13.49	15.20	8.53	3.37	7.89	3.59	19.20	1.58	0.40	7.90	10.10	剔除后对数分布	7.89	10.10	35.00
P	3688	0.30	0.34	0.42	0.55	0.74	0.99	1.12	0.61	0.25	0.56	1.67	1.38	0.15	0.41	0.55	0.47	其他分布	0.47	0.59	0.60
Pb	3619	21.10	22.80	25.60	28.78	32.20	36.00	38.80	29.14	5.22	28.67	7.10	44.60	14.80	0.18	28.78	28.20	剔除后对数分布	28.67	34.00	32.00

续表 4-8

元素/指标	N	$X_{5\%}$	$X_{10\%}$	$X_{25\%}$	$X_{50\%}$	$X_{75\%}$	$X_{90\%}$	$X_{95\%}$	$\overline{X}$	S	$\overline{X}_g$	S_g	X_{max}	X_{min}	CV	X_{me}	X_{mo}	分布类型	天台县背景值	台州市背景值	浙江省背景值
Rb	349	85.1	92.9	113	132	148	166	177	131	27.90	128	16.45	208	61.3	0.21	132	116	剔除后正态分布	131	130	120
S	364	146	168	201	240	291	343	378	250	71.2	240	23.21	523	79.0	0.28	240	228	正态分布	250	274	248
Sb	339	0.35	0.38	0.45	0.52	0.60	0.71	0.75	0.53	0.12	0.51	1.54	0.87	0.24	0.23	0.52	0.53	剔除后对数分布	0.51	0.53	0.53
Sc	364	4.71	5.06	5.94	7.03	8.31	9.83	10.47	7.35	2.27	7.08	3.19	25.90	3.77	0.31	7.03	7.20	对数正态分布	7.08	8.49	8.70
Se	3734	0.11	0.12	0.14	0.17	0.22	0.29	0.33	0.19	0.07	0.18	2.77	0.38	0.04	0.35	0.17	0.14	其他分布	0.14	0.15	0.21
Sn	330	2.31	2.43	2.63	2.89	3.26	3.68	4.09	3.00	0.54	2.95	1.89	4.71	1.83	0.18	2.89	2.71	剔除后对数正态分布	2.95	3.50	3.60
Sr	364	44.69	51.0	68.0	86.8	114	152	188	98.5	51.6	88.7	14.11	430	29.72	0.52	86.8	102	对数正态分布	88.7	109	105
Th	364	10.27	11.24	12.54	13.94	16.32	19.09	22.03	14.94	4.38	14.44	4.67	40.74	6.18	0.29	13.94	13.98	剔除后正态分布	14.44	13.42	13.30
Ti	348	2715	3013	3440	3909	4479	4968	5247	3965	772	3889	120	6168	2102	0.19	3909	4991	正态分布	3965	4018	4665
Tl	364	0.57	0.62	0.75	0.89	1.06	1.38	1.59	0.94	0.30	0.90	1.37	2.10	0.40	0.32	0.89	0.94	对数正态分布	0.90	0.84	0.70
U	341	2.18	2.40	2.83	3.13	3.46	3.77	3.95	3.13	0.51	3.09	1.96	4.51	1.96	0.16	3.13	3.20	剔除后对数正态分布	3.13	2.60	2.90
V	3667	33.93	39.50	49.10	60.4	73.4	87.6	99.3	62.3	18.98	59.4	10.73	117	18.60	0.30	60.4	56.6	剔除后对数正态分布	59.4	115	106
W	364	1.24	1.33	1.50	1.79	2.14	2.63	2.95	1.91	0.72	1.83	1.55	10.33	0.73	0.37	1.79	1.83	对数正态分布	1.83	1.85	1.80
Y	364	19.55	20.40	21.90	23.30	24.90	26.87	27.98	23.56	2.78	23.40	6.19	39.60	17.30	0.12	23.30	23.10	对数正态分布	23.40	29.00	25.00
Zn	3774	40.40	43.90	52.7	63.4	76.1	89.2	97.2	65.3	17.21	63.1	11.17	116	24.80	0.26	63.4	57.6	剔除后对数正态分布	63.1	102	101
Zr	364	221	237	271	312	339	366	387	305	51.9	301	27.45	459	149	0.17	312	316	正态分布	305	197	243
SiO_2	364	65.3	67.5	70.0	72.7	75.1	77.2	78.6	72.4	4.10	72.3	11.89	81.8	54.2	0.06	72.7	68.3	正态分布	72.4	71.2	71.3
Al_2O_3	364	10.10	10.67	12.04	13.65	15.01	16.02	16.76	13.53	2.05	13.37	4.44	18.49	8.14	0.15	13.65	14.82	正态分布	13.53	13.83	13.20
TFe_2O_3	364	1.83	2.05	2.45	3.04	3.64	4.56	5.28	3.22	1.25	3.04	2.08	13.75	1.32	0.39	3.04	3.25	对数正态分布	3.04	3.51	3.74
MgO	364	0.32	0.38	0.45	0.56	0.71	0.88	1.14	0.61	0.26	0.57	1.62	2.74	0.22	0.43	0.56	0.47	对数正态分布	0.57	0.62	0.50
CaO	364	0.16	0.18	0.22	0.31	0.47	0.72	1.02	0.40	0.30	0.34	2.32	2.64	0.12	0.75	0.31	0.20	对数正态分布	0.34	0.24	0.24
Na_2O	364	0.41	0.50	0.68	0.98	1.27	1.50	1.64	0.99	0.38	0.91	1.54	2.20	0.23	0.39	0.98	0.96	正态分布	0.99	0.83	0.19
K_2O	3939	1.45	1.74	2.21	2.76	3.27	3.66	3.86	2.73	0.74	2.62	1.85	4.86	0.68	0.27	2.76	2.38	其他分布	2.38	2.82	2.35
TC	364	0.91	1.09	1.24	1.47	1.82	2.21	2.58	1.60	0.57	1.51	1.47	5.16	0.52	0.36	1.47	1.23	对数正态分布	1.51	1.63	1.43
Corg	364	0.86	0.98	1.14	1.36	1.69	2.07	2.39	1.48	0.54	1.40	1.44	5.12	0.44	0.37	1.36	1.12	对数正态分布	1.40	1.31	1.31
pH	3664	4.38	4.50	4.68	4.88	5.12	5.42	5.62	4.78	4.87	4.92	2.51	5.93	3.96	1.02	4.88	4.89	其他分布	4.89	5.10	5.10

于台州市背景值,是台州市背景值的60%~80%;U、Cu、Ba背景值略高于台州市背景值,是台州市背景值的1.2~1.4倍;CaO、Zr背景值明显高于台州市背景值,是台州市背景值的1.4倍以上;其他元素/指标背景值则与台州市背景值基本接近。

与浙江省土壤元素背景值相比,天台县土壤元素背景值中As、Co、Cr、Hg、Ni、V背景值明显低于浙江省背景值,均不足浙江省背景值的60%,Cr背景值仅为浙江省背景值的22%;Ag、Au、Ce、Mn、P、Se、Zn背景值略低于浙江省背景值,是浙江省背景值的60%~80%;Nb、Tl、Zr背景值略高于浙江省背景值,为浙江背景值的1.2~1.4倍;Ba、Br、CaO、Na_2O背景值明显高于浙江省背景值,与浙江省背景值比值在1.4倍以上;其他元素/指标背景值则与浙江省背景值基本接近。

九、仙居县土壤元素背景值

仙居县土壤元素背景值数据经正态分布检验,结果表明,原始数据中F、La、Rb、Th、U、Y、Zr、SiO_2、Al_2O_3、K_2O符合正态分布,Au、Ba、Be、Br、Ce、Cl、Ga、I、Li、N、Nb、P、Sb、Sr、Ti、Tl、W、TFe_2O_3、MgO、CaO、Na_2O、TC符合对数正态分布,pH剔除异常值后符合正态分布,Ag、As、Bi、Co、Pb、Sn、Zn、Corg剔除异常值后符合对数正态分布,其他元素/指标不符合正态分布或对数正态分布(表4-9)。

仙居县表层土壤总体呈酸性,土壤pH背景值为4.95,极大值为5.83,极小值为4.28,接近于台州市背景值和浙江省背景值。

在土壤各元素/指标中,大多数元素/指标变异系数小于0.40,分布相对均匀;Co、Sb、Na_2O、TC、Sr、P、Mn、CaO、Br、Au、pH、I共12项元素/指标变异系数大于0.40,其中Au、pH、I变异系数大于0.80,空间变异性较大。

与台州市土壤元素背景值相比,仙居县土壤元素背景值中Cr、Co、V、As、Au背景值显著低于台州市背景值,不足台州市背景值的60%;Mn、Sr、Zn背景值略低于台州市背景值,是台州市背景值的60%~80%;Ag、Li、Ba背景值略高于台州市背景值,是台州市背景值的1.2~1.4倍;Zr背景值明显高于台州市背景值,是台州市背景值的1.4倍以上;其他元素/指标背景值则与台州市背景值基本接近。

与浙江省土壤元素背景值相比,仙居县土壤元素背景值中As、Co、Cr、Mn、Ni、V背景值明显低于浙江省背景值,不足浙江省背景值的60%;Au、Ce、Cu、Se、Sr、Zn背景值略低于浙江省背景值,是浙江省背景值的60%~80%;I、Li、Tl、Zr、K_2O背景值略高于浙江省背景值,与浙江省背景值比值在1.2~1.4之间;Ba、Br、Nb、Na_2O背景值明显高于浙江省背景值,是浙江省背景值的1.4倍以上;其他元素/指标背景值则与浙江省背景值基本接近。

十、三门县土壤元素背景值

三门县土壤元素背景值数据经正态分布检验,结果表明,原始数据中Be、Ga、Ge、Rb、Sr、SiO_2、Al_2O_3、Na_2O、TC符合正态分布,Bi、Br、Ce、F、I、Li、N、Nb、S、Sb、Sc、Sn、Th、Tl、U、W、Y、TFe_2O_3、MgO、CaO、Corg符合对数正态分布,Ti、Zr剔除异常值后符合正态分布,Au、Cl、La、P、Se剔除异常值后符合对数正态分布,其他元素/指标不符合正态分布或对数正态分布(表4-10)。

三门县表层土壤总体呈碱性,土壤pH背景值为4.90,极大值为9.32,极小值为3.57,与台州市背景值及浙江省背景值较为接近。

在土壤各元素/指标中,大多数元素/指标变异系数小于0.40,分布相对均匀;Na_2O、Sr、V、Bi、Corg、Mn、Cu、Co、As、Cr、B、MgO、Ni、I、CaO、pH、Br、Sn共18项元素/指标变异系数大于0.40,其中CaO、pH、Br、Sn变异系数大于0.80,空间变异性较大。

与台州市土壤元素背景值相比,三门县土壤元素背景值中Hg、Cr、As、V背景值略低于台州市背景值,不足台州市背景值的60%;Au背景值为台州市背景值的71.5%;Li背景值为台州市背景值的1.22倍;

表4-9 仙居县土壤元素背景值参数统计表

元素/指标	N	$X_{5\%}$	$X_{10\%}$	$X_{25\%}$	$X_{50\%}$	$X_{75\%}$	$X_{90\%}$	$X_{95\%}$	$\bar{X}$	S	$\bar{X}_g$	S_g	$X_{\max}$	$X_{\min}$	CV	X_{me}	X_{mo}	分布类型	仙居县背景值	台州市背景值	浙江省背景值
Ag	449	62.5	66.9	75.0	87.0	109	139	159	95.4	28.87	91.6	13.64	186	47.00	0.30	87.0	74.5	剔除后对数分布	91.6	76.0	100.0
As	3160	1.96	2.27	2.93	3.89	5.09	6.39	7.31	4.14	1.61	3.84	2.42	9.08	0.91	0.39	3.89	3.48	剔除后对数分布	3.84	10.10	10.10
Au	500	0.46	0.55	0.72	0.94	1.39	1.96	2.49	1.20	0.98	1.01	1.71	13.22	0.29	0.82	0.94	0.92	对数正态分布	1.01	2.00	1.50
B	3253	12.26	13.80	16.40	20.40	24.80	30.00	33.30	21.13	6.13	20.25	5.95	38.20	6.68	0.29	20.40	16.00	其他分布	16.00	16.00	20.00
Ba	500	366	436	573	705	866	1044	1182	737	257	694	43.43	2030	202	0.35	705	705	对数正态分布	694	506	475
Be	500	1.78	1.88	2.06	2.30	2.57	2.90	3.18	2.36	0.44	2.32	1.72	4.52	1.53	0.19	2.30	2.31	对数正态分布	2.32	2.12	2.00
Bi	473	0.16	0.18	0.20	0.23	0.28	0.33	0.36	0.24	0.06	0.24	2.36	0.42	0.13	0.24	0.23	0.22	剔除后对数分布	0.24	0.22	0.28
Br	500	1.70	1.90	2.30	3.40	5.90	9.30	11.60	4.68	3.72	3.78	2.72	39.90	1.00	0.79	3.40	2.10	对数正态分布	3.78	4.57	2.20
Cd	2807	0.07	0.09	0.11	0.14	0.17	0.21	0.24	0.15	0.05	0.14	3.27	0.34	0.01	0.36	0.14	0.13	其他分布	0.13	0.14	0.14
Ce	500	61.9	64.2	71.2	79.7	90.9	105	111	82.4	16.65	80.9	12.71	205	48.47	0.20	79.7	82.2	对数正态分布	80.9	83.6	102
Cl	500	45.70	49.08	55.9	65.9	79.1	93.0	103	69.8	20.37	67.3	11.52	173	34.70	0.29	65.9	59.4	对数正态分布	67.3	82.0	71.0
Co	3067	2.40	2.74	3.45	4.63	6.16	8.08	9.35	5.04	2.12	4.63	2.65	11.95	0.33	0.42	4.63	3.53	剔除后对数分布	4.63	17.80	14.80
Cr	3112	11.00	12.60	15.39	17.90	22.19	28.80	32.70	19.35	6.20	18.45	5.62	38.20	8.34	0.32	17.90	15.80	其他分布	15.80	101	82.0
Cu	3203	6.48	7.60	9.80	12.20	15.30	17.02	19.39	12.50	3.91	11.85	4.45	24.20	2.50	0.31	12.20	11.80	其他分布	11.80	13.00	16.00
F	500	311	330	374	442	514	584	632	452	103	441	34.46	942	249	0.23	442	478	正态分布	452	463	453
Ga	500	12.55	13.37	15.17	17.43	20.97	26.01	29.06	18.81	5.46	18.14	5.60	49.70	10.34	0.29	17.43	13.69	对数正态分布	18.14	17.48	16.00
Ge	3220	1.21	1.27	1.36	1.44	1.54	1.65	1.72	1.45	0.15	1.44	1.27	1.85	1.07	0.10	1.44	1.40	其他分布	1.44	1.44	1.44
Hg	3122	0.03	0.04	0.04	0.06	0.07	0.09	0.10	0.06	0.02	0.06	5.02	0.12	0.01	0.35	0.06	0.11	偏峰分布	0.11	0.11	0.110
I	500	0.55	0.65	1.01	1.98	4.35	7.14	9.94	3.21	3.40	2.09	2.77	30.33	0.30	1.06	1.98	1.24	对数正态分布	2.09	1.85	1.70
La	500	30.91	33.51	38.01	42.39	48.08	53.5	56.6	43.22	8.02	42.49	8.73	71.4	22.35	0.19	42.39	44.60	正态分布	42.49	43.90	41.00
Li	500	22.38	24.02	27.71	33.52	39.53	47.31	53.9	34.93	10.00	33.65	7.77	82.1	15.90	0.29	33.52	43.45	对数正态分布	33.65	25.00	25.00
Mn	3156	154	181	237	350	583	865	1028	441	271	371	31.55	1276	80.0	0.61	350	237	其他分布	237	337	440
Mo	3160	0.35	0.41	0.50	0.66	0.88	1.12	1.29	0.72	0.28	0.66	1.57	1.60	0.11	0.39	0.66	0.57	其他分布	0.66	0.62	0.66
N	3368	0.63	0.75	0.97	1.26	1.61	2.05	2.36	1.34	0.54	1.25	1.54	5.12	0.24	0.40	1.26	1.15	对数正态分布	1.25	1.37	1.28
Nb	500	18.00	19.09	20.80	23.20	26.20	31.20	33.40	24.05	4.90	23.59	6.37	46.10	11.35	0.20	23.20	20.20	对数正态分布	23.59	20.20	16.83
Ni	3108	3.64	4.27	5.18	6.35	7.98	10.20	11.75	6.80	2.36	6.41	3.16	13.80	0.91	0.35	6.35	10.10	其他分布	10.10	10.10	35.00
P	3368	0.29	0.35	0.46	0.61	0.83	1.09	1.29	0.68	0.35	0.61	1.73	3.80	0.09	0.51	0.61	0.45	对数正态分布	0.61	0.59	0.60
Pb	3173	23.70	26.20	29.10	32.60	36.40	40.69	43.50	32.92	5.72	32.42	7.64	49.30	17.60	0.17	32.60	32.50	剔除后对数分布	32.42	34.00	32.00

续表 4-9

元素/指标	N	$X_{5\%}$	$X_{10\%}$	$X_{25\%}$	$X_{50\%}$	$X_{75\%}$	$X_{90\%}$	$X_{95\%}$	$\bar{X}$	S	$\bar{X}_g$	S_g	X_{max}	X_{min}	CV	X_{me}	X_{mo}	分布类型	仙居县背景值	台州市背景值	浙江省背景值
Rb	500	98.5	105	119	130	142	150	157	130	18.49	128	16.53	197	69.7	0.14	130	132	正态分布	130	130	120
S	492	147	166	195	229	288	335	363	243	66.6	234	23.86	426	98.5	0.27	229	227	偏峰分布	227	274	248
Sb	500	0.41	0.43	0.48	0.55	0.68	0.86	1.01	0.62	0.26	0.59	1.53	4.22	0.33	0.42	0.55	0.47	对数正态分布	0.59	0.53	0.53
Sc	498	4.46	4.83	5.71	7.63	9.29	10.64	11.52	7.65	2.27	7.31	3.44	14.54	3.33	0.30	7.63	8.50	其他分布	8.50	8.49	8.70
Se	3083	0.12	0.13	0.15	0.17	0.20	0.25	0.28	0.18	0.05	0.17	2.79	0.32	0.06	0.27	0.17	0.15	其他分布	0.15	0.15	0.21
Sn	470	2.53	2.63	2.92	3.25	3.76	4.27	4.58	3.37	0.64	3.32	2.05	5.33	1.84	0.19	3.25	3.19	剔除后对数分布	3.32	3.50	3.60
Sr	500	37.96	42.31	54.7	75.2	96.8	123	155	81.8	40.36	74.2	12.28	345	19.20	0.49	75.2	109	剔除后正态分布	74.2	109	105
Th	500	8.52	9.96	11.66	13.16	14.80	16.34	17.26	13.18	2.63	12.89	4.35	23.03	5.21	0.20	13.16	12.88	对数正态分布	13.18	13.42	13.30
Ti	500	2957	3142	3440	3886	4514	5387	6511	4240	1481	4072	124	15671	2446	0.35	3886	4147	对数正态分布	4072	4018	4665
Tl	500	0.63	0.67	0.75	0.84	0.97	1.11	1.26	0.88	0.21	0.86	1.26	2.11	0.42	0.23	0.84	0.79	正态分布	0.86	0.84	0.70
U	500	2.29	2.44	2.70	3.01	3.37	3.78	4.04	3.07	0.53	3.02	1.93	4.86	1.85	0.17	3.01	2.89	对数正态分布	3.07	2.60	2.90
V	3050	26.70	29.70	34.45	41.21	51.5	64.7	74.8	44.39	14.18	42.33	8.84	89.6	10.30	0.32	41.21	36.00	正态分布	36.00	115	106
W	500	1.29	1.42	1.60	1.79	2.02	2.39	2.63	1.86	0.43	1.81	1.49	4.12	0.91	0.23	1.79	1.92	对数正态分布	1.81	1.85	1.80
Y	500	19.80	20.89	23.10	25.70	28.50	31.20	32.40	25.93	4.22	25.60	6.64	45.40	16.00	0.16	25.70	24.60	正态分布	25.93	29.00	25.00
Zn	3219	45.79	49.70	58.4	70.7	83.3	96.8	106	71.9	17.91	69.7	11.77	124	27.50	0.25	70.7	101	剔除后对数分布	69.7	102	101
Zr	500	252	270	296	328	368	407	432	335	58.5	330	28.35	586	208	0.17	328	316	正态分布	335	197	243
SiO$_2$	500	63.8	67.3	70.2	73.0	76.0	78.1	79.6	72.5	4.87	72.5	11.76	83.0	53.0	0.07	73.0	75.2	正态分布	72.7	71.2	71.3
Al$_2$O$_3$	500	10.36	11.16	12.38	13.88	15.07	16.39	17.09	13.80	2.07	13.64	4.62	20.21	7.70	0.15	13.88	13.89	正态分布	13.80	13.83	13.20
TFe$_2$O$_3$	500	2.11	2.33	2.64	3.04	3.72	4.78	5.48	3.37	1.24	3.20	2.15	11.47	1.46	0.37	3.04	3.02	对数正态分布	3.20	3.51	3.74
MgO	500	0.35	0.39	0.45	0.56	0.70	0.89	1.06	0.61	0.24	0.57	1.57	1.88	0.19	0.39	0.56	0.59	对数正态分布	0.57	0.62	0.50
CaO	500	0.12	0.14	0.17	0.24	0.35	0.51	0.66	0.29	0.19	0.25	2.55	1.59	0.08	0.66	0.24	0.17	对数正态分布	0.25	0.24	0.24
Na$_2$O	500	0.36	0.42	0.56	0.79	1.05	1.33	1.47	0.83	0.35	0.76	1.59	2.30	0.14	0.42	0.79	0.52	对数正态分布	0.76	0.83	0.19
K$_2$O	3368	1.93	2.19	2.57	2.96	3.38	3.71	3.92	2.96	0.61	2.88	1.90	5.42	0.46	0.21	2.96	2.70	正态分布	2.96	2.82	2.35
TC	500	0.90	1.02	1.20	1.51	1.96	2.64	3.20	1.70	0.72	1.58	1.60	6.06	0.66	0.42	1.51	1.20	对数正态分布	1.58	1.63	1.43
Corg	3244	0.75	0.88	1.10	1.39	1.69	2.01	2.22	1.42	0.44	1.35	1.48	2.66	0.24	0.31	1.39	1.46	剔除后正态分布	1.35	1.31	1.31
pH	3215	4.55	4.66	4.85	5.04	5.23	5.42	5.55	4.95	5.09	5.04	2.55	5.83	4.28	1.03	5.04	5.16	剔除后正态分布	4.95	5.10	5.10

表 4-10 三门县土壤元素背景值参数统计表

元素/指标	N	$X_{5\%}$	$X_{10\%}$	$X_{25\%}$	$X_{50\%}$	$X_{75\%}$	$X_{90\%}$	$X_{95\%}$	$\overline{X}$	S	$\overline{X}_g$	S_g	X_{max}	X_{min}	CV	X_{me}	X_{mo}	分布类型	三门县背景值	台州市背景值	浙江省背景值
Ag	216	54.2	59.0	70.0	83.5	99.2	132	146	88.7	26.50	85.0	13.28	160	37.00	0.30	83.5	85.0	偏峰分布	85.0	76.0	100.0
As	2244	2.15	2.62	3.78	6.30	10.38	13.03	14.46	7.18	4.02	6.03	3.34	20.19	0.92	0.56	6.30	4.22	其他分布	4.22	10.10	10.10
Au	214	0.87	0.91	1.10	1.40	1.80	2.10	2.40	1.49	0.46	1.43	1.44	2.90	0.70	0.31	1.40	1.40	剔除后对数分布	1.43	2.00	1.50
B	2254	11.15	14.42	20.41	30.70	63.6	72.3	76.0	39.39	22.95	32.52	8.35	115	1.70	0.58	30.70	29.00	其他分布	29.00	16.00	20.00
Ba	228	354	404	462	588	752	863	928	611	188	582	39.59	1214	165	0.31	588	453	偏峰分布	453	506	475
Be	233	1.86	1.93	2.13	2.35	2.58	2.80	2.87	2.36	0.35	2.34	1.67	4.59	1.66	0.15	2.35	2.36	正态分布	2.36	2.12	2.00
Bi	233	0.20	0.23	0.27	0.35	0.46	0.54	0.66	0.39	0.19	0.36	2.03	1.72	0.16	0.48	0.35	0.25	对数正态分布	0.36	0.22	0.28
Br	233	2.26	2.50	3.20	4.50	6.90	8.68	10.60	5.93	6.04	4.77	2.93	55.7	1.70	1.02	4.50	2.40	对数正态分布	4.77	4.57	2.20
Cd	1961	0.06	0.08	0.11	0.14	0.18	0.23	0.26	0.15	0.06	0.13	3.37	0.35	0.02	0.40	0.14	0.13	其他分布	0.13	0.14	0.14
Ce	233	70.1	74.3	81.7	92.0	108	124	138	97.0	22.84	94.6	14.01	210	58.0	0.24	92.0	94.0	对数正态分布	94.6	83.6	102
Cl	209	54.5	61.0	69.0	82.0	99.0	122	142	86.8	25.49	83.5	13.04	164	43.50	0.29	82.0	83.0	剔除后对数分布	83.5	82.0	71.0
Co	2237	3.68	4.16	5.63	8.72	17.12	19.18	19.87	10.90	6.05	9.20	4.02	33.50	1.22	0.55	8.72	18.70	其他分布	18.70	17.80	14.80
Cr	2245	16.85	20.00	26.74	39.75	83.8	92.7	98.5	52.0	29.76	43.58	9.65	168	7.42	0.57	39.75	25.00	其他分布	25.00	101	82.0
Cu	2219	8.04	9.80	13.29	19.38	31.91	37.88	41.56	22.52	11.36	19.64	6.17	61.0	2.85	0.50	19.38	14.07	其他分布	14.07	13.00	16.00
F	233	287	306	352	436	548	689	733	463	147	441	33.69	923	139	0.32	436	417	对数正态分布	441	463	453
Ga	233	13.92	14.72	15.81	17.40	19.10	20.88	21.80	17.58	2.43	17.41	5.21	25.80	11.90	0.14	17.40	17.90	正态分布	17.58	17.48	16.00
Ge	2258	1.14	1.20	1.29	1.42	1.53	1.61	1.66	1.41	0.17	1.40	1.26	2.99	0.96	0.12	1.42	1.58	正态分布	1.41	1.44	1.44
Hg	2060	0.03	0.04	0.05	0.06	0.08	0.10	0.11	0.06	0.02	0.06	4.92	0.13	0.01	0.36	0.06	0.06	其他分布	0.06	0.11	0.110
I	233	0.93	1.13	1.72	3.12	5.12	7.54	9.40	3.88	2.94	3.00	2.63	20.33	0.47	0.76	3.12	3.78	对数正态分布	3.00	1.85	1.70
La	220	34.00	37.00	42.00	46.00	54.0	61.0	63.0	47.87	9.10	47.00	9.26	73.0	23.00	0.19	46.00	45.00	剔除后对数分布	47.00	43.90	41.00
Li	233	18.00	20.00	23.00	28.00	40.00	55.8	59.4	32.82	13.27	30.50	7.39	71.0	17.00	0.40	28.00	20.00	对数正态分布	30.50	25.00	25.00
Mn	2248	248	301	425	790	1066	1290	1460	787	389	682	44.44	2009	138	0.49	790	914	其他分布	914	337	440
Mo	2054	0.47	0.54	0.65	0.78	0.96	1.23	1.42	0.83	0.27	0.79	1.41	1.69	0.24	0.33	0.78	0.67	其他分布	0.67	0.62	0.66
N	2258	0.68	0.82	1.06	1.38	1.73	2.13	2.38	1.43	0.56	1.33	1.58	8.99	0.12	0.39	1.38	1.45	剔除后对数分布	1.33	1.37	1.28
Nb	233	17.05	17.82	19.60	23.30	26.70	30.06	32.24	23.49	4.75	23.03	6.24	37.70	14.80	0.20	23.30	23.80	对数正态分布	23.03	20.20	16.83
Ni	2247	4.92	6.06	8.33	12.63	39.09	45.55	47.09	21.42	16.08	15.71	5.96	79.8	1.89	0.75	12.63	10.00	其他分布	10.00	10.10	35.00
P	2140	0.29	0.37	0.52	0.67	0.87	1.09	1.21	0.70	0.27	0.65	1.63	1.47	0.08	0.39	0.67	0.65	剔除后对数分布	0.65	0.59	0.60
Pb	1997	25.04	27.52	31.69	34.67	38.49	44.03	47.99	35.33	6.43	34.75	7.95	54.4	19.01	0.18	34.67	34.00	其他分布	34.00	34.00	32.00

续表 4-10

元素/指标	N	$X_{5\%}$	$X_{10\%}$	$X_{25\%}$	$X_{50\%}$	$X_{75\%}$	$X_{90\%}$	$X_{95\%}$	$\overline{X}$	S	$\overline{X}_g$	S_g	X_{max}	X_{min}	CV	X_{me}	X_{mo}	分布类型	三门县背景值	台州市背景值	浙江省背景值
Rb	233	101	107	117	129	139	145	153	128	15.54	127	16.32	173	89.0	0.12	129	128	正态分布	128	130	120
S	233	166	185	225	277	346	431	523	298	113	280	26.85	749	60.0	0.38	277	292	对数正态分布	280	274	248
Sb	233	0.38	0.41	0.49	0.56	0.69	0.81	0.86	0.60	0.16	0.58	1.52	1.34	0.23	0.27	0.56	0.64	对数正态分布	0.58	0.53	0.53
Sc	233	6.20	6.41	7.60	9.52	12.70	14.88	15.70	10.17	3.15	9.70	3.86	18.90	5.00	0.31	9.52	8.90	对数正态分布	9.70	8.49	8.70
Se	2133	0.14	0.15	0.18	0.23	0.28	0.33	0.37	0.24	0.07	0.23	2.42	0.45	0.06	0.29	0.23	0.25	剔除后对数分布	0.23	0.15	0.21
Sn	233	2.20	2.48	2.80	3.40	4.10	5.30	6.54	4.03	5.22	3.54	2.30	80.0	1.60	1.29	3.40	2.90	对数正态分布	3.54	3.50	3.60
Sr	233	42.00	47.20	65.0	92.2	121	165	186	98.8	44.44	89.3	13.79	250	24.00	0.45	92.2	85.0	正态分布	98.8	109	105
Th	233	10.04	11.10	12.30	13.80	15.20	17.10	18.92	14.04	2.70	13.79	4.59	25.70	7.64	0.19	13.80	14.20	对数正态分布	13.79	13.42	13.30
Ti	224	3292	3445	3953	4621	5172	5654	6112	4608	892	4522	129	7025	2667	0.19	4621	4255	正态分布	4608	4018	4665
Tl	233	0.61	0.66	0.77	0.87	1.01	1.22	1.28	0.91	0.21	0.88	1.27	1.63	0.46	0.23	0.87	0.81	对数正态分布	0.88	0.84	0.70
U	233	2.36	2.50	2.70	3.00	3.40	3.80	4.48	3.14	0.67	3.08	1.97	6.20	1.90	0.21	3.00	3.10	对数正态分布	3.08	2.60	2.90
V	2239	31.30	35.88	45.00	68.9	110	122	126	76.4	35.00	68.2	11.83	205	12.90	0.46	68.9	49.00	其他分布	49.00	115	106
W	233	1.34	1.41	1.64	1.89	2.20	2.53	2.90	1.97	0.52	1.91	1.57	5.09	0.86	0.26	1.89	1.92	对数正态分布	1.91	1.85	1.80
Y	233	20.00	21.00	24.00	26.00	30.00	33.00	35.00	27.03	4.59	26.65	6.73	41.00	16.00	0.17	26.00	30.00	对数正态分布	26.65	29.00	25.00
Zn	2196	54.4	60.3	74.0	94.0	113	123	132	93.8	25.18	90.2	13.68	172	34.70	0.27	94.0	106	其他分布	106	102	101
Zr	223	193	214	258	318	360	398	418	312	69.4	304	27.34	516	172	0.22	318	351	剔除后正态分布	312	197	243
SiO$_2$	233	58.8	61.2	65.7	70.4	74.4	76.7	77.7	69.6	5.93	69.4	11.57	82.6	53.7	0.09	70.4	70.4	正态分布	69.6	71.2	71.3
Al$_2$O$_3$	233	10.21	10.82	12.08	13.50	14.98	16.09	17.00	13.59	2.15	13.43	4.51	20.81	8.99	0.16	13.50	12.22	正态分布	13.59	13.83	13.20
TFe$_2$O$_3$	233	2.39	2.58	2.99	3.78	5.21	6.17	6.37	4.10	1.36	3.88	2.32	7.91	1.82	0.33	3.78	4.04	对数正态分布	3.88	3.51	3.74
MgO	233	0.31	0.35	0.46	0.64	1.00	1.86	2.22	0.86	0.59	0.71	1.89	2.74	0.19	0.69	0.64	0.61	对数正态分布	0.71	0.62	0.50
CaO	233	0.15	0.19	0.28	0.45	0.86	1.45	1.95	0.69	0.67	0.49	2.44	3.93	0.09	0.97	0.45	0.52	对数正态分布	0.49	0.24	0.24
Na$_2$O	233	0.31	0.41	0.61	0.84	1.05	1.32	1.49	0.86	0.35	0.78	1.61	1.97	0.20	0.41	0.84	0.83	其他分布	0.86	0.83	0.19
K$_2$O	2086	2.17	2.36	2.71	3.03	3.28	3.57	3.82	3.00	0.47	2.96	1.90	4.25	1.79	0.16	3.03	3.00	正态分布	3.00	2.82	2.35
TC	233	0.90	1.05	1.22	1.42	1.65	1.96	2.12	1.46	0.38	1.41	1.43	2.58	0.43	0.26	1.42	1.34	对数正态分布	1.46	1.63	1.43
Corg	2258	0.55	0.69	0.95	1.26	1.65	2.02	2.27	1.34	0.64	1.21	1.64	14.56	0.08	0.48	1.26	1.28	对数正态分布	1.21	1.31	1.31
pH	2258	4.40	4.55	4.81	5.21	6.76	8.08	8.35	4.96	4.82	5.81	2.76	9.32	3.57	0.97	5.21	4.90	其他分布	4.90	5.10	5.10

Se、Zr、I、Bi、CaO、Mn、B 背景值明显高于台州市背景值，是台州市背景值的 1.4 倍以上；其他元素/指标背景值则与台州市背景值基本接近。

与浙江省土壤元素背景值相比，三门县土壤元素背景值中 As、Cr、Hg、Ni、V 背景值明显低于浙江省背景值，不足浙江省背景值的 60%；Bi、Co、Li、Nb、Tl、Zr、K_2O 背景值略高于浙江省背景值，与浙江省背景值比值在 1.2～1.4 之间；而 B、Br、I、Mn、MgO、CaO、Na_2O 明显高于浙江省背景值，与浙江省背景值比值均在 1.4 以上；其他元素/指标背景值则与浙江省背景值基本接近。

第二节　主要土壤母质类型元素背景值

一、松散岩类风化物土壤母质元素背景值

松散岩类风化物元素背景值数据经正态分布检验，结果表明，原始数据中 F、S、TC 符合正态分布，Ag、I、N、Sn、Tl、SiO_2、Corg 符合对数正态分布，Br、Cl、Th、W、Na_2O 剔除异常值后符合正态分布，Au、Ba、Ce、La、Nb、Sb、CaO 剔除异常值后符合对数正态分布，其他元素/指标不符合正态分布或对数正态分布（表 4-11）。

松散岩类沉积物区表层土壤总体为酸性，土壤 pH 背景值为 5.10，极大值为 9.26，极小值为 3.65，持平于台州市背景值。

表层土壤各元素/指标中，大多数元素/指标变异系数小于 0.40，分布相对均匀；Corg、Ni、CaO、MgO、Au、Br、Hg、Ag、I、Sn、pH 共 11 项元素/指标变异系数大于 0.40，其中 pH 变异系数大于 0.80，空间变异性较大。

与台州市土壤元素背景值相比，松散岩类沉积物区土壤元素背景值中 F、Sb、Be、S、Ti、Sn、Na_2O、Br 背景值略高于台州市背景值，与台州市背景值比值在 1.2～1.4 之间；而 Ag、Bi、I、P、Sc、TFe_2O_3、MgO、Li、Cu、CaO、Mn、Ni、B 背景值明显高于台州市背景值，与台州市背景值比值均在 1.4 以上，其中 Ni 背景值最高，为台州市背景值的 4.27 倍；其他元素/指标背景值则与台州市背景值基本接近。

二、古土壤风化物土壤母质元素背景值

古土壤风化物元素背景值数据经正态分布检验，结果表明，原始数据中 Ba、Be、Br、Ce、Cl、F、Ga、I、La、Li、N、Nb、Rb、S、Sb、Sc、Sr、Th、Ti、Tl、U、W、Y、Zr、SiO_2、Al_2O_3、TFe_2O_3、MgO、CaO、Na_2O、K_2O、TC、Corg 共 33 项元素/指标符合正态分布，Ag、As、Au、B、Bi、Co、Cr、Mn、Mo、P、Sn、Zn 共 12 项元素/指标符合对数正态分布，Ge、pH 剔除异常值后符合正态分布，Cu、Hg、Ni、Pb 剔除异常值后符合对数正态分布，其他元素/指标不符合正态分布或对数正态分布（表 4-12）。

古土壤风化物区表层土壤总体为酸性，土壤 pH 背景值为 4.91，极大值为 5.91，极小值为 4.18，接近于台州市背景值。

表层土壤各元素/指标中，多半元素/指标变异系数小于 0.40，分布相对均匀；Zn、B、Sn、Hg、As、Mo、Co、P、Cr、Mn、CaO、Bi、Au、pH、Ag 共 15 项元素/指标变异系数大于 0.40，特别是 pH、Ag 变异系数大于 0.80，空间变异性较大。

与台州市土壤元素背景值相比，古土壤风化物区土壤元素背景值中 Br、I、Cr、Co、V、As 背景值明显低于台州市背景值，不足台州市背景值的 60%；Ga、Hg、Ni、Sc、Zn、Al_2O_3 背景值略低于台州市背景值；Mo、Ba、Cu、Na_2O 背景值略高于台州市背景值，与台州市背景值比值在 1.2～1.4 之间；Ag、Zr、CaO、B 背景值

第四章 土壤元素背景值

表4-11 松散岩类风化物土壤母质元素背景值参数统计表

元素/指标	N	$X_{5\%}$	$X_{10\%}$	$X_{25\%}$	$X_{50\%}$	$X_{75\%}$	$X_{90\%}$	$X_{95\%}$	$\overline{X}$	S	$\overline{X}_g$	S_g	X_{max}	X_{min}	CV	X_{me}	X_{mo}	分布类型	松散岩类风化物背景值	台州市背景值
Ag	495	68.0	74.7	88.0	113	154	213	286	137	97.3	120	16.68	1281	46.00	0.71	113	99.0	对数正态分布	120	76.0
As	9892	3.21	4.02	5.52	8.04	10.50	12.53	13.60	8.10	3.23	7.39	3.35	17.93	0.22	0.40	8.04	10.20	其他分布	10.20	10.10
Au	454	1.09	1.30	1.70	2.30	3.30	4.60	5.20	2.61	1.24	2.34	2.05	6.30	0.53	0.48	2.30	2.00	剔除后对数分布	2.34	2.00
B	9887	15.50	20.45	41.90	58.9	69.2	78.0	84.0	54.6	21.03	48.90	10.08	110	1.10	0.38	58.9	69.0	其他分布	69.0	16.00
Ba	466	453	469	498	547	608	701	740	562	88.2	556	38.13	807	331	0.16	547	505	偏峰分布	556	506
Be	487	2.09	2.18	2.41	2.62	2.74	2.84	2.92	2.57	0.26	2.55	1.76	3.25	1.89	0.10	2.62	2.69	其他分布	2.69	2.12
Bi	480	0.20	0.23	0.35	0.44	0.49	0.56	0.62	0.42	0.12	0.40	1.80	0.72	0.15	0.29	0.44	0.42	其他分布	0.42	0.22
Br	484	2.10	2.43	3.70	6.00	7.90	10.10	11.68	6.15	2.93	5.42	3.20	14.40	1.40	0.48	6.00	6.00	剔除后正态分布	6.15	4.57
Cd	8957	0.10	0.12	0.14	0.17	0.21	0.26	0.30	0.18	0.06	0.17	2.82	0.37	0.02	0.32	0.17	0.15	其他分布	0.15	0.14
Ce	468	68.0	69.9	74.8	80.7	88.1	97.1	103	82.2	10.35	81.5	12.69	111	59.2	0.13	80.7	81.2	剔除后对数分布	81.5	83.6
Cl	466	61.3	67.0	77.0	89.0	104	119	129	91.2	20.54	88.9	13.65	150	44.00	0.23	89.0	82.0	剔除后正态分布	91.2	82.0
Co	9926	4.20	5.43	10.87	15.60	17.50	18.70	19.40	13.85	4.87	12.59	4.63	27.11	1.46	0.35	15.60	17.80	其他分布	17.80	17.80
Cr	9900	16.40	22.09	57.9	85.5	94.8	103	107	74.5	29.37	65.2	12.08	149	3.60	0.39	85.5	103	正态分布	103	101
Cu	9284	12.50	15.50	25.40	32.10	37.10	43.58	47.90	31.05	10.21	29.03	7.34	57.4	7.06	0.33	32.10	33.60	偏峰分布	33.60	13.00
F	495	353	382	465	593	687	754	788	580	139	562	40.23	1071	294	0.24	593	606	其他分布	580	463
Ga	495	13.78	14.79	16.45	18.60	20.00	21.06	21.50	18.19	2.45	18.01	5.44	24.70	11.54	0.13	18.60	19.70	对数正态分布	19.70	17.48
Ge	9580	1.22	1.27	1.37	1.46	1.57	1.66	1.71	1.46	0.15	1.46	1.27	1.88	1.05	0.10	1.46	1.44	其他分布	1.44	1.44
Hg	9534	0.04	0.05	0.06	0.09	0.13	0.17	0.20	0.10	0.05	0.09	3.97	0.26	0.001	0.50	0.09	0.11	其他分布	0.11	0.11
I	495	0.92	1.16	1.62	2.53	4.39	6.31	7.67	3.29	2.38	2.64	2.47	18.00	0.41	0.72	2.53	1.85	对数正态分布	2.64	1.85
La	461	36.32	38.00	40.00	44.00	47.00	52.00	55.00	44.29	5.44	43.96	8.83	59.0	32.00	0.12	44.00	41.00	剔除后对数分布	43.96	43.90
Li	495	24.70	29.00	35.66	50.00	56.00	60.00	62.00	46.26	12.15	44.43	9.46	71.0	18.00	0.26	50.00	54.00	其他分布	54.0	25.00
Mn	9900	301	380	540	804	1010	1151	1227	783	295	718	44.18	1718	112	0.38	804	1087	其他分布	1087	337
Mo	9297	0.47	0.51	0.58	0.67	0.78	0.92	1.00	0.69	0.16	0.68	1.38	1.17	0.29	0.23	0.67	0.67	其他分布	0.67	0.62
N	9936	0.77	0.91	1.18	1.60	2.06	2.59	2.95	1.69	0.68	1.56	1.69	4.96	0.19	0.40	1.60	1.99	剔除后对数分布	1.56	1.37
Nb	449	17.10	17.40	17.90	18.60	19.60	21.52	22.57	19.03	1.60	18.96	5.42	23.90	15.90	0.08	18.60	17.70	对数正态分布	18.96	20.20
Ni	9921	6.05	7.90	23.30	37.80	42.93	45.98	47.60	32.54	13.91	27.59	7.62	71.8	2.20	0.43	37.80	43.10	其他分布	43.10	10.10
P	9554	0.45	0.53	0.68	0.90	1.15	1.41	1.58	0.94	0.34	0.87	1.48	1.94	0.10	0.36	0.90	0.92	其他分布	0.92	0.59
Pb	9263	26.50	28.30	31.30	34.90	40.00	46.10	49.58	36.07	6.88	35.43	8.14	56.7	16.60	0.19	34.90	34.00	其他分布	34.00	34.00

续表 4-11

元素/指标	N	$X_{5\%}$	$X_{10\%}$	$X_{25\%}$	$X_{50\%}$	$X_{75\%}$	$X_{90\%}$	$X_{95\%}$	$\bar{X}$	S	$\bar{X}_g$	S_g	X_{max}	X_{min}	CV	X_{me}	X_{mo}	分布类型	松散岩类风化物背景值	台州市背景值
Rb	485	111	115	125	134	140	146	149	132	11.81	132	16.86	162	102	0.09	134	135	偏峰分布	135	130
S	495	184	210	263	336	414	506	533	348	118	329	29.58	929	120	0.34	336	359	正态分布	348	274
Sb	470	0.46	0.49	0.57	0.66	0.81	0.93	1.00	0.69	0.17	0.67	1.38	1.19	0.32	0.24	0.66	0.66	剔除后对数分布	0.67	0.53
Sc	494	5.49	6.20	9.05	11.75	13.17	14.50	15.23	11.07	3.01	10.58	4.19	17.30	3.88	0.27	11.75	13.00	偏峰分布	13.00	8.49
Se	9717	0.13	0.14	0.17	0.22	0.27	0.31	0.34	0.22	0.06	0.21	2.44	0.41	0.06	0.29	0.22	0.15	其他分布	0.15	0.15
Sn	495	2.60	2.90	3.50	4.30	5.50	6.90	8.30	4.94	3.55	4.49	2.65	51.5	1.90	0.72	4.30	4.30	对数正态分布	4.49	3.50
Sr	455	79.0	85.0	98.0	109	116	126	131	107	15.26	106	14.85	145	68.0	0.14	109	109	偏峰分布	109	109
Th	468	11.30	12.00	12.80	13.60	14.50	15.63	16.30	13.69	1.41	13.61	4.54	17.23	10.10	0.10	13.60	14.50	剔除后正态分布	13.69	13.42
Ti	489	3386	3703	4327	5047	5242	5382	5469	4771	671	4720	134	6422	2959	0.14	5047	5113	其他分布	5113	4018
Tl	495	0.66	0.68	0.74	0.81	0.89	0.98	1.03	0.82	0.12	0.81	1.21	1.60	0.43	0.15	0.81	0.77	对数正态分布	0.81	0.84
U	476	2.30	2.40	2.60	2.80	3.02	3.33	3.60	2.83	0.37	2.80	1.83	3.80	1.90	0.13	2.80	2.60	其他正态分布	2.60	2.60
V	9886	39.78	48.00	81.5	108	116	122	125	96.6	27.31	91.4	13.81	158	27.70	0.28	108	115	其他分布	115	115
W	473	1.54	1.62	1.77	1.90	2.07	2.24	2.34	1.92	0.24	1.91	1.49	2.59	1.30	0.13	1.90	1.80	剔除后正态分布	1.92	1.85
Y	468	24.23	25.00	28.00	29.00	30.00	31.00	32.00	28.73	2.27	28.63	6.99	34.00	22.80	0.08	29.00	29.00	其他分布	29.00	29.00
Zn	9234	68.4	78.1	94.1	107	119	134	144	107	21.35	104	14.89	164	52.3	0.20	107	102	其他分布	102	102
Zr	487	185	188	196	213	283	339	366	242	60.6	235	22.72	424	170	0.25	213	188	其他分布	188	197
SiO$_2$	495	59.5	61.2	63.5	66.8	72.0	75.8	77.2	67.7	5.57	67.4	11.28	83.2	51.6	0.08	66.8	68.2	对数正态分布	67.4	71.2
Al$_2$O$_3$	490	11.33	11.96	12.96	14.30	15.00	15.46	15.68	13.93	1.39	13.86	4.64	16.85	9.91	0.10	14.30	14.68	偏峰分布	14.68	13.83
TFe$_2$O$_3$	495	2.48	2.78	3.62	5.11	5.86	6.24	6.42	4.76	1.31	4.55	2.63	7.15	1.51	0.28	5.11	5.35	其他分布	5.35	3.51
MgO	495	0.41	0.49	0.76	1.31	1.84	2.16	2.31	1.32	0.62	1.15	1.78	2.78	0.25	0.47	1.31	1.23	其他后对数分布	1.23	0.62
CaO	444	0.27	0.34	0.52	0.70	0.91	1.24	1.40	0.74	0.33	0.67	1.67	1.73	0.15	0.45	0.70	0.77	剔除后对数分布	0.67	0.24
Na$_2$O	476	0.76	0.83	0.95	1.06	1.17	1.31	1.41	1.07	0.19	1.05	1.20	1.53	0.59	0.18	1.06	1.08	剔除后正态分布	1.07	0.83
K$_2$O	9373	2.25	2.36	2.60	2.80	2.96	3.12	3.25	2.78	0.29	2.76	1.80	3.55	2.03	0.11	2.80	2.82	其他分布	2.82	2.82
TC	495	1.08	1.23	1.48	1.77	2.13	2.47	2.69	1.82	0.49	1.75	1.56	3.93	0.68	0.27	1.77	1.42	正态分布	1.82	1.63
Corg	8604	0.70	0.83	1.12	1.50	1.94	2.42	2.81	1.58	0.65	1.45	1.66	6.78	0.11	0.41	1.50	1.12	对数正态分布	1.45	1.31
pH	9936	4.65	4.86	5.25	6.12	7.87	8.23	8.37	5.31	4.98	6.43	2.88	9.26	3.65	0.94	6.12	5.10	其他分布	5.10	5.10

注：氧化物、TC、Corg 单位为 g/kg，Au、Ag 单位为 μg/kg，pH 为无量纲，N、P 单位为 %，其他元素/指标单位为 mg/kg；后表单位相同。

第四章 土壤元素背景值

表 4-12 古土壤风化物土壤母质元素背景值参数统计表

元素/指标	N	$X_{5\%}$	$X_{10\%}$	$X_{25\%}$	$X_{50\%}$	$X_{75\%}$	$X_{90\%}$	$X_{95\%}$	$\overline{X}$	S	$\overline{X}_g$	S_g	X_{max}	X_{min}	CV	X_{me}	X_{mo}	分布类型	古土壤风化物背景值	台州市背景值
Ag	49	71.2	74.3	81.0	100.0	138	184	206	145	203	114	16.73	1494	47.00	1.40	100.0	92.0	对数正态分布	114	76.0
As	896	2.49	2.79	3.43	4.40	5.67	7.64	8.89	4.87	2.20	4.48	2.54	20.60	1.16	0.45	4.40	4.85	对数正态分布	4.48	10.10
Au	49	0.79	1.00	1.23	1.64	2.21	3.23	3.77	1.98	1.37	1.71	1.79	9.25	0.69	0.69	1.64	1.55	对数正态分布	1.71	2.00
B	896	11.70	14.95	20.20	26.20	34.30	44.25	50.3	28.19	11.78	25.63	7.10	74.8	1.10	0.42	26.20	27.80	对数正态分布	25.63	16.00
Ba	49	485	505	573	628	733	825	852	652	121	641	41.62	916	377	0.19	628	485	正态分布	652	506
Be	49	1.59	1.67	1.76	1.89	2.08	2.27	2.41	1.94	0.27	1.92	1.51	2.77	1.30	0.14	1.89	2.00	正态分布	1.94	2.12
Bi	49	0.18	0.19	0.20	0.23	0.26	0.32	0.55	0.28	0.18	0.25	2.38	1.18	0.18	0.65	0.23	0.23	对数正态分布	0.25	0.22
Br	49	1.54	1.70	1.90	2.30	2.90	3.20	3.30	2.34	0.58	2.27	1.76	3.60	1.40	0.25	2.30	2.30	正态分布	2.34	4.57
Cd	824	0.09	0.10	0.12	0.15	0.18	0.22	0.25	0.15	0.05	0.14	3.09	0.32	0.03	0.33	0.15	0.12	其他分布	0.12	0.14
Ce	49	59.9	62.3	68.2	74.8	82.9	91.4	97.9	76.6	11.82	75.7	12.35	108	56.6	0.15	74.8	89.4	正态分布	76.6	83.6
Cl	49	52.7	57.4	66.4	71.7	88.1	99.8	121	78.6	21.09	76.3	12.25	156	49.30	0.27	71.7	83.0	正态分布	78.6	82.0
Co	896	2.77	3.15	4.16	5.33	6.89	9.24	10.80	5.90	2.85	5.39	2.84	29.70	1.12	0.48	5.33	4.26	对数正态分布	5.39	17.80
Cr	896	11.50	13.60	17.70	23.60	30.20	38.40	42.80	25.27	13.28	23.04	6.37	228	5.00	0.53	23.60	19.60	对数正态分布	23.04	101
Cu	850	9.95	10.90	13.10	16.70	21.20	26.20	28.70	17.70	5.80	16.76	5.33	34.90	1.00	0.33	16.70	12.60	剔除后对数分布	16.76	13.00
F	49	296	316	343	382	420	452	469	384	61.3	380	30.11	561	273	0.16	382	417	正态分布	384	463
Ga	49	10.53	11.11	12.08	13.40	14.70	15.54	15.99	13.35	1.85	13.23	4.46	18.33	9.71	0.14	13.40	13.00	正态分布	13.35	17.48
Ge	490	1.25	1.30	1.37	1.44	1.51	1.55	1.59	1.44	0.10	1.43	1.25	1.73	1.15	0.07	1.44	1.37	剔除后正态分布	1.44	1.44
Hg	835	0.03	0.04	0.06	0.08	0.10	0.14	0.16	0.08	0.04	0.07	4.33	0.18	0.01	0.44	0.08	0.11	剔除后对数正态分布	0.07	0.11
I	49	0.55	0.63	0.74	0.95	1.26	1.49	1.64	1.01	0.36	0.95	1.42	2.04	0.47	0.36	0.95	0.74	正态分布	1.01	1.85
La	49	36.56	38.86	40.86	44.90	48.00	54.2	57.4	45.39	7.02	44.88	9.05	70.2	29.00	0.15	44.90	48.00	正态分布	45.39	43.90
Li	49	19.03	20.96	24.00	28.00	34.31	37.63	41.34	29.25	7.09	28.41	7.00	46.39	16.00	0.24	28.00	23.00	正态分布	29.25	25.00
Mn	896	164	198	252	331	478	685	824	395	213	350	29.72	1402	112	0.54	331	351	对数正态分布	350	337
Mo	896	0.45	0.49	0.57	0.70	0.90	1.17	1.38	0.79	0.37	0.74	1.51	4.02	0.36	0.47	0.70	0.59	对数正态分布	0.74	0.62
N	896	0.70	0.85	1.07	1.42	1.77	2.12	2.37	1.46	0.51	1.37	1.54	3.50	0.31	0.35	1.42	1.45	正态分布	1.46	1.37
Nb	49	17.32	17.58	18.80	20.50	23.10	24.26	25.36	20.90	2.71	20.73	5.87	28.43	15.56	0.13	20.50	21.10	正态分布	20.90	20.20
Ni	863	4.86	5.23	5.98	7.48	9.22	10.98	12.10	7.79	2.27	7.47	3.32	14.70	2.35	0.29	7.48	10.10	剔除后对数分布	7.47	10.10
P	896	0.32	0.35	0.43	0.56	0.74	0.98	1.17	0.63	0.31	0.58	1.66	3.49	0.15	0.50	0.56	0.53	对数正态分布	0.58	0.59
Pb	833	23.06	24.80	27.20	31.00	36.41	45.48	50.1	32.85	7.90	31.99	7.70	55.4	17.10	0.24	31.00	31.20	剔除后对数分布	31.99	34.00

续表 4-12

元素/指标	N	$X_{5\%}$	$X_{10\%}$	$X_{25\%}$	$X_{50\%}$	$X_{75\%}$	$X_{90\%}$	$X_{95\%}$	$\overline{X}$	S	$\overline{X}_g$	S_g	X_{max}	X_{min}	CV	X_{me}	X_{mo}	分布类型	古土壤风化物背景值	台州市背景值
Rb	49	79.8	86.2	91.0	105	119	129	139	107	18.75	105	14.76	148	61.3	0.18	105	117	正态分布	107	130
S	49	148	160	205	254	299	362	378	253	70.4	243	23.78	394	134	0.28	254	264	正态分布	253	274
Sb	49	0.45	0.46	0.50	0.57	0.63	0.76	0.85	0.60	0.14	0.58	1.47	1.19	0.44	0.24	0.57	0.60	正态分布	0.60	0.53
Sc	49	4.38	4.59	5.19	6.67	7.53	7.96	8.68	6.51	1.48	6.34	2.90	10.81	4.13	0.23	6.67	5.19	正态分布	6.51	8.49
Se	858	0.12	0.13	0.14	0.16	0.18	0.21	0.22	0.17	0.03	0.16	2.84	0.24	0.09	0.19	0.16	0.16	其他分布	0.16	0.15
Sn	49	2.63	2.72	2.89	3.43	3.91	4.96	6.71	3.81	1.61	3.60	2.30	11.18	2.53	0.42	3.43	3.87	对数正态分布	3.60	3.50
Sr	49	71.5	77.3	86.7	109	118	137	160	109	32.21	105	14.28	230	43.86	0.30	109	99.0	正态分布	109	109
Th	49	10.39	10.80	11.70	13.23	14.00	14.64	14.91	12.86	1.56	12.76	4.34	15.71	8.60	0.12	13.23	12.88	正态分布	12.86	13.42
Ti	49	3447	3474	3744	4125	4496	4807	5093	4143	526	4111	118	5606	3261	0.13	4125	4147	正态分布	4143	4018
Tl	49	0.55	0.58	0.63	0.71	0.82	0.91	1.02	0.74	0.17	0.72	1.31	1.28	0.40	0.22	0.71	0.71	正态分布	0.74	0.84
U	49	2.12	2.18	2.43	2.71	2.93	3.13	3.37	2.71	0.39	2.68	1.82	3.70	1.90	0.14	2.71	2.64	正态分布	2.71	2.60
V	884	32.70	34.63	40.68	54.3	68.3	78.7	84.7	55.7	17.39	53.1	9.93	110	13.30	0.31	54.3	39.20	其他分布	39.20	115
W	49	1.38	1.44	1.57	1.80	1.97	2.34	2.51	1.84	0.35	1.81	1.50	2.69	1.12	0.19	1.80	1.87	正态分布	1.84	1.85
Y	49	21.52	22.16	23.90	25.40	27.00	29.04	29.44	25.41	2.55	25.29	6.46	32.00	20.50	0.10	25.40	24.00	正态分布	25.41	29.00
Zn	896	39.77	42.50	48.50	58.3	73.2	96.2	116	65.5	26.74	61.6	11.17	290	34.00	0.41	58.3	49.60	对数正态分布	61.6	102
Zr	49	292	305	316	337	370	402	413	343	37.40	341	28.75	419	280	0.11	337	337	正态分布	343	197
SiO_2	49	71.3	72.5	74.8	76.2	78.5	81.6	81.9	76.5	3.32	76.5	12.14	82.6	67.9	0.04	76.2	78.7	正态分布	76.5	71.2
Al_2O_3	49	8.81	9.19	9.67	10.88	11.85	12.51	13.08	10.86	1.43	10.77	3.95	14.61	8.14	0.13	10.88	11.85	正态分布	10.86	13.83
TFe_2O_3	49	2.22	2.24	2.62	2.90	3.27	3.64	3.72	2.92	0.55	2.87	1.85	4.61	1.67	0.19	2.90	2.64	正态分布	2.92	3.51
MgO	49	0.29	0.35	0.41	0.51	0.61	0.83	0.87	0.55	0.19	0.52	1.72	1.15	0.27	0.35	0.51	0.41	正态分布	0.55	0.62
CaO	49	0.25	0.28	0.33	0.49	0.64	0.92	1.25	0.55	0.29	0.48	1.99	1.37	0.16	0.54	0.49	0.33	正态分布	0.55	0.24
Na_2O	49	0.66	0.75	0.84	1.12	1.29	1.46	1.49	1.08	0.28	1.04	1.34	1.50	0.36	0.26	1.12	1.13	正态分布	1.08	0.83
K_2O	896	1.39	1.67	2.08	2.45	2.84	3.30	3.55	2.47	0.61	2.39	1.76	4.14	0.75	0.25	2.45	2.31	正态分布	2.47	2.82
TC	49	0.84	0.98	1.18	1.33	1.57	1.80	1.93	1.37	0.34	1.33	1.33	2.23	0.81	0.24	1.33	1.37	正态分布	1.37	1.63
Corg	506	0.81	0.94	1.18	1.48	1.79	2.09	2.25	1.50	0.44	1.43	1.48	2.99	0.43	0.29	1.48	1.46	正态分布	1.50	1.31
pH	846	4.52	4.61	4.79	5.01	5.21	5.42	5.59	4.91	5.03	5.01	2.54	5.91	4.18	1.02	5.01	5.10	剔除后正态分布	4.91	5.10

明显高于台州市背景值,与台州市背景值比值均在1.4以上;其他元素/指标背景值则与台州市背景值基本接近。

三、碎屑岩类风化物土壤母质元素背景值

碎屑岩类风化物元素背景值数据经正态分布检验,结果表明,原始数据中 Ag、Au、Be、Ce、Cl、F、La、N、Nb、Rb、S、Sc、Th、Ti、Tl、U、W、Y、Zr、SiO_2、Al_2O_3、TFe_2O_3、MgO、Na_2O、K_2O、TC、Corg 符合正态分布,Bi、Br、Cr、Ga、Ge、Hg、I、Li、Sb、Sn、Sr、V、CaO 符合对数正态分布,B、Ba、pH 剔除异常值后符合正态分布,As、Co、Mn、Mo、Ni、P、Pb、Zn 剔除异常值后符合对数正态分布,其他元素/指标不符合正态分布或对数正态分布(表4-13)。

碎屑岩类风化物区表层土壤总体为酸性,土壤 pH 背景值为4.89,极大值为5.91,极小值为4.16,接近于台州市背景值。

表层土壤各元素/指标中,大多数元素/指标变异系数小于0.40,分布相对均匀;Ni、Bi、Cd、Na_2O、As、Sr、Au、Br、Hg、Co、V、Mn、CaO、Cr、I、pH 共14项元素/指标变异系数大于0.40,其中 pH 变异系数大于0.80,空间变异性较大。

与台州市土壤元素背景值相比,碎屑岩类风化物区土壤元素背景值中 Cr、As、Co 背景值明显偏低,不足台州市背景值的60%;V、Hg、Sr、Au、Br、Th 背景值略低于台州市背景值,是浙江省背景值的60%~80%;Li、Ti、CaO、Cu、Ag、Mn、B 背景值略高于台州市背景值,与台州市背景值比值在1.2~1.4之间;而Se、Zr 背景值明显高于台州市背景值,与台州市背景值比值为1.4以上;其他元素/指标背景值则与台州市背景值基本接近。

四、紫色碎屑岩类风化物土壤母质元素背景值

紫色碎屑岩类风化物元素背景值数据经正态分布检验,结果表明,原始数据中 Ba、Be、Ce、Cl、F、La、Li、Nb、Rb、S、Sc、Sn、Sr、Th、Tl、U、W、Y、Zr、SiO_2、Al_2O_3、TFe_2O_3、MgO、Na_2O、K_2O、TC、Corg 符合正态分布,As、Au、Bi、Br、Ga、I、Mn、N、Ni、P、Pb、Sb、Zn、CaO 符合对数正态分布,Ag、Co、Cu、Ge、Ti、V 剔除异常值后符合正态分布,Hg、Mo、pH 剔除异常值后符合对数正态分布,其他元素/指标不符合正态分布或对数正态分布(表4-14)。

紫色碎屑岩类风化物区表层土壤总体为酸性,土壤 pH 背景值为5.10,极大值为6.50,极小值为3.96,持平于台州市背景值。

表层土壤各元素/指标中,大多数元素/指标变异系数小于0.40,分布相对均匀;Sr、B、P、Ni、Br、Mn、Au、As、Sb、CaO、pH、I 共12项元素/指标变异系数大于0.40,其中 CaO、pH、I 变异系数大于0.80,空间变异性较大。

与台州市土壤元素背景值相比,紫色碎屑岩类风化物区土壤元素背景值中 As、Au、Br、Cr、Co、Hg、V、Zn 背景值明显偏低;I、Pb、Rb 背景值略低于台州市背景值,是浙江省背景值的60%~80%;MgO、Li 背景值略高于台州市背景值,与台州市背景值比值在1.2~1.4之间;而 Cu、CaO、Zr、B 背景值明显高于台州市背景值,与台州市背景值比值均在1.4以上;其他元素/指标背景值则与台州市背景值基本接近。

五、中酸性火成岩类风化物土壤母质元素背景值

中酸性火成岩类风化物元素背景值数据经正态分布检验,结果表明,原始数据中 Al_2O_3 符合正态分布,Be、Br、Ce、La、Li、N、Sr、Y、TFe_2O_3、Na_2O、TC 符合对数正态分布,F、Rb、Th、Zr、SiO_2、K_2O 剔除异常值后符合正态分布,Au、Ba、Cl、Ga、Nb、Ni、S、Sc、Ti、Tl、U、W、MgO、Corg 剔除异常值后符合对数正态分布,其他元素/指标不符合正态分布或对数正态分布(表4-15)。

表 4-13 碎屑岩类风化物土壤母质元素背景值参数统计表

元素/指标	N	$X_{5\%}$	$X_{10\%}$	$X_{25\%}$	$X_{50\%}$	$X_{75\%}$	$X_{90\%}$	$X_{95\%}$	$\overline{X}$	S	$\overline{X}_g$	S_g	X_{max}	X_{min}	CV	X_{me}	X_{mo}	分布类型	碎屑岩类风化物背景值	台州市背景值
Ag	87	64.3	69.0	75.0	89.5	110	142	161	98.5	33.75	93.9	14.34	216	47.00	0.34	89.5	98.0	正态分布	98.5	76.0
As	603	1.94	2.33	2.87	3.85	5.17	6.82	8.10	4.24	1.87	3.88	2.46	10.70	1.21	0.44	3.85	3.99	剔除后对数分布	3.88	10.10
Au	87	0.65	0.76	0.94	1.32	1.75	2.32	2.93	1.45	0.68	1.31	1.64	3.49	0.36	0.47	1.32	1.61	正态后对数分布	1.45	2.00
B	624	10.22	12.46	16.00	19.90	24.20	29.01	31.79	20.23	6.49	19.15	5.79	40.40	3.23	0.32	19.90	22.00	剔除后正态分布	20.23	16.00
Ba	81	366	432	491	592	701	775	916	603	153	584	40.02	962	230	0.25	592	487	剔除后正态分布	603	506
Be	87	1.63	1.67	1.86	2.12	2.33	2.55	2.69	2.12	0.34	2.09	1.57	3.29	1.43	0.16	2.12	2.31	正态分布	2.12	2.12
Bi	87	0.17	0.19	0.21	0.24	0.29	0.43	0.48	0.27	0.11	0.26	2.26	0.79	0.15	0.42	0.24	0.21	对数正态分布	0.26	0.22
Br	87	2.00	2.16	2.60	3.30	4.35	5.90	7.65	3.80	1.83	3.47	2.37	12.20	1.50	0.48	3.30	3.30	对数正态分布	3.47	4.57
Cd	590	0.07	0.09	0.13	0.16	0.20	0.27	0.34	0.17	0.07	0.16	3.08	0.42	0.02	0.43	0.16	0.15	其他分布	0.15	0.14
Ce	87	59.5	61.9	71.2	82.1	98.1	111	132	86.3	21.52	83.8	13.24	153	42.70	0.25	82.1	88.6	正态分布	86.3	83.6
Cl	87	48.37	53.4	59.9	72.3	85.4	98.8	109	73.8	18.18	71.7	12.12	121	37.50	0.25	72.3	73.9	正态分布	73.8	82.0
Co	651	3.54	4.06	5.28	7.13	10.20	15.92	18.88	8.49	4.47	7.49	3.49	20.85	1.31	0.53	7.13	5.00	剔除后对数分布	7.49	17.80
Cr	694	13.60	15.50	18.82	29.41	42.09	81.2	91.5	37.59	28.71	30.71	8.10	292	5.00	0.76	29.41	16.60	对数正态分布	30.71	101
Cu	644	8.18	9.81	12.90	16.19	21.10	26.87	31.06	17.40	6.78	15.98	5.49	37.29	1.00	0.39	16.19	16.50	其他分布	16.50	13.00
F	87	350	372	421	498	560	628	660	496	96.9	487	35.86	723	327	0.20	498	498	正态分布	496	463
Ga	87	12.91	14.29	16.12	19.08	21.09	28.15	29.92	20.02	6.37	19.23	5.62	49.70	10.34	0.32	19.08	20.22	对数正态分布	19.23	17.48
Ge	685	1.21	1.27	1.36	1.46	1.58	1.70	1.82	1.49	0.21	1.47	1.29	3.29	1.01	0.14	1.46	1.44	正态分布	1.47	1.44
Hg	694	0.03	0.04	0.05	0.06	0.09	0.12	0.15	0.07	0.04	0.07	4.63	0.31	0.02	0.50	0.06	0.05	对数正态分布	0.07	0.11
I	87	0.53	0.62	1.00	1.66	3.25	4.64	5.48	2.28	1.79	1.74	2.31	10.25	0.41	0.79	1.66	1.55	对数正态分布	1.74	1.85
La	87	29.76	33.17	38.92	44.60	53.9	62.4	76.9	47.51	13.44	45.77	9.34	83.0	20.00	0.28	44.60	44.60	正态分布	47.51	43.90
Li	87	20.60	21.67	24.00	28.20	38.22	44.56	48.76	31.49	10.14	30.11	7.05	66.3	18.19	0.32	28.20	28.46	对数正态分布	30.11	25.00
Mn	669	190	230	304	454	726	1081	1225	555	326	469	35.71	1507	70.0	0.59	454	279	剔除后对数分布	469	337
Mo	628	0.42	0.47	0.56	0.72	0.92	1.19	1.35	0.77	0.28	0.73	1.49	1.68	0.28	0.37	0.72	0.52	正态分布	0.73	0.62
N	694	0.70	0.84	1.11	1.45	1.86	2.17	2.41	1.49	0.53	1.39	1.59	3.45	0.27	0.36	1.45	1.47	正态分布	1.49	1.37
Nb	87	16.36	17.42	18.60	20.70	23.04	25.20	26.47	21.12	3.40	20.87	5.73	34.20	15.20	0.16	20.70	20.60	正态分布	21.12	20.20
Ni	604	4.27	5.29	6.48	8.73	11.24	14.51	17.19	9.38	3.86	8.63	3.86	22.76	2.14	0.41	8.73	11.20	剔除后对数分布	8.63	10.10
P	661	0.31	0.40	0.53	0.67	0.84	1.05	1.19	0.70	0.25	0.65	1.58	1.40	0.11	0.36	0.67	0.68	剔除后对数分布	0.65	0.59
Pb	606	22.22	23.55	28.11	31.60	36.30	41.53	46.71	32.44	7.36	31.62	7.64	56.4	13.50	0.23	31.60	32.10	剔除后对数分布	31.62	34.00

续表 4-13

元素/指标	N	$X_{5\%}$	$X_{10\%}$	$X_{25\%}$	$X_{50\%}$	$X_{75\%}$	$X_{90\%}$	$X_{95\%}$	$\bar{X}$	S	$\bar{X}_g$	S_g	X_{max}	X_{min}	CV	X_{me}	X_{mo}	分布类型	碎屑岩类风化物背景值	台州市背景值
Rb	87	85.6	89.7	100.0	111	124	131	135	111	16.79	110	14.98	168	75.2	0.15	111	111	正态分布	111	130
S	87	206	220	258	288	322	365	384	288	55.9	283	26.42	426	142	0.19	288	268	正态分布	288	274
Sb	87	0.40	0.42	0.46	0.52	0.57	0.76	0.81	0.55	0.15	0.53	1.55	1.28	0.37	0.27	0.52	0.47	对数正态分布	0.53	0.53
Sc	87	6.42	7.20	8.89	9.68	10.71	12.46	13.09	9.85	2.20	9.62	3.89	20.40	5.83	0.22	9.68	8.92	正态分布	9.85	8.49
Se	657	0.14	0.15	0.18	0.21	0.26	0.31	0.34	0.22	0.06	0.21	2.49	0.40	0.08	0.28	0.21	0.21	偏峰分布	0.21	0.15
Sn	87	2.35	2.52	2.84	3.16	3.79	5.24	5.78	3.49	1.07	3.36	2.16	7.16	2.00	0.31	3.16	3.16	对数正态分布	3.36	3.50
Sr	87	39.44	45.39	53.4	81.3	101	138	165	85.8	39.22	78.1	12.73	235	28.81	0.46	81.3	83.0	对数正态分布	78.1	109
Th	87	7.52	7.79	9.48	10.88	11.95	13.32	13.80	10.69	2.03	10.49	3.86	15.16	5.21	0.19	10.88	11.14	正态分布	10.69	13.42
Ti	87	3473	3818	4101	4544	5595	6174	6536	4907	1248	4784	134	12 499	3224	0.25	4544	4930	正态分布	4907	4018
Tl	87	0.59	0.64	0.68	0.77	0.86	0.99	1.08	0.79	0.16	0.77	1.27	1.25	0.42	0.20	0.77	0.79	正态分布	0.79	0.84
U	87	2.20	2.28	2.51	2.84	3.02	3.28	3.41	2.79	0.38	2.77	1.82	3.82	1.85	0.13	2.84	2.88	正态分布	2.79	2.60
V	694	33.00	38.43	49.91	66.2	97.9	131	161	79.6	45.37	69.8	12.00	341	16.50	0.57	66.2	56.0	对数正态分布	69.8	115
W	87	1.24	1.30	1.53	1.77	1.97	2.32	2.48	1.79	0.39	1.75	1.45	2.92	1.11	0.22	1.77	1.79	正态分布	1.79	1.85
Y	87	20.61	22.90	25.00	27.40	30.15	34.44	35.47	27.69	4.35	27.35	6.77	39.00	17.00	0.16	27.40	28.00	剔除正态分布	27.69	29.00
Zn	674	56.6	62.6	71.4	83.6	101	117	130	87.1	22.42	84.2	13.25	150	23.90	0.26	83.6	78.2	正态分布	84.2	102
Zr	87	241	253	270	303	337	386	428	312	57.5	308	26.82	522	222	0.18	303	255	正态分布	312	197
SiO_2	87	64.8	66.2	69.1	72.1	74.2	77.5	78.6	71.8	4.24	71.7	11.62	81.4	60.1	0.06	72.1	72.2	正态分布	71.8	71.2
Al_2O_3	87	10.64	11.82	12.93	13.96	14.98	16.00	16.18	13.85	1.66	13.75	4.64	17.09	9.20	0.12	13.96	14.04	正态分布	13.85	13.83
TFe_2O_3	87	2.46	2.77	3.00	3.85	4.90	5.65	6.30	4.05	1.27	3.87	2.37	8.62	2.06	0.31	3.85	3.63	正态分布	4.05	3.51
MgO	87	0.41	0.47	0.56	0.68	0.90	1.04	1.18	0.73	0.24	0.70	1.44	1.50	0.33	0.32	0.68	0.68	正态分布	0.73	0.62
CaO	87	0.15	0.16	0.21	0.28	0.41	0.68	0.89	0.35	0.22	0.30	2.38	1.13	0.11	0.63	0.28	0.22	对数正态分布	0.30	0.24
Na_2O	87	0.27	0.40	0.51	0.67	0.90	1.23	1.34	0.73	0.32	0.67	1.69	1.59	0.22	0.43	0.67	0.60	正态分布	0.73	0.83
K_2O	694	1.71	1.92	2.30	2.72	3.12	3.46	3.71	2.71	0.63	2.63	1.83	4.73	0.46	0.23	2.72	2.80	正态分布	2.71	2.82
TC	87	1.19	1.26	1.42	1.58	1.83	1.97	2.09	1.63	0.30	1.60	1.39	2.43	1.11	0.18	1.58	1.46	正态分布	1.63	1.63
Corg	685	0.67	0.83	1.15	1.49	1.84	2.15	2.31	1.50	0.51	1.40	1.59	3.36	0.25	0.34	1.49	1.50	正态分布	1.50	1.31
pH	619	4.50	4.61	4.81	5.00	5.19	5.41	5.58	4.89	5.00	5.00	2.53	5.91	4.16	1.02	5.00	5.03	剔除后正态分布	4.89	5.10

表 4-14 紫色碎屑岩类风化物土壤母质元素背景值参数统计表

元素/指标	N	$X_{5\%}$	$X_{10\%}$	$X_{25\%}$	$X_{50\%}$	$X_{75\%}$	$X_{90\%}$	$X_{95\%}$	$\bar{X}$	S	$\bar{X}_g$	S_g	X_{max}	X_{min}	CV	X_{me}	X_{mo}	分布类型	紫色碎屑岩类风化物背景值	台州市背景值
Ag	75	59.0	63.2	69.0	76.5	86.5	95.5	99.5	77.9	13.06	76.8	12.10	112	49.50	0.17	76.5	70.0	剔除后正态分布	77.9	76.0
As	1136	2.26	2.77	3.66	5.08	7.07	9.48	12.20	5.95	3.85	5.15	2.91	44.30	0.73	0.65	5.08	3.81	对数正态分布	5.15	10.10
Au	80	0.49	0.56	0.72	1.00	1.56	2.58	2.91	1.31	0.82	1.11	1.75	4.05	0.34	0.63	1.00	0.96	对数正态分布	1.11	2.00
B	1125	9.96	14.44	20.00	28.10	38.60	47.96	53.9	29.68	13.10	26.28	7.20	66.8	1.10	0.44	28.10	24.70	偏峰分布	24.70	16.00
Ba	80	380	416	486	582	652	715	769	577	134	563	38.43	1057	336	0.23	582	520	正态分布	577	506
Be	80	1.63	1.69	1.84	2.02	2.19	2.40	2.47	2.02	0.27	2.00	1.55	2.73	1.40	0.13	2.02	2.02	正态分布	2.02	2.12
Bi	80	0.17	0.17	0.20	0.22	0.26	0.30	0.33	0.23	0.06	0.23	2.41	0.52	0.13	0.26	0.22	0.23	对数正态分布	0.23	0.22
Br	80	1.50	1.59	1.77	2.35	3.34	4.80	5.80	2.84	1.57	2.54	2.12	10.20	1.30	0.55	2.35	2.00	对数正态分布	2.54	4.57
Cd	1036	0.07	0.08	0.10	0.13	0.16	0.19	0.21	0.13	0.04	0.13	3.44	0.25	0.03	0.31	0.13	0.14	其他分布	0.14	0.14
Ce	80	58.6	60.0	65.6	69.9	79.7	92.9	98.3	73.9	14.19	72.7	12.07	138	52.7	0.19	69.9	66.6	正态分布	73.9	83.6
Cl	80	44.08	48.14	55.5	68.0	80.4	91.5	102	69.1	17.45	66.9	11.03	114	39.40	0.25	68.0	72.6	正态分布	69.1	82.0
Co	1078	2.71	3.33	4.91	6.81	8.71	11.00	12.53	7.03	2.85	6.42	3.12	15.10	1.40	0.40	6.81	10.30	剔除后正态分布	7.03	17.80
Cr	1118	14.40	16.20	21.80	31.00	39.80	46.73	51.6	31.38	11.85	29.00	7.18	67.1	5.86	0.38	31.00	37.40	其他分布	37.40	101
Cu	1095	9.11	11.10	14.77	18.10	21.90	25.66	28.20	18.35	5.57	17.42	5.41	33.40	4.20	0.30	18.10	17.40	剔除后正态分布	18.35	13.00
F	80	328	337	396	477	542	588	635	473	96.6	463	35.25	710	291	0.20	477	478	正态分布	473	463
Ga	80	11.25	11.98	13.15	14.76	16.80	19.77	21.63	15.59	3.88	15.19	5.04	30.07	10.20	0.25	14.76	15.62	对数正态分布	15.19	17.48
Ge	370	1.25	1.30	1.39	1.48	1.57	1.68	1.77	1.49	0.15	1.48	1.28	1.90	1.15	0.10	1.48	1.50	剔除后正态分布	1.49	1.44
Hg	1071	0.02	0.03	0.04	0.05	0.06	0.08	0.09	0.05	0.02	0.05	5.64	0.11	0.001	0.40	0.05	0.05	其他分布	0.05	0.11
I	80	0.47	0.56	0.72	1.21	1.98	4.52	5.83	1.91	2.13	1.33	2.29	10.80	0.30	1.11	1.21	1.07	对数正态分布	1.33	1.85
La	80	34.24	34.70	38.63	42.37	47.91	52.9	55.1	43.74	7.86	43.09	8.89	73.0	29.09	0.18	42.37	48.50	正态分布	43.74	43.90
Li	80	22.28	23.19	26.48	32.24	35.66	41.52	43.54	32.08	7.07	31.30	7.40	51.5	17.06	0.22	32.24	26.00	正态分布	32.08	25.00
Mn	1136	184	212	278	384	592	794	956	464	272	403	32.07	1994	96.0	0.58	384	328	剔除后正态分布	403	337
Mo	1060	0.40	0.44	0.52	0.62	0.78	0.96	1.05	0.66	0.20	0.63	1.48	1.27	0.25	0.30	0.62	0.52	对数正态分布	0.63	0.62
N	1136	0.61	0.72	0.92	1.18	1.52	1.82	2.06	1.24	0.45	1.16	1.48	3.58	0.32	0.36	1.18	0.84	对数正态分布	1.16	1.37
Nb	80	15.99	16.57	18.09	20.24	22.81	26.38	30.06	21.17	4.86	20.71	5.90	46.10	12.07	0.23	20.24	20.65	正态分布	21.17	20.20
Ni	1136	4.88	5.62	7.01	9.23	12.28	15.75	18.95	10.37	5.41	9.40	3.84	64.4	1.58	0.52	9.23	11.00	对数正态分布	9.40	10.10
P	1136	0.28	0.32	0.40	0.52	0.70	0.92	1.13	0.59	0.30	0.53	1.74	2.84	0.13	0.50	0.52	0.47	对数正态分布	0.53	0.59
Pb	1136	19.60	20.90	23.40	26.72	30.80	35.27	38.25	27.78	7.40	27.06	6.96	140	12.70	0.27	26.72	24.80	对数正态分布	27.06	34.00

续表 4-14

元素/指标	N	$X_{5\%}$	$X_{10\%}$	$X_{25\%}$	$X_{50\%}$	$X_{75\%}$	$X_{90\%}$	$X_{95\%}$	$\overline{X}$	S	$\overline{X}_g$	S_g	X_{max}	X_{min}	CV	X_{me}	X_{mo}	分布类型	紫色碎屑岩类风化物背景值	台州市背景值
Rb	80	77.8	86.6	99.4	108	131	141	151	113	22.27	111	15.38	166	68.5	0.20	108	105	正态分布	113	130
S	80	131	145	172	213	267	327	365	225	71.8	214	22.49	464	79.0	0.32	213	195	正态分布	225	274
Sb	80	0.41	0.44	0.49	0.55	0.65	0.75	0.84	0.63	0.48	0.58	1.60	4.69	0.33	0.77	0.55	0.55	对数正态分布	0.58	0.53
Sc	80	4.90	5.25	6.01	7.31	8.74	9.83	10.02	7.47	1.94	7.23	3.26	15.20	3.33	0.26	7.31	7.23	正态分布	7.47	8.49
Se	1045	0.10	0.11	0.13	0.14	0.16	0.18	0.20	0.15	0.03	0.14	3.07	0.23	0.07	0.20	0.14	0.14	其他分布	0.14	0.15
Sn	80	2.31	2.42	2.66	3.04	3.55	4.10	4.71	3.24	0.86	3.15	2.05	7.03	1.83	0.26	3.04	2.83	正态分布	3.24	3.50
Sr	80	39.16	48.08	66.8	86.2	108	142	156	91.8	37.65	84.5	12.68	210	29.47	0.41	86.2	91.3	正态分布	91.8	109
Th	80	9.45	10.38	11.37	12.48	14.08	15.26	16.20	12.76	2.39	12.53	4.32	22.14	5.38	0.19	12.48	12.40	剔除后正态分布	12.76	13.42
Ti	77	3172	3367	3628	4104	4547	4898	5394	4133	654	4083	120	5869	2890	0.16	4104	4104	正态分布	4133	4018
Tl	80	0.50	0.55	0.62	0.72	0.79	0.89	0.94	0.72	0.14	0.70	1.32	1.13	0.41	0.20	0.72	0.62	正态分布	0.72	0.84
U	80	1.96	2.10	2.40	2.70	2.90	3.22	3.38	2.67	0.42	2.64	1.82	3.73	1.77	0.16	2.70	2.63	正态分布	2.67	2.60
V	1094	32.83	38.03	51.0	65.5	77.3	91.6	101	65.3	20.28	61.9	10.91	120	19.20	0.31	65.5	63.6	剔除后正态分布	65.3	115
W	80	1.27	1.32	1.44	1.65	1.94	2.24	2.46	1.76	0.45	1.71	1.46	3.53	1.11	0.26	1.65	1.57	正态分布	1.76	1.85
Y	80	21.48	22.16	23.48	25.05	26.62	30.33	32.55	25.63	3.40	25.43	6.54	37.80	19.10	0.13	25.05	24.60	正态分布	25.63	29.00
Zn	1136	39.68	42.45	49.40	59.6	71.6	82.4	92.5	62.3	19.56	59.9	10.81	270	30.30	0.31	59.6	58.3	对数正态分布	59.9	102
Zr	80	264	274	300	320	351	387	398	325	44.49	322	27.85	492	208	0.14	320	325	正态分布	325	197
SiO_2	80	67.9	69.5	72.0	74.0	76.5	77.3	79.0	73.8	3.82	73.7	11.89	83.0	57.6	0.05	74.0	73.4	正态分布	73.8	71.2
Al_2O_3	80	9.56	10.23	11.17	12.19	13.64	15.26	15.95	12.48	1.98	12.32	4.37	17.36	7.70	0.16	12.19	12.83	正态分布	12.48	13.83
TFe_2O_3	80	1.84	2.33	2.67	3.29	3.83	4.85	5.42	3.43	1.18	3.26	2.16	8.75	1.32	0.34	3.29	3.56	正态分布	3.43	3.51
MgO	80	0.39	0.42	0.55	0.73	0.88	1.09	1.31	0.75	0.28	0.70	1.54	1.88	0.24	0.38	0.73	0.74	正态分布	0.75	0.62
CaO	80	0.13	0.16	0.23	0.34	0.53	0.84	1.00	0.44	0.36	0.35	2.63	2.55	0.08	0.83	0.34	0.41	对数正态分布	0.35	0.24
Na_2O	80	0.35	0.45	0.63	0.90	1.13	1.34	1.55	0.90	0.35	0.83	1.62	1.66	0.22	0.39	0.90	0.71	正态分布	0.90	0.83
K_2O	1136	1.40	1.62	1.98	2.40	2.84	3.31	3.51	2.43	0.64	2.34	1.74	5.02	0.53	0.26	2.40	2.38	正态分布	2.43	2.82
TC	80	0.85	0.96	1.15	1.27	1.56	1.79	2.07	1.36	0.36	1.31	1.37	2.47	0.52	0.27	1.27	1.17	正态分布	1.36	1.63
Corg	399	0.70	0.82	1.08	1.32	1.59	1.88	2.04	1.34	0.42	1.27	1.46	3.58	0.35	0.31	1.32	1.39	正态分布	1.34	1.31
pH	1028	4.45	4.57	4.78	5.06	5.33	5.72	5.97	4.91	4.92	5.10	2.56	6.50	3.96	1.00	5.06	5.15	剔除后对数分布	5.10	5.10

表 4-15 中酸性火成岩类风化物土壤母质元素背景值参数统计表

元素/指标	N	$X_{5\%}$	$X_{10\%}$	$X_{25\%}$	$X_{50\%}$	$X_{75\%}$	$X_{90\%}$	$X_{95\%}$	$\overline{X}$	S	$\overline{X}_g$	S_g	X_{max}	X_{min}	CV	X_{me}	X_{mo}	分布类型	中酸性火成岩类风化物背景值	台州市背景值
Ag	1425	56.6	61.5	72.5	89.0	116	152	172	97.8	34.97	92.3	14.25	212	28.00	0.36	89.0	80.0	其他分布	80.0	76.0
As	11140	1.75	2.15	3.00	4.26	5.97	7.92	9.15	4.68	2.24	4.16	2.71	11.42	0.41	0.48	4.26	4.30	偏峰分布	4.30	10.10
Au	1435	0.54	0.64	0.82	1.17	1.70	2.40	2.87	1.35	0.70	1.19	1.68	3.60	0.29	0.52	1.17	1.40	剔除后对数分布	1.19	2.00
B	11032	7.28	10.10	14.60	20.10	26.30	34.00	38.90	20.99	9.33	18.47	6.30	48.30	1.10	0.44	20.10	14.20	其他分布	14.20	16.00
Ba	1533	369	433	541	664	811	939	1023	677	197	646	42.29	1226	165	0.29	664	703	剔除后对数分布	646	506
Be	1555	1.69	1.80	1.98	2.21	2.48	2.77	2.99	2.27	0.43	2.23	1.65	5.19	1.23	0.19	2.21	2.12	对数分布	2.23	2.12
Bi	1439	0.18	0.19	0.22	0.28	0.36	0.45	0.51	0.30	0.10	0.29	2.19	0.62	0.13	0.34	0.28	0.24	其他分布	0.24	0.22
Br	1555	2.00	2.20	2.90	4.30	6.70	9.90	13.90	5.59	4.54	4.57	2.98	55.7	1.00	0.81	4.30	3.40	其他正态分布	4.57	4.57
Cd	9971	0.05	0.07	0.10	0.14	0.19	0.25	0.29	0.15	0.07	0.14	3.41	0.43	0.004	0.47	0.14	0.12	其他分布	0.12	0.14
Ce	1555	62.9	67.5	75.4	85.5	98.3	111	122	88.4	19.63	86.4	13.36	210	28.70	0.22	85.5	83.0	对数正态分布	86.4	83.6
Cl	1471	48.00	52.6	61.2	75.0	90.2	107	117	77.4	20.86	74.7	12.28	138	30.40	0.27	75.0	74.0	剔除后对数分布	74.7	82.0
Co	10925	2.81	3.27	4.19	5.65	7.82	10.60	12.34	6.32	2.87	5.72	3.04	15.30	0.33	0.45	5.65	10.60	其他分布	10.60	17.80
Cr	10878	9.50	11.70	16.00	22.20	31.20	41.00	47.72	24.52	11.60	21.87	6.59	61.6	0.30	0.47	22.20	17.00	其他正态分布	17.00	101
Cu	11054	6.20	7.80	10.61	14.34	20.00	28.00	32.45	16.07	7.72	14.27	5.21	38.81	1.00	0.48	14.34	11.80	其他分布	11.80	13.00
F	1532	294	322	374	445	514	584	628	448	101	436	33.72	732	170	0.23	445	445	剔除后对数分布	448	463
Ga	1495	13.25	14.08	15.54	17.20	19.12	21.20	22.45	17.44	2.77	17.23	5.24	25.15	10.04	0.16	17.20	16.60	剔除后对数分布	17.23	17.48
Ge	9496	1.13	1.18	1.28	1.40	1.53	1.65	1.72	1.41	0.18	1.40	1.26	1.93	0.90	0.13	1.40	1.37	其他分布	1.37	1.44
Hg	10975	0.03	0.04	0.05	0.06	0.08	0.11	0.13	0.07	0.03	0.06	4.83	0.16	0.01	0.43	0.06	0.11	其他正态分布	0.11	0.11
I	1452	0.69	0.86	1.34	2.58	4.47	6.89	8.17	3.24	2.37	2.47	2.59	10.42	0.46	0.73	2.58	0.94	其他分布	0.94	1.85
La	1555	30.90	33.51	38.25	44.60	51.4	59.3	64.0	45.69	11.20	44.41	9.10	111	14.00	0.25	44.60	48.00	对数正态分布	44.41	43.90
Li	1555	18.02	20.00	23.64	29.00	36.03	46.00	52.1	31.23	10.66	29.64	7.34	86.0	13.00	0.34	29.00	25.00	对数正态分布	29.64	25.00
Mn	11457	195	229	316	491	776	1065	1229	575	324	491	37.85	1552	61.0	0.56	491	337	其他分布	337	337
Mo	10835	0.43	0.50	0.63	0.85	1.17	1.59	1.85	0.95	0.43	0.86	1.56	2.29	0.11	0.45	0.85	0.66	其他分布	0.66	0.62
N	11804	0.65	0.76	0.97	1.26	1.63	2.06	2.38	1.35	0.55	1.25	1.55	8.99	0.12	0.41	1.26	0.98	对数正态分布	1.25	1.37
Nb	1489	17.40	18.10	19.90	22.10	24.90	27.90	29.86	22.62	3.82	22.30	6.06	33.40	11.98	0.17	22.10	20.20	剔除后对数分布	22.30	20.20
Ni	10764	3.67	4.40	5.75	7.86	10.68	14.10	16.28	8.60	3.80	7.80	3.68	21.00	0.91	0.44	7.86	10.10	剔除后对数分布	7.80	10.10
P	11219	0.25	0.32	0.45	0.62	0.86	1.12	1.27	0.67	0.31	0.60	1.76	1.59	0.05	0.46	0.62	0.59	偏峰分布	0.59	0.59
Pb	10681	23.70	26.00	29.80	34.20	40.15	48.10	53.7	35.70	8.77	34.67	8.04	63.2	11.80	0.25	34.20	32.00	其他分布	32.00	34.00

续表 4-15

元素/指标	N	$X_{5\%}$	$X_{10\%}$	$X_{25\%}$	$X_{50\%}$	$X_{75\%}$	$X_{90\%}$	$X_{95\%}$	$\overline{X}$	S	$\overline{X}_g$	S_g	$X_{\max}$	$X_{\min}$	CV	X_{me}	X_{mo}	分布类型	中酸性火成岩类风化物背景值	台州市背景值
Rb	1503	100.0	107	117	128	139	149	156	128	16.56	127	16.40	175	82.4	0.13	128	124	剔除后正态分布	128	130
S	1508	162	181	212	266	326	391	427	275	81.2	263	25.68	510	60.0	0.30	266	258	剔除后对数分布	263	274
Sb	1457	0.38	0.42	0.48	0.55	0.65	0.75	0.82	0.57	0.13	0.55	1.49	0.94	0.23	0.23	0.55	0.53	其他分布	0.53	0.53
Sc	1533	4.75	5.32	6.50	8.10	9.70	11.20	12.52	8.21	2.27	7.89	3.46	14.70	3.42	0.28	8.10	8.50	剔除后对数分布	7.89	8.49
Se	11 204	0.14	0.15	0.18	0.25	0.32	0.42	0.48	0.27	0.10	0.25	2.37	0.57	0.04	0.39	0.25	0.16	其他分布	0.16	0.15
Sn	1433	2.40	2.54	2.85	3.26	4.02	4.80	5.40	3.51	0.92	3.40	2.15	6.40	1.16	0.26	3.26	2.80	其他分布	2.80	3.50
Sr	1555	36.87	43.32	56.0	76.0	103	144	178	86.6	45.93	77.3	12.50	430	19.20	0.53	76.0	75.0	对数正态分布	77.3	109
Th	1480	9.96	10.96	12.30	13.64	15.20	16.80	17.72	13.76	2.30	13.57	4.53	20.00	7.68	0.17	13.64	13.30	剔除后正态分布	13.76	13.42
Ti	1493	2945	3179	3566	4011	4681	5233	5556	4128	804	4050	122	6505	1847	0.19	4011	4018	剔除后对数分布	4050	4018
Tl	1465	0.64	0.69	0.77	0.88	1.00	1.13	1.23	0.90	0.17	0.88	1.23	1.40	0.45	0.19	0.88	0.88	剔除后对数分布	0.88	0.84
U	1481	2.40	2.58	2.84	3.13	3.48	3.82	4.02	3.17	0.49	3.13	1.97	4.49	1.92	0.15	3.13	2.90	其他分布	3.13	2.60
V	11 185	27.30	31.30	38.60	50.00	67.0	89.0	102	55.1	22.28	51.0	9.97	119	10.30	0.40	50.00	109	剔除后正态分布	109	115
W	1489	1.34	1.44	1.62	1.85	2.12	2.45	2.64	1.89	0.39	1.85	1.51	3.00	0.86	0.20	1.85	1.92	偏峰分布	1.85	1.85
Y	1555	19.37	20.40	22.35	25.00	28.35	31.86	33.50	25.62	4.48	25.24	6.57	45.40	16.00	0.17	25.00	24.00	对数正态分布	25.24	29.00
Zn	11 170	46.20	51.3	62.1	76.5	93.6	112	124	79.3	23.34	76.0	12.63	149	16.40	0.29	76.5	101	剔除后正态分布	101	102
Zr	1510	218	240	279	313	353	391	410	315	56.5	310	27.55	464	172	0.18	313	296	剔除后正态分布	315	197
SiO_2	1528	64.4	66.5	69.4	72.4	75.3	77.7	79.0	72.2	4.35	72.1	11.82	84.3	59.9	0.06	72.4	71.2	剔除后正态分布	72.2	71.2
Al_2O_3	1555	10.74	11.45	12.53	13.92	15.18	16.60	17.46	13.97	2.01	13.83	4.60	20.81	7.51	0.14	13.92	12.49	正态分布	13.97	13.83
TFe_2O_3	1555	2.15	2.34	2.70	3.22	3.93	4.95	5.78	3.48	1.20	3.31	2.15	13.75	1.34	0.35	3.22	3.51	剔除后正态分布	3.31	3.51
MgO	1458	0.32	0.36	0.44	0.55	0.69	0.84	0.95	0.58	0.19	0.55	1.59	1.14	0.19	0.32	0.55	0.47	剔除后对数分布	0.55	0.62
CaO	1441	0.12	0.14	0.19	0.27	0.40	0.56	0.66	0.31	0.17	0.28	2.49	0.84	0.06	0.53	0.27	0.17	其他分布	0.17	0.24
Na_2O	1555	0.31	0.37	0.52	0.74	1.03	1.30	1.48	0.80	0.37	0.71	1.72	2.30	0.12	0.46	0.74	0.83	对数正态分布	0.71	0.83
K_2O	11 616	1.91	2.16	2.52	2.94	3.35	3.72	3.96	2.94	0.61	2.87	1.89	4.61	1.25	0.21	2.94	3.31	剔除后正态分布	2.94	2.82
TC	1555	0.98	1.09	1.30	1.60	1.99	2.53	2.88	1.72	0.63	1.62	1.58	6.06	0.36	0.37	1.60	1.52	对数正态分布	1.62	1.63
Corg	8857	0.70	0.81	1.03	1.32	1.66	2.02	2.23	1.37	0.46	1.29	1.51	2.71	0.08	0.34	1.32	1.37	剔除后对数分布	1.29	1.31
pH	10 898	4.37	4.50	4.71	4.95	5.19	5.48	5.68	4.82	4.85	4.97	2.53	6.10	3.91	1.01	4.95	4.90	其他分布	4.90	5.10

中酸性火成岩类风化物区表层土壤总体为酸性，土壤 pH 背景值为 4.90，极大值为 6.10，极小值为 3.91，与台州市背景值基本接近。

表层土壤各元素/指标中，多半元素/指标变异系数小于 0.40，分布相对均匀；N、Hg、Ni、B、Co、Mo、Na_2O、P、Cr、Cd、As、Cu、Au、CaO、Sr、Mn、I、Br、pH 共 19 项元素/指标变异系数大于 0.40，其中 Br、pH 变异系数大于 0.80，空间变异性较大。

与台州市土壤元素背景值相比，中酸性火成岩类风化物区土壤元素背景值中 Au、B、Co、I、Cr、As 背景值明显偏低，不足台州市背景值的 60%；CaO、Sr、Ni 背景值略低于台州市背景值，是台州市背景值的 60%~80%；U、Ba 背景值略高于台州市背景值，与台州市背景值比值在 1.2~1.4 之间；而 Zr 背景值明显高于台州市背景值，与台州市背景值比值在 1.4 以上；其他元素/指标背景值则与台州市背景值基本接近。

六、中基性火成岩类风化物土壤母质元素背景值

中基性火成岩类风化物元素背景值数据经正态分布检验，结果表明，原始数据中 B、Cu、Ge、N、V、Zn、Corg 符合正态分布，As、Co、Hg、Mo、P、Pb、Se、K_2O、pH 符合对数正态分布，Cd、Cr、Ni 剔除异常值后符合正态分布，其他元素/指标不符合正态分布或对数正态分布（表 4-16）。

中基性火成岩风化物区表层土壤总体为酸性，土壤 pH 背景值为 5.13，极大值为 7.38，极小值为 4.17，持平于台州市背景值。

表层土壤各元素/指标中，大多数元素/指标变异系数小于 0.40，分布相对均匀；Sc、B、Mo、V、Se、W、Cu、K_2O、P、Hg、As、Au、Cr、I、Ni、Mn、Co、pH 共 18 项元素/指标变异系数大于 0.40，其中 Co、pH 变异系数大于 0.80，空间变异性较大。

与台州市土壤元素背景值相比，中基性火成岩类风化物区土壤元素背景值中 As、Au、Br、Na_2O、K_2O、Sr 背景值明显偏低，在台州市背景值的 60% 以下；Hg、Rb 背景值略低于台州市背景值，是浙江省背景值的 60%~80%；Cr、U、N、Co 背景值略高于台州市背景值，与台州市背景值比值在 1.2~1.4 之间；V、Sc、Corg、Mn、Zr、Nb、TFe_2O_3、Se、P、Ti、Mo、Cu、Ni、B 背景值明显高于台州市背景值，与台州市背景值比值均在 1.4 以上，其中 Mo、Cu、Ni 背景值均为台州市背景值的 3.0 倍以上；其他元素/指标背景值则与台州市背景值基本接近。

第三节　主要土壤类型元素背景值

一、黄壤土壤元素背景值

黄壤土壤元素背景值数据经正态分布检验，结果表明，原始数据中 Ba、Ce、F、Ge、La、Li、Sc、Sr、Th、U、Y、Zr、SiO_2、Al_2O_3、K_2O、TC 共 16 项元素/指标符合正态分布，Ag、As、Au、Be、Br、Cl、Cr、Cu、Ga、Hg、I、Mo、N、Nb、Ni、P、Rb、Sb、V、W、TFe_2O_3、MgO、CaO、Na_2O、Corg 共 25 项元素/指标符合对数正态分布，B、Pb、S、Sn、Ti、Zn、pH 剔除异常值后符合正态分布，Bi、Co、Mn、Se、Tl 剔除异常值后符合对数正态分布，Cd 不符合正态分布或对数正态分布（表 4-17）。

黄壤土壤区表层土壤总体为酸性，土壤 pH 背景值为 4.83，极大值为 5.70，极小值为 4.16，接近于台州市背景值。

第四章 土壤元素背景值

表 4-16 中基性火成岩类风化物土壤母质元素背景值参数统计表

元素/指标	N	$X_{5\%}$	$X_{10\%}$	$X_{25\%}$	$X_{50\%}$	$X_{75\%}$	$X_{90\%}$	$X_{95\%}$	$\bar{X}$	S	$\bar{X}_g$	S_g	X_{max}	X_{min}	CV	X_{me}	X_{mo}	分布类型	中基性火成岩类风化物背景值	台州市背景值
Ag	3	51.8	53.6	59.0	68.0	75.0	79.2	80.6	66.7	16.04	65.3	9.70	82.0	50.00	0.24	68.0	68.0	—	68.0	76.0
As	106	2.56	3.13	4.01	5.84	8.43	13.45	14.97	6.98	4.04	5.97	3.53	19.70	1.01	0.58	5.84	5.31	对数正态分布	5.97	10.10
Au	3	0.81	0.81	0.83	0.87	1.49	1.85	1.98	1.26	0.73	1.13	1.63	2.10	0.80	0.58	0.87	0.87	—	0.87	2.00
B	106	13.70	15.70	22.38	34.92	46.95	59.3	62.4	35.62	16.38	30.95	8.68	74.4	1.10	0.46	34.92	35.10	正态分布	35.62	16.00
Ba	3	447	452	465	487	495	500	501	478	31.07	477	25.33	503	443	0.07	487	487	—	487	506
Be	3	1.92	1.93	1.98	2.06	2.36	2.54	2.60	2.21	0.40	2.18	1.47	2.66	1.90	0.18	2.06	2.06	—	2.06	2.12
Bi	3	0.24	0.24	0.25	0.26	0.28	0.29	0.30	0.27	0.03	0.27	2.04	0.30	0.24	0.11	0.26	0.26	—	0.26	0.22
Br	3	2.33	2.36	2.45	2.60	2.95	3.16	3.23	2.73	0.51	2.70	1.63	3.30	2.30	0.19	2.60	2.60	—	2.60	4.57
Cd	99	0.08	0.10	0.11	0.14	0.17	0.19	0.20	0.14	0.04	0.14	3.26	0.23	0.05	0.27	0.14	0.13	剔除后正态分布	0.14	0.14
Ce	3	86.5	87.4	90.3	95.2	103	107	109	96.9	12.43	96.4	11.03	110	85.5	0.13	95.2	95.2	—	95.2	83.6
Cl	3	66.7	68.4	73.7	82.5	87.2	89.9	90.9	79.7	13.66	78.9	9.78	91.8	64.9	0.17	82.5	82.5	—	82.5	82.0
Co	106	5.13	6.42	15.90	28.00	41.27	62.4	79.2	33.37	26.96	24.57	8.07	159	4.27	0.81	28.00	30.40	对数正态分布	24.57	17.80
Cr	102	27.17	32.95	50.5	133	169	202	277	123	71.9	99.2	16.71	341	20.80	0.58	133	150	剔除后正态分布	123	101
Cu	106	16.62	19.55	29.35	42.70	57.4	80.7	91.7	46.38	23.60	40.66	9.53	126	9.12	0.51	42.70	45.60	正态分布	46.38	13.00
F	3	448	450	456	467	481	489	492	469	24.58	469	25.27	495	446	0.05	467	467	—	467	463
Ga	3	19.43	19.45	19.52	19.62	21.20	22.16	22.47	20.61	1.89	20.55	4.79	22.79	19.41	0.09	19.62	19.62	—	19.62	17.48
Ge	34	1.32	1.34	1.49	1.61	1.71	1.79	1.85	1.60	0.17	1.59	1.33	1.96	1.27	0.11	1.61	1.60	正态分布	1.60	1.44
Hg	106	0.04	0.04	0.06	0.07	0.10	0.15	0.18	0.08	0.05	0.07	4.36	0.28	0.03	0.56	0.07	0.11	对数正态分布	0.07	0.11
I	3	1.02	1.10	1.33	1.73	2.46	2.89	3.04	1.95	1.14	1.73	1.67	3.18	0.94	0.58	1.73	1.73	—	1.73	1.85
La	3	39.84	40.50	42.48	45.77	50.4	53.2	54.1	46.67	7.98	46.22	7.46	55.1	39.18	0.17	45.77	45.77	—	45.77	43.90
Li	3	21.84	22.56	24.70	28.26	31.19	32.95	33.53	27.84	6.51	27.31	6.24	34.12	21.13	0.23	28.26	28.26	—	28.26	25.00
Mn	105	236	268	338	513	1097	1538	1677	739	502	592	44.57	2049	209	0.68	513	536	其他分布	536	337
Mo	106	1.01	1.13	1.45	1.90	2.50	2.99	3.56	2.09	1.00	1.90	1.75	6.51	0.44	0.48	1.90	1.85	对数正态分布	1.90	0.62
N	106	1.12	1.21	1.34	1.59	2.15	2.39	2.58	1.72	0.51	1.64	1.57	3.44	0.41	0.30	1.59	1.67	正态分布	1.72	1.37
Nb	3	33.71	33.97	34.77	36.10	40.50	43.14	44.02	38.15	6.00	37.84	7.01	44.90	33.44	0.16	36.10	36.10	—	36.10	20.20
Ni	99	12.12	14.00	24.50	65.0	93.5	117	137	65.5	43.83	49.46	11.63	203	6.79	0.67	65.0	108	剔除后正态分布	65.5	10.10
P	106	0.57	0.74	1.00	1.19	1.74	2.81	3.26	1.49	0.82	1.31	1.71	3.97	0.30	0.55	1.19	1.05	对数正态分布	1.31	0.59
Pb	106	21.75	23.20	25.73	28.60	32.08	37.40	39.30	29.61	7.30	28.80	7.22	70.6	11.20	0.25	28.60	28.40	对数正态分布	28.80	34.00

续表 4-16

元素/指标	N	$X_{5\%}$	$X_{10\%}$	$X_{25\%}$	$X_{50\%}$	$X_{75\%}$	$X_{90\%}$	$X_{95\%}$	$\bar{X}$	S	$\bar{X}_g$	S_g	X_{max}	X_{min}	CV	X_{me}	X_{mo}	分布类型	中基性火成岩类风化物背景值	台州市背景值
Rb	3	75.9	78.4	85.7	98.0	128	146	153	110	43.84	105	10.46	159	73.4	0.40	98.0	98.0	—	98.0	130
S	3	287	288	291	297	318	331	335	307	28.23	306	20.69	339	286	0.09	297	297	—	297	274
Sb	3	0.50	0.52	0.56	0.63	0.66	0.67	0.68	0.60	0.10	0.59	1.30	0.68	0.49	0.16	0.63	0.63	—	0.63	0.53
Sc	3	6.45	7.14	9.23	12.72	13.32	13.68	13.80	10.80	4.41	10.06	4.16	13.92	5.75	0.41	12.72	12.72	—	12.72	8.49
Se	106	0.17	0.21	0.24	0.31	0.44	0.65	0.80	0.37	0.18	0.33	2.07	0.97	0.11	0.50	0.31	0.26	对数正态分布	0.33	0.15
Sn	3	3.71	3.71	3.72	3.73	3.75	3.75	3.76	3.73	0.03	3.73	2.00	3.76	3.71	0.01	3.73	3.73	—	3.73	3.50
Sr	3	56.1	56.2	56.7	57.5	58.0	58.4	58.5	57.3	1.36	57.3	8.49	58.6	55.9	0.02	57.5	57.5	—	57.5	109
Th	3	11.82	11.95	12.32	12.95	16.79	19.09	19.85	15.09	4.83	14.62	3.82	20.62	11.70	0.32	12.95	12.95	—	12.95	13.42
Ti	3	9409	9671	10460	11773	12795	13409	13613	11579	2342	11416	148	13818	9146	0.20	11773	11773	—	11773	4018
Tl	3	0.52	0.54	0.62	0.75	0.91	1.00	1.03	0.77	0.29	0.73	1.53	1.06	0.49	0.37	0.75	0.75	—	0.75	0.84
U	3	2.90	2.94	3.05	3.24	3.40	3.50	3.53	3.22	0.35	3.21	1.82	3.56	2.86	0.11	3.24	3.24	—	3.24	2.60
V	106	47.20	53.1	103	189	218	262	303	171	82.4	147	20.19	428	36.30	0.48	189	193	正态分布	171	115
W	3	0.83	0.92	1.21	1.69	1.98	2.15	2.21	1.56	0.78	1.41	1.63	2.27	0.73	0.50	1.69	1.69	—	1.69	1.85
Y	3	25.29	25.48	26.05	27.00	28.55	29.48	29.79	27.40	2.52	27.32	5.69	30.10	25.10	0.09	27.00	27.00	正态分布	27.00	29.00
Zn	106	54.6	59.0	78.8	106	130	150	162	105	34.21	99.6	15.08	201	37.20	0.32	106	108	—	105	102
Zr	3	275	283	305	341	357	366	370	327	53.7	324	22.11	373	268	0.16	341	341	—	341	197
SiO_2	3	63.2	63.4	63.7	64.3	64.8	65.1	65.2	64.2	1.07	64.2	9.02	65.3	63.1	0.02	64.3	64.3	—	64.3	71.2
Al_2O_3	3	13.34	13.47	13.88	14.57	15.22	15.61	15.74	14.55	1.34	14.51	3.99	15.87	13.20	0.09	14.57	14.57	—	14.57	13.83
TFe_2O_3	3	6.56	6.60	6.71	6.90	7.72	8.21	8.38	7.32	1.07	7.27	2.98	8.54	6.52	0.15	6.90	6.90	—	6.90	3.51
MgO	3	0.51	0.51	0.53	0.56	0.59	0.62	0.62	0.56	0.07	0.56	1.33	0.63	0.50	0.12	0.56	0.56	—	0.56	0.62
CaO	3	0.25	0.25	0.26	0.26	0.28	0.29	0.30	0.27	0.03	0.27	2.07	0.30	0.25	0.10	0.26	0.26	—	0.26	0.24
Na_2O	3	0.39	0.40	0.41	0.42	0.55	0.64	0.66	0.50	0.17	0.48	1.72	0.69	0.39	0.33	0.42	0.42	—	0.42	0.83
K_2O	106	0.76	0.93	1.15	1.48	2.20	3.14	3.67	1.79	0.91	1.59	1.73	5.07	0.21	0.51	1.48	1.46	对数正态分布	1.59	2.82
TC	3	1.60	1.63	1.72	1.86	2.02	2.12	2.15	1.87	0.31	1.85	1.47	2.18	1.57	0.16	1.86	1.86	正态分布	1.86	1.63
Corg	34	1.24	1.34	1.55	2.04	2.38	2.65	2.79	2.02	0.54	1.95	1.64	3.35	1.05	0.27	2.04	2.01	正态分布	2.02	1.31
pH	106	4.41	4.50	4.69	4.97	5.26	6.23	6.65	4.85	4.89	5.13	2.56	7.38	4.17	1.01	4.97	5.05	对数正态分布	5.13	5.10

第四章 土壤元素背景值

表 4-17 黄壤土壤元素背景参数统计表

元素/指标	N	$X_{5\%}$	$X_{10\%}$	$X_{25\%}$	$X_{50\%}$	$X_{75\%}$	$X_{90\%}$	$X_{95\%}$	$\bar{X}$	S	$\bar{X}_g$	S_g	X_{max}	X_{min}	CV	X_{me}	X_{mo}	分布类型	黄壤背景值	台州市背景值
Ag	153	63.1	67.1	72.5	87.5	122	176	228	136	348	100.0	15.26	4342	43.50	2.55	87.5	75.0	对数正态分布	100.0	76.0
As	757	1.56	1.85	2.44	3.72	5.39	7.87	9.81	4.59	5.90	3.76	2.74	146	0.79	1.28	3.72	1.86	对数正态分布	3.76	10.10
Au	153	0.48	0.52	0.71	0.87	1.27	1.79	3.27	1.17	1.02	0.97	1.72	8.75	0.33	0.87	0.87	0.87	对数正态分布	0.97	2.00
B	739	6.66	10.66	15.60	21.30	27.49	34.82	37.04	21.67	9.20	18.96	6.55	46.30	1.10	0.42	21.30	18.20	剔除后正态分布	21.67	16.00
Ba	153	355	410	566	706	869	963	1039	714	228	674	43.86	1436	229	0.32	706	705	正态分布	714	506
Be	153	1.73	1.89	2.02	2.18	2.45	2.80	2.97	2.27	0.40	2.24	1.64	3.54	1.40	0.18	2.18	2.15	对数正态分布	2.24	2.12
Bi	130	0.20	0.22	0.25	0.29	0.36	0.40	0.46	0.31	0.38	0.30	2.10	0.57	0.15	0.26	0.29	0.30	剔除后对数正态分布	0.30	0.22
Br	153	2.90	3.40	4.49	7.00	11.20	15.62	17.80	8.43	4.89	7.15	3.65	25.70	1.60	0.58	7.00	11.20	对数正态分布	7.15	4.57
Cd	603	0.07	0.08	0.11	0.14	0.18	0.25	0.31	0.16	0.08	0.14	3.28	0.51	0.02	0.48	0.14	0.13	其他分布	0.14	0.14
Ce	153	70.2	76.0	82.5	91.2	102	115	122	93.6	15.93	92.3	13.94	137	51.5	0.17	91.2	97.0	正态分布	93.6	83.6
Cl	153	53.2	57.3	64.4	78.2	103	128	146	86.8	30.29	82.4	12.84	235	46.40	0.35	78.2	61.2	对数正态分布	82.4	82.0
Co	701	2.76	3.11	4.00	5.18	6.60	8.06	8.92	5.42	1.91	5.09	2.81	11.30	1.53	0.35	5.18	5.12	剔除后对数正态分布	5.09	17.80
Cr	757	12.38	14.77	18.50	25.54	32.68	42.14	50.5	27.66	14.09	24.95	7.09	170	1.91	0.51	25.54	17.60	对数正态分布	24.95	101
Cu	757	7.50	8.70	10.70	13.80	17.50	22.85	27.40	15.16	7.02	13.97	4.83	89.4	4.40	0.46	13.80	14.40	对数正态分布	13.97	13.00
F	153	328	355	403	465	528	579	613	470	89.3	461	34.47	722	295	0.19	465	459	正态分布	470	463
Ga	153	14.80	15.75	17.21	19.18	20.99	24.06	25.65	19.49	3.32	19.22	5.59	34.04	13.43	0.17	19.18	18.90	对数正态分布	19.22	17.48
Ge	485	1.10	1.17	1.28	1.40	1.53	1.67	1.77	1.41	0.20	1.40	1.27	2.06	0.93	0.14	1.40	1.48	正态分布	1.40	1.44
Hg	757	0.04	0.04	0.05	0.07	0.08	0.10	0.11	0.07	0.03	0.06	4.71	0.28	0.01	0.43	0.07	0.06	对数正态分布	0.06	0.11
I	153	0.90	1.49	3.10	5.73	9.68	15.38	18.24	7.05	5.40	5.11	3.67	24.42	0.55	0.77	5.73	9.68	对数正态分布	5.11	1.85
La	153	28.26	30.66	35.96	40.47	47.90	56.0	59.5	42.28	9.63	41.22	8.75	70.3	22.35	0.23	40.47	39.11	正态分布	42.28	43.90
Li	153	19.39	20.80	24.62	29.06	34.33	38.88	42.20	29.89	7.79	28.97	7.20	69.9	16.05	0.26	29.06	26.55	正态分布	29.89	25.00
Mn	709	181	211	283	404	596	874	992	474	250	415	35.23	1223	108	0.53	404	241	剔除后对数正态分布	415	337
Mo	757	0.47	0.53	0.73	1.03	1.43	2.12	2.87	1.26	0.92	1.06	1.74	8.68	0.25	0.73	1.03	0.77	对数正态分布	1.06	0.62
N	757	0.80	0.99	1.32	1.70	2.17	2.62	2.95	1.78	0.67	1.64	1.70	5.05	0.14	0.38	1.70	1.11	对数正态分布	1.64	1.37
Nb	153	19.70	20.20	21.20	23.00	25.66	28.80	31.38	23.99	4.15	23.68	6.30	42.40	17.43	0.17	23.00	22.20	对数正态分布	23.68	20.20
Ni	757	5.04	6.03	8.11	10.70	13.31	16.84	19.52	11.40	5.20	10.42	4.31	49.80	2.36	0.46	10.70	13.00	对数正态分布	10.42	10.10
P	757	0.31	0.39	0.55	0.78	1.10	1.54	1.85	0.88	0.47	0.77	1.73	3.80	0.11	0.53	0.78	0.76	对数正态分布	0.77	0.59
Pb	685	24.30	26.60	30.50	34.00	38.10	42.45	45.56	34.40	6.25	33.83	7.85	53.7	18.10	0.18	34.00	33.90	剔除后正态分布	34.40	34.00

续表 4-17

元素/指标	N	$X_{5\%}$	$X_{10\%}$	$X_{25\%}$	$X_{50\%}$	$X_{75\%}$	$X_{90\%}$	$X_{95\%}$	$\overline{X}$	S	$\overline{X}_g$	S_g	X_{max}	X_{min}	CV	X_{me}	X_{mo}	分布类型	黄壤背景值	台州市背景值
Rb	153	107	117	125	135	146	162	176	137	21.90	136	16.77	223	69.7	0.16	135	141	对数正态分布	136	130
S	150	187	204	265	322	376	438	454	320	83.7	309	27.44	523	141	0.26	322	344	剔除后正态分布	320	274
Sb	153	0.38	0.41	0.49	0.56	0.66	0.82	0.89	0.61	0.34	0.58	1.53	4.22	0.33	0.55	0.56	0.52	对数正态分布	0.58	0.53
Sc	153	5.57	6.22	7.19	8.67	10.34	11.35	12.42	8.78	2.09	8.53	3.64	14.80	4.07	0.24	8.67	8.50	正态分布	8.78	8.49
Se	701	0.16	0.18	0.23	0.30	0.37	0.47	0.53	0.31	0.11	0.29	2.13	0.61	0.11	0.34	0.30	0.35	剔除后对数正态分布	0.29	0.15
Sn	137	2.63	2.80	3.04	3.46	3.98	4.48	4.86	3.54	0.70	3.48	2.12	5.79	2.06	0.20	3.46	3.47	剔除后正态分布	3.54	3.50
Sr	153	34.92	40.43	50.1	63.2	76.3	90.6	109	65.7	23.76	62.1	10.91	195	27.63	0.36	63.2	70.8	正态分布	65.7	109
Th	153	9.91	10.94	12.78	14.56	16.80	18.75	20.50	14.77	3.35	14.37	4.62	27.17	5.57	0.23	14.56	17.20	剔除后正态分布	14.77	13.42
Ti	147	2810	3126	3553	4010	4589	5138	5417	4076	793	3998	121	6075	2187	0.19	4010	4991	剔除后对数正态分布	4076	4018
Tl	134	0.71	0.75	0.83	0.91	1.01	1.19	1.32	0.94	0.18	0.92	1.21	1.47	0.50	0.19	0.91	0.97	对数正态分布	0.92	0.84
U	153	2.75	2.87	3.14	3.43	3.74	4.04	4.22	3.45	0.50	3.41	2.04	5.80	2.06	0.15	3.43	3.29	正态分布	3.45	2.60
V	757	29.66	32.70	39.80	50.2	66.0	80.7	95.3	56.1	26.48	51.7	10.13	290	12.90	0.47	50.2	56.2	剔除后正态分布	51.7	115
W	153	1.40	1.46	1.56	1.80	2.11	2.61	2.94	1.98	0.85	1.89	1.55	10.33	1.18	0.43	1.80	1.89	对数正态分布	1.89	1.85
Y	153	19.56	20.06	21.90	24.40	27.20	29.96	32.22	24.92	4.20	24.60	6.46	45.40	16.90	0.17	24.40	25.70	正态分布	24.92	29.00
Zn	703	45.95	52.5	67.9	80.5	91.3	105	113	79.9	19.48	77.4	12.84	133	32.50	0.24	80.5	72.9	剔除后正态分布	79.9	102
Zr	153	223	239	273	318	351	407	443	319	67.2	312	27.89	546	176	0.21	318	317	正态分布	319	197
SiO$_2$	153	62.9	65.1	67.5	69.5	71.8	74.0	75.2	69.4	3.90	69.3	11.48	77.8	53.0	0.06	69.5	69.2	正态分布	69.4	71.2
Al$_2$O$_3$	153	13.12	13.63	14.56	15.57	16.51	17.95	18.57	15.62	1.68	15.54	4.91	20.53	12.03	0.11	15.57	15.64	正态分布	15.62	13.83
TFe$_2$O$_3$	153	2.08	2.49	2.90	3.33	3.86	4.84	5.41	3.54	1.17	3.39	2.18	11.47	1.56	0.33	3.33	3.39	对数正态分布	3.39	3.51
MgO	153	0.41	0.46	0.51	0.61	0.71	0.84	1.10	0.64	0.19	0.61	1.48	1.35	0.30	0.31	0.61	0.62	对数正态分布	0.61	0.62
CaO	153	0.13	0.15	0.18	0.25	0.33	0.44	0.54	0.28	0.14	0.25	2.52	0.96	0.09	0.51	0.25	0.24	对数正态分布	0.25	0.24
Na$_2$O	153	0.29	0.34	0.42	0.54	0.68	0.95	1.08	0.58	0.24	0.54	1.74	1.31	0.14	0.41	0.54	0.44	对数正态分布	0.54	0.83
K$_2$O	757	1.81	2.05	2.47	2.99	3.48	3.80	4.03	2.96	0.70	2.87	1.90	5.17	0.99	0.24	2.99	3.19	正态分布	2.96	2.82
TC	153	1.11	1.48	1.75	2.16	2.65	3.20	3.61	2.27	0.78	2.14	1.77	5.16	0.49	0.34	2.16	1.96	正态分布	2.27	1.63
Corg	485	1.02	1.21	1.56	1.98	2.45	3.09	3.51	2.08	0.77	1.93	1.79	5.12	0.09	0.37	1.98	1.65	对数正态分布	1.93	1.31
pH	729	4.47	4.57	4.72	4.91	5.09	5.28	5.40	4.83	5.02	4.92	2.51	5.70	4.16	1.04	4.91	4.96	剔除后正态分布	4.83	5.10

注：氧化物、TC、Corg 单位为%，N、P 单位为 g/kg，Au、Ag 单位为 μg/kg，pH 为无量纲，其他元素/指标单位为 mg/kg；后表单位相同。

第四章 土壤元素背景值

在黄壤土壤区表层各元素/指标中，多半元素/指标变异系数小于0.40，分布相对均匀；Na_2O、B、Hg、W、Cu、Ni、V、Cd、Cr、CaO、Mn、P、Sb、Br、Mo、I、Au、pH、As、Ag共20项元素/指标变异系数大于0.40，其中Au、pH、As、Ag变异系数大于0.80，空间变异性较大。

与台州市土壤元素背景值相比，黄壤区土壤元素背景值中Cr、Co、As、V、Au、Hg背景值明显低于台州市背景值，在台州市背景值的60%以下；Sr、Zn、Na_2O背景值略低于台州市背景值，是台州市背景值的60%～80%；Mn、P、B、Ag、U、Bi、TC背景值略高于台州市背景值，与台州市背景值比值在1.2～1.4之间；Ba、Corg、Br、Zr、Mo、Se、I背景值明显高于台州市背景值，与台州市背景值比值均在1.4以上，其他元素/指标背景值则与台州市背景值基本接近。

二、红壤土壤元素背景值

红壤土壤元素背景值数据经正态分布检验，结果表明，原始数据中Al_2O_3符合正态分布，Au、Be、Br、Ce、Ga、I、Li、S、Sc、Sr、Y、TFe_2O_3、MgO、Na_2O、TC共15项元素/指标符合对数正态分布，Ba、F、La、Rb、Th、U、Zr剔除异常值后符合正态分布，Ag、Nb、Ti、Tl、W、Corg剔除异常值后符合对数正态分布，其他元素/指标不符合正态分布或对数正态分布（表4-18）。

红壤土壤区表层土壤总体为弱酸性，土壤pH背景值为4.90，极大值为6.24，极小值为3.90，与台州市背景值基本接近。

在红壤土壤区表层各元素/指标中，多半元素/指标变异系数小于0.40，分布相对均匀；Mo、P、V、MgO、Cd、Na_2O、As、Hg、B、Ni、Cu、Sr、Co、Cr、Mn、CaO、Br、pH、Au、I共20项元素/指标变异系数大于0.40，其中pH、Au、I变异系数大于0.80，空间变异性较大。

与台州市土壤元素背景值相比，红壤区土壤元素背景值中Cr、Co、As背景值明显低于台州市背景值，不足台州市背景值的60%；Au、CaO、Sr、N背景值略低于台州市背景值，是台州市背景值的60%～80%；Ag、I、Ba背景值略高于台州市背景值，与台州市背景值比值在1.2～1.4之间；Zr背景值明显高于台州市背景值，与台州市背景值比值为1.4以上；其他元素/指标背景值则与台州市背景值基本接近。

三、粗骨土土壤元素背景值

粗骨土土壤元素背景值数据经正态分布检验，结果表明，原始数据中F、Ge、Nb、Sc、Sr、Y、Zr、SiO_2、Al_2O_3、Na_2O共10项元素/指标符合正态分布，As、Be、Bi、Br、Ce、Ga、I、Li、N、P、Rb、S、Sb、Sn、Th、Ti、Tl、U、W、TFe_2O_3、MgO、CaO、K_2O、TC、Corg共25项元素/指标符合对数正态分布，Ba、Cl、La剔除异常值后符合正态分布，Ag、Au、Mo、Ni、Zn剔除异常值后符合对数正态分布，其他元素/指标不符合正态分布或对数正态分布（表4-19）。

粗骨土土壤区表层土壤总体为酸性，土壤pH背景值为4.95，极大值为6.74，极小值为3.74，基本持平于台州市背景值。

表层土壤各元素/指标中，约一半元素/指标变异系数小于0.40，分布相对均匀；Mo、Sb、Sr、Corg、Hg、V、Cd、Sn、Au、Cu、Co、B、Bi、Ni、P、As、Mn、Cr、MgO、I、Br、pH、CaO共23项元素/指标变异系数大于0.40，其中Br、pH、CaO变异系数大于0.80，空间变异性较大。

与台州市土壤元素背景值相比，粗骨土区土壤元素背景值中As、Co、Cr、V背景值明显低于台州市背景值，不足台州市背景值的60%；Sr、Au背景值略低于台州市背景值，是台州市背景值的60%～80%；Nb、U、Ag、Ba、Li、Mo、CaO背景值略高于台州市背景值，与台州市背景值比值在1.2～1.4之间；Bi、I、Zr、B背景值明显高于台州市背景值，与台州市背景值比值均在1.4以上；其他元素/指标背景值则与台州市背景值基本接近。

表 4-18 红壤土壤元素背景值参数统计表

元素/指标	N	$X_{5\%}$	$X_{10\%}$	$X_{25\%}$	$X_{50\%}$	$X_{75\%}$	$X_{90\%}$	$X_{95\%}$	$\overline{X}$	S	$\overline{X}_g$	S_g	X_{max}	X_{min}	CV	X_{me}	X_{mo}	分布类型	红壤背景值	台州市背景值
Ag	1168	56.5	61.5	73.0	89.8	117	150	167	97.4	33.79	92.0	14.19	203	28.00	0.35	89.8	93.0	剔除后对数分布	92.0	76.0
As	10 058	1.82	2.22	3.04	4.32	6.01	8.05	9.38	4.74	2.25	4.23	2.71	11.40	0.41	0.47	4.32	3.70	偏峰分布	3.70	10.10
Au	1264	0.57	0.67	0.87	1.28	2.02	3.30	4.63	1.78	1.82	1.39	2.00	26.99	0.29	1.02	1.28	0.90	对数正态分布	1.39	2.00
B	9828	7.86	10.70	15.28	20.50	28.20	39.40	46.49	22.68	11.11	19.74	6.55	55.1	1.10	0.49	20.50	15.20	其他分布	15.20	16.00
Ba	1231	379	442	542	654	780	907	982	664	181	638	41.68	1158	202	0.27	654	486	剔除后正态分布	664	506
Be	1264	1.68	1.78	1.96	2.19	2.46	2.72	2.89	2.23	0.41	2.20	1.64	5.19	1.23	0.18	2.19	2.03	对数正态分布	2.20	2.12
Bi	1176	0.18	0.19	0.22	0.27	0.35	0.45	0.51	0.29	0.10	0.28	2.22	0.61	0.13	0.34	0.27	0.22	其他分布	0.22	0.22
Br	1264	1.90	2.20	2.70	3.90	5.80	8.20	11.27	4.98	4.00	4.14	2.79	39.90	1.10	0.80	3.90	2.40	其他分布	4.14	4.57
Cd	9137	0.06	0.08	0.11	0.15	0.20	0.26	0.31	0.16	0.07	0.14	3.28	0.44	0.004	0.46	0.15	0.14	其他分布	0.14	0.14
Ce	1264	62.3	66.5	74.7	85.1	98.0	111	123	87.9	19.96	85.8	13.32	210	28.70	0.23	85.1	83.0	对数正态分布	85.8	83.6
Cl	1206	47.32	51.8	60.1	74.0	90.0	106	116	76.6	21.12	73.8	12.23	141	30.40	0.28	74.0	74.0	偏峰分布	74.0	82.0
Co	10 103	2.94	3.41	4.43	6.20	9.22	13.40	15.70	7.29	3.84	6.40	3.31	18.20	0.33	0.53	6.20	10.30	其他分布	10.30	17.80
Cr	9523	9.80	12.00	16.30	22.96	33.00	45.93	57.3	26.37	14.03	23.05	6.87	72.6	0.30	0.53	22.96	17.00	对数正态分布	17.00	101
Cu	10 169	6.50	8.18	11.11	15.60	23.30	32.42	36.30	17.96	9.23	15.67	5.58	45.80	1.00	0.51	15.60	11.80	其他分布	11.80	13.00
F	1245	302	330	380	451	518	590	629	454	99.2	443	34.13	734	170	0.22	451	445	剔除后正态分布	454	463
Ga	1264	13.13	14.01	15.47	17.22	19.30	21.69	23.88	17.68	3.41	17.38	5.31	36.50	10.03	0.19	17.22	16.90	对数正态分布	17.38	17.48
Ge	8632	1.14	1.20	1.30	1.42	1.55	1.67	1.74	1.43	0.18	1.42	1.27	1.94	0.92	0.13	1.42	1.44	其他分布	1.44	1.44
Hg	9997	0.03	0.04	0.05	0.06	0.09	0.12	0.14	0.07	0.03	0.06	4.76	0.17	0.01	0.47	0.06	0.11	偏峰分布	0.11	0.11
I	1264	0.68	0.83	1.26	2.27	4.41	7.85	10.25	3.58	3.93	2.42	2.77	42.33	0.45	1.10	2.27	0.94	对数正态分布	2.42	1.85
La	1222	31.28	34.18	38.78	45.00	51.7	58.3	62.0	45.51	9.41	44.52	9.08	72.4	19.00	0.21	45.00	48.00	剔除后正态分布	45.51	43.90
Li	1264	18.14	20.22	23.84	29.00	36.06	46.87	52.0	31.37	10.71	29.78	7.37	86.0	13.00	0.34	29.00	25.00	对数正态分布	29.78	25.00
Mn	10 370	202	237	323	483	751	1036	1167	565	305	488	37.31	1474	70.0	0.54	483	337	其他分布	337	337
Mo	9804	0.43	0.49	0.61	0.80	1.08	1.43	1.67	0.89	0.37	0.82	1.52	2.05	0.11	0.42	0.80	0.68	其他分布	0.68	0.62
N	10 328	0.64	0.77	0.98	1.27	1.64	2.02	2.26	1.34	0.49	1.25	1.53	2.73	0.12	0.36	1.27	1.04	偏峰分布	1.04	1.37
Nb	1209	17.20	17.90	19.50	21.80	24.50	27.20	28.97	22.17	3.64	21.88	5.98	32.54	11.98	0.16	21.80	20.20	剔除后对数分布	21.88	20.20
Ni	9262	3.72	4.47	5.87	8.01	10.93	15.20	18.57	9.02	4.45	8.07	3.79	24.90	0.91	0.49	8.01	10.10	其他分布	10.10	10.10
P	10 178	0.26	0.33	0.47	0.64	0.88	1.13	1.28	0.69	0.31	0.62	1.72	1.59	0.06	0.44	0.64	0.59	偏峰分布	0.59	0.59
Pb	9785	23.20	25.40	29.30	34.10	41.10	50.2	56.5	36.07	9.78	34.83	8.12	66.4	9.80	0.27	34.10	34.00	其他分布	34.00	34.00

第四章 土壤元素背景值

续表 4-18

元素/指标	N	$X_{5\%}$	$X_{10\%}$	$X_{25\%}$	$X_{50\%}$	$X_{75\%}$	$X_{90\%}$	$X_{95\%}$	$\overline{X}$	S	$\overline{X}_g$	S_g	X_{max}	X_{min}	CV	X_{me}	X_{mo}	分布类型	红壤背景值	台州市背景值
Rb	1223	98.5	105	115	126	138	146	153	126	16.59	125	16.22	173	81.6	0.13	126	131	剔除后正态分布	126	130
S	1264	159	180	211	263	327	405	479	282	103	266	26.10	968	60.0	0.36	263	268	对数正态分布	266	274
Sb	1180	0.38	0.42	0.47	0.54	0.64	0.75	0.82	0.57	0.13	0.55	1.49	0.95	0.24	0.23	0.54	0.53	对数正态分布	0.53	0.53
Sc	1264	4.86	5.33	6.50	8.10	9.79	11.42	12.80	8.32	2.47	7.97	3.49	25.90	3.42	0.30	8.10	6.80	偏峰分布	7.97	8.49
Se	10 110	0.13	0.15	0.18	0.23	0.30	0.38	0.44	0.25	0.09	0.23	2.42	0.53	0.03	0.37	0.23	0.16	其他分布	0.16	0.15
Sn	1173	2.38	2.52	2.80	3.20	3.94	4.71	5.31	3.44	0.88	3.34	2.12	6.14	1.60	0.26	3.20	3.30	其他分布	3.30	3.50
Sr	1264	38.01	45.00	57.0	80.7	107	149	180	89.8	45.88	80.3	12.79	390	19.20	0.51	80.7	50.00	对数正态分布	80.3	109
Th	1214	9.63	10.64	12.00	13.30	14.80	16.46	17.52	13.45	2.28	13.25	4.46	19.53	7.49	0.17	13.30	13.30	剔除后正态分布	13.45	13.42
Ti	1217	3015	3259	3610	4106	4742	5352	5703	4206	825	4127	123	6662	1847	0.20	4106	4010	剔除后正态分布	4127	4018
Tl	1200	0.63	0.68	0.76	0.86	0.98	1.09	1.18	0.88	0.16	0.86	1.23	1.34	0.43	0.18	0.86	0.86	剔除后正态分布	0.86	0.84
U	1193	2.37	2.52	2.78	3.07	3.38	3.70	3.87	3.08	0.45	3.05	1.93	4.30	1.92	0.15	3.07	3.20	其他分布	3.08	2.60
V	10 342	28.50	32.60	40.80	55.1	78.3	106	117	61.9	27.19	56.3	10.66	142	10.30	0.44	55.1	109	剔除后正态分布	109	115
W	1216	1.34	1.43	1.62	1.85	2.14	2.45	2.64	1.89	0.39	1.86	1.51	3.00	0.90	0.21	1.85	1.80	剔除后正态分布	1.86	1.85
Y	1264	19.62	20.80	22.70	25.10	28.60	32.00	33.98	25.82	4.43	25.45	6.62	41.30	16.00	0.17	25.10	24.00	对数正态分布	25.45	29.00
Zn	10 193	47.40	53.1	64.0	79.0	98.4	117	128	82.5	24.74	78.9	12.95	158	22.00	0.30	79.0	101	其他分布	101	102
Zr	1235	222	248	283	313	352	387	407	316	54.0	311	27.46	462	181	0.17	313	316	剔除后正态分布	316	197
SiO_2	1242	64.6	66.9	69.8	72.8	75.6	77.7	79.0	72.5	4.24	72.3	11.84	83.2	60.5	0.06	72.8	72.6	正态分布	72.6	71.2
Al_2O_3	1264	10.74	11.45	12.49	13.76	14.99	16.32	17.12	13.81	1.90	13.68	4.57	20.81	8.60	0.14	13.76	12.28	其他分布	13.81	13.83
TFe_2O_3	1264	2.21	2.37	2.71	3.24	4.03	5.02	5.73	3.52	1.21	3.35	2.17	13.75	1.34	0.34	3.24	3.51	对数正态分布	3.35	3.51
MgO	1264	0.34	0.38	0.46	0.57	0.75	1.00	1.22	0.65	0.29	0.60	1.62	2.53	0.22	0.45	0.57	0.46	对数正态分布	0.60	0.62
CaO	1195	0.12	0.15	0.19	0.27	0.44	0.63	0.74	0.34	0.19	0.29	2.49	0.93	0.06	0.57	0.27	0.17	其他分布	0.17	0.24
Na_2O	1264	0.30	0.38	0.53	0.77	1.05	1.33	1.50	0.82	0.37	0.73	1.72	2.30	0.12	0.46	0.77	0.83	对数正态分布	0.73	0.83
K_2O	10 391	1.90	2.16	2.52	2.90	3.28	3.66	3.87	2.90	0.58	2.84	1.87	4.46	1.34	0.20	2.90	2.97	其他分布	2.97	2.82
TC	1264	0.97	1.09	1.26	1.54	1.89	2.32	2.63	1.64	0.57	1.56	1.53	6.06	0.36	0.35	1.54	1.38	对数正态分布	1.56	1.63
Corg	8037	0.70	0.83	1.06	1.35	1.70	2.09	2.29	1.40	0.48	1.32	1.53	2.77	0.08	0.34	1.35	1.37	对数正态分布	1.32	1.31
pH	9785	4.41	4.53	4.75	4.99	5.24	5.56	5.80	4.85	4.87	5.02	2.55	6.24	3.90	1.00	4.99	4.90	其他分布	4.90	5.10

表 4-19 粗骨土土壤元素背景值参数统计表

元素/指标	N	$X_{5\%}$	$X_{10\%}$	$X_{25\%}$	$X_{50\%}$	$X_{75\%}$	$X_{90\%}$	$X_{95\%}$	$\overline{X}$	S	$\overline{X}_g$	S_g	X_{max}	X_{min}	CV	X_{me}	X_{mo}	分布类型	粗骨土背景值	台州市背景值
Ag	203	60.0	65.5	74.0	89.5	109	157	182	99.5	36.23	93.9	14.42	212	41.50	0.36	89.5	94.0	剔除后对数分布	93.9	76.0
As	1634	2.23	2.66	3.75	5.37	7.66	11.28	13.42	6.25	3.71	5.38	3.09	34.10	0.74	0.59	5.37	6.20	对数正态分布	5.38	10.10
Au	203	0.54	0.68	0.89	1.26	1.67	2.40	2.89	1.40	0.71	1.24	1.66	3.80	0.35	0.51	1.26	1.50	剔除后对数分布	1.24	2.00
B	1588	10.70	13.39	18.21	25.88	39.91	61.0	68.5	31.08	17.46	26.59	7.44	77.1	1.10	0.56	25.88	23.00	其他分布	23.00	16.00
Ba	216	329	388	482	612	806	948	1016	641	215	604	41.73	1253	165	0.34	612	632	剔除后正态分布	641	506
Be	224	1.78	1.87	2.12	2.35	2.67	3.00	3.36	2.43	0.51	2.39	1.72	4.52	1.56	0.21	2.35	2.09	其他分布	2.39	2.12
Bi	224	0.18	0.19	0.24	0.30	0.41	0.53	0.65	0.35	0.20	0.31	2.18	2.30	0.13	0.58	0.30	0.30	对数正态分布	0.31	0.22
Br	224	2.10	2.40	3.20	4.65	6.90	9.61	14.28	6.05	5.75	4.88	2.99	55.7	1.50	0.95	4.65	3.70	对数正态分布	4.88	4.57
Cd	1356	0.05	0.08	0.11	0.15	0.19	0.25	0.31	0.16	0.07	0.14	3.36	0.44	0.01	0.48	0.15	0.15	其他分布	0.15	0.14
Ce	224	62.0	65.1	74.3	83.1	96.9	113	131	87.3	22.19	84.8	13.03	205	21.10	0.25	83.1	87.5	剔除后对数分布	84.8	83.6
Cl	208	48.48	52.5	61.5	76.3	89.1	102	112	77.0	19.66	74.5	12.06	134	34.70	0.26	76.3	78.0	正态分布	77.0	82.0
Co	1554	2.86	3.54	4.71	6.39	9.81	15.10	17.32	7.77	4.29	6.73	3.44	19.28	1.12	0.55	6.39	10.10	其他分布	10.10	17.80
Cr	1576	11.10	13.70	18.53	29.71	45.32	79.4	88.2	36.40	23.11	30.05	8.07	94.7	5.00	0.64	29.71	24.00	剔除后对数分布	24.00	101
Cu	1572	6.40	8.10	11.32	16.10	24.40	34.35	38.30	18.68	9.90	16.15	5.72	48.09	1.90	0.53	16.10	10.90	其他分布	10.90	13.00
F	224	281	311	357	425	523	642	694	449	130	431	33.48	892	191	0.29	425	732	正态分布	449	463
Ga	224	13.37	14.02	15.69	17.31	20.42	25.54	28.99	18.98	5.66	18.33	5.54	49.70	10.94	0.30	17.31	16.90	对数正态分布	18.33	17.48
Ge	1612	1.15	1.21	1.32	1.43	1.55	1.65	1.73	1.44	0.18	1.43	1.27	2.61	0.86	0.13	1.43	1.47	正态分布	1.44	1.44
Hg	1534	0.04	0.04	0.05	0.07	0.10	0.14	0.16	0.08	0.04	0.07	4.42	0.19	0.02	0.47	0.07	0.11	其他分布	0.11	0.11
I	224	0.80	1.04	1.68	3.20	5.15	7.72	9.73	3.85	2.94	2.90	2.74	17.60	0.30	0.76	3.20	1.93	对数正态分布	2.90	1.85
La	210	31.73	33.00	37.00	42.11	47.55	53.6	56.3	42.72	7.64	42.06	8.65	64.0	28.26	0.18	42.11	44.00	剔除后正态分布	42.72	43.90
Li	224	19.02	20.95	25.09	31.04	39.62	50.7	56.6	33.45	11.20	31.73	7.49	71.0	15.00	0.33	31.04	36.00	对数正态分布	31.73	25.00
Mn	1609	200	239	351	636	1004	1304	1510	714	419	591	42.94	2016	80.0	0.59	636	398	其他分布	398	337
Mo	1470	0.43	0.50	0.63	0.79	1.05	1.42	1.67	0.89	0.37	0.82	1.51	2.09	0.25	0.42	0.79	0.65	对数正态分布	0.82	0.62
N	1634	0.71	0.82	1.03	1.32	1.66	2.18	2.48	1.42	0.57	1.32	1.55	4.98	0.23	0.40	1.32	0.97	正态分布	1.32	1.37
Nb	224	17.52	18.07	20.20	23.79	27.85	32.20	33.19	24.48	5.38	23.93	6.31	46.10	15.80	0.22	23.79	26.20	剔除后正态分布	24.48	20.20
Ni	1414	4.05	4.89	6.52	9.28	13.16	19.60	25.33	10.88	6.29	9.42	4.23	32.60	2.05	0.58	9.28	10.10	剔除后正态分布	9.42	10.10
P	1634	0.29	0.36	0.50	0.67	0.94	1.31	1.71	0.78	0.46	0.68	1.76	5.13	0.09	0.58	0.67	0.46	对数正态分布	0.68	0.59
Pb	1469	24.70	27.50	31.65	35.24	40.20	46.04	51.8	36.21	7.55	35.44	8.10	59.0	16.40	0.21	35.24	36.00	其他分布	36.00	34.00

续表 4-19

元素/指标	N	$X_{5\%}$	$X_{10\%}$	$X_{25\%}$	$X_{50\%}$	$X_{75\%}$	$X_{90\%}$	$X_{95\%}$	$\bar{X}$	S	$\bar{X}_g$	S_g	X_{max}	X_{min}	CV	X_{me}	X_{mo}	分布类型	粗骨土背景值	台州市背景值
Rb	224	102	107	118	129	139	152	159	131	22.04	129	16.58	261	91.7	0.17	129	122	对数正态分布	129	130
S	224	163	181	221	274	327	424	453	288	101	273	25.82	747	134	0.35	274	288	对数正态分布	273	274
Sb	224	0.41	0.43	0.49	0.58	0.70	0.90	1.01	0.64	0.27	0.61	1.52	2.80	0.28	0.42	0.58	0.47	正态分布	0.61	0.53
Sc	224	4.71	5.37	6.67	8.78	10.07	12.60	13.88	8.68	2.73	8.21	3.57	16.60	0.50	0.31	8.78	8.90	其他分布	8.68	8.49
Se	1532	0.14	0.16	0.19	0.25	0.32	0.41	0.47	0.27	0.10	0.25	2.33	0.55	0.09	0.37	0.25	0.16	其他分布	0.16	0.15
Sn	224	2.50	2.66	3.10	3.70	4.71	7.10	8.37	4.36	2.08	4.02	2.46	15.50	2.10	0.48	3.70	4.50	对数正态分布	4.02	3.50
Sr	224	36.32	40.00	52.6	74.0	98.8	120	143	78.7	33.37	72.1	12.06	221	24.00	0.42	74.0	79.0	正态分布	78.7	109
Th	224	8.93	10.18	11.93	13.48	15.34	16.90	17.97	13.81	3.56	13.43	4.50	39.60	6.40	0.26	13.48	13.30	对数正态分布	13.43	13.42
Ti	224	2824	3088	3478	3936	4690	5398	6319	4232	1259	4086	122	11441	2036	0.30	3936	4018	对数正态分布	4086	4018
Tl	224	0.64	0.68	0.76	0.88	1.04	1.26	1.40	0.93	0.24	0.90	1.28	1.87	0.45	0.26	0.88	0.97	对数正态分布	0.90	0.84
U	224	2.40	2.54	2.79	3.10	3.60	4.16	4.42	3.23	0.67	3.17	2.02	5.80	1.80	0.21	3.10	3.10	正态分布	3.17	2.60
V	1609	27.74	32.20	40.50	51.6	78.5	110	119	61.4	28.61	55.4	10.60	142	14.10	0.47	51.6	41.00	其他分布	41.00	115
W	224	1.39	1.47	1.66	1.84	2.12	2.51	2.73	1.92	0.44	1.88	1.54	4.31	0.86	0.23	1.84	1.92	对数正态分布	1.88	1.85
Y	224	19.36	20.79	23.48	27.00	29.45	32.00	35.91	26.88	4.90	26.45	6.65	43.00	16.00	0.18	27.00	30.00	正态分布	26.88	29.00
Zn	1547	47.03	53.5	65.2	83.0	103	121	136	85.9	27.40	81.6	13.18	170	16.40	0.32	83.0	101	剔除后对数分布	81.6	102
Zr	224	202	219	272	314	372	440	516	330	90.2	318	28.23	656	178	0.27	314	337	正态分布	330	197
SiO_2	224	61.3	65.4	69.0	72.1	75.3	78.1	79.3	71.6	5.23	71.4	11.75	82.5	53.4	0.07	72.1	72.9	正态分布	71.6	71.2
Al_2O_3	224	10.28	11.04	12.28	13.88	15.00	16.27	16.97	13.72	2.03	13.57	4.58	19.09	8.99	0.15	13.88	14.41	正态分布	13.72	13.83
TFe_2O_3	224	2.14	2.42	2.67	3.20	4.00	5.24	5.95	3.53	1.21	3.36	2.15	8.85	1.36	0.34	3.20	3.77	对数正态分布	3.36	3.51
MgO	224	0.30	0.34	0.42	0.57	0.76	1.20	1.83	0.70	0.45	0.60	1.81	2.74	0.19	0.65	0.57	0.42	对数正态分布	0.60	0.62
CaO	224	0.13	0.16	0.21	0.29	0.47	0.85	1.38	0.46	0.53	0.33	2.67	3.93	0.08	1.17	0.29	0.24	对数正态分布	0.33	0.24
Na_2O	1634	0.36	0.43	0.61	0.83	1.10	1.35	1.53	0.87	0.35	0.80	1.57	1.97	0.20	0.40	0.83	0.83	正态分布	0.87	0.83
K_2O	224	2.02	2.17	2.54	2.91	3.30	3.74	4.02	2.95	0.63	2.88	1.90	5.42	1.03	0.21	2.91	2.35	对数正态分布	2.88	2.82
TC	224	1.05	1.15	1.35	1.60	1.97	2.54	2.95	1.75	0.63	1.66	1.57	4.96	0.85	0.36	1.60	1.61	对数正态分布	1.66	1.63
Corg	1494	0.70	0.81	1.06	1.36	1.74	2.18	2.46	1.46	0.61	1.35	1.57	6.09	0.22	0.42	1.36	1.59	对数正态分布	1.35	1.31
pH	1453	4.37	4.49	4.75	5.06	5.37	5.85	6.22	4.86	4.79	5.11	2.58	6.74	3.74	0.99	5.06	4.95	其他分布	4.95	5.10

四、紫色土土壤元素背景值

紫色土土壤元素背景值数据经正态分布检验，结果表明，原始数据中 Ag、Ba、Be、Ce、Cl、Ga、Ge、La、Li、Nb、S、Sc、Sr、Ti、Tl、U、W、Y、Zr、SiO_2、Al_2O_3、TFe_2O_3、MgO、CaO、Na_2O、K_2O、TC 共 27 项元素/指标符合正态分布，As、Au、B、Bi、Br、Cr、Cu、F、I、N、Ni、P、Pb、Rb、Sb、Sn、Th、Zn、Corg 共 19 项元素/指标符合对数正态分布，Co、V 剔除异常值后符合正态分布，Hg、Mn、Mo、pH 剔除异常值后符合对数正态分布，其他元素/指标不符合正态分布或对数正态分布（表 4-20）。

紫色土土壤区表层土壤总体为酸性，土壤 pH 背景值为 5.16，极大值为 6.84，极小值为 4.08，接近于台州市背景值。

表层土壤各元素/指标中，多数元素/指标变异系数小于 0.40，分布相对均匀；Cr、Mn、MgO、B、Hg、Sn、Corg、N、Ni、P、F、As、Br、CaO、Sb、pH、I、Au、Bi 共 19 项元素/指标变异系数大于 0.40，其中 CaO、Sb、pH、I、Au、Bi 变异系数大于 0.80，空间变异性较大。

与台州市土壤元素背景值相比，紫色土区土壤元素背景值中 As、Br、Zn、V、Cr、Co、Hg 背景值明显低于台州市背景值，不足台州市背景值的 60%，Au、I、Pb 背景值略低于台州市背景值，是台州市背景值的 60%～80%；Li 背景值略高于台州市背景值，与台州市背景值比值为 1.27；Cu、Zr、CaO、B 背景值明显高于台州市背景值，与台州市背景值比值均在 1.4 以上，其中 CaO 背景值为台州市背景值的 2.3 倍；其他元素/指标背景值则与台州市背景值基本接近。

五、水稻土土壤元素背景值

水稻土土壤元素背景值数据经正态分布检验，结果表明，原始数据中 F、S、TC 符合正态分布，Ag、Ce、I、N、Sn、CaO、Corg 符合对数正态分布，Th、W、Na_2O 剔除异常值后符合正态分布，Au、Cl、La、Sb、Tl 剔除异常值后符合对数正态分布，其他元素/指标不符合正态分布或对数正态分布（表 4-21）。

水稻土壤区表层土壤总体为酸性，土壤 pH 背景值为 5.10，极大值为 9.16，极小值为 3.57，与台州市背景值相同。

表层土壤各元素/指标中，大多数元素/指标变异系数小于 0.40，分布相对均匀；P、Cu、As、Co、Mn、B、Au、Hg、Br、Cr、MgO、Ni、CaO、Sn、I、pH、Ag 变异系数大于 0.40，其中 pH、Ag 变异系数大于 0.80，空间变异性较大。

与台州市土壤元素背景值相比，紫色土区土壤元素背景值中 Br 背景值明显低于台州市背景值，为台州市背景值的 46%；MgO、B 背景值略低于台州市背景值，是台州市背景值的 60%～80%；S、I、Sn、Ti、Na_2O、Be 背景值略高于台州市背景值，与台州市背景值比值在 1.2～1.4 之间；P、TFe_2O_3、Sc、Ag、Mn、Bi、Li、Cu、CaO、Ni 背景值明显高于台州市背景值，与台州市背景值比值均在 1.4 以上；其他元素/指标背景值则与台州市背景值基本接近。

六、潮土土壤元素背景值

潮土土壤元素背景值数据经正态分布检验，结果表明，原始数据中 Ag、Ba、Be、Bi、Ce、F、Ga、I、La、Li、Nb、Rb、S、Sb、Sc、Sn、Sr、Th、Ti、Tl、U、W、Y、Zr、SiO_2、Al_2O_3、TFe_2O_3、MgO、Na_2O、TC 共 30 项元素/指标符合正态分布，Au、Br、N、P、CaO、Corg 符合对数正态分布，Cl、Ge、Zn 剔除异常值后符合正态分布，Mo、Pb、K_2O 剔除异常值后符合对数正态分布，其他元素/指标不符合正态分布或对数正态分布（表 4-22）。

潮土土壤区表层土壤总体为酸性，土壤 pH 背景值为 5.05，极大值为 8.87，极小值为 3.86，与台州市背景值接近。

第四章 土壤元素背景值

表 4-20 紫色土土壤元素背景值参数统计表

元素/指标	N	$X_{5\%}$	$X_{10\%}$	$X_{25\%}$	$X_{50\%}$	$X_{75\%}$	$X_{90\%}$	$X_{95\%}$	$\bar{X}$	S	$\bar{X}_g$	S_g	X_{max}	X_{min}	CV	X_{me}	X_{mo}	分布类型	紫色土背景值	台州市背景值
Ag	47	57.2	62.8	70.0	82.0	94.8	121	134	86.6	24.49	83.7	13.13	175	52.0	0.28	82.0	70.0	正态分布	86.6	76.0
As	666	2.66	3.10	4.01	5.21	7.04	9.50	13.10	6.13	3.68	5.41	2.89	36.70	1.08	0.60	5.21	5.00	对数正态分布	5.41	10.10
Au	47	0.53	0.56	0.71	1.14	1.75	3.90	5.45	1.77	1.87	1.27	2.11	9.25	0.37	1.06	1.14	0.70	对数正态分布	1.27	2.00
B	666	9.58	14.00	20.50	28.55	39.98	48.45	54.5	30.54	13.93	26.95	7.28	95.5	1.10	0.46	28.55	20.20	对数正态分布	26.95	16.00
Ba	47	395	443	506	599	660	747	775	588	121	576	38.45	869	331	0.21	599	506	正态分布	588	506
Be	47	1.57	1.68	1.79	1.99	2.29	2.51	2.60	2.04	0.34	2.02	1.56	2.82	1.40	0.17	1.99	1.99	对数正态分布	2.04	2.12
Bi	47	0.16	0.17	0.19	0.22	0.28	0.45	1.14	0.36	0.48	0.26	2.84	3.00	0.15	1.34	0.22	0.20	对数正态分布	0.26	0.22
Br	47	1.40	1.46	1.70	2.00	3.38	6.10	7.11	2.85	1.83	2.46	2.11	8.50	1.30	0.64	2.00	2.00	其他分布	2.46	4.57
Cd	611	0.08	0.09	0.11	0.14	0.17	0.20	0.22	0.14	0.04	0.13	3.32	0.27	0.02	0.32	0.14	0.14	正态分布	0.13	0.14
Ce	47	58.6	60.8	66.7	74.6	81.0	86.8	92.7	74.9	12.60	73.9	12.10	123	53.7	0.17	74.6	75.0	正态分布	74.9	83.6
Cl	47	44.99	51.3	57.3	72.6	88.2	100.0	110	73.9	19.72	71.3	11.31	115	40.70	0.27	72.6	72.6	剔除后正态分布	73.9	82.0
Co	635	2.81	3.33	5.34	7.28	9.07	11.16	12.42	7.31	2.84	6.70	3.17	15.00	1.56	0.39	7.28	6.70	对数正态分布	6.70	17.80
Cr	666	14.62	16.50	23.82	32.10	40.80	49.15	55.5	33.05	13.77	30.33	7.32	129	7.40	0.42	32.10	37.60	对数正态分布	30.33	101
Cu	666	10.20	12.20	15.80	19.25	24.08	28.20	32.10	20.33	8.03	19.07	5.73	107	4.40	0.39	19.25	17.40	对数正态分布	19.07	13.00
F	47	300	318	364	449	512	568	585	480	279	446	34.46	2221	291	0.58	449	476	对数正态分布	446	463
Ga	47	10.97	11.31	12.38	14.33	15.78	18.13	18.87	14.43	2.48	14.22	4.68	20.00	10.31	0.17	14.33	15.19	正态分布	14.43	17.48
Ge	186	1.21	1.25	1.35	1.48	1.62	1.77	1.82	1.49	0.21	1.48	1.29	2.53	1.09	0.14	1.48	1.48	正态分布	1.49	1.44
Hg	613	0.02	0.02	0.04	0.05	0.07	0.09	0.10	0.05	0.02	0.05	5.57	0.13	0.001	0.46	0.05	0.04	剔除后对数分布	0.05	0.11
I	47	0.56	0.58	0.75	1.17	2.44	4.10	4.47	1.82	1.87	1.32	2.18	11.02	0.41	1.02	1.17	1.17	对数正态分布	1.32	1.85
La	47	34.43	35.63	39.52	42.84	45.84	51.2	58.0	43.59	7.25	43.06	8.81	70.9	32.80	0.17	42.84	43.76	正态分布	43.59	43.90
Li	47	18.59	20.95	25.77	31.18	36.49	42.37	44.21	31.69	8.69	30.52	7.56	56.4	16.00	0.27	31.18	32.11	正态分布	31.69	25.00
Mn	650	198	223	296	399	569	736	826	445	195	404	31.57	1006	95.0	0.44	399	331	剔除后对数分布	404	337
Mo	621	0.42	0.46	0.52	0.64	0.83	1.04	1.18	0.70	0.23	0.66	1.47	1.43	0.29	0.34	0.64	0.52	对数正态分布	0.66	0.62
N	666	0.61	0.70	0.89	1.22	1.62	2.07	2.48	1.35	0.67	1.22	1.62	4.96	0.32	0.49	1.22	1.22	正态分布	1.22	1.37
Nb	47	16.14	16.48	17.84	19.70	22.62	25.91	28.65	20.53	4.17	20.14	5.77	31.20	12.07	0.20	19.70	20.20	对数正态分布	20.53	20.20
Ni	666	4.76	5.50	6.84	9.61	12.70	16.60	20.08	10.54	5.62	9.47	3.87	64.4	1.58	0.53	9.61	10.60	对数正态分布	9.47	10.10
P	666	0.29	0.33	0.40	0.52	0.69	0.96	1.18	0.60	0.32	0.54	1.74	3.49	0.14	0.54	0.52	0.47	对数正态分布	0.54	0.59
Pb	666	19.00	20.50	22.60	26.25	30.58	37.89	44.18	27.85	7.57	26.97	7.04	67.8	12.70	0.27	26.25	25.00	对数正态分布	26.97	34.00

台州市土壤元素背景值

续表 4-20

元素/指标	N	$X_{5\%}$	$X_{10\%}$	$X_{25\%}$	$X_{50\%}$	$X_{75\%}$	$X_{90\%}$	$X_{95\%}$	$\overline{X}$	S	$\overline{X}_g$	S_g	X_{max}	X_{min}	CV	X_{me}	X_{mo}	分布类型	紫色土背景值	台州市背景值
Rb	47	78.1	84.2	91.4	105	141	169	190	119	35.76	114	15.30	218	75.6	0.30	105	89.0	对数正态分布	114	130
S	47	131	140	165	219	278	331	361	229	81.4	215	22.36	480	79.0	0.36	219	219	正态分布	229	274
Sb	47	0.41	0.44	0.52	0.57	0.65	0.74	0.78	0.67	0.61	0.60	1.60	4.69	0.38	0.91	0.57	0.65	对数正态分布	0.60	0.53
Sc	47	4.39	4.68	5.88	7.06	8.18	9.28	9.69	6.99	1.65	6.79	3.08	9.86	3.88	0.24	7.06	6.06	正态分布	6.99	8.49
Se	608	0.09	0.11	0.13	0.15	0.16	0.18	0.19	0.14	0.03	0.14	3.06	0.23	0.07	0.20	0.15	0.15	其他分布	0.15	0.15
Sn	47	2.29	2.41	2.70	3.09	3.58	4.67	6.17	3.51	1.62	3.28	2.20	10.90	1.83	0.46	3.09	3.17	对数正态分布	3.28	3.50
Sr	47	42.05	43.78	72.1	92.5	117	156	158	96.7	38.78	88.9	13.05	207	37.94	0.40	92.5	96.8	正态分布	96.7	109
Th	47	9.97	10.79	11.59	13.01	14.97	17.50	19.58	13.68	3.47	13.32	4.46	28.40	8.01	0.25	13.01	13.65	对数正态分布	13.32	13.42
Ti	47	2872	2984	3640	4228	4489	4791	5017	4057	697	3995	118	5607	2650	0.17	4228	4062	正态分布	4057	4018
Tl	47	0.49	0.53	0.59	0.66	0.85	1.05	1.27	0.75	0.25	0.72	1.42	1.53	0.41	0.33	0.66	0.66	正态分布	0.75	0.84
U	47	1.96	2.05	2.25	2.61	3.04	3.35	3.47	2.68	0.55	2.63	1.82	4.29	1.77	0.21	2.61	2.98	正态分布	2.68	2.60
V	644	33.62	38.89	55.8	69.5	79.6	93.7	103	68.0	20.04	64.7	11.09	118	21.90	0.29	69.5	74.8	剔除后正态分布	68.0	115
W	47	1.37	1.40	1.51	1.73	2.06	2.54	2.95	1.89	0.54	1.83	1.51	3.66	1.32	0.29	1.73	1.73	正态分布	1.89	1.85
Y	47	21.10	21.92	23.15	25.10	26.60	29.94	33.66	25.58	3.78	25.33	6.54	37.80	19.10	0.15	25.10	25.60	正态分布	25.58	29.00
Zn	666	39.82	42.80	49.32	58.6	70.0	80.0	88.6	60.7	15.95	58.8	10.66	155	27.50	0.26	58.6	53.0	对数正态分布	58.8	102
Zr	47	249	251	283	316	351	367	387	315	46.93	311	27.49	426	225	0.15	316	316	正态分布	315	197
SiO₂	47	68.6	69.3	71.2	72.7	76.4	78.8	79.4	73.8	3.71	73.7	11.87	82.0	67.2	0.05	72.7	73.6	正态分布	73.8	71.2
Al₂O₃	47	9.31	9.79	10.43	11.70	13.19	14.82	15.67	12.04	2.05	11.88	4.19	17.50	8.64	0.17	11.70	13.23	正态分布	12.04	13.83
TFe₂O₃	47	1.60	1.82	2.53	3.35	3.87	4.24	4.58	3.19	0.96	3.03	2.06	5.48	1.46	0.30	3.35	3.37	正态分布	3.19	3.51
MgO	47	0.29	0.35	0.45	0.65	0.87	1.16	1.32	0.70	0.30	0.63	1.69	1.35	0.24	0.44	0.65	0.40	正态分布	0.70	0.62
CaO	47	0.13	0.17	0.23	0.42	0.74	1.04	1.31	0.56	0.46	0.42	2.58	2.55	0.09	0.82	0.42	0.17	正态分布	0.56	0.24
Na₂O	47	0.38	0.53	0.77	0.99	1.25	1.49	1.57	0.99	0.35	0.92	1.56	1.66	0.25	0.35	0.99	1.29	正态分布	0.99	0.83
K₂O	666	1.42	1.67	2.02	2.33	2.71	3.14	3.45	2.37	0.58	2.30	1.71	4.32	0.94	0.24	2.33	2.31	正态分布	2.37	2.82
TC	47	0.83	0.88	1.16	1.41	1.82	2.28	2.46	1.51	0.59	1.41	1.53	3.67	0.52	0.39	1.41	1.60	正态分布	1.51	1.63
Corg	186	0.76	0.86	1.14	1.46	1.81	2.37	3.46	1.60	0.75	1.46	1.64	4.41	0.41	0.47	1.46	1.58	对数正态分布	1.46	1.31
pH	596	4.48	4.57	4.79	5.08	5.43	5.83	6.17	4.93	4.94	5.16	2.58	6.84	4.08	1.00	5.08	5.16	剔除后对数分布	5.16	5.10

表 4-21 水稻土元素背景值参数统计表

元素/指标	N	$X_{5\%}$	$X_{10\%}$	$X_{25\%}$	$X_{50\%}$	$X_{75\%}$	$X_{90\%}$	$X_{95\%}$	$\bar{X}$	S	$\bar{X}_g$	S_g	X_{max}	X_{min}	CV	X_{me}	X_{mo}	分布类型	水稻土背景值	台州市背景值
Ag	490	62.5	71.0	83.5	108	153	219	300	142	148	118	16.94	1690	46.00	1.05	108	76.0	对数正态分布	118	76.0
As	8957	2.74	3.36	4.84	6.90	9.62	11.70	12.80	7.30	3.13	6.57	3.28	16.80	0.22	0.43	6.90	10.20	其他分布	10.20	10.10
Au	451	0.88	1.10	1.59	2.10	3.00	3.90	4.76	2.35	1.14	2.09	2.00	6.00	0.45	0.49	2.10	2.00	剔除后对数分布	2.09	2.00
B	9011	12.17	16.20	26.01	53.3	66.9	75.8	82.3	48.49	23.38	40.89	9.85	124	1.10	0.48	53.3	12.30	其他分布	12.30	16.00
Ba	465	462	475	503	559	633	745	805	580	107	571	38.55	875	295	0.18	559	505	偏峰分布	505	506
Be	487	1.80	1.94	2.20	2.52	2.71	2.82	2.89	2.44	0.34	2.42	1.73	3.25	1.46	0.14	2.52	2.71	偏峰分布	2.71	2.12
Bi	481	0.19	0.21	0.27	0.41	0.47	0.55	0.60	0.39	0.13	0.37	1.91	0.77	0.14	0.34	0.41	0.42	其他分布	0.42	0.22
Br	485	1.80	2.10	2.90	5.30	7.50	9.70	11.20	5.60	2.99	4.79	3.14	13.50	1.00	0.53	5.30	2.10	偏峰分布	2.10	4.57
Cd	8098	0.09	0.11	0.13	0.16	0.20	0.25	0.28	0.17	0.06	0.16	2.95	0.35	0.02	0.33	0.16	0.15	其他分布	0.15	0.14
Ce	490	65.1	68.6	73.9	80.3	89.0	100.0	108	82.9	14.44	81.8	12.78	153	51.6	0.17	80.3	79.2	对数正态分布	81.8	83.6
Cl	473	58.3	65.6	74.7	87.0	102	119	128	89.3	20.96	86.9	13.54	147	44.00	0.23	87.0	79.0	剔除后对数分布	86.9	82.0
Co	8982	3.39	4.18	6.52	14.00	17.00	18.30	18.99	12.24	5.54	10.58	4.48	32.40	1.08	0.45	14.00	17.80	其他分布	17.80	17.80
Cr	8992	13.90	16.90	27.90	80.1	93.4	102	106	65.4	34.44	52.8	11.52	190	2.73	0.53	80.1	103	正态分布	103	101
Cu	8702	10.70	12.60	18.30	30.00	36.20	43.59	49.49	28.76	12.03	25.87	7.19	64.6	1.00	0.42	30.00	34.50	偏峰分布	34.50	13.00
F	490	322	353	425	550	650	741	780	546	148	525	39.05	1246	229	0.27	550	621	其他分布	546	463
Ga	488	12.57	13.51	15.70	18.10	19.70	20.70	21.20	17.54	2.74	17.31	5.35	23.20	9.71	0.16	18.10	20.10	其他分布	20.10	17.48
Ge	8001	1.21	1.27	1.36	1.46	1.56	1.66	1.71	1.46	0.15	1.45	1.27	1.88	1.05	0.10	1.46	1.45	其他分布	1.45	1.44
Hg	8579	0.04	0.05	0.06	0.08	0.12	0.16	0.19	0.10	0.05	0.08	4.06	0.23	0.001	0.49	0.08	0.11	其他分布	0.11	0.11
I	490	0.65	0.84	1.35	2.30	3.79	5.56	6.81	2.90	2.19	2.26	2.47	18.00	0.44	0.76	2.30	1.16	正态分布	2.26	1.85
La	458	36.00	38.00	40.65	44.00	47.70	52.00	54.8	44.32	5.64	43.97	8.84	60.00	30.39	0.13	44.00	41.00	剔除后对数分布	43.97	43.90
Li	490	21.00	23.82	30.00	44.19	55.0	59.1	61.0	42.79	13.60	40.36	9.11	76.9	14.80	0.32	44.19	54.0	其他分布	54.0	25.00
Mn	8978	230	287	451	711	959	1132	1219	713	320	631	42.57	1722	61.0	0.45	711	530	其他分布	530	337
Mo	8277	0.46	0.50	0.57	0.66	0.78	0.94	1.06	0.69	0.18	0.67	1.41	1.23	0.29	0.25	0.66	0.58	其他分布	0.58	0.62
N	9019	0.76	0.89	1.17	1.57	2.00	2.51	2.84	1.65	0.65	1.52	1.65	6.40	0.26	0.39	1.57	1.48	对数正态分布	1.52	1.37
Nb	459	17.09	17.50	18.00	18.90	20.50	22.60	23.78	19.47	2.04	19.36	5.49	25.50	14.40	0.11	18.90	17.70	其他分布	17.70	20.20
Ni	8997	5.16	5.95	9.05	34.10	42.00	45.33	47.10	27.68	16.19	21.10	7.28	90.0	1.77	0.58	34.10	43.10	其他分布	43.10	10.10
P	8691	0.36	0.43	0.60	0.85	1.10	1.39	1.56	0.88	0.36	0.80	1.59	1.97	0.05	0.41	0.85	0.88	其他分布	0.88	0.59
Pb	8423	25.70	27.60	30.80	34.50	39.30	45.10	48.80	35.46	6.79	34.83	8.05	55.5	16.60	0.19	34.50	34.00	其他分布	34.00	34.00

续表 4-21

元素/指标	N	$X_{5\%}$	$X_{10\%}$	$X_{25\%}$	$X_{50\%}$	$X_{75\%}$	$X_{90\%}$	$X_{95\%}$	$\bar{X}$	S	$\bar{X}_g$	S_g	X_{max}	X_{min}	CV	X_{me}	X_{mo}	分布类型	水稻土背景值	台州市背景值
Rb	478	99.4	105	119	131	139	145	149	128	15.04	128	16.64	168	88.0	0.12	131	137	偏峰分布	137	130
S	490	181	205	255	317	391	469	514	329	105	313	28.92	868	83.0	0.32	317	306	正态分布	329	274
Sb	472	0.43	0.47	0.53	0.63	0.77	0.89	0.96	0.66	0.17	0.63	1.42	1.17	0.23	0.26	0.63	0.62	剔除后对数分布	0.63	0.53
Sc	489	5.02	5.72	7.60	10.90	12.90	14.10	14.90	10.38	3.20	9.82	4.09	20.40	3.33	0.31	10.90	13.00	其他分布	13.00	8.49
Se	8716	0.13	0.14	0.17	0.21	0.26	0.31	0.35	0.22	0.07	0.21	2.49	0.42	0.02	0.30	0.21	0.15	其他分布	0.15	0.15
Sn	490	2.55	2.74	3.40	4.10	5.20	6.91	8.50	4.80	3.61	4.31	2.65	51.5	1.70	0.75	4.10	4.30	对数正态分布	4.31	3.50
Sr	450	68.0	75.4	93.8	108	115	125	132	104	18.60	102	14.61	150	57.0	0.18	108	116	其他分布	116	109
Th	461	11.00	11.70	12.68	13.50	14.50	15.30	16.10	13.56	1.46	13.48	4.52	17.30	9.66	0.11	13.50	13.50	剔除后正态分布	13.56	13.42
Ti	486	3380	3590	4102	4965	5238	5386	5502	4690	729	4629	133	6813	2464	0.16	4965	5025	其他分布	5025	4018
Tl	463	0.62	0.66	0.72	0.79	0.88	0.95	1.01	0.80	0.11	0.79	1.21	1.13	0.51	0.14	0.79	0.77	剔除后对数分布	0.79	0.84
U	460	2.20	2.35	2.58	2.71	3.00	3.30	3.50	2.79	0.37	2.76	1.82	3.70	1.90	0.13	2.71	2.60	其他分布	2.60	2.60
V	8995	34.40	39.70	57.2	102	114	120	124	88.3	31.92	81.1	13.27	200	13.18	0.36	102	115	其他分布	115	115
W	463	1.44	1.57	1.74	1.88	2.06	2.23	2.35	1.90	0.26	1.88	1.49	2.59	1.23	0.14	1.88	1.75	剔除后正态分布	1.90	1.85
Y	484	21.71	23.16	25.90	29.00	30.00	31.00	32.00	27.90	3.14	27.72	6.94	36.20	19.80	0.11	29.00	29.00	其他分布	29.00	29.00
Zn	8737	47.98	55.4	77.1	102	117	134	146	98.4	29.46	93.5	14.36	180	30.10	0.30	102	102	其他分布	102	102
Zr	489	185	189	200	231	317	363	391	261	70.0	252	23.59	470	149	0.27	231	197	其他分布	197	197
SiO₂	490	60.7	61.9	64.5	68.2	74.1	77.4	79.2	69.2	5.99	69.0	11.41	84.3	54.5	0.09	68.2	69.5	偏峰分布	69.5	71.2
Al₂O₃	485	10.20	11.04	12.36	13.99	14.88	15.46	15.68	13.57	1.73	13.46	4.59	18.64	9.18	0.13	13.99	14.40	其他分布	14.40	13.83
TFe₂O₃	490	2.23	2.60	3.12	4.66	5.74	6.19	6.40	4.47	1.44	4.21	2.58	9.10	1.32	0.32	4.66	5.35	其他分布	5.35	3.51
MgO	490	0.37	0.42	0.60	1.08	1.63	2.04	2.24	1.15	0.62	0.98	1.83	2.74	0.23	0.54	1.08	0.41	其他分布	0.41	0.62
CaO	490	0.24	0.30	0.43	0.65	0.92	1.36	2.04	0.79	0.58	0.65	1.92	3.92	0.12	0.73	0.65	0.77	对数正态分布	0.65	0.24
Na₂O	466	0.66	0.76	0.94	1.07	1.17	1.29	1.42	1.05	0.21	1.02	1.24	1.55	0.53	0.20	1.07	1.08	剔除后正态分布	1.05	0.83
K₂O	8404	2.14	2.28	2.53	2.77	2.95	3.13	3.31	2.74	0.34	2.72	1.80	3.65	1.83	0.12	2.77	2.82	正态分布	2.82	2.82
TC	490	1.06	1.19	1.43	1.73	2.08	2.41	2.64	1.77	0.47	1.70	1.55	3.26	0.50	0.27	1.73	1.70	其他分布	1.77	1.63
Corg	7324	0.77	0.89	1.17	1.52	1.91	2.37	2.74	1.60	0.62	1.49	1.62	8.25	0.13	0.39	1.52	1.44	对数分布	1.49	1.31
pH	9019	4.52	4.69	5.03	5.61	7.15	8.10	8.26	5.11	4.82	6.04	2.82	9.16	3.57	0.94	5.61	5.10	其他分布	5.10	5.10

表 4-22 潮土土壤元素背景值参数统计表

元素/指标	N	$X_{5\%}$	$X_{10\%}$	$X_{25\%}$	$X_{50\%}$	$X_{75\%}$	$X_{90\%}$	$X_{95\%}$	$\bar{X}$	S	$\bar{X}_g$	S_g	X_{max}	X_{min}	CV	X_{me}	X_{mo}	分布类型	潮土背景值	台州市背景值
Ag	46	70.0	76.0	85.1	108	154	200	204	125	50.3	117	16.30	264	65.0	0.40	108	148	正态分布	125	76.0
As	637	3.18	3.82	4.81	8.27	10.60	11.90	12.80	7.91	3.29	7.15	3.37	18.80	1.59	0.42	8.27	11.60	其他分布	11.60	10.10
Au	46	1.19	1.30	1.52	2.00	3.42	4.55	5.42	2.59	1.57	2.23	2.08	8.00	0.76	0.61	2.00	2.00	对数正态分布	2.23	2.00
B	637	11.09	12.71	19.00	51.9	63.7	71.8	76.4	44.37	23.59	36.35	9.03	118	3.33	0.53	51.9	16.50	其他正态分布	16.50	16.00
Ba	46	455	470	506	565	692	802	842	605	125	593	38.40	868	449	0.21	565	653	正态分布	605	506
Be	46	1.95	2.12	2.28	2.47	2.64	2.75	2.96	2.46	0.30	2.44	1.71	3.13	1.68	0.12	2.47	2.28	正态分布	2.46	2.12
Bi	46	0.21	0.22	0.27	0.40	0.49	0.59	0.65	0.40	0.15	0.37	1.90	0.76	0.19	0.37	0.40	0.40	正态分布	0.40	0.22
Br	46	2.23	2.30	2.92	5.20	7.38	9.45	12.30	6.40	6.35	4.98	3.27	41.39	1.70	0.99	5.20	2.30	对数正态分布	4.98	4.57
Cd	546	0.09	0.11	0.13	0.16	0.18	0.22	0.25	0.16	0.05	0.15	2.99	0.31	0.04	0.28	0.16	0.16	其他分布	0.16	0.14
Ce	46	66.0	66.8	72.6	77.7	83.3	100.0	104	79.7	12.39	78.8	12.40	115	61.2	0.16	77.7	68.0	正态分布	79.7	83.6
Cl	40	59.5	64.0	68.8	75.2	86.0	101	113	78.5	14.60	77.3	12.27	115	55.7	0.19	75.2	77.0	剔除后正态分布	78.5	82.0
Co	634	3.87	4.27	5.97	14.90	16.80	18.20	19.01	12.22	5.66	10.55	4.37	30.50	1.49	0.46	14.90	15.30	其他分布	15.30	17.80
Cr	634	11.87	14.33	23.73	78.7	88.3	97.6	102	61.1	33.91	48.11	10.80	184	5.50	0.56	78.7	84.6	其他分布	84.6	101
Cu	624	8.60	10.54	16.24	28.80	34.50	43.89	48.49	27.24	12.51	23.90	6.92	62.1	1.20	0.46	28.80	30.80	正态分布	30.80	13.00
F	46	314	356	408	529	712	778	788	556	168	530	38.88	816	290	0.30	529	745	其他分布	556	463
Ga	46	13.36	13.80	14.75	16.65	19.45	20.70	21.23	17.09	2.85	16.87	5.20	24.10	12.22	0.17	16.65	19.00	正态分布	17.09	17.48
Ge	582	1.21	1.25	1.34	1.42	1.49	1.56	1.61	1.41	0.12	1.41	1.24	1.71	1.10	0.08	1.42	1.44	剔除后正态分布	1.41	1.44
Hg	603	0.04	0.04	0.05	0.06	0.10	0.14	0.16	0.08	0.04	0.07	4.57	0.19	0.02	0.50	0.06	0.05	其他分布	0.05	0.11
I	46	0.93	1.10	1.51	2.68	6.16	8.65	10.51	4.12	3.23	3.00	3.02	12.72	0.49	0.78	2.68	4.10	其他分布	4.12	1.85
La	46	37.00	37.98	41.00	43.01	45.89	53.0	55.8	44.21	5.49	43.90	8.82	58.0	36.00	0.12	43.01	42.00	正态分布	44.21	43.90
Li	46	24.11	25.30	30.40	40.48	55.8	58.5	65.8	42.47	13.69	40.28	8.86	69.0	21.00	0.32	40.48	58.0	正态分布	42.47	25.00
Mn	637	274	340	553	867	1008	1109	1241	800	308	728	45.39	1688	164	0.38	867	870	其他分布	870	337
Mo	587	0.47	0.53	0.60	0.68	0.82	0.95	1.04	0.71	0.17	0.69	1.37	1.23	0.34	0.24	0.68	0.62	剔除后对数分布	0.69	0.62
N	637	0.60	0.72	0.95	1.19	1.67	2.21	2.54	1.35	0.60	1.24	1.59	4.38	0.25	0.44	1.19	0.97	对数正态分布	1.24	1.37
Nb	46	17.25	17.50	18.10	19.20	22.30	23.65	24.62	20.37	3.02	20.17	5.58	33.10	17.00	0.15	19.20	18.10	正态分布	20.37	20.20
Ni	635	4.80	5.48	7.58	34.50	40.35	43.59	45.60	26.37	16.11	19.52	6.86	82.6	2.00	0.61	34.50	38.80	其他分布	38.80	10.10
P	637	0.37	0.47	0.66	0.93	1.23	1.54	1.78	0.99	0.47	0.88	1.63	4.14	0.13	0.47	0.93	0.47	对数分布	0.88	0.59
Pb	591	24.20	26.10	28.50	32.50	38.73	44.10	46.98	34.02	7.20	33.30	7.88	57.6	17.00	0.21	32.50	31.60	剔除后对数分布	33.30	34.00

续表 4-22

元素/指标	N	$X_{5\%}$	$X_{10\%}$	$X_{25\%}$	$X_{50\%}$	$X_{75\%}$	$X_{90\%}$	$X_{95\%}$	$\bar{X}$	S	$\bar{X}_g$	S_g	X_{max}	X_{min}	CV	X_{me}	X_{mo}	分布类型	潮土背景值	台州市背景值
Rb	46	111	114	121	131	141	149	154	131	14.51	130	16.50	165	99.0	0.11	131	132	正态分布	131	130
S	46	150	164	185	233	333	479	538	282	137	257	25.52	749	138	0.48	233	225	正态分布	282	274
Sb	46	0.51	0.51	0.55	0.67	0.83	0.86	0.90	0.70	0.22	0.68	1.40	1.81	0.46	0.31	0.67	0.51	正态分布	0.70	0.53
Sc	46	5.35	5.50	6.60	10.65	12.43	13.90	14.25	9.87	3.43	9.25	3.97	17.30	4.31	0.35	10.65	11.30	正态分布	9.87	8.49
Se	608	0.12	0.13	0.15	0.17	0.23	0.28	0.31	0.19	0.06	0.18	2.66	0.36	0.08	0.30	0.17	0.15	其他分布	0.15	0.15
Sn	46	2.67	2.90	3.30	3.85	5.25	6.80	7.38	4.33	1.47	4.11	2.43	8.30	2.49	0.34	3.85	3.80	正态分布	4.33	3.50
Sr	46	77.5	80.3	98.2	110	126	138	142	110	21.71	108	14.98	151	57.0	0.20	110	99.0	正态分布	110	109
Th	46	11.53	12.15	13.20	13.95	14.90	15.83	16.48	13.94	1.47	13.86	4.52	17.40	10.40	0.11	13.95	13.20	正态分布	13.94	13.42
Ti	46	3293	3397	3699	4576	5164	5352	5518	4466	786	4395	127	5654	3068	0.18	4576	4425	正态分布	4466	4018
Tl	46	0.67	0.68	0.77	0.84	0.91	0.97	1.06	0.84	0.13	0.84	1.20	1.25	0.64	0.15	0.84	0.91	正态分布	0.84	0.84
U	46	2.56	2.60	2.80	2.90	3.10	3.37	3.56	2.96	0.30	2.94	1.87	3.60	2.30	0.10	2.90	2.90	正态分布	2.96	2.60
V	635	36.94	40.30	51.3	102	113	119	123	86.0	32.62	78.6	12.82	175	20.00	0.38	102	108	其他分布	108	115
W	46	1.35	1.44	1.72	1.95	2.06	2.24	2.36	1.89	0.32	1.87	1.50	2.62	1.24	0.17	1.95	2.06	正态分布	1.89	1.85
Y	46	23.02	23.80	24.85	28.00	29.00	31.00	31.75	27.59	3.05	27.43	6.85	36.00	22.40	0.11	28.00	29.00	正态分布	27.59	29.00
Zn	609	61.6	67.8	84.0	98.0	110	127	136	97.5	21.98	94.9	14.19	154	45.90	0.23	98.0	105	剔除后正态分布	97.5	102
Zr	46	188	193	207	258	322	348	357	266	66.6	258	23.70	423	172	0.25	258	193	正态分布	266	197
SiO$_2$	46	59.2	59.6	63.0	70.7	75.4	76.7	77.0	68.8	7.12	68.4	11.22	78.5	51.6	0.10	70.7	68.6	正态分布	68.8	71.2
Al$_2$O$_3$	46	10.88	11.14	12.04	13.05	14.83	15.25	15.69	13.31	1.64	13.21	4.49	16.93	10.74	0.12	13.05	12.96	正态分布	13.31	13.83
TFe$_2$O$_3$	46	2.39	2.52	2.98	4.54	5.92	6.28	6.72	4.42	1.56	4.13	2.54	7.15	2.02	0.35	4.54	4.41	正态分布	4.42	3.51
MgO	46	0.41	0.43	0.52	0.94	1.88	2.43	2.45	1.25	0.79	1.01	2.00	2.73	0.33	0.63	0.94	0.78	正态分布	1.25	0.62
CaO	46	0.30	0.35	0.41	0.65	1.81	2.92	3.43	1.16	1.08	0.80	2.31	3.57	0.26	0.93	0.65	0.36	对数正态分布	0.80	0.24
Na$_2$O	46	0.65	0.86	0.97	1.12	1.29	1.42	1.50	1.13	0.27	1.10	1.30	1.88	0.47	0.24	1.12	1.22	正态分布	1.13	0.83
K$_2$O	629	2.09	2.22	2.47	2.82	3.15	3.62	3.80	2.85	0.51	2.80	1.85	4.19	1.50	0.18	2.82	2.84	剔除后对数分布	2.80	2.82
TC	46	0.90	0.93	1.19	1.40	1.68	1.92	2.04	1.46	0.40	1.40	1.42	2.88	0.87	0.28	1.40	1.40	正态分布	1.46	1.63
Corg	478	0.63	0.71	0.87	1.18	1.63	2.13	2.40	1.33	0.61	1.21	1.59	6.05	0.24	0.46	1.18	1.05	对数正态分布	1.21	1.31
pH	637	4.50	4.72	5.06	6.04	8.18	8.39	8.50	5.16	4.88	6.47	2.91	8.87	3.86	0.95	6.04	5.05	其他分布	5.05	5.10

潮土区表层各元素/指标中,多数元素/指标变异系数小于0.40,分布相对均匀;As、N、Co、Cu、Corg、P、S、Hg、B、Cr、Au、Ni、MgO、I、CaO、pH、Br 共17项元素/指标变异系数大于0.40,其中CaO、pH、Br 变异系数大于0.80,空间变异性较大。

与台州市土壤元素背景值相比,潮土区土壤元素背景值中Hg背景值明显低于台州市背景值,为台州市背景值的45%;F、Sn、TFe$_2$O$_3$、Sb、Zr、Na$_2$O背景值略高于台州市背景值,与台州市背景值的比值在1.2~1.4之间;P、Ag、Li、Bi、MgO、I、Cu、Mn、CaO、Ni背景值明显偏高,与台州市背景值比值均在1.4以上;其他元素/指标背景值则与台州市背景值基本接近。

七、滨海盐土土壤元素背景值

滨海盐土土壤元素背景值数据经正态分布检验,结果表明,原始数据中Be、Bi、Ce、F、Ga、Ge、I、La、Li、Rb、S、Sb、Sc、Sr、Th、Ti、Tl、U、Y、Zr、SiO$_2$、Al$_2$O$_3$、TFe$_2$O$_3$、MgO、CaO、Na$_2$O、TC 共27项元素/指标符合正态分布,Au、Br、Cl、N、Nb、Sn、W、Corg 符合对数正态分布,Ag、Ba、Pb、Zn、K$_2$O 剔除异常值后符合正态分布,Mo剔除异常值后符合对数正态分布,其他元素/指标不符合正态分布或对数正态分布(表4-23)。

滨海盐土区表层土壤总体为碱性,土壤pH背景值为8.08,极大值为9.32,极小值为4.46,明显高于台州市背景值。

滨海盐土区表层各元素/指标中,大多数元素/指标变异系数小于0.40,分布相对均匀;S、MgO、Corg、I、Sn、CaO、Au、pH、Br、Cl 共10项元素/指标变异系数大于0.40,其中pH、Br、Cl 变异系数大于0.80,空间变异性较大。

与台州市土壤元素背景值相比,滨海盐土区土壤元素背景值中Hg背景值明显低于台州市背景值,不足台州市背景值的60%;Corg背景值略低于台州市背景值,是台州市背景值的78.6%;As、Au、U、Be、Mo、Sn、F、S背景值略高于台州市背景值,与台州市背景值比值在1.2~1.4之间;Sc、Ag、Sb、TFe$_2$O$_3$、Br、Cl、Li、Bi、Cu、Mn、I、MgO、Ni、CaO、B、Se背景值明显高于台州市背景值,与台州市背景值比值均在1.4以上;其他元素/指标背景值则与台州市背景值基本接近。

第四节 主要土地利用类型元素背景值

一、水田土壤元素背景值

水田土壤元素背景值数据经正态分布检验,结果表明,原始数据中F、Ga、Rb、Tl、SiO$_2$、TC 符合正态分布,Ag、Au、Ce、I、La、N、Sb、Sn、W、CaO、Na$_2$O 共11项元素/指标符合对数正态分布,Cl、S、Sr、Th 剔除异常值后符合正态分布,U、Corg 剔除异常值后符合对数正态分布,其他元素/指标不符合正态分布或对数正态分布(表4-24)。

水田区表层土壤总体为弱酸性,土壤pH背景值为5.10,极大值为8.78,极小值为3.65,与台州市背景值相同。

水田区表层各元素/指标中,多数元素/指标变异系数小于0.40,分布相对均匀;P、Cu、Hg、As、Mn、Co、B、MgO、Br、Cr、Sn、Ni、Ag、CaO、I、pH、Au 共17项元素/指标变异系数大于0.40,其中Ag、CaO、I、pH、Au 变异系数大于0.80,空间变异性较大。

与台州市土壤元素背景值相比,水田区土壤元素背景值中Br背景值为台州市背景值的52.5%;Ti、P、Be、Ag、B背景值略高于台州市背景值,与台州市背景值比值在1.2~1.4之间;MgO、Sc、Li、CaO背景值明

台州市土壤元素背景值

表 4-23 滨海盐土壤元素背景值参数统计表

元素/指标	N	$X_{5\%}$	$X_{10\%}$	$X_{25\%}$	$X_{50\%}$	$X_{75\%}$	$X_{90\%}$	$X_{95\%}$	$\overline{X}$	S	$\overline{X}_g$	S_g	X_{max}	X_{min}	CV	X_{me}	X_{mo}	分布类型	滨海盐土背景值	台州市背景值
Ag	36	74.0	75.0	81.8	98.5	128	168	177	109	36.61	104	14.91	203	67.0	0.33	98.5	75.0	剔除后正态分布	109	76.0
As	1099	4.25	5.69	8.74	11.70	13.40	14.90	15.81	10.96	3.52	10.23	4.03	20.19	1.93	0.32	11.70	12.20	其他分布	12.20	10.10
Au	40	1.40	1.40	1.60	1.90	3.62	5.85	7.02	2.89	1.97	2.43	2.17	8.80	1.30	0.68	1.90	1.90	对数正态分布	2.43	2.00
B	1100	16.29	23.08	47.40	65.0	73.6	83.0	89.6	59.3	22.10	53.3	10.26	112	8.03	0.37	65.0	55.0	其他分布	55.0	16.00
Ba	35	436	442	454	485	514	572	611	495	59.5	492	35.35	667	398	0.12	485	485	剔除后正态分布	495	506
Be	40	2.23	2.27	2.46	2.62	2.73	2.83	2.89	2.58	0.24	2.57	1.73	2.99	1.73	0.09	2.62	2.61	正态分布	2.58	2.12
Bi	40	0.35	0.37	0.42	0.46	0.53	0.57	0.63	0.47	0.09	0.46	1.61	0.70	0.32	0.18	0.46	0.46	正态分布	0.47	0.22
Br	40	4.27	5.05	5.85	7.20	8.80	14.97	38.93	10.28	10.16	8.01	4.01	46.08	2.20	0.99	7.20	6.10	对数正态分布	8.01	4.57
Cd	1005	0.10	0.11	0.13	0.15	0.19	0.23	0.25	0.16	0.05	0.15	2.99	0.29	0.05	0.28	0.15	0.14	其他分布	0.14	0.14
Ce	40	69.2	70.6	75.2	81.8	90.5	97.7	105	83.5	10.69	82.9	12.45	108	67.7	0.13	81.8	83.6	正态分布	83.5	83.6
Cl	40	67.9	69.9	74.5	91.0	114	763	7374	753	2081	147	25.36	8490	66.0	2.76	91.0	70.0	对数正态分布	147	82.0
Co	1012	9.53	11.60	15.62	17.70	19.07	20.00	20.60	16.87	3.22	16.49	5.07	24.60	7.67	0.19	17.70	18.80	其他分布	18.80	17.80
Cr	1031	37.40	49.10	75.8	87.5	97.1	105	110	83.6	20.81	80.3	12.63	136	28.80	0.25	87.5	101	其他分布	101	101
Cu	1022	16.50	20.70	29.60	34.95	40.12	45.50	50.6	34.48	9.35	33.01	7.71	59.4	11.70	0.27	34.95	30.70	正态分布	30.70	13.00
F	40	349	429	523	616	728	766	826	609	143	591	39.03	826	278	0.23	616	694	正态分布	609	463
Ga	40	15.99	16.56	17.90	19.70	20.52	22.21	23.00	19.44	2.15	19.32	5.52	24.70	15.60	0.11	19.70	19.30	正态分布	19.44	17.48
Ge	1110	1.17	1.22	1.31	1.42	1.53	1.61	1.66	1.42	0.15	1.41	1.25	1.97	0.93	0.11	1.42	1.37	正态分布	1.42	1.44
Hg	1016	0.04	0.04	0.05	0.06	0.07	0.09	0.10	0.06	0.02	0.06	4.82	0.12	0.02	0.27	0.06	0.06	偏峰分布	0.06	0.11
I	40	1.87	2.05	3.18	4.33	6.08	9.02	9.36	4.76	2.30	4.23	2.62	9.84	1.66	0.48	4.33	3.69	正态分布	4.76	1.85
La	40	35.95	37.00	39.75	44.50	48.00	51.00	54.00	44.15	5.70	43.79	8.64	57.0	35.00	0.13	44.50	45.00	正态分布	44.15	43.90
Li	40	29.00	31.90	40.75	52.0	58.2	62.0	63.1	48.85	11.96	47.17	9.18	66.0	19.00	0.24	52.0	62.0	正态分布	48.85	25.00
Mn	1065	599	687	852	992	1110	1207	1270	973	200	950	52.5	1486	425	0.21	992	863	偏峰分布	863	337
Mo	1011	0.54	0.58	0.65	0.76	0.88	1.00	1.11	0.78	0.18	0.76	1.31	1.33	0.30	0.23	0.76	0.73	剔除后正态分布	0.76	0.62
N	1110	0.66	0.74	0.93	1.17	1.49	1.85	2.08	1.25	0.45	1.17	1.46	4.26	0.19	0.36	1.17	1.04	对数正态分布	1.17	1.37
Nb	40	16.79	17.39	17.77	18.20	19.73	22.68	23.80	19.12	2.19	19.01	5.36	25.00	16.40	0.11	18.20	18.20	对数正态分布	19.01	20.20
Ni	948	22.90	30.60	37.70	42.20	45.75	48.20	49.38	40.58	7.68	39.63	8.44	58.0	14.00	0.19	42.20	41.90	其他分布	41.90	10.10
P	1060	0.40	0.52	0.64	0.80	1.05	1.28	1.43	0.86	0.30	0.76	1.50	1.76	0.14	0.35	0.80	0.69	偏峰分布	0.86	0.59
Pb	1011	24.95	26.70	29.70	32.80	35.91	39.00	41.48	32.93	4.91	32.56	7.60	47.49	19.72	0.15	32.80	31.00	剔除后正态分布	32.93	34.00

续表4-23

元素/指标	N	$X_{5\%}$	$X_{10\%}$	$X_{25\%}$	$X_{50\%}$	$X_{75\%}$	$X_{90\%}$	$X_{95\%}$	$\bar{X}$	S	$\bar{X}_g$	S_g	X_{max}	X_{min}	CV	X_{me}	X_{mo}	分布类型	滨海盐土背景值	台州市背景值
Rb	40	122	123	130	136	143	150	156	136	11.14	136	16.83	162	114	0.08	136	136	正态分布	136	130
S	40	222	239	261	312	420	518	627	361	149	338	29.84	929	170	0.41	312	259	正态分布	361	274
Sb	40	0.49	0.50	0.60	0.77	0.86	0.98	1.04	0.77	0.22	0.74	1.36	1.68	0.48	0.29	0.77	0.69	正态分布	0.77	0.53
Sc	40	8.54	8.98	9.78	12.10	14.10	15.23	15.62	12.09	2.57	11.81	4.14	16.40	6.40	0.21	12.10	14.10	正态分布	12.09	8.49
Se	1055	0.13	0.14	0.16	0.20	0.25	0.31	0.34	0.21	0.07	0.20	2.54	0.40	0.06	0.31	0.20	0.21	偏峰分布	0.21	0.15
Sn	40	2.79	2.89	3.39	4.25	5.67	8.82	9.03	4.94	2.36	4.52	2.75	13.00	2.00	0.48	4.25	4.00	对数正态分布	4.52	3.50
Sr	40	73.9	81.0	86.8	106	126	138	145	109	27.16	106	14.59	201	67.0	0.25	106	81.0	正态分布	109	109
Th	40	12.69	12.89	13.90	14.80	15.70	16.61	17.00	14.75	1.41	14.68	4.69	17.20	11.00	0.10	14.80	14.80	正态分布	14.75	13.42
Ti	40	3975	3989	4217	4707	5093	5193	5220	4653	488	4627	126	5325	3588	0.10	4707	4665	正态分布	4653	4018
Tl	40	0.59	0.65	0.72	0.85	0.95	1.03	1.06	0.84	0.16	0.83	1.24	1.12	0.49	0.18	0.85	0.87	正态分布	0.84	0.84
U	40	2.40	2.49	2.70	2.95	3.42	4.01	4.11	3.16	0.65	3.10	1.97	5.50	2.30	0.21	2.95	2.90	正态分布	3.16	2.60
V	967	77.2	92.5	106	115	122	128	131	112	15.28	111	15.12	147	63.4	0.14	115	115	其他分布	115	115
W	40	1.51	1.70	1.83	1.96	2.13	2.46	3.16	2.06	0.44	2.02	1.57	3.34	1.45	0.22	1.96	1.99	对数正态分布	2.02	1.85
Y	40	22.95	24.90	26.00	28.00	30.00	31.00	32.00	27.95	2.80	27.81	6.67	35.00	21.00	0.10	28.00	29.00	正态分布	27.95	29.00
Zn	1022	78.4	87.3	98.8	111	120	131	140	110	17.68	108	15.09	158	61.9	0.16	111	118	剔除后正态分布	110	102
Zr	40	177	188	193	210	240	266	283	218	32.69	216	21.59	284	170	0.15	210	200	正态分布	218	197
SiO₂	40	55.1	58.6	60.9	64.0	69.4	72.1	72.8	64.7	5.62	64.4	10.94	75.5	53.4	0.09	64.0	68.2	正态分布	64.7	71.2
Al₂O₃	40	12.24	12.65	13.68	14.45	15.05	15.88	16.67	14.35	1.28	14.29	4.63	16.85	11.31	0.09	14.45	15.05	正态分布	14.35	13.83
TFe₂O₃	40	3.56	3.75	4.23	5.41	6.08	6.42	6.69	5.18	1.10	5.06	2.59	7.05	3.16	0.21	5.41	5.25	正态分布	5.18	3.51
MgO	40	0.72	0.82	1.01	1.72	2.17	2.39	2.78	1.62	0.66	1.47	1.67	2.78	0.39	0.41	1.72	2.78	正态分布	1.62	0.62
CaO	40	0.48	0.57	0.68	1.20	1.90	3.10	3.45	1.51	1.01	1.22	1.93	4.06	0.42	0.67	1.20	0.61	正态分布	1.51	0.24
Na₂O	40	0.64	0.68	0.78	0.97	1.10	1.45	1.74	0.99	0.32	0.95	1.34	1.85	0.54	0.32	0.97	0.68	正态分布	0.99	0.83
K₂O	1050	2.39	2.53	2.77	2.96	3.14	3.28	3.37	2.94	0.29	2.92	1.88	3.74	2.18	0.10	2.96	3.04	剔除后正态分布	2.94	2.82
TC	40	1.30	1.33	1.52	1.65	1.90	2.27	2.56	1.75	0.40	1.71	1.47	2.98	1.21	0.23	1.65	1.77	正态分布	1.75	1.63
Corg	1078	0.54	0.61	0.76	1.03	1.35	1.73	2.02	1.12	0.50	1.03	1.54	5.15	0.11	0.45	1.03	1.22	对数正态分布	1.03	1.31
pH	1105	5.00	5.41	6.76	7.97	8.25	8.49	8.69	5.83	5.33	7.47	3.17	9.32	4.46	0.92	7.97	8.08	其他分布	8.08	5.10

台州市土壤元素背景值

表 4-24 水田土壤元素背景参数统计表

元素/指标	N	$X_{5\%}$	$X_{10\%}$	$X_{25\%}$	$X_{50\%}$	$X_{75\%}$	$X_{90\%}$	$X_{95\%}$	$\overline{X}$	S	$\overline{X}_g$	S_g	X_{max}	X_{min}	CV	X_{me}	X_{mo}	分布类型	水田背景值	台州市背景值
Ag	283	58.5	67.0	77.0	97.0	126	178	246	119	95.9	104	15.42	1281	46.00	0.81	97.0	106	对数正态分布	104	76.0
As	16 280	2.02	2.54	3.69	5.67	8.92	11.50	12.80	6.43	3.39	5.51	3.19	16.80	0.22	0.53	5.67	10.20	其他分布	10.20	10.10
Au	283	0.69	0.90	1.26	1.80	2.60	4.38	5.30	7.16	81.6	1.91	2.37	1375	0.32	11.40	1.80	1.70	对数正态分布	1.91	2.00
B	16 363	11.05	14.10	20.30	36.10	61.4	72.6	79.1	41.05	23.53	33.45	9.04	123	1.10	0.57	36.10	20.80	其他分布	20.80	16.00
Ba	274	446	470	501	576	703	848	895	611	150	593	39.48	1045	234	0.25	576	505	其他分布	505	506
Be	283	1.76	1.84	2.07	2.46	2.70	2.80	2.87	2.38	0.38	2.35	1.72	3.31	1.49	0.16	2.46	2.73	其他分布	2.73	2.12
Bi	277	0.19	0.20	0.22	0.36	0.46	0.54	0.58	0.36	0.15	0.33	2.04	0.82	0.15	0.40	0.36	0.20	其他分布	0.20	0.22
Br	278	1.59	1.80	2.40	4.10	6.80	9.13	10.83	4.86	3.00	4.01	2.99	13.50	1.00	0.62	4.10	2.40	其他分布	2.40	4.57
Cd	15 111	0.09	0.10	0.13	0.16	0.20	0.24	0.27	0.16	0.05	0.16	2.99	0.33	0.02	0.33	0.16	0.15	其他分布	0.15	0.14
Ce	283	64.9	68.6	73.5	80.3	90.2	102	114	83.8	16.85	82.4	12.87	197	51.6	0.20	80.3	79.6	对数正态分布	82.4	83.6
Cl	271	51.2	57.9	69.6	84.0	104	121	129	87.4	24.14	84.1	13.29	161	36.40	0.28	84.0	80.0	剔除后正态分布	87.4	82.0
Co	16 321	3.09	3.68	5.15	9.72	16.30	18.16	19.00	10.65	5.80	8.90	4.20	32.60	1.12	0.54	9.72	17.80	其他分布	17.80	17.80
Cr	16 358	12.30	15.03	20.90	41.50	88.0	98.7	104	53.7	34.71	41.35	10.35	187	3.29	0.65	41.50	101	其他分布	101	101
Cu	15 946	9.10	10.80	14.70	23.90	33.60	40.10	45.57	24.93	11.89	21.96	6.70	63.1	1.00	0.48	23.90	11.80	其他分布	11.80	13.00
F	283	320	337	391	504	636	738	775	523	148	502	37.80	894	256	0.28	504	627	正态分布	523	463
Ga	283	12.37	13.13	15.36	17.83	20.10	21.20	22.33	17.67	3.27	17.36	5.36	28.88	10.03	0.18	17.83	19.70	正态分布	17.67	17.48
Ge	13 439	1.20	1.25	1.35	1.45	1.56	1.65	1.71	1.45	0.15	1.44	1.27	1.87	1.04	0.11	1.45	1.44	对数正态分布	1.44	1.44
Hg	15 636	0.04	0.04	0.05	0.07	0.11	0.15	0.17	0.08	0.04	0.07	4.34	0.22	0.001	0.50	0.07	0.11	其他分布	0.11	0.11
I	283	0.60	0.71	1.07	1.88	3.64	5.84	7.39	2.75	2.52	1.98	2.56	18.00	0.47	0.92	1.88	1.15	对数正态分布	1.98	1.85
La	283	34.69	37.00	40.00	44.00	49.00	56.0	61.6	45.64	9.11	44.84	9.00	98.3	24.00	0.20	44.00	41.00	对数正态分布	44.84	43.90
Li	283	19.55	22.79	29.00	39.00	54.5	59.0	62.0	40.80	14.30	38.16	8.89	86.0	15.99	0.35	39.00	54.0	其他分布	54.0	25.00
Mn	16 318	203	239	336	545	872	1086	1185	616	326	529	39.24	1683	78.0	0.53	545	294	其他分布	294	337
Mo	15 116	0.44	0.49	0.57	0.68	0.84	1.04	1.17	0.72	0.22	0.69	1.44	1.38	0.21	0.30	0.68	0.62	其他分布	0.62	0.62
N	16 381	0.77	0.90	1.16	1.52	1.97	2.47	2.81	1.62	0.64	1.50	1.64	5.05	0.23	0.40	1.52	1.45	对数正态分布	1.50	1.37
Nb	263	16.80	17.30	17.90	19.00	21.20	23.39	24.76	19.70	2.52	19.55	5.54	26.60	12.87	0.13	19.00	18.80	其他分布	18.80	20.20
Ni	16 337	4.80	5.57	7.64	14.80	39.40	44.44	46.47	22.52	16.15	16.38	6.52	86.9	1.76	0.72	14.80	10.10	其他分布	10.10	10.10
P	15 831	0.37	0.43	0.56	0.77	1.04	1.30	1.48	0.82	0.34	0.75	1.57	1.83	0.10	0.41	0.77	0.71	其他分布	0.71	0.59
Pb	15 123	24.20	26.48	29.90	33.90	38.80	45.40	49.27	34.87	7.30	34.13	7.97	56.8	14.80	0.21	33.90	31.00	其他分布	31.00	34.00

续表 4-24

元素/指标	N	$X_{5\%}$	$X_{10\%}$	$X_{25\%}$	$X_{50\%}$	$X_{75\%}$	$X_{90\%}$	$X_{95\%}$	$\bar{X}$	S	$\bar{X}_g$	S_g	X_{max}	X_{min}	CV	X_{me}	X_{mo}	分布类型	水田背景值	台州市背景值
Rb	283	90.6	99.6	115	129	138	145	151	126	19.92	125	16.40	223	72.0	0.16	129	135	正态分布	126	130
S	280	171	192	232	296	376	448	513	310	102	293	27.85	599	103	0.33	296	309	剔除后正态分布	310	274
Sb	283	0.40	0.45	0.51	0.61	0.77	0.89	0.97	0.65	0.20	0.62	1.47	1.58	0.24	0.30	0.61	0.64	对数正态分布	0.62	0.53
Sc	283	4.81	5.45	7.18	10.10	12.70	13.96	14.70	9.86	3.23	9.28	3.96	16.80	3.33	0.33	10.10	13.00	其他分布	13.00	8.49
Se	16 008	0.13	0.14	0.16	0.21	0.26	0.31	0.35	0.22	0.07	0.21	2.52	0.43	0.01	0.31	0.21	0.15	其他分布	0.15	0.15
Sn	283	2.47	2.61	3.00	3.70	4.55	6.20	7.10	4.21	2.96	3.86	2.45	46.80	1.70	0.70	3.70	3.50	对数正态分布	3.86	3.50
Sr	261	60.7	70.2	87.0	107	116	131	144	103	24.16	100.0	14.56	164	41.00	0.23	107	106	剔除后正态分布	103	109
Th	264	10.60	11.21	12.45	13.50	14.50	15.63	16.40	13.50	1.68	13.39	4.50	17.80	9.17	0.12	13.50	13.50	剔除后正态分布	13.50	13.42
Ti	280	3273	3414	4016	4823	5206	5369	5552	4611	803	4537	131	6757	2546	0.17	4823	4825	其他分布	4825	4018
Tl	283	0.59	0.64	0.71	0.80	0.89	0.98	1.03	0.81	0.15	0.79	1.25	1.47	0.42	0.18	0.80	0.77	正态分布	0.81	0.84
U	272	2.16	2.34	2.58	2.78	3.15	3.54	3.70	2.85	0.45	2.81	1.85	4.10	1.85	0.16	2.78	2.60	剔除后正态分布	2.81	2.60
V	16 323	33.60	38.00	50.1	80.0	111	120	124	80.7	32.64	73.4	12.59	201	13.30	0.40	80.0	115	其他分布	115	115
W	283	1.41	1.51	1.67	1.88	2.10	2.34	2.54	1.92	0.40	1.88	1.52	4.12	0.90	0.21	1.88	1.90	对数正态分布	1.88	1.85
Y	277	20.66	22.72	25.00	28.00	30.00	31.00	32.00	27.27	3.54	27.03	6.85	37.00	17.70	0.13	28.00	29.00	其他分布	29.00	29.00
Zn	15 952	46.80	53.1	68.5	93.3	113	129	143	92.4	29.61	87.4	13.89	181	24.70	0.32	93.3	102	其他分布	102	102
Zr	280	185	191	207	265	332	382	398	276	74.9	267	24.44	516	172	0.27	265	188	其他分布	188	197
SiO$_2$	283	59.4	61.6	64.3	69.5	74.8	77.6	79.1	69.5	6.37	69.2	11.43	83.1	51.6	0.09	69.5	67.5	正态分布	69.5	71.2
Al$_2$O$_3$	279	9.96	10.84	12.38	14.08	14.98	15.67	16.07	13.63	1.94	13.48	4.57	18.49	8.64	0.14	14.08	15.46	偏峰分布	15.46	13.83
TFe$_2$O$_3$	283	2.26	2.43	2.83	4.05	5.61	6.14	6.37	4.23	1.46	3.96	2.50	8.62	1.46	0.35	4.05	4.18	其他分布	4.18	3.51
MgO	283	0.38	0.42	0.52	0.86	1.64	2.07	2.32	1.10	0.65	0.91	1.87	2.73	0.24	0.59	0.86	0.92	其他正态分布	0.92	0.62
CaO	283	0.17	0.23	0.38	0.62	0.98	1.54	2.18	0.82	0.68	0.62	2.17	4.06	0.12	0.84	0.62	0.61	对数正态分布	0.62	0.24
Na$_2$O	283	0.52	0.64	0.84	1.03	1.19	1.37	1.53	1.02	0.32	0.97	1.41	2.20	0.22	0.31	1.03	1.13	对数正态分布	0.97	0.83
K$_2$O	15 642	2.04	2.22	2.51	2.80	3.04	3.37	3.57	2.79	0.44	2.75	1.82	3.91	1.64	0.16	2.80	2.82	正态分布	2.82	2.82
TC	283	1.06	1.13	1.35	1.64	1.96	2.36	2.57	1.69	0.48	1.62	1.54	3.18	0.43	0.29	1.64	1.71	剔除后正态分布	1.69	1.63
Corg	12 273	0.75	0.89	1.16	1.49	1.88	2.25	2.52	1.54	0.53	1.45	1.58	3.04	0.14	0.34	1.49	1.31	其他分布	1.45	1.31
pH	16 349	4.51	4.65	4.91	5.27	6.44	8.05	8.24	5.05	4.91	5.79	2.77	8.78	3.65	0.97	5.27	5.10	其他分布	5.10	5.10

注:氧化物、TC、Corg 单位为%,N、P 单位为 g/kg,Au、Ag 单位为 μg/kg,指标单位为 mg/kg;pH 为无量纲,其他元素/指标单位为 mg/kg;后表单位相同。

显偏高,与台州市背景值比值均在1.4以上;其他元素/指标背景值则与台州市背景值基本接近。

二、旱地土壤元素背景值

旱地土壤元素背景值数据经正态分布检验,结果表明,原始数据中Ba、Be、Bi、Br、Cl、Ga、La、Li、Nb、Rb、S、Sb、Sc、Th、Tl、U、W、Y、Zr、SiO_2、Al_2O_3、TFe_2O_3、MgO、Na_2O、TC 共25项元素/指标符合正态分布,Ag、As、Au、Ce、F、Ge、I、P、Sn、Sr、CaO、Corg 符合对数正态分布,Ti、K_2O 剔除异常值后符合正态分布,Ni 剔除异常值后符合对数正态分布,其他元素/指标不符合正态分布或对数正态分布(表4-25)。

旱地区表层土壤总体为弱酸性,土壤pH背景值为5.10,极大值为7.29,极小值为3.57,与台州市背景值相同。

旱地区表层各元素/指标中,约一半元素/指标变异系数小于0.40,分布相对均匀;Se、Cd、Mn、Hg、Mo、V、F、Sr、Co、Ni、B、Sn、Cu、Br、Cr、MgO、P、As、CaO、Ag、Au、I、pH 共23项元素/指标变异系数大于0.40,其中Ag、Au、I、pH变异系数大于0.80,空间变异性较大。

与台州市土壤元素背景值相比,旱地区土壤元素背景值中As、Co、Cr、N背景值明显低于台州市背景值,不足台州市背景值的60%;Ni背景值略低于台州市背景值,是台州市背景值的76%;Se、Mo、Sb、Ba背景值略高于台州市背景值,与台州市背景值比值在1.2~1.4之间;Ag、Zr、Li、Bi、MgO、Mn、CaO背景值明显高于台州市背景值,与台州市背景值比值均在1.4以上;其他元素/指标背景值则与台州市背景值基本接近。

三、园地土壤元素背景值

园地土壤元素背景值数据经正态分布检验,结果表明,原始数据中Be、Ga、La、Rb、Sc、Th、Tl、U、Y、Zr、SiO_2、Al_2O_3、Na_2O、TC 共14项元素/指标符合正态分布,Ag、As、Au、Br、Ce、Cl、I、Li、N、P、Sb、Sn、Sr、Ti、TFe_2O_3、MgO、CaO、Corg 共18项元素/指标符合对数正态分布,Ba、F、Ge、S、W、K_2O 剔除异常值后符合正态分布,Nb、Ni、Pb、Zn 剔除异常值后符合对数正态分布,其他元素/指标不符合正态分布或对数正态分布(表4-26)。

园地区表层土壤总体为酸性,土壤pH背景值为4.60,极大值为6.66,极小值为3.59,接近于台州市背景值。

园地区表层各元素/指标中,约一半元素/指标变异系数小于0.40,分布相对均匀;Sn、Bi、Sr、Se、Hg、Mo、V、Mn、B、Cd、Co、Ni、As、MgO、P、Cu、Br、Cr、Sb、CaO、pH、I、Au、Ag、Cl 共25项元素/指标变异系数大于0.40,其中CaO、pH、I、Au、Ag、Cl变异系数大于0.80,空间变异性较大。

与台州市土壤元素背景值相比,园地区土壤元素背景值中Cr、Cu、As背景值偏低,不足台州市背景值的60%;B、Sb、P、Ba、Li背景值略高于台州市背景值,与台州市背景值比值在1.2~1.4之间;Ag、Se、Zr、CaO、Mn背景值明显偏高,与台州市背景值比值均在1.4以上;其他元素/指标背景值则与台州市背景值基本接近。

四、林地土壤元素背景值

林地土壤元素背景值数据经正态分布检验,结果表明,原始数据中Al_2O_3、K_2O符合正态分布,As、Ba、Be、Br、Ce、Cl、Ge、I、La、Li、N、Nb、P、S、Sc、Se、Sr、V、Y、Na_2O、TC、Corg 共22项元素/指标符合对数正态分布,F、Rb、Th、Zr、SiO_2 剔除异常值后符合对数正态分布,Ag、Au、B、Cd、Co、Cr、Cu、Ga、Hg、Mo、Ni、Ti、Tl、U、W、Zn、TFe_2O_3、MgO、pH 剔除异常值后符合对数正态分布,其他元素/指标不符合正态分布或对数正态分布(表4-27)。

林地区表层土壤总体为酸性,土壤pH背景值为5.02,极大值为5.81,极小值为4.30,基本持平于台州

第四章 土壤元素背景值

表 4-25 旱地土壤元素背景值参数统计表

元素/指标	N	$X_{5\%}$	$X_{10\%}$	$X_{25\%}$	$X_{50\%}$	$X_{75\%}$	$X_{90\%}$	$X_{95\%}$	$\overline{X}$	S	$\overline{X}_g$	S_g	X_{max}	X_{min}	CV	X_{me}	X_{mo}	分布类型	旱地土壤背景值	台州市背景值
Ag	61	56.0	70.0	76.0	106	131	162	199	123	99.9	107	15.85	796	49.00	0.81	106	106	对数正态分布	107	76.0
As	4152	2.08	2.60	3.63	5.36	8.06	12.00	14.20	6.54	4.74	5.44	3.26	95.2	0.81	0.73	5.36	10.20	对数正态分布	5.44	10.10
Au	61	0.75	0.81	1.30	1.80	2.50	4.10	5.20	2.27	1.88	1.83	2.13	13.10	0.33	0.83	1.80	1.30	对数正态分布	1.83	2.00
B	3742	5.59	8.70	13.01	19.10	26.80	37.86	45.09	21.15	11.58	17.63	6.40	57.8	1.10	0.55	19.10	1.10	其他分布	1.10	16.00
Ba	61	453	480	519	663	746	860	884	656	163	637	41.09	1210	318	0.25	663	746	正态分布	656	506
Be	61	1.70	1.81	1.93	2.19	2.46	2.62	2.80	2.20	0.35	2.18	1.64	2.94	1.36	0.16	2.19	2.40	正态分布	2.20	2.12
Bi	61	0.18	0.19	0.24	0.31	0.41	0.53	0.56	0.34	0.13	0.32	2.05	0.69	0.15	0.39	0.31	0.31	正态分布	0.34	0.22
Br	61	1.90	2.00	2.60	4.00	6.80	8.40	9.90	4.70	2.73	4.02	2.83	11.50	1.70	0.58	4.00	2.00	其他分布	4.70	4.57
Cd	3894	0.05	0.07	0.10	0.14	0.19	0.24	0.27	0.15	0.07	0.13	3.45	0.35	0.01	0.44	0.14	0.14	其他分布	0.14	0.14
Ce	61	61.4	66.4	73.1	80.8	87.8	94.7	109	82.6	16.58	81.2	12.82	146	55.7	0.20	80.8	66.4	对数正态分布	81.2	83.6
Cl	61	49.30	56.7	69.0	81.6	90.0	101	109	80.4	20.17	78.0	12.55	150	37.50	0.25	81.6	85.0	其他分布	80.4	82.0
Co	3951	3.27	3.89	5.21	7.22	10.51	16.30	18.30	8.50	4.51	7.43	3.57	21.30	0.85	0.53	7.22	10.20	对数正态分布	10.20	17.80
Cr	3737	8.39	11.00	16.27	26.24	37.30	54.2	68.3	29.51	17.46	24.71	7.34	83.9	0.30	0.59	26.24	14.00	其他分布	14.00	101
Cu	3928	6.10	7.90	11.28	16.20	25.10	35.91	41.22	19.21	10.84	16.28	5.82	52.7	1.00	0.56	16.20	12.10	其他分布	12.10	13.00
F	61	304	336	387	476	550	719	760	517	259	483	35.45	2221	231	0.50	476	482	对数正态分布	483	463
Ga	61	12.95	13.81	15.20	16.60	18.60	20.80	21.89	17.16	3.32	16.87	5.23	29.35	10.63	0.19	16.60	15.50	正态分布	17.16	17.48
Ge	3365	1.11	1.16	1.26	1.39	1.52	1.66	1.77	1.41	0.22	1.39	1.27	4.30	0.86	0.16	1.39	1.37	对数正态分布	1.39	1.44
Hg	3841	0.03	0.03	0.04	0.06	0.08	0.11	0.13	0.06	0.03	0.06	4.97	0.16	0.001	0.48	0.06	0.11	其他分布	0.11	0.11
I	61	0.59	0.86	1.26	2.07	3.09	5.29	8.79	2.74	2.30	2.08	2.40	10.28	0.47	0.84	2.07	2.49	对数正态分布	2.08	1.85
La	61	34.00	36.00	38.89	43.68	48.00	54.0	58.8	44.97	9.94	44.04	8.97	83.0	25.26	0.22	43.68	41.00	正态分布	44.97	43.90
Li	61	20.00	21.98	27.00	35.24	43.21	52.0	59.0	35.94	11.69	34.12	7.91	64.0	19.00	0.33	35.24	36.00	其他分布	35.94	25.00
Mn	4104	262	338	502	755	1046	1282	1465	794	365	703	46.31	1887	75.0	0.46	755	542	偏峰分布	542	337
Mo	3804	0.47	0.54	0.67	0.90	1.28	1.81	2.13	1.04	0.50	0.94	1.58	2.64	0.21	0.48	0.90	0.77	其他分布	0.77	0.62
N	4019	0.57	0.65	0.81	1.02	1.28	1.56	1.72	1.06	0.35	1.00	1.42	2.05	0.12	0.33	1.02	0.78	其他分布	0.78	1.37
Nb	61	16.60	17.10	18.30	19.80	22.00	24.60	26.70	20.36	3.59	20.07	5.64	35.90	10.10	0.18	19.80	17.90	正态分布	20.36	20.20
Ni	3534	3.38	4.00	5.38	7.66	10.90	15.23	18.30	8.75	4.65	7.69	3.70	27.13	1.55	0.53	7.66	10.90	剔除后对数正态分布	7.69	10.10
P	4152	0.23	0.29	0.43	0.64	0.94	1.34	1.69	0.76	0.50	0.63	1.92	5.99	0.06	0.66	0.64	0.47	对数正态分布	0.63	0.59
Pb	3807	21.80	24.40	28.60	33.80	39.98	48.30	53.9	35.04	9.31	33.84	8.02	62.8	9.06	0.27	33.80	32.20	其他分布	32.20	34.00

续表 4-25

元素/指标	N	$X_{5\%}$	$X_{10\%}$	$X_{25\%}$	$X_{50\%}$	$X_{75\%}$	$X_{90\%}$	$X_{95\%}$	$\bar{X}$	S	$\bar{X}_g$	S_g	X_{max}	X_{min}	CV	X_{me}	X_{mo}	分布类型	旱地土壤背景值	台州市背景值
Rb	61	84.9	97.4	114	125	134	139	147	122	18.66	120	16.10	158	69.0	0.15	125	118	正态分布	122	130
S	61	146	204	225	294	365	414	510	309	106	291	27.63	620	134	0.34	294	316	正态分布	309	274
Sb	61	0.43	0.47	0.52	0.62	0.74	0.87	0.95	0.66	0.21	0.63	1.46	1.49	0.37	0.32	0.62	0.58	正态分布	0.66	0.53
Sc	61	5.03	5.37	6.80	8.85	11.30	13.30	14.40	9.36	3.38	8.81	3.72	22.14	4.24	0.36	8.85	9.50	正态分布	9.36	8.49
Se	3961	0.12	0.14	0.18	0.25	0.34	0.46	0.52	0.27	0.12	0.25	2.39	0.62	0.04	0.43	0.25	0.18	其他分布	0.18	0.15
Sn	61	2.42	2.55	2.94	3.70	4.78	7.00	8.80	4.44	2.46	4.01	2.59	17.50	1.84	0.55	3.70	3.80	对数正态分布	4.01	3.50
Sr	61	56.1	65.0	84.0	106	124	153	164	110	54.7	101	14.24	430	36.00	0.50	106	129	对数正态分布	101	109
Th	61	8.43	10.70	12.30	13.30	14.50	16.40	17.60	13.43	2.71	13.14	4.55	21.10	6.18	0.20	13.30	13.90	剔除后正态分布	13.43	13.42
Ti	58	3268	3460	3846	4286	4926	5324	5406	4372	735	4310	124	6031	2844	0.17	4286	4358	正态分布	4372	4018
Tl	61	0.54	0.63	0.73	0.81	0.88	1.04	1.08	0.81	0.16	0.79	1.26	1.18	0.44	0.19	0.81	0.85	正态分布	0.81	0.84
U	61	2.12	2.34	2.60	2.90	3.10	3.80	4.10	2.95	0.60	2.89	1.95	4.80	1.35	0.20	2.90	2.60	正态分布	2.95	2.60
V	3988	25.80	30.37	39.40	53.8	79.1	113	122	62.3	30.13	55.5	10.53	153	10.30	0.48	53.8	103	其他分布	103	115
W	61	1.38	1.40	1.54	1.79	2.02	2.35	2.51	1.82	0.36	1.79	1.49	2.73	1.21	0.20	1.79	1.54	正态分布	1.82	1.85
Y	61	20.00	21.00	23.00	25.30	28.00	30.00	30.90	25.52	3.54	25.27	6.48	35.40	18.00	0.14	25.30	27.00	正态分布	25.52	29.00
Zn	3977	47.30	53.2	63.8	80.4	100.0	120	133	83.9	26.17	79.8	13.09	163	16.40	0.31	80.4	102	偏峰分布	102	102
Zr	61	186	196	228	281	327	368	391	281	62.6	273	24.84	397	149	0.22	281	264	正态分布	281	197
SiO₂	61	60.7	62.5	68.0	71.3	74.6	76.5	78.0	70.5	5.65	70.3	11.53	82.1	54.5	0.08	71.3	73.6	正态分布	70.5	71.2
Al₂O₃	61	10.74	11.62	12.11	13.10	14.79	15.57	16.35	13.39	1.86	13.26	4.50	18.19	8.60	0.14	13.10	15.50	正态分布	13.39	13.83
TFe₂O₃	61	2.18	2.42	2.98	3.71	4.96	6.16	6.58	4.03	1.54	3.78	2.35	9.10	1.91	0.38	3.71	3.97	正态分布	4.03	3.51
MgO	61	0.35	0.42	0.54	0.80	1.23	1.83	2.16	0.96	0.57	0.81	1.79	2.74	0.24	0.60	0.80	0.93	正态分布	0.96	0.62
CaO	61	0.20	0.24	0.37	0.62	0.92	1.36	2.35	0.75	0.59	0.59	2.13	2.80	0.11	0.79	0.62	0.63	对数正态分布	0.59	0.24
Na₂O	61	0.45	0.53	0.72	1.02	1.21	1.40	1.46	0.99	0.33	0.92	1.51	1.66	0.22	0.34	1.02	1.02	剔除后正态分布	0.99	0.83
K₂O	4079	1.81	2.11	2.52	2.95	3.40	3.85	4.09	2.96	0.67	2.87	1.92	4.72	1.17	0.23	2.95	3.07	正态分布	2.96	2.82
TC	61	0.95	1.18	1.35	1.61	1.76	2.07	2.41	1.60	0.38	1.55	1.45	2.58	0.85	0.24	1.61	1.76	正态分布	1.60	1.63
Corg	3299	0.59	0.70	0.85	1.09	1.40	1.76	2.00	1.17	0.46	1.09	1.49	5.24	0.08	0.39	1.09	1.20	对数正态分布	1.09	1.31
pH	3703	4.39	4.51	4.73	5.05	5.48	6.12	6.52	4.87	4.80	5.18	2.60	7.29	3.57	0.99	5.05	5.10	其他分布	5.10	5.10

第四章 土壤元素背景值

表 4-26 园地土壤元素背景值参数统计表

元素/指标	N	$X_{5\%}$	$X_{10\%}$	$X_{25\%}$	$X_{50\%}$	$X_{75\%}$	$X_{90\%}$	$X_{95\%}$	$\overline{X}$	S	$\overline{X}_g$	S_g	X_{max}	X_{min}	CV	X_{me}	X_{mo}	分布类型	园地背景值	台州市背景值
Ag	201	60.0	67.0	79.5	97.5	141	205	272	139	203	111	16.53	2698	49.00	1.50	97.5	83.5	对数正态分布	111	76.0
As	1521	2.43	3.01	4.12	5.70	8.22	11.70	13.46	6.78	4.57	5.83	3.23	51.8	1.05	0.64	5.70	10.50	对数正态分布	5.83	10.10
Au	201	0.77	0.87	1.12	1.74	2.62	4.30	5.82	2.43	2.86	1.82	2.22	26.99	0.40	1.18	1.74	1.60	对数正态分布	1.82	2.00
B	1437	9.09	10.90	15.60	22.00	32.96	52.8	60.7	26.59	15.54	22.56	6.94	68.4	1.10	0.58	22.00	12.70	其他分布	12.70	16.00
Ba	193	450	477	525	607	706	838	910	632	137	617	40.57	979	375	0.22	607	599	剔除后正态分布	632	506
Be	201	1.68	1.79	1.98	2.24	2.61	2.79	2.84	2.29	0.38	2.26	1.66	3.30	1.56	0.17	2.24	2.21	正态分布	2.29	2.12
Bi	198	0.18	0.19	0.22	0.29	0.45	0.53	0.59	0.34	-4	0.31	2.13	0.78	0.13	0.42	0.29	0.21	其他分布	0.21	0.22
Br	201	1.90	2.10	2.80	4.37	6.20	8.20	10.10	4.97	3.53	4.24	2.83	38.73	1.30	0.71	4.37	2.80	对数正态分布	4.24	4.57
Cd	1291	0.04	0.04	0.07	0.13	0.18	0.24	0.29	0.14	0.08	0.11	3.96	0.45	0.004	0.60	0.13	0.15	其他分布	0.15	0.14
Ce	201	64.9	70.0	75.8	84.3	96.6	108	119	88.2	20.12	86.3	13.17	210	48.47	0.23	84.3	71.1	对数正态分布	86.3	83.6
Cl	201	52.2	56.6	66.4	79.0	96.0	121	140	121	514	82.8	13.39	7359	37.90	4.25	79.0	83.0	对数正态分布	82.8	82.0
Co	1494	2.21	3.00	4.46	6.52	10.80	16.49	18.12	8.07	4.89	6.67	3.68	20.95	0.33	0.61	6.52	16.30	其他分布	16.30	17.80
Cr	1452	9.60	12.20	17.20	25.73	43.52	83.0	89.4	34.92	24.84	27.67	7.98	96.5	3.92	0.71	25.73	27.00	其他分布	27.00	101
Cu	1478	4.20	5.89	10.20	18.40	32.90	44.71	54.1	22.60	15.55	17.22	6.70	69.2	1.00	0.69	18.40	4.20	其他分布	4.20	13.00
F	200	298	327	375	465	561	680	753	482	135	464	35.17	826	223	0.28	465	482	剔除后正态分布	482	463
Ga	201	11.68	13.13	15.20	17.25	19.59	20.89	21.90	17.28	3.27	16.97	5.26	29.66	10.04	0.19	17.25	16.90	正态分布	17.28	17.48
Ge	1453	1.14	1.19	1.30	1.43	1.56	1.66	1.74	1.43	0.19	1.42	1.27	1.96	0.90	0.13	1.43	1.37	剔除后正态分布	1.43	1.44
Hg	1421	0.04	0.04	0.05	0.07	0.10	0.13	0.16	0.08	0.04	0.07	4.50	0.19	0.01	0.47	0.07	0.11	其他分布	0.11	0.11
I	201	0.64	0.81	1.26	2.06	3.64	5.84	7.26	2.91	3.01	2.15	2.46	30.33	0.54	1.03	2.06	1.68	对数正态分布	2.15	1.85
La	201	33.09	36.00	40.83	46.10	52.5	61.0	64.2	47.40	10.63	46.31	9.18	95.0	25.55	0.22	46.10	41.00	正态分布	47.40	43.90
Li	201	20.00	21.85	26.00	34.00	46.00	58.0	61.0	36.73	13.26	34.49	8.00	75.8	15.00	0.36	34.00	25.00	对数正态分布	34.49	25.00
Mn	1489	208	261	405	684	1005	1232	1411	730	384	620	44.81	1867	61.0	0.53	684	640	其他分布	640	337
Mo	1381	0.46	0.53	0.65	0.87	1.19	1.69	1.95	0.99	0.46	0.89	1.56	2.48	0.23	0.47	0.87	0.65	其他分布	0.65	0.62
N	1521	0.67	0.76	0.94	1.19	1.50	1.80	2.03	1.25	0.44	1.18	1.45	4.39	0.31	0.35	1.19	1.08	对数正态分布	1.18	1.37
Nb	192	17.36	17.62	18.50	20.20	23.23	25.49	27.66	20.95	3.34	20.68	5.76	30.40	11.35	0.16	20.20	17.60	剔除后正态分布	20.68	20.20
Ni	1284	2.96	3.92	5.64	8.11	11.40	17.50	23.67	9.61	6.07	8.11	4.06	32.34	0.91	0.63	8.11	10.60	正态分布	8.11	10.10
P	1521	0.19	0.25	0.47	0.78	1.23	1.76	2.09	0.92	0.62	0.73	2.08	4.87	0.09	0.68	0.78	0.46	其他分布	0.73	0.59
Pb	1369	21.70	24.65	29.41	35.00	42.70	52.1	57.5	36.74	10.58	35.29	8.24	69.5	14.80	0.29	35.00	35.00	对数正态分布	35.29	34.00

续表 4-26

元素/指标	N	$X_{5\%}$	$X_{10\%}$	$X_{25\%}$	$X_{50\%}$	$X_{75\%}$	$X_{90\%}$	$X_{95\%}$	$\bar{X}$	S	$\bar{X}_g$	S_g	X_{max}	X_{min}	CV	X_{me}	X_{mo}	分布类型	同地背景值	台州市背景值
Rb	201	93.9	101	111	124	138	145	149	123	17.93	122	16.10	177	68.5	0.15	124	122	正态分布	123	130
S	197	166	186	224	283	367	455	490	303	102	287	27.52	580	122	0.34	283	268	剔除后正态分布	303	274
Sb	201	0.43	0.44	0.51	0.60	0.75	0.87	1.17	0.71	0.50	0.64	1.56	5.07	0.36	0.71	0.60	0.53	对数正态分布	0.64	0.53
Sc	201	4.72	5.19	6.61	8.87	11.32	13.50	14.80	9.10	3.17	8.55	3.68	17.30	3.54	0.35	8.87	9.80	正态分布	9.10	8.49
Se	1488	0.15	0.17	0.21	0.28	0.41	0.53	0.59	0.32	0.14	0.29	2.27	0.72	0.09	0.44	0.28	0.22	其他分布	0.22	0.15
Sn	201	2.42	2.63	2.99	3.60	4.54	6.30	7.80	4.11	1.70	3.85	2.42	11.90	1.83	0.41	3.60	3.30	对数正态分布	3.85	3.50
Sr	201	50.00	55.8	69.0	88.1	111	130	162	96.1	40.07	89.4	13.42	317	25.33	0.42	88.1	88.0	对数正态分布	89.4	109
Th	201	9.04	10.53	12.10	13.41	14.70	15.90	17.20	13.33	2.35	13.10	4.44	19.60	5.38	0.18	13.41	14.50	对数正态分布	13.33	13.42
Ti	201	3166	3338	3774	4413	5148	5501	6183	4564	1331	4425	128	15671	2541	0.29	4413	5293	对数正态分布	4425	4018
Tl	201	0.60	0.65	0.74	0.82	0.95	1.06	1.12	0.84	0.17	0.83	1.26	1.67	0.40	0.20	0.82	0.74	正态分布	0.84	0.84
U	201	2.20	2.44	2.67	3.00	3.30	3.70	4.00	3.05	0.55	3.00	1.94	4.90	1.77	0.18	3.00	3.10	正态分布	3.05	2.60
V	1500	24.20	28.60	37.77	54.5	87.0	114	120	63.2	31.61	55.6	11.03	158	10.30	0.50	54.5	118	其他分布	118	115
W	185	1.41	1.51	1.69	1.82	2.05	2.26	2.38	1.86	0.29	1.84	1.47	2.65	1.22	0.15	1.82	1.72	剔除后正态分布	1.86	1.85
Y	201	20.80	22.00	23.80	27.10	30.00	32.00	33.60	27.05	4.04	26.75	6.74	40.00	17.10	0.15	27.10	30.00	剔除后正态分布	27.05	29.00
Zn	1434	46.00	51.3	64.9	84.8	105	126	138	86.9	28.48	82.2	13.39	174	22.00	0.33	84.8	109	正态分布	82.2	102
Zr	201	191	199	255	306	352	386	423	305	81.6	295	26.24	681	177	0.27	306	311	正态分布	305	197
SiO$_2$	201	61.1	62.7	67.4	72.6	76.1	78.7	79.6	71.6	5.92	71.3	11.69	84.3	53.0	0.08	72.6	71.2	正态分布	71.6	71.2
Al$_2$O$_3$	201	10.09	10.64	12.10	13.35	14.81	15.66	16.03	13.33	1.97	13.18	4.50	20.06	7.51	0.15	13.35	14.00	正态分布	13.33	13.83
TFe$_2$O$_3$	201	2.21	2.35	2.70	3.48	4.99	6.12	6.42	3.91	1.50	3.66	2.32	11.47	1.87	0.38	3.48	2.87	对数正态分布	3.66	3.51
MgO	201	0.34	0.38	0.47	0.64	1.02	1.84	2.02	0.85	0.55	0.72	1.80	2.78	0.25	0.64	0.64	0.41	对数正态分布	0.72	0.62
CaO	201	0.17	0.19	0.24	0.39	0.69	1.20	1.47	0.55	0.47	0.42	2.37	3.04	0.09	0.86	0.39	0.27	对数正态分布	0.42	0.24
Na$_2$O	201	0.38	0.47	0.64	0.92	1.08	1.22	1.46	0.88	0.32	0.82	1.54	1.74	0.20	0.36	0.92	1.00	正态分布	0.88	0.83
K$_2$O	1473	1.90	2.16	2.49	2.84	3.25	3.65	3.90	2.87	0.59	2.81	1.88	4.47	1.31	0.20	2.84	3.03	剔除后正态分布	2.87	2.82
TC	201	0.94	1.09	1.27	1.58	1.90	2.26	2.53	1.65	0.58	1.57	1.53	6.06	0.71	0.35	1.58	1.58	正态分布	1.65	1.63
Corg	1061	0.70	0.80	0.98	1.24	1.53	1.89	2.13	1.31	0.48	1.23	1.46	5.45	0.37	0.36	1.24	1.12	对数正态分布	1.23	1.31
pH	1352	4.11	4.24	4.49	4.76	5.11	5.61	6.00	4.59	4.54	4.85	2.51	6.66	3.59	0.99	4.76	4.60	其他分布	4.60	5.10

第四章 土壤元素背景值

表 4-27 林地土壤元素背景值参数统计表

元素/指标	N	$X_{5\%}$	$X_{10\%}$	$X_{25\%}$	$X_{50\%}$	$X_{75\%}$	$X_{90\%}$	$X_{95\%}$	$\overline{X}$	S	$\overline{X}_g$	S_g	X_{max}	X_{min}	CV	X_{me}	X_{mo}	分布类型	林地背景值	台州市背景值
Ag	1202	57.0	62.0	73.0	88.2	113	145	162	96.0	32.31	91.1	14.08	197	36.00	0.34	88.2	80.0	剔除后对数分布	91.1	76.0
As	1371	2.45	2.83	3.70	4.88	6.76	9.17	11.43	5.77	4.97	5.05	2.92	146	1.54	0.86	4.88	4.30	对数正态分布	5.05	10.10
Au	1194	0.52	0.62	0.80	1.10	1.61	2.20	2.52	1.27	0.63	1.14	1.64	3.23	0.29	0.49	1.10	1.40	剔除后对数正态分布	1.14	2.00
B	1271	14.34	16.00	19.08	23.55	29.45	36.17	41.00	25.01	7.91	23.82	6.45	49.23	6.77	0.32	23.55	25.00	剔除后对数分布	23.82	16.00
Ba	1306	361	420	522	654	804	956	1055	674	216	639	42.03	1752	165	0.32	654	712	对数正态分布	639	506
Be	1306	1.69	1.80	1.99	2.22	2.49	2.78	3.00	2.28	0.43	2.24	1.66	4.87	1.23	0.19	2.22	2.12	对数正态分布	2.24	2.12
Bi	1207	0.18	0.19	0.22	0.27	0.35	0.44	0.49	0.30	0.10	0.28	2.20	0.60	0.13	0.33	0.27	0.24	其他分布	0.24	0.22
Br	1306	2.10	2.30	3.00	4.30	6.88	10.10	14.07	5.74	4.58	4.70	3.01	55.7	1.40	0.80	4.30	3.40	剔除后对数正态分布	4.70	4.57
Cd	1284	0.08	0.09	0.12	0.15	0.20	0.25	0.28	0.16	0.06	0.15	3.11	0.34	0.04	0.37	0.15	0.14	其他分布	0.15	0.14
Ce	1306	62.0	66.6	74.9	85.0	98.5	111	122	87.8	19.26	85.8	13.29	205	21.10	0.22	85.0	87.8	剔除后对数正态分布	85.8	83.6
Cl	1306	48.00	52.3	61.0	75.3	91.4	112	134	81.1	33.45	76.6	12.48	577	30.40	0.41	75.3	74.0	对数正态分布	76.6	82.0
Co	1280	3.39	3.79	4.60	5.90	7.50	9.80	10.90	6.31	2.28	5.92	3.00	13.10	1.22	0.36	5.90	6.90	剔除后对数正态分布	5.92	17.80
Cr	1260	14.96	16.34	19.61	24.89	31.41	39.91	44.98	26.47	9.03	25.03	6.67	55.2	8.18	0.34	24.89	27.00	剔除后对数正态分布	25.03	101
Cu	1259	7.59	8.59	10.70	13.41	17.09	22.52	25.92	14.49	5.39	13.57	4.77	30.90	4.30	0.37	13.41	13.00	对数正态分布	13.57	13.00
F	1288	304	328	380	451	525	590	634	456	102	444	34.18	732	170	0.22	451	420	剔除后对数正态分布	456	463
Ga	1244	13.50	14.36	15.61	17.30	19.25	21.24	22.50	17.56	2.72	17.35	5.26	25.15	10.34	0.15	17.30	16.60	剔除后对数正态分布	17.35	17.48
Ge	1369	1.18	1.24	1.33	1.44	1.57	1.69	1.78	1.46	0.19	1.45	1.29	2.61	0.92	0.13	1.44	1.44	对数正态分布	1.45	1.44
Hg	1286	0.04	0.04	0.05	0.07	0.09	0.11	0.13	0.07	0.03	0.07	4.74	0.15	0.03	0.35	0.07	0.07	剔除后对数正态分布	0.07	0.11
I	1306	0.75	0.93	1.50	2.96	5.32	9.43	11.92	4.25	4.13	2.93	2.98	30.91	0.30	0.97	2.96	1.85	对数正态分布	2.93	1.85
La	1306	30.41	33.16	38.00	44.00	51.0	59.0	64.0	45.21	11.05	43.93	9.03	111	10.00	0.24	44.00	45.00	剔除后对数正态分布	43.93	43.90
Li	1306	18.12	20.20	23.54	28.76	36.00	46.00	52.0	30.99	10.23	29.50	7.33	82.1	13.00	0.33	28.76	20.00	对数正态分布	29.50	25.00
Mn	1310	257	300	425	575	789	1003	1101	617	261	562	40.36	1401	146	0.42	575	1061	偏峰分布	1061	337
Mo	1264	0.49	0.56	0.69	0.88	1.17	1.55	1.78	0.97	0.39	0.90	1.47	2.17	0.22	0.40	0.88	0.69	剔除后对数正态分布	0.90	0.62
N	1371	0.81	0.94	1.14	1.39	1.70	2.06	2.32	1.46	0.49	1.39	1.47	4.98	0.47	0.33	1.39	1.40	对数正态分布	1.39	1.37
Nb	1306	17.50	18.20	20.10	22.53	25.57	29.20	32.30	23.38	5.25	22.90	6.17	80.8	9.74	0.22	22.53	21.20	剔除后对数正态分布	22.90	20.20
Ni	1258	5.35	6.05	7.47	9.54	11.97	14.87	16.78	10.04	3.45	9.48	3.88	21.17	2.93	0.34	9.54	10.10	剔除后对数正态分布	9.48	10.10
P	1371	0.28	0.34	0.45	0.60	0.80	1.03	1.21	0.66	0.31	0.60	1.70	3.32	0.10	0.47	0.60	0.72	对数正态分布	0.60	0.59
Pb	1226	26.31	28.06	31.12	35.00	41.00	47.64	53.0	36.68	8.09	35.85	8.03	63.0	16.23	0.22	35.00	32.00	其他分布	32.00	34.00

续表 4-27

元素/指标	N	$X_{5\%}$	$X_{10\%}$	$X_{25\%}$	$X_{50\%}$	$X_{75\%}$	$X_{90\%}$	$X_{95\%}$	$\overline{X}$	S	$\overline{X}_g$	S_g	X_{max}	X_{min}	CV	X_{me}	X_{mo}	分布类型	林地背景值	台州市背景值
Rb	1264	100.0	106	117	129	139	149	157	128	16.70	127	16.38	174	84.9	0.13	129	130	剔除后正态分布	128	130
S	1306	161	180	211	268	327	394	445	282	122	266	25.90	3026	60.0	0.43	268	268	对数正态分布	266	274
Sb	1230	0.39	0.42	0.47	0.54	0.64	0.74	0.82	0.56	0.13	0.55	1.49	0.93	0.23	0.22	0.54	0.53	偏峰分布	0.53	0.53
Sc	1306	4.94	5.50	6.60	8.25	9.76	11.40	12.80	8.39	2.42	8.05	3.52	25.90	0.50	0.29	8.25	7.90	对数正态分布	8.05	8.49
Se	1306	0.17	0.19	0.23	0.31	0.41	0.55	0.69	0.35	0.17	0.32	2.17	1.30	0.09	0.48	0.31	0.26	对数正态分布	0.32	0.15
Sn	1371	2.40	2.55	2.84	3.28	4.00	4.71	5.30	3.48	0.87	3.38	2.13	6.20	1.16	0.25	3.28	3.50	其他分布	3.50	3.50
Sr	1214	35.46	41.77	53.0	74.9	101	136	171	83.4	42.93	74.7	12.27	390	19.20	0.51	74.9	75.0	对数分布	74.7	109
Th	1306	9.73	10.70	12.16	13.50	15.12	16.70	17.69	13.64	2.34	13.43	4.49	20.00	7.50	0.17	13.50	13.30	剔除后正态分布	13.64	13.42
Ti	1249	2924	3194	3592	4045	4681	5289	5632	4153	814	4073	122	6420	1847	0.20	4045	3142	剔除后正态分布	4073	4018
Tl	1261	0.64	0.69	0.77	0.88	1.00	1.13	1.24	0.90	0.17	0.88	1.23	1.40	0.44	0.19	0.88	0.86	剔除后对数分布	0.88	0.84
U	1222	2.40	2.58	2.82	3.12	3.46	3.80	4.01	3.15	0.49	3.12	1.96	4.48	1.92	0.15	3.12	3.20	剔除后对数分布	3.12	2.60
V	1251	28.55	32.19	39.58	50.3	65.7	88.1	105	56.0	25.29	51.6	10.17	290	17.20	0.45	50.3	56.0	对数正态分布	51.6	115
W	1371	1.31	1.43	1.62	1.86	2.11	2.46	2.65	1.89	0.39	1.85	1.51	2.96	0.86	0.21	1.86	1.92	剔除后对数分布	1.85	1.85
Y	1254	19.50	20.65	22.70	25.00	28.50	32.00	33.88	25.79	4.51	25.42	6.61	45.40	16.00	0.17	25.00	24.00	对数分布	25.42	29.00
Zn	1306	55.2	60.0	69.2	80.2	94.0	109	118	82.6	19.05	80.5	12.92	139	38.72	0.23	80.2	76.0	剔除后正态分布	80.5	102
Zr	1289	221	243	281	314	352	391	411	316	55.6	311	27.58	465	176	0.18	314	310	剔除后正态分布	316	197
SiO$_2$	1273	64.5	66.5	69.3	72.3	75.2	77.3	78.3	72.1	4.18	71.9	11.80	82.5	60.0	0.06	72.3	73.7	剔除后正态分布	72.1	71.2
Al$_2$O$_3$	1288	11.12	11.75	12.70	14.02	15.20	16.60	17.44	14.07	1.91	13.94	4.62	20.21	8.99	0.14	14.02	12.28	正态分布	14.07	13.83
TFe$_2$O$_3$	1306	2.15	2.39	2.72	3.19	3.79	4.54	4.98	3.32	0.84	3.22	2.09	5.72	1.32	0.25	3.19	3.51	剔除后正态分布	3.22	3.51
MgO	1240	0.34	0.37	0.45	0.55	0.70	0.86	0.95	0.59	0.18	0.56	1.57	1.13	0.19	0.31	0.55	0.52	剔除后对数分布	0.56	0.62
CaO	1224	0.12	0.14	0.18	0.26	0.38	0.53	0.61	0.30	0.15	0.26	2.53	0.78	0.06	0.51	0.26	0.24	其他分布	0.24	0.24
Na$_2$O	1204	0.30	0.36	0.50	0.72	1.02	1.29	1.46	0.78	0.36	0.70	1.73	2.30	0.12	0.46	0.72	0.83	对数分布	0.70	0.83
K$_2$O	1306	2.12	2.30	2.59	2.89	3.19	3.53	3.71	2.90	0.49	2.86	1.87	4.71	0.83	0.17	2.89	2.72	正态分布	2.90	2.82
TC	1371	0.99	1.11	1.31	1.60	1.99	2.54	2.91	1.73	0.63	1.63	1.57	5.16	0.36	0.36	1.60	1.52	对数正态分布	1.63	1.63
Corg	1306	0.86	0.98	1.19	1.45	1.82	2.33	2.72	1.58	0.62	1.48	1.54	6.03	0.24	0.39	1.45	1.21	对数正态分布	1.48	1.31
pH	1367	4.65	4.72	4.85	4.99	5.18	5.36	5.50	4.95	5.19	5.02	2.54	5.81	4.30	1.05	4.99	4.85	剔除后对数分布	5.02	5.10

第四章
土壤元素背景值

市背景值。

林地区表层各元素/指标中,多数元素/指标变异系数小于0.40,分布相对均匀;Cl、Mn、S、V、Na_2O、P、Se、Au、Sr、CaO、Br、As、I、pH共14项元素/指标变异系数大于0.40,其中As、I、pH变异系数大于0.80,空间变异性较大。

与台州市土壤元素背景值相比,林地区土壤元素背景值中Au、As、Cr、Co、V背景值明显偏低,不足台州市背景值的60%;Hg、Zn、Sr背景值略低于台州市背景值,是台州市背景值的60%~80%;U、Ba背景值略高于台州市背景值,与台州市背景值比值在1.2~1.4之间;Mo、I、Zr、Se、Mn、B、Cd背景值明显偏高,与台州市背景值比值均在1.4以上,其中Se、Mn背景值为台州市背景值的2.0倍以上;其他元素/指标背景值则与台州市背景值基本接近。

第五章 土壤碳与特色土地资源评价

第一节 土壤碳储量估算

土壤是陆地生态系统的核心,是"地球关键带"研究中的重点内容之一。土壤碳库是地球陆地生态系统碳库的主要组成部分,在陆地水、大气、生物等不同系统的碳循环研究中有着重要作用。

一、土壤碳与有机碳的区域分布

1. 深层土壤碳与有机碳的区域分布

如表 5-1 所示,台州市深层土壤中总碳(TC)算术平均值为 0.61%,极大值为 1.81%,极小值为 0.15%。台州市 TC 基准值(0.54%)略高于浙江省基准值,明显低于中国基准值。在区域分布上,TC 含量受地形地貌及地质背景的明显控制,东部平原区土壤中 TC 含量相对较高;低值区主要分布于仙居县、天台县、临海市一带,在地形地貌类型上属于低山丘陵区,风化剥蚀较强,而且主要低值区主要为中酸性火成岩类风化物,成土条件较差,土壤粗骨性较强。

台州市深层土壤有机碳(TOC)算术平均值为 0.46%,极大值为 1.63%,极小值为 0.10%。台州市 TOC 基准值(0.42%)等于浙江省基准值,明显高于中国基准值。高值区主要分布于临海市、黄岩区的中部和东部地区;低值区主要分布于仙居县、天台县、临海市等低山丘陵区一带。

表 5-1 台州市深层土壤总碳与有机碳统计参数表

元素/指标	N/件	$\overline{X}$/%	$\overline{X}_g$/%	S/%	CV	X_{max}/%	X_{min}/%	X_{mo}/%	X_{me}/%	浙江省基准值/%	中国基准值/%
TC	567	0.61	0.54	0.29	0.48	1.81	0.15	0.71	0.55	0.43	0.90
TOC	567	0.46	0.42	0.21	0.46	1.63	0.10	0.50	0.44	0.42	0.30

注:浙江省基准值引自《浙江省土壤元素背景值》(黄春雷等,2023);中国基准值引自《全国地球化学基准网建立与土壤地球化学基准值特征》(王学求等,2016)。

2. 表层土壤碳与有机碳的区域分布

如表 5-2 所示,在台州市表层土壤中,总碳(TC)算术平均值为 1.65%,极大值为 6.06%,极小值为 0.36%。与浙江省背景值、中国背景值相比较,台州市 TC 背景值(1.63%)与浙江省背景值接近,略高于中国背景值。高值区主要分布于温岭市、路桥区、黄岩区西侧低山丘陵区、临海市西南侧低山区、仙居县南侧与温州市交界区;低值区主要分布于仙居县东部、临海市西部以及三门县中部地区。

土壤有机碳(TOC)算术平均值为1.35%,极大值为2.93%,极小值为0.08%。台州市TOC背景值(1.31%)等于浙江省背景值,而明显高于中国背景值,是中国背景值的2.18倍。在区域分布上,TOC含量分布基本与TC相同,高值区主要分布于黄岩区、路桥区平原一带,及仙居县、黄岩区与温州市交界区以及天台县东北部低山丘陵区;低值区主要分布于三门县、仙居县、临海市的中低山区。

表5-2 台州市表层土壤总碳与有机碳参数统计表

元素/指标	N/件	$\overline{X}$/%	$\overline{X}_g$/%	S/%	CV	X_{max}/%	X_{min}/%	X_{mo}/%	X_{me}/%	浙江省背景值/%	中国背景值/%
TC	2198	1.72	1.65	0.59	0.34	6.06	0.36	1.70	1.63	1.43	1.30
TOC	18886	1.45	1.35	0.52	0.36	2.93	0.08	1.31	1.40	1.31	0.60

注:浙江省背景值引自《浙江省土壤元素背景值》(黄春雷等,2023);中国基准值引自《全国地球化学基准网建立与土壤地球化学基准值特征》(王学求等,2016)。

二、单位土壤碳量与碳储量计算方法

依据奚小环等(2009)提出的碳储量计算方法,利用多目标区域地球化学调查数据,根据《多目标区域地球化学调查规范(1∶250 000)》(DZ/T 0258—2014)》要求,计算单位土壤碳量与碳储量。即以多目标区域地球化学调查确定的土壤表层样品分析单元为最小计算单位,土壤表层含量单元为4km²,深层土壤样根据与表深层土壤样的对应关系,利用ArcGIS对深层土壤样测试分析结果进行空间插值,碳含量单元为4km²,依据其不同的分布模式计算得到单位土壤碳量,通过对单位土壤碳量进行加和计算得到土壤碳储量。

研究表明,土壤碳含量由表层至深层存在两种分布模式,其中有机碳含量分布为指数模式,无机碳含量分布为直线模式。区域土壤容重利用《浙江土壤》(俞震豫等,1994)中的土壤容重统计结果进行计算(表5-3)。

表5-3 浙江省主要土壤类型土壤容重统计表　　　　　　　　　　　　　　　　单位:t/m³

土壤类型	红壤	黄壤	紫色土	石灰岩土	粗骨土	潮土	滨海盐土	水稻土
土壤容重	1.20	1.20	1.20	1.20	1.20	1.33	1.33	1.08

(一)有机碳(TOC)单位土壤碳量(USCA)计算

1. 深层土壤有机碳单位碳量计算

深层土壤有机碳单位碳量计算公式为:

$$USCA_{TOC,0-120cm} = TOC \times D \times 4 \times 10^4 \times \rho \tag{5-1}$$

式中:$USCA_{TOC,0-120cm}$为0~1.20m深度(即0~120cm)土壤有机碳单位碳量(t);TOC为有机碳含量(%);D为采样深度(1.20m);4为表层土壤单位面积(4km²);10^4为单位土壤面积换算系数;ρ为土壤容重(t/m³)。式(5-1)中TOC的计算公式为:

$$TOC = \frac{(TOC_{表} - TOC_{深}) \times (d_1 - d_2)}{d_2(\ln d_1 - \ln d_2)} + TOC_{深} \tag{5-2}$$

式中：$TOC_表$ 为表层土壤有机碳含量（%）；$TOC_深$ 为深层土壤有机碳含量（%）；d_1 取表样采样深度中间值 0.1m；d_2 取深层样平均采样深度 1.20m（或实际采样深度）。

2. 中层土壤有机碳单位碳量计算

中层土壤（计算深度为1.00m）有机碳单位碳量计算公式为：

$$USCA_{TOC,0-100cm} = TOC \times D \times 4 \times 10^4 \times \rho \quad (5-3)$$

式中：$USCA_{TOC,0-100cm}$ 表示采样深度为1.20m以下时，计算1.00m（100cm）深度土壤有机碳含量（t）；d_3 为计算深度1.00m；其他参数同前。其中，TOC的计算公式为：

$$TOC = \frac{(TOC_表 - TOC_深) \times [(d_1 - d_3) + (\ln d_3 - \ln d_2)]}{d_3(\ln d_1 - \ln d_2)} + TOC_深 \quad (5-4)$$

3. 表层土壤有机碳单位碳量计算

表层土壤有机碳单位碳量计算公式为：

$$USCA_{TOC,0-20cm} = TOC \times D \times 4 \times 10^4 \times \rho \quad (5-5)$$

式中：TOC为表层土壤有机碳实测值（%）；D为采样深度（0～20cm）。

（二）无机碳（TIC）单位土壤碳量（USCA）计算

1. 深层土壤无机碳单位碳量计算

深层土壤无机碳单位碳量计算公式为：

$$USCA_{TIC,0-120cm} = [(TIC_表 + TIC_深)/2] \times D \times 4 \times 10^4 \times \rho \quad (5-6)$$

式中：$TIC_表$ 与 $TIC_深$ 分别由总碳实测数据减去有机碳数据取得（%）；其他参数同前。

2. 中层土壤无机碳单位碳量计算

中层土壤无机碳单位碳量计算公式为：

$$USCA_{TIC,0-100cm(深120cm)} = [(TIC_表 + TIC_{100cm})/2] \times D \times 4 \times 10^4 \times \rho \quad (5-7)$$

式中：$USCA_{TIC,0-100cm(深120cm)}$ 表示采样深度为1.20m时，计算1.00m深度（即100cm）土壤无机碳单位碳量（t）；D为1.00m，TIC_{100cm} 采用内插法确定（%）；其他参数同前。

3. 表层土壤无机碳单位碳量计算

表层土壤无机碳单位碳量计算公式为：

$$USCA_{TIC,0-20cm} = TIC_表 \times D \times 4 \times 10^4 \times \rho \quad (5-8)$$

式中：$TIC_表$ 由总碳实测数据减去有机碳数据取得（%）；其他参数同前。

（三）总碳（TC）单位土壤碳量（USCA）计算

1. 深层土壤总碳单位碳量计算

深层土壤总碳单位碳量计算公式为：

$$USCA_{TC,0-120cm} = USCA_{TOC,0-120cm} + USCA_{TIC,0-120cm} \quad (5-9)$$

当实际采样深度超过1.20m（120cm）时，取实际采样深度值。

2. 中层土壤总碳单位碳量计算

中层土壤总碳单位碳量计算公式为：

$$\text{USCA}_{\text{TC, 0-100cm(深120cm)}} = \text{USCA}_{\text{TOC, 0-100cm(深120cm)}} + \text{USCA}_{\text{TIC, 0-100cm(深120cm)}} \tag{5-10}$$

3. 表层土壤总碳单位碳量计算

表层土壤总碳单位碳量计算公式为：

$$\text{USCA}_{\text{TC, 0-20cm}} = \text{USCA}_{\text{TOC, 0-20cm}} + \text{USCA}_{\text{TIC, 0-20cm}} \tag{5-11}$$

（四）土壤碳储量（SCR）

土壤碳储量为研究区内所有单位碳量总和，其计算公式为：

$$\text{SCR} = \sum_{i=1}^{n} \text{USCA} \tag{5-12}$$

式中：SCR 为土壤碳储量（t）；USCA 为单位土壤碳量（t）；n 为土壤碳储量计算范围内单位土壤碳量的加和个数。

三、土壤碳密度分布特征

台州市表层、中层、深层土壤碳密度空间分布特征如图 5-1～图 5-3 所示。

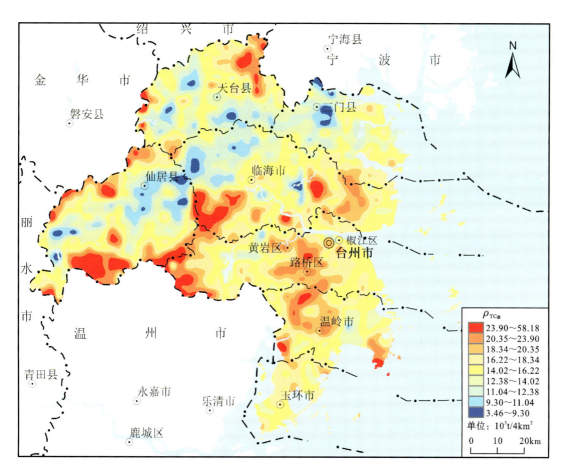

图 5-1 台州市表层土壤 TC 碳密度分布图

由图可知，台州市土壤碳密度由表层→中层→深层呈现出规律性变化特征，整体表现为：中低山区高于低山丘陵区及平原区，酸性火成岩类风化物土壤母质区高于碎屑岩类风化物土壤母质区、紫色碎屑

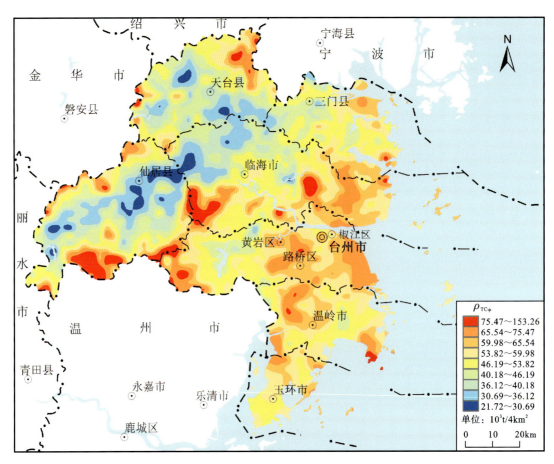

图 5-2 台州市中层土壤 TC 碳密度分布图

岩类风化物土壤母质区,山地丘陵区高于盆地区,海积相平原区随着土体深度的增加,土壤碳密度明显增加。

表层(0~0.2m)土壤碳密度高值区分布于天台县东北部、仙居县南部、临海市—仙居县—黄岩区交界的中山区以及临海市东部—台州市—路桥区—温岭市丘陵地带的火山岩地区。低值区主要分布于仙居县至临海市的永安溪、天台县至临海市的始丰溪以及三门县的海游溪一带的平原区。碳密度极大值为 $58.18\times 10^3 t/4km^2$,极小值为 $3.46\times 10^3 t/4km^2$。

中层(0~1.0m)土壤碳密度高值、低值区分布基本与表层土壤相同,不同之处在于随着土体深度的增加,三门县、临海市、黄岩区、路桥区的东部平原区以及玉环市的北部平原区,土壤中碳密度逐渐增高。碳密度极大值为 $153.26\times 10^3 t/4km^2$,极小值为 $21.72\times 10^3 t/4km^2$。

深层(0~1.2m)土壤碳密度低值区仍然主要分布在仙居县至临海市的永安溪、天台县至临海市的始丰溪以及三门县的海游溪一带的平原区,高值区除中山区之外,三门县、临海市、黄岩区、路桥区的东部平原区随着土体深度的增加,土壤中碳密度增加明显。土壤中碳密度极大值为 $160.63\times 10^3 t/4km^2$,极小值为 $24.19\times 10^3 t/4km^2$。

由以上分析可知,台州市土壤碳密度分布主要与地形地貌、土壤母质类型、土壤深度有关。在地形地貌方面,中低山区土壤碳密度大于低山丘陵区、平原区;在土壤母岩母质方面,中基性火成岩类风化物和中酸性火成岩类风化物土壤母质区土壤碳密度大于碎屑岩类风化物土壤母质区、紫色碎屑岩类风化物土壤母质区;在土壤深度方面,东部滨海平原区随土壤深度增加,土壤碳密度逐渐增大。

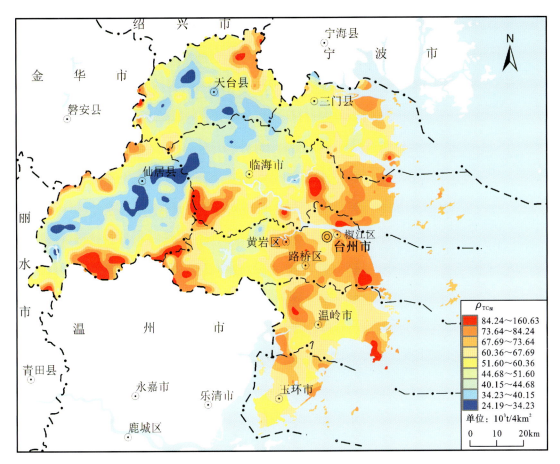

图 5-3　台州市深层土壤 TC 碳密度分布图

四、土壤碳储量分布特征

1. 土壤碳密度及碳储量

根据土壤碳密度及碳储量计算方法,台州市不同深度土壤的碳密度及碳储量计算结果如表 5-4 所示。

表 5-4　台州市不同深度土壤碳密度及碳储量统计表

土壤层	碳密度/10^3 t·km^{-2}			碳储量/10^6 t			TOC 储量占比/%
	TOC	TIC	TC	TOC	TIC	TC	
表层	3.61	0.43	4.04	33.05	3.93	36.98	89.37
中层	10.94	2.04	12.98	100.11	18.67	118.78	84.28
深层	12.12	2.32	14.44	110.90	21.21	132.11	83.95

台州市表层、中层、深层土壤中 TIC 密度分别为 0.43×10^3 t/km^2、2.04×10^3 t/km^2、2.32×10^3 t/km^2;TOC 密度分别为 3.61×10^3 t/km^2、10.94×10^3 t/km^2、12.12×10^3 t/km^2;TC 密度分别为 4.04×10^3 t/km^2、12.98×10^3 t/km^2、14.44×10^3 t/km^2;其中表层 TC 密度略高于中国总碳密度 3.19×10^3 t/km^2(奚小环等,2010),中层 TC 密度略高于中国平均值 11.65×10^3 t/km^2。而台州市土地利用类型、地形地貌类型齐全,

代表了浙江省碳密度的客观现状,说明台州市碳储量已接近"饱和"状态,固碳能力十分有限。

从不同深度土壤碳密度可以看出,随着土壤深度的增加,TOC、TIC、TC 均呈现逐渐增加趋势(图 5-4)。在表层(0~0.2m)、中层(0~1.0m)、深层(0~1.2m)不同深度土体中,TOC 密度之比为 1:3.03:3.36,TIC 密度之比为 1:4.74:5.40,TC 密度之比为 1:3.21:3.57。

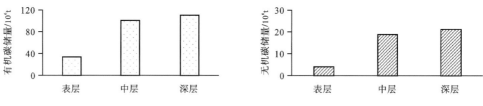

图 5-4　杭州市不同深度土壤碳储量对比柱状图

台州市深层土壤中(0~1.2m)TC 储量为 132.11×10⁶t,其中 TOC 储量为 110.90×10⁶t,TIC 储量为 21.21×10⁶t,TOC 储量与 TIC 储量之比约为 5:1。土壤中的碳以 TOC 为主,占 TC 的 83.95%。而且随着土体深度的增加,TOC 储量的比例有减少趋势,TIC 储量的比例逐渐增加,但仍以 TOC 为主。

2. 主要土壤类型土壤碳密度及碳储量分布

台州市共分布 7 种主要土壤类型,不同土壤类型土壤碳密度及碳储量(SCR)统计结果如表 5-5 所示。

深层土壤中,TOC 密度以滨海盐土为最高,达 13.57×10³t/km²,其次为黄壤、粗骨土,最低为紫色土,仅为 9.80×10³t/km²。TIC 密度以滨海盐土为最高,达 6.42×10³t/km²,其次为潮土,最低为紫色土,仅为 1.65×10³t/km²。

中层土壤中,TOC 密度以滨海盐土为最高,达 12.08×10³t/km²,其次为黄壤、粗骨土、潮土等,最低为紫色土 8.99×10³t/km²。TIC 密度以滨海盐土为最高,达 5.40×10³t/km²,其次为潮土、水稻土、粗骨土等,最低为红壤,仅为 1.60×10³t/km²。

表 5-5　台州市不同土壤类型土壤碳密度及碳储量统计表

土壤类型	面积 km²	深层(0~1.2m)			中层(0~1.0m)			表层(0~0.2m)		
		TOC 密度	TIC 密度	SCR	TOC 密度	TIC 密度	SCR	TOC 密度	TIC 密度	SCR
		10³t/km²		10⁶t	10³t/km²		10⁶t	10³t/km²		10⁶t
滨海盐土	100	13.57	6.42	3.58	12.08	5.40	3.12	3.73	1.09	0.85
潮土	260	12.21	4.72	7.89	10.78	3.93	6.84	3.19	0.79	1.83
粗骨土	888	12.29	2.55	23.73	11.12	2.29	21.35	3.71	0.49	6.67
红壤	2188	11.47	1.76	23.73	10.36	1.60	21.36	3.43	0.35	6.73
黄壤	3512	12.98	1.88	26.63	11.74	1.74	24.08	3.91	0.38	7.65
水稻土	2012	11.39	3.14	26.03	10.25	2.54	22.83	3.33	0.49	6.80
紫色土	188	9.80	1.65	20.52	8.99	1.77	19.20	3.19	0.43	6.45

表层土壤中,TOC 密度以黄壤最高,达 3.91×10³t/km²,其次为滨海盐土、粗骨土,潮土和紫色土最低,仅为 3.19×10³t/km²。TIC 密度以滨海盐土为最高,达 1.09×10³t/km²,其次为潮土、粗骨土、水稻土等,最低为红壤,仅为 0.35×10³t/km²。

通过以上对比分析可以看出,土壤碳密度(TOC、TIC)的分布受地形地貌的影响较为明显。滨海盐土

TOC 和 TIC 密度在浅中深各个层面均呈现一个较高的水平。分布于山地丘陵区的土壤类型中，TOC 密度较高，如黄壤、红壤、粗骨土等。TIC 密度的分布大致与 TOC 相反，平原区土壤潮土中较高，而山地丘陵区的紫色土、红壤、粗骨土中则相对较低。

表层土壤碳储量为 36.98×10^6 t，最高为黄壤，碳储量为 7.65×10^6 t，占总表层碳储量的 20.69%；其次为水稻土，碳储量为 6.80×10^6 t，占总表层碳储量的 18.39%；最低为滨海盐土，仅为 0.85×10^6 t。表层土壤中整体碳储量从大到小的分布规律为黄壤、水稻土、红壤、粗骨土、紫色土、潮土、滨海盐土。

中层土壤碳储量为 118.78×10^6 t，储量从大到小依次为黄壤、水稻土、红壤、粗骨土、紫色土、潮土、滨海盐土。

深层土壤碳储量为 132.11×10^6 t，碳储量从大到小依次为黄壤、水稻土、红壤、粗骨土、紫色土、潮土、滨海盐土。

台州市深层、中层、表层土壤碳储量从大到小基本分布规律为黄壤、水稻土、红壤、粗骨土、紫色土、潮土、滨海盐土。

整体来看，土壤中碳储量的分布主要与不同土壤类型中有机碳（TOC）密度高低、分布面积、人为耕种影响（水稻土长期农业耕种）等因素有关。

3. 主要土壤母质类型土壤碳密度及碳储量分布

台州市土壤母质类型主要分为松散岩类沉积物、古土壤风化物、碎屑岩类风化物、中基性火成岩类风化物、中酸性火成岩类风化物和紫色碎屑岩类风化物等。在分布面积上以中酸性火成岩类风化物、碎屑岩类风化物、松散岩类沉积物 3 类为主，中基性火成岩类风化物相对较少。

台州市不同土壤母质类型土壤碳密度分布统计结果如表 5-6 所示。

表 5-6 台州市不同土壤母质类型土壤碳密度统计表　　　　单位：10^3 t/km²

土壤母质类型	深层（0～1.2m）			中层（0～1.0m）			表层（0～0.2m）		
	TOC	TIC	TC	TOC	TIC	TC	TOC	TIC	TC
古土壤风化物	8.74	0.83	9.57	8.01	0.69	8.70	2.82	0.28	3.10
松散岩类沉积物	12.25	1.83	14.08	10.99	1.52	12.51	3.52	0.61	4.13
碎屑岩类风化物	11.13	0.97	12.10	10.16	0.81	10.97	3.52	0.32	3.84
中基性火成岩类风化物	14.34	0.91	15.25	12.95	0.90	13.85	4.28	0.21	4.49
中酸性火成岩类风化物	12.40	1.15	13.55	11.20	0.96	12.16	3.71	0.38	4.09
紫色碎屑岩类风化物	9.34	0.91	10.25	8.49	0.76	9.25	2.91	0.30	3.21

由表 5-6 中可以看出，TOC 密度在不同深度土壤中有明显差异，TOC 密度在深层土壤中由高至低依次为中基性火成岩类风化物、中酸性火成岩类风化物、松散岩类沉积物、碎屑岩类风化物、紫色碎屑岩类风化物、古土壤风化物；表层土壤与深层土壤完全一致，由高至低依然为中基性火成岩类风化物、中酸性火成岩类风化物、松散岩类沉积物、碎屑岩类风化物、紫色碎屑岩类风化物、古土壤风化物。

TIC 密度在深层、中层、表层土壤中略有差异。在深层土壤中由高至低依次为松散岩类沉积物、中酸性碎屑岩类风化物、碎屑岩类风化物、中基性火成岩类风化物、紫色碎屑岩类风化物、古土壤风化物；在中层土壤中依次为松散岩类沉积物、中酸性碎屑岩类风化物、中基性火成岩类风化物、碎屑岩类风化物、紫色碎屑岩类风化物、古土壤风化物；在表层土壤中依次为松散岩类沉积物、中酸性碎屑岩类风化物、碎屑岩类风化物、紫色碎屑岩类风化物、古土壤风化物、中基性火成岩类风化物。

土壤 TC 密度在深层、中层、表层土壤中完全相同,由高至低依次为中基性火成岩类风化物、松散岩类沉积物、中酸性碎屑岩类风化物、碎屑岩类风化物、紫色碎屑岩类风化物、古土壤风化物。

台州市不同土壤母质类型土壤碳储量统计结果如表5-7、表5-8所示。

表5-7 台州市不同土壤母质类型土壤碳储量统计表(一) 单位:10^6t

土壤母质类型	深层(0～1.2m)			中层(0～1.0m)			表层(0～0.2m)		
	TOC	TIC	TC	TOC	TIC	TC	TOC	TIC	TC
古土壤风化物	1.72	0.16	1.88	1.57	0.14	1.71	0.55	0.05	0.60
松散岩类沉积物	24.30	3.63	27.93	21.80	3.02	24.82	6.99	1.21	8.20
碎屑岩类风化物	3.87	0.34	4.21	3.54	0.28	3.82	1.23	0.11	1.34
中基性火成岩类风化物	0.17	0.01	0.18	0.16	0.01	0.17	0.05	0*	0.05
中酸性火成岩类风化物	77.85	16.78	94.63	70.32	14.98	85.30	23.30	2.46	25.76
紫色碎屑岩类风化物	2.99	0.29	3.28	2.72	0.24	2.96	0.93	0.10	1.03

注:0* 实际取值为0.002。

表5-8 台州市不同土壤母质类型土壤碳储量统计表(二)

土壤母质类型	面积	深层(0～1.2m)SCR	中层(0～1.0m)SCR	表层(0～0.2m)SCR	深层碳储量全市占比
	km²	10^6t	10^6t	10^6t	%
古土壤沉积物	196	1.88	1.71	0.60	1.42
松散岩类沉积物	1984	27.93	24.82	8.20	21.14
碎屑岩类风化物	348	4.21	3.82	1.34	3.19
中基性火成岩类风化物	12	0.18	0.17	0.05	0.14
中酸性火成岩类风化物	6288	94.63	85.30	25.76	71.63
紫色碎屑岩类风化物	320	3.28	2.96	1.03	2.48

台州市碳储量以中酸性火成岩类风化物、松散沉积物为主,两者之和占全市碳储量的92%以上。在不同深度的土体中,TOC、TIC、TC储量分布规律相同,由高到低依次为中酸性火成岩类风化物、松散岩类沉积物、碎屑岩类风化物、紫色碎屑岩类风化物、古土壤风化物、中基性火成岩类风化物。

4. 主要土地利用现状条件土壤碳密度及碳储量

土地利用对土壤碳储量的空间分布有较大影响。周涛和史培军(2006)研究认为,土地利用方式的改变潜在地改变了土壤的理化性状,进而改变了不同生态系统中的初级生产力及相应土壤的有机碳输入。表5-9～表5-11为台州市不同土地利用现状条件土壤碳密度及碳储量统计结果。

由表可以看出,TOC密度在不同深度的土体中,由高到低均表现为林地、建筑用地及其他用地、园地、水田、旱地;TIC密度由高到低则表现为水田、建筑用地及其他用地、旱地、园地、林地;TC密度则不同,规律性不明显,但在不同深度的土体中均是建筑用地相对最高,旱地相对最低。就碳储量而言,台州市不同深度土体中,TOC、TIC、TC储量均以林地、建筑用地及其他用地为主,二者碳储量之和占全市总碳储量的76.05%,是台州市主要的"碳储库"。

表 5-9 台州市不同土地利用现状条件土壤碳密度统计表   单位：10^3t/km²

土地利用类型	深层(0~1.2m)			中层(0~1.0m)			表层(0~0.2m)		
	TOC	TIC	TC	TOC	TIC	TC	TOC	TIC	TC
水田	11.54	3.16	14.70	10.39	2.62	13.01	3.40	0.52	3.92
旱地	11.34	2.46	13.80	10.18	2.10	12.28	3.27	0.43	3.70
园地	11.75	2.44	14.19	10.58	2.14	12.72	3.46	0.45	3.91
林地	12.43	1.88	14.31	11.25	1.73	12.98	3.75	0.38	4.13
建筑用地及其他用地	11.86	3.00	14.86	10.67	2.54	13.21	3.47	0.52	3.99

表 5-10 台州市不同土地利用现状条件土壤碳储量统计表（一）   单位：10^6t

土地利用类型	深层(0~1.2m)			中层(0~1.0m)			表层(0~0.2m)		
	TOC	TIC	TC	TOC	TIC	TC	TOC	TIC	TC
水田	13.06	3.58	16.64	11.77	2.97	14.74	3.85	0.59	4.44
旱地	2.77	0.60	3.37	2.48	0.51	2.99	0.80	0.11	0.91
园地	9.63	2.00	11.63	8.68	1.76	10.44	2.83	0.37	3.20
林地	65.00	9.85	74.85	58.79	9.04	67.83	19.59	1.97	21.56
建筑用地及其他用地	20.44	5.18	25.62	18.39	4.39	22.78	5.98	0.89	6.87

表 5-11 台州市不同土地利用现状条件土壤碳储量统计表（二）

土地利用类型	面积	深层(0~1.2m)SCR	中层(0~1.0m)SCR	表层(0~0.2m)SCR	深层碳储量全市占比
	km²	10^6t	10^6t	10^6t	%
水田	1132	16.64	14.74	4.44	12.60
旱地	244	3.37	2.99	0.91	2.55
园地	820	11.63	10.44	3.20	8.80
林地	5228	74.85	67.83	21.56	56.66
建筑用地及其他用地	1724	25.62	22.78	6.87	19.39

第二节 天然富硒土地资源开发建议

硒（Se）是地壳中的一种稀散元素，1988年中国营养学会将硒列为15种人体必需微量元素之一。医学研究证明，硒对保证人体健康有重要作用，主要表现在提高人体免疫力和抗衰老能力，参与人体损伤肌体的修复，对铅、镉、汞、砷、铊等重金属的拮抗等方面。我国有72%的地区属于缺硒或低硒地区，2/3的人口存在不同程度的硒摄入不足问题。

土壤中含有一定量的天然硒元素且有害重金属元素含量小于农用地土壤污染风险筛选值要求的土地，可称为天然富硒土地。天然富硒土地是一种稀缺的土地资源，是生产天然富硒农产品的物质基础，是应予以优先保护的特色土地资源。

一、土壤硒地球化学特征

台州市表层土壤中 Se 含量变化区间为 0.01~0.48mg/kg，平均值为 0.23mg/kg，全市表层土壤中 Se 含量差异较为明显。

Se 元素的地球化学空间分布明显受台州市内地形植被特征与岩石地层特征的影响。表层土壤中 Se 含量高于 0.40mg/kg 区域主要分布于县界华顶山、大雷山、括苍山、望海尖等地以及东部地区湫水山—百丈青—九峰—江夏一带的森林公园，高值区的分布均与境内大面积分布的中酸性火成岩类风化物有关。而 Se 含量小于 0.15mg/kg 的低值区主要分布在仙居县至临海市的永安溪、天台县至临海市的始丰溪以及三门县的海游溪一带的平原区，主要与区内的第四系松散岩类沉积物（河口相粉砂）及紫色碎屑岩类风化物有关（图 5-5）。

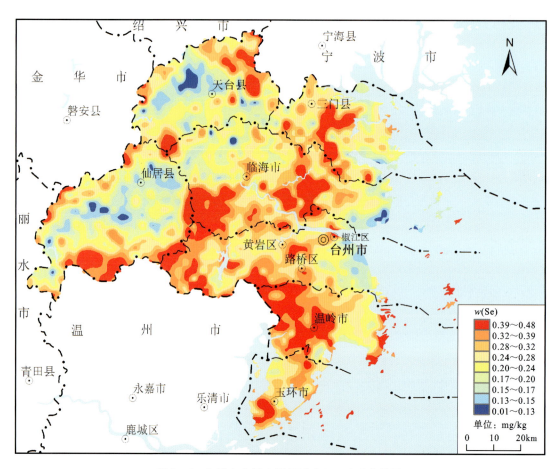

图 5-5　台州市表层土壤硒元素（Se）地球化学图

台州市深层土壤中 Se 含量范围为 0.07~0.89mg/kg，平均值为 0.25mg/kg。深层土壤中的 Se 含量普遍高于表层土壤，但两者的空间分布特征基本一致，说明土壤中的 Se 含量除了受植被、气候、地貌等明显的表生作用影响外，显然也承袭了成土母质母岩中的 Se 含量特征（图 5-6）。

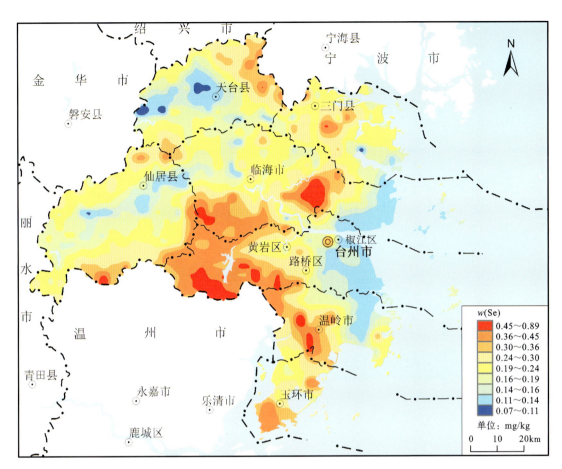

图 5-6 台州市深层土壤硒元素(Se)地球化学图

二、富硒土地评价及开发保护建议

1. 富硒土地评价

按照《土地质量地质调查规范》(DB33T 2224—2019)中土壤硒的分级标准(表 5-12),对表层土壤样点分析数据进行统计与评价,结果如图 5-7 所示。

表 5-12 土壤硒元素(Se)等级划分标准与图示　　　　　　　　　　　　　　　　　　　　单位:mg/kg

指标	缺乏	边缘	适量	高(富)	过剩
标准值	≤0.125	0.125~0.175	0.175~0.40	0.40~3.0	>3.0
颜色					
R:G:B	234:241:221	214:227:188	194:214:155	122:146:60	79:98:40

台州市达高(富)硒标准的表层土壤样本有 2247 件,占比 9.13%,主要分布在于县界华顶山、大雷山、括苍山、望海尖等地以及东部地区湫水山—百丈青—九峰—江夏一带的森林公园,富硒土壤的分布主要与表层土壤中有机质含量以及质地有关。这些中山地带与丘陵山地区土壤母质成分主要为中酸性火山碎屑岩风化残坡积物,土壤中有机质与 Fe、Mn、Al 含量十分丰富,土质湿黏,有利于对 Se 元素的强烈吸附,从

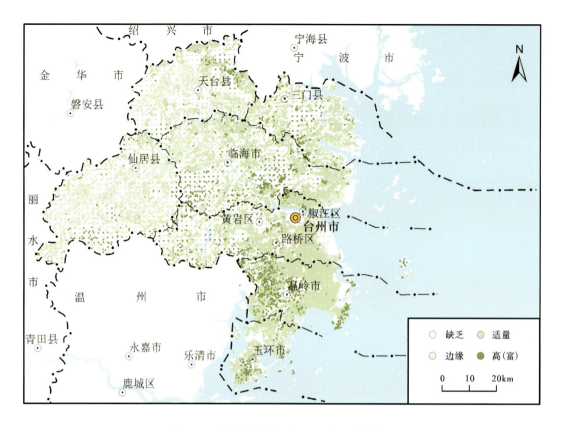

图 5-7 台州市表层土壤硒元素(Se)评价图

而导致表层土壤硒的富集。Se 含量处于适量等级的样本数最多,有 15 841 件,占比 64.37%,主要分布在西部永安溪、始丰溪周围的低山区以及东部滨海地区。而边缘硒与缺乏硒土壤分别占比次之与最少,前者为 22.73%,后者为 3.77%,主要分布在西部永安溪、始丰溪流域及沿岸地区。这些区域土壤养分含量低,质地以砂、粉砂为主,黏质少,总体保肥能力弱,土壤中的元素易迁移流失;再者,该区母质以河口相砂、粉砂为主,Se 含量本就偏低,故此区呈现明显的硒缺乏。

表 5-13 台州市表层土壤硒评价结果统计表

评价结果	样本数/件	占比/%	主要分布区域
高(富)	2247	9.13	华顶山、大雷山、括苍山、望海尖等地以及东部湫水山—百丈青—九峰—江夏一带
适量	15 841	64.37	西部永安溪、始丰溪周围的低山区及东部滨海地区
边缘	5592	22.73	西部永安溪、始丰溪的流域地区
缺乏	928	3.77	永安溪、始丰溪沿岸地区

2. 天然富硒土地资源开发建议

为满足对天然富硒土地资源利用与保护的需求,依据富硒土壤调查和耕地环境质量评价成果,按以下条件对台州市天然富硒土地进行圈定:①土壤中 Se 元素的含量大于等于 0.40mg/kg(pH≤7.5)或 0.30mg/kg(pH>7.5)(实测数据大于 20 条);②土壤中的重金属元素 Cd、Hg、As、Pb 及 Cr 含量小于农用地土壤污染风险筛选值要求;③土地地势较为平坦,集中连片程度较高。

根据上述条件,台州市共圈定天然富硒土地5处(图5-8),为以后更好地开发利用富硒土壤,天然富硒土地的圈定倾向于地势较为平坦且集中程度高的耕地、园地区域,例如温岭市西部大溪镇—横峰街道—城西街道与城东街道—石桥头镇一带等区域面积较大,另外还有东部滨海的松门镇—石塘镇,由于其地形地貌以山前平原为主,丘陵面积相对较少,有利于富硒土壤的规模与深度开发;其余富硒区位于天台县白鹤镇、石梁镇,临海市邵家渡镇、涌泉镇,以及玉环市珠港镇等山地区或丘陵区,耕地很少,该区域可开发利用的富硒土壤面积相对较小(表5-14)。受调查程度的限制,本次圈定的范围仅是初步评估,但在资源的利用方向上,意义已经明确。随着调查研究程度的加深,评价将会更加科学。

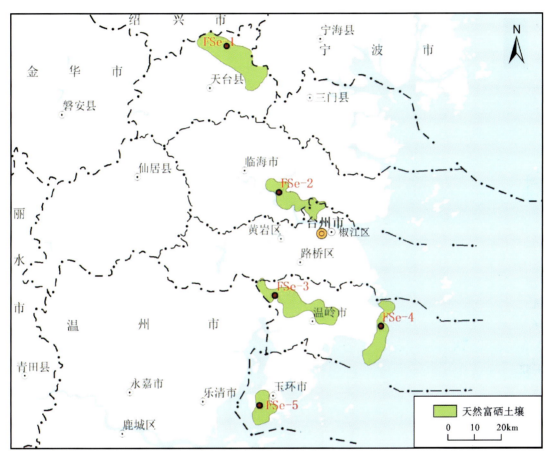

图5-8 台州市天然富硒区分布图

天然富硒区地质分布差异显著,温岭市西部大溪镇—横峰街道—城西街道与城东街道—石桥头镇一带等区域面积较大,另外还有东部滨海的松门镇、石塘镇,富硒土壤主要为第四系沉积区,有机质含量高(局部地区土壤呈碱性,Se含量高),如FSe-3、FSe-4;天台县白鹤镇、石梁镇,临海市邵家渡镇、涌泉镇,以及玉环市珠港镇等山地区或丘陵区,富硒土壤成土母岩主要为中酸性火山碎屑岩,Fe、Mn、Al及有机质在土壤中含量较高,如FSe-1、FSe-2、FSe-5(表5-14)。

5. 天然富硒土地分级

依据土壤硒含量、土壤肥力质量、硒的生物效应及土地利用情况将圈定的天然富硒土地划分为3级,其中以Ⅰ级为佳,可作为优先利用的选择。

Ⅰ级:土壤Se含量大于0.50mg/kg,土壤养分中等及以上,集中连片程度高。

Ⅱ级:土壤Se含量大于0.40mg/kg,土壤养分中等及以上。

Ⅲ级:土壤 Se 含量大于等于 0.40 mg/kg(pH≤7.5)或土壤 Se 含量大于等于 0.30mg/kg(pH>7.5),土壤养分以较缺乏—缺乏为主。

根据上述条件,共划出Ⅰ级天然富硒区 2 处、Ⅱ级天然富硒区 1 处、Ⅲ级天然富硒区 2 处(表 5-15)。

表 5-14 台州市天然富硒区一览表

编号	区域面积/km²	土壤样本数/件		富硒率/%	土壤 Se 含量/mg·kg⁻¹		备注
		采样点位	富硒点位		范围	平均值	
FSe-1	217	1457	708	48.59	0.05~1.10	0.36	
FSe-2	122	966	487	50.41	0.08~1.24	0.61	
FSe-3	182	1683	752	44.68	0.03~1.17	0.41	
FSe-4	105	857	436	50.87	0.07~1.04	0.51	pH 碱性
FSe-5	70	399	221	55.39	0.05~1.00	0.39	

表 5-15 台州市天然富硒区分级一览表

富硒区等级	编号	面积/km²	土壤富硒率/%	土壤 Se 含量平均值/mg·kg⁻¹	土壤养分
Ⅰ级	FSe-2	122	50.41	0.61	中等—较丰富
	FSe-4	105	50.87	0.51	中等—较丰富
Ⅱ级	FSe-3	182	44.68	0.41	中等—较丰富
Ⅲ级	FSe-1	207	48.59	0.36	中等
	FSe-5	70	55.39	0.39	中等

第六章 结 语

土壤来自岩石,土壤中元素的组成和含量继承了岩石的地球化学特征。组成地壳的岩石具有原生不均匀性的分布特征,这种不均匀性决定了地壳不同部位化学元素的地域分异。在岩土体中,元素的绝对含量水平对生态环境具有决定性作用。大量的研究表明,现代土壤中元素的含量及分布与成土作用、生物作用、土壤理化性状(土壤质地、酸碱性、有机质等)及人类活动关系密切。

20世纪70年代,地质工作者便开展了土壤元素背景值的调查,目的是通过对土壤元素地球化学背景的研究,发现存在于区域内的地球化学异常,进而为地质找矿指出方向。这一找矿方法成效显著,我国的勘查地球化学也因此得到快速发展,并在这一领域走在了世界的前列。随着分析测试技术的进步和社会经济发展的需要,自20世纪90年代,土壤背景值的调查研究按下了快进键,尤其是"浙江省土地质量地质调查行动计划"的实施,使背景值的调查精度和研究深度有了质的提升,台州市土壤元素背景值研究就建立在这一基础之上。

土壤元素背景值,在自然资源评价、生态环境保护、土壤环境监测、土壤环境标准制定及土壤环境科学研究(如土壤环境容量、土壤环境生态效应等)等方面,都具有重要的科学价值。《台州市土壤元素背景值》的出版,也是浙江省地质工作者为台州市生态文明建设所做出的一份贡献。

主要参考文献

陈永宁,邢润华,贾十军,等,2014.合肥市土壤地球化学基准值与背景值及其应用研究[M].北京:地质出版社.

代杰瑞,庞绪贵,2019.山东省县(区)级土壤地球化学基准值与背景值[M].北京:海洋出版社.

黄春雷,林钟扬,魏迎春,等,2023.浙江省土壤元素背景值[M].武汉:中国地质大学出版社.

苗国文,马瑛,姬丙艳,等,2020.青海东部土壤地球化学背景值[M].武汉:中国地质大学出版社.

王学求,周建,徐善法,等,2016.全国地球化学基准网建立与土壤地球化学基准值特征[J].中国地质,43(5):1469-1480.

奚小环,杨忠芳,廖启林,等,2010.中国典型地区土壤碳储量研究[J].第四纪研究,30(3):573-583.

奚小环,杨忠芳,夏学齐,等,2009.基于多目标区域地球化学调查的中国土壤碳储量计算方法研究[J].地学前缘,16(1):194-205.

俞震豫,严学芝,魏孝孚,等,1994.浙江土壤[M].杭州:浙江科学技术出版社.

张伟,刘子宁,贾磊,等,2021.广东省韶关市土壤环境背景值[M].武汉:中国地质大学出版社.

周涛,史培军,2006.土地利用变化对中国土壤碳储量变化的间接影响[J].地球科学进展,21(2):138-143.